W0353754

Vahlens Übungsbücher

Küpper/Hofmann/Gutiérrez

Übungsbuch Beschaffung, Produktion und Logistik

Übungsbuch Beschaffung, Produktion und Logistik

Aufgaben, Lösungen und Implementierung in Excel

von

Prof. (em.) Dr. Dr. h.c. Hans-Ulrich Küpper

Prof. Dr. Christian Hofmann

Prof. Dr. Michael Gutiérrez

5., vollständig überarbeitete und erweiterte Auflage

Verlag Franz Vahlen München

Prof. (em.) Dr. Dr. h.c. Hans-Ulrich Küpper lehrte bis 2013 Produktionswirtschaft und Controlling an der Ludwig-Maximilians-Universität München. Seit 2013 ist er Akademischer Leiter der Bayerischen EliteAkademie.

Prof. Dr. Christian Hofmann lehrt Unternehmensrechnung und Controlling an der Ludwig-Maximilians-Universität München.

Prof. Dr. Michael Gutiérrez lehrt Industriebetriebslehre sowie Operations Research an der Hochschule für angewandte Wissenschaften Neu-Ulm und ist Mitglied der Leitung des dortigen Kompetenzzentrums Logistik.

ISBN 978 3 8006 4702 6

© 2015 Verlag Franz Vahlen GmbH
Wilhelmstr. 9, 80801 München

Satz: Beltz Bad Langensalza GmbH
Neustädter Str. 1–4, 99947 Bad Langensalza

Druck und Bindung: Druckhaus Nomos
In den Lissen 12, 76547 Sinzheim

Gedruckt auf säurefreiem, alterungsbeständigem Papier
(hergestellt aus chlorfrei gebleichtem Zellstoff)

Vorwort zur 5. Auflage

Der langjährige Einsatz dieses Übungsbuches in zahlreichen Lehrveranstaltungen mündet nun in die vollständig überarbeitete fünfte Auflage, in die eine Reihe neuer Aufgaben unter anderem auch zu bisher nicht behandelten Themen wie zum Beispiel zur Standortplanung aufgenommen wurde. Darüber hinaus sehen jetzt viele Übungsaufgaben eine softwaregestützte Lösung auf Basis der Tabellenkalkulation vor, was zum einen durch einen neuen Buchteil zur Implementierung von Optimierungsmodellen, Prognosemethoden sowie Input-Output-Modellen in Excel und zum anderen durch umfangreiches Online-Material flankiert wird.

Auf diese Weise wird das bewährte Konzept dieses Buches – gezieltes Trainieren von Modellen und Lösungsverfahren für Prüfungen – mit dem modernen Ansatz des Spreadsheet Modeling verknüpft, der in den letzten Jahren – nicht zuletzt in der US-amerikanischen Literatur – zunehmend an Bedeutung gewonnen hat. Daher eignet sich das vorliegende Buch zum Einsatz auch in solchen Lehrveranstaltungen, deren Schwerpunkt auf der softwaregestützten Modellierung mittels Excel liegt.

Unser Dank gilt Frau Dr. Barbara Schlösser und Herrn Dr. Jonathan Beck für die hervorragende Zusammenarbeit mit dem Verlag Vahlen.

München und Neu-Ulm, im Herbst 2014

Prof. (em.) Dr. Dr. h.c. Hans-Ulrich Küpper
Prof. Dr. Christian Hofmann
Prof. Dr. Michael Gutiérrez

VAHLENS ONLINE MATERIALIEN

Studierende und Dozenten finden auf der Website zum Buch unter www.vahlen.de umfangreiche Zusatzmaterialien zu den **Excel-Aufgaben** zum **Download**:

- Die **Aufgabendateien für Studierende** beinhalten Daten und/oder Strukturierungshilfen und können zu Übungszwecken für die eigenständige Implementierung herangezogen werden. Deren Überprüfung auf grundsätzliche Richtigkeit ist anhand der zahlenmäßigen Ergebnisse in Teil II des Buches möglich. Bei den Optimierungsaufgaben ist zusätzlich der optimale Zielfunktionswert in den Dateien angegeben.
- In den **Lösungsdateien für Dozenten** wird die vollständige Implementierung gezeigt.

Die Dateien sind über die **Kapitel-** und **Aufgabennummern** aufzufinden. In Teil III, Anhang 2 des Buches befindet sich zudem ein Verzeichnis der Excel-Aufgaben.

Vorwort zur 1. Auflage

Produktion und Logistik sind Bereiche der Unternehmung, in denen sich Betriebswirtschaftslehre, Unternehmensforschung und Ingenieurwissenschaften begegnen. Die Lösung ihrer Entscheidungsprobleme erfordert eine Kenntnis der zu gestaltenden technologischen Zusammenhänge, deren ökonomischer Wirkungen, die Nutzung von mathematischen Verfahren und den Einsatz der EDV.

Deshalb muss man ihre Probleme nicht nur in der Ausbildung analysieren und Konzepte zu ihrer Behandlung kennenlernen, sondern konkret Modelle und Lösungsverfahren trainieren. Übungen spielen somit in diesem Fach eine zentrale Rolle. Auch wenn die in Lehrveranstaltungen und Klausuren behandelten Probleme die praktischen Aufgaben nur selten als Fallstudien in ihrer umfassenden Komplexität abbilden können, lernt man an ihnen die wichtigsten Zusammenhänge und Lösungswege.

Das vorliegende Buch kann diesen Lernprozess wesentlich unterstützen. Es ist aus Veranstaltungen und Prüfungen hervorgegangen, die wir über viele Jahre hinweg gehalten haben. Daher denken wir, dass es Studierenden und Dozenten eine wichtige Hilfe sein kann. Schwierigere Aufgaben, die vor allem für fortgeschrittene Studierende geeignet sind, haben wir mit einem vorangestellten * gekennzeichnet.

Bei der Ausarbeitung und Aufbereitung der Aufgaben sowie Lösungen haben uns mehrere Kollegen des Instituts für Produktionswirtschaft und Controlling an der Universität München äußerst intensiv unterstützt. Dafür sind wir den Herren Dipl.-Kfm. Markus Deliano, Dipl.-Phys. Dipl.-Kfm. Gunther Friedl, Dipl.-Kfm. Michael Gutierrez und Dipl.-Kfm. Christian Hilz zu besonderem Dank verpflichtet. An der Umsetzung in eine druckfertige Fassung haben vor allem die Herren cand. oec. publ. Florian Baueregger und cand. oec. publ. Karl Alexander Hockel mitgearbeitet, wofür wir Ihnen ebenfalls herzlich danken.

Um die Arbeit mit diesem Buch so effizient wie möglich zu machen, gibt es im zweiten Teil zu allen Aufgaben Lösungshinweise. Wir haben uns dabei bemüht, Schreibfehler zu vermeiden. Sollten wir trotz intensiver Kontrolle noch Fehler übersehen haben, bitten wir um Nachsicht und eine kurze Information, damit wir unser Ziel einer Null-Fehlerquote erreichen können.

München, im Oktober 1999

Prof. Dr. Hans-Ulrich Küpper
Dr. Christian Hofmann

Inhalt

Teil I: Aufgaben

1. Produktions- und Kostentheorie

1.1 Grundlagen der Produktions- und Kostentheorie

Aufgabe 1.1.1: Grundlagen der Produktionswirtschaft

a) Erläutern Sie die Klassifikation betrieblicher Güter und stellen Sie den Zusammenhang zur Produktionswirtschaft her.

b) Womit beschäftigt sich die Produktionstheorie?

c) Definieren Sie den Begriff der Kosten und erläutern Sie seine einzelnen Merkmale.

d) Nennen Sie die wesentlichen Aufgaben der Kostentheorie. Erläutern Sie den Zusammenhang zwischen Produktions- und Kostentheorie.

Aufgabe 1.1.2: Transformations- und Produktionsfunktion

Beantworten Sie die folgenden Fragen:

a) Worüber informiert eine Transformationsfunktion? Zeigen Sie die Unterschiede zwischen einer Produktions- und einer Transformationsfunktion auf.

b) Stellen sie grafisch eine einvariablige und eine mehrvariablige Produktionsfunktion dar. Erläutern Sie daran den Begriff der partiellen Faktorvariation.

c) Ermitteln Sie die konkaven und konvexen Bereiche der Funktion

$$x = 3 \cdot v_1^2 \cdot v_2^2 - 0{,}25 \cdot v_1^3 \cdot v_2^3, \text{ wenn gilt: } v_2 = 2.$$

d) Berechnen Sie nun die Grenzproduktivität (Grenzertrag) und den Durchschnittsertrag für folgende Funktion:

$$x = r_1 \cdot r_2 - 0{,}2 \cdot r_1^2 - 0{,}8 \cdot r_2^2$$

mit $r_2 = 10$. Bei welchen Werten von r_1 werden der Grenzertrag und der Durchschnittsertrag gleich null?

1.2 Input-Output Ansatz und Leontief-Produktionsfunktionen

Aufgabe 1.2.1: Leontief-Produktionsfunktionen

Sind folgende Aussagen richtig?

a) Leontief-Produktionsfunktionen sind dadurch gekennzeichnet, dass für alle effizienten Faktorkombinationen zwischen allen Einsatz- und Ausbringungsmengen eines jeden (Teil-) Prozesses konstante Verhältnisse vorliegen.

b) Die Kostenfunktion, die aus einer Leontief-Produktionsfunktion abgeleitet wird, ist bei konstanten Preisen und einem einzigen möglichen Prozess stets eine Gerade.

c) Die empirische Geltung der Leontief-Produktionsfunktion ist relativ hoch, da bei industriellen Fertigungsprozessen zum einen die Einsatzmengen von Werkstoffen häufig in konstantem Mengenverhältnis zur Ausbringungsmenge stehen und zum anderen bei menschlicher oder maschineller Arbeit häufig von einer mittleren konstanten Intensität ausgegangen werden kann.

d) Im Fall effizienter Faktorkombination bei einem Leontief-Produktionsprozess kann eine isolierte Vergrößerung der Einsatzmenge eines Einsatzgutes zu einer Vergrößerung der Ausbringungsmenge führen.

Aufgabe 1.2.2: Leontief-Produktionsfunktionen

Sind folgende Aussagen richtig?

a) Aufgrund der Linearitätseigenschaft können Leontief-Produktionsfunktionen bei totaler Faktorvariation linear homogen vom Grad 2 sein.

b) Im Fall ineffizienter Faktorkombination bei einem Leontief-Produktionsprozess kann eine isolierte Vergrößerung der Einsatzmenge eines Einsatzgutes zu einer Vergrößerung der Ausbringungsmenge führen.

c) Für eine Leontief-Produktionsfunktion bei effizienter Produktion ist die Ermittlung partieller Produktionselastizitäten sinnlos, weil die Faktoreinsatzmengen nicht unabhängig voneinander sind.

d) Der Prozess mit der Transformationsfunktion $r = 0{,}1 \cdot x$ (r = Einsatzmenge, x = Ausbringungsmenge) hat eine Produktivität von 0,1.

e) Wird in der Gutenberg-Produktionsfunktion die Zahl der Arbeitseinheiten (b_j) proportional variiert, erhält man als deren Sonderfall die Leontief-Produktionsfunktion.

Aufgabe 1.2.3: Leontief Transformationsfunktion für einen Prozess

Zur Herstellung einer Einheit (kg) eines Zwischenproduktes 5 werden 3,0 kg von Rohstoff 1 und 2,0 kg von Rohstoff 2 benötigt.

a) Wie lautet die Leontief-Transformationsfunktion für den Erzeugungsprozess von Zwischenprodukt 5? Geben Sie für alle effizienten Güterkombinationen das mengenmäßige Verhältnis zwischen den Einsatzgütermengen r_{15} und r_{25} an.

b) Zeichnen Sie die Isoquanten für diesen Prozess.

c) Nennen Sie die charakteristischen Merkmale für Leontief-Produktionsfunktionen und erläutern Sie diese kurz.

Aufgabe 1.2.4: Leontief-Produktionsfunktion für mehrere Prozesse

Leiten Sie allgemein für die Fälle 1) und 2) die Leontief-Produktionsfunktion für die gegebenen Produktionsstrukturen ab. Benutzen Sie dabei folgende Symbole:

r_{ij} = Einsatzmenge des Gutes i im Prozess (in der Stelle) j

r_j = Ausbringungsmenge (Zwischenproduktmenge) des Prozesses j

x_i = Absatzmenge von Gut i

a_{ij} = Produktionskoeffizienten

a) Produktionsstruktur Fall 1)

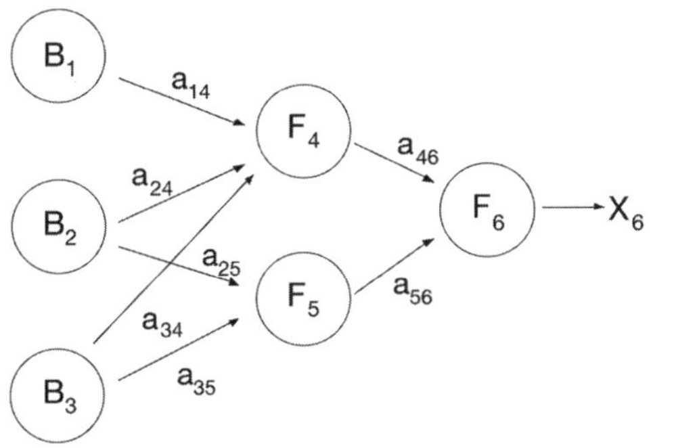

b) Produktionsstruktur Fall 2)

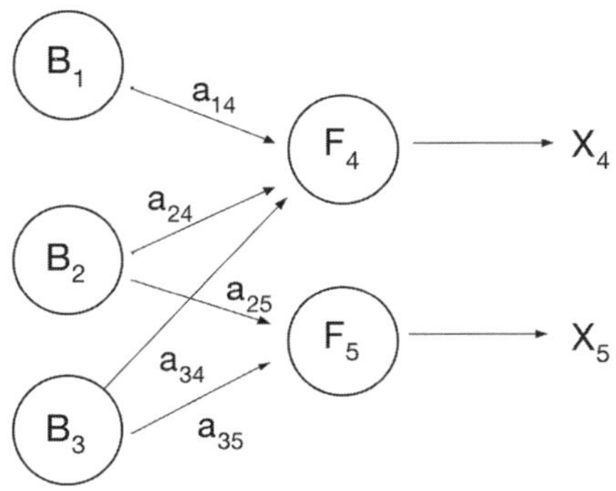

Aufgabe 1.2.5: Leontief-Produktionsfunktion für mehrere Prozesse

Ein Fertigungsprozess umfasst insgesamt sieben Stellen, wobei die Stellen S_1 und S_2 Beschaffungsstellen sind. Produziert wird lediglich ein Endprodukt x. Die Struktur lässt sich aus folgendem Diagramm entnehmen. Zuerst werden von den Stellen S_3 und S_4 die Zwischenprodukte 3 und 4 produziert, danach fertigen die Stellen S_5 und S_6 die Zwischenprodukte 5 und 6, die von der letzten Produktionsstufe S_7 zu dem Endprodukt x verarbeitet werden. Die Zahlen an den Pfeilen geben die jeweiligen Produktionskoeffizienten an.

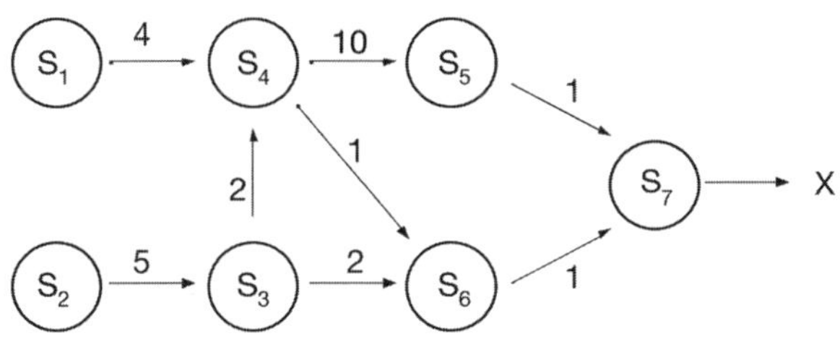

a) Erstellen Sie die Direktbedarfsmatrix und berechnen Sie, wie viele Einheiten der Einsatzgüter 1 und 2 der Stellen S_1 und S_2 benötigt werden, wenn von dem Endprodukt $x = 10$ Stück hergestellt werden sollen.

b) Das Unternehmen will weiterhin 10 Stück des Endproduktes erzeugen. Da sich aber herausstellt, dass sich noch 110 Stück des Zwischenproduktes 4 in dem Unternehmen befinden (die dort eingesetzt werden können), werden Sie beauftragt, zu ermitteln, wie viele Einheiten der Einsatzgüter 1 und 2 nun beschafft werden müssen. Erklären Sie kurz Ihr Vorgehen.

Aufgabe 1.2.6: Leontief-Produktionsfunktion für mehrere Prozesse

Ein chemischer Produktionsprozess sei durch folgendes Mengenflussdiagramm beschrieben. Zur Produktion von Kunststoff 8 bzw. Kunststoff 9 werden menschliche Arbeit (Einsatzgut 1), Energie (Einsatzgut 2), maschinelle Arbeit (Einsatzgut 3) und Rohstoffe (Einsatzgut 4) benötigt. Aus diesen werden die Zwischenprodukte 5 und 6 und schließlich die Endprodukte Kunststoff 8 und Kunststoff 9 hergestellt.

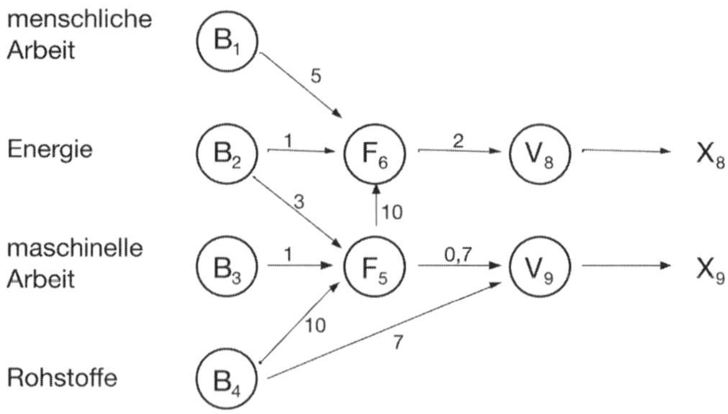

a) Welcher Typ von Produktionsfunktion und welche Produktionsstruktur werden hier zugrunde gelegt, wenn die Zahlen an den Pfeilen für direkte Input-Output-Beziehungen die Einsatzmenge je Ausbringungseinheit bezeichnen?

b) Ermitteln Sie die Einsatzmengen an originären Einsatzgütern, wenn in einer Periode die Ausbringungsmengen $x_8 = 30$ und $x_9 = 100$ hergestellt werden sollen.

c) Ermitteln Sie das Input-Output-Modell für den gesamten Produktionsprozess. Stellen Sie das Modell in Matrix-Schreibweise dar. Geben Sie die Direktbedarfsmatrix an, welche die mengenmäßigen Beziehungen zwischen den einzelnen Stellen abbildet. Zeigen Sie in Matrixschreibweise formal den allgemeinen Zusammenhang zwischen dem Vektor der Ausbringungsmenge **x** und dem Vektor **r** der Einsatzgütermengen.

d) Implementieren Sie das Input-Output-Modell für die oben vorliegende Produktionsstruktur in Excel; erstellen Sie hierbei zwei Implementierungsvarianten: eine Version unter Verwendung von Matrix-Funktionen und eine Version mittels Excel-Solver. Ermitteln Sie damit die Gesamtbedarfe aller Güter für die in Teilaufgabe b) gegebenen Primärbedarfe.

e) Durch eine technologische Neuerung wird es notwendig, den Produktionsprozess umzugestalten. Die bisherige Produktionsstruktur wird hierzu um die Stelle F_7 erweitert. In F_7 werden Zwischenprodukte der Stelle V_9 wiedereingesetzt und gehen dann als Zwischenprodukte wieder in die Stelle F_5 ein. Die Produktionsstruktur ist gegenüber dem Beispiel von a) bis c) nur um die Pfeile von bzw. zu F_7 erweitert.

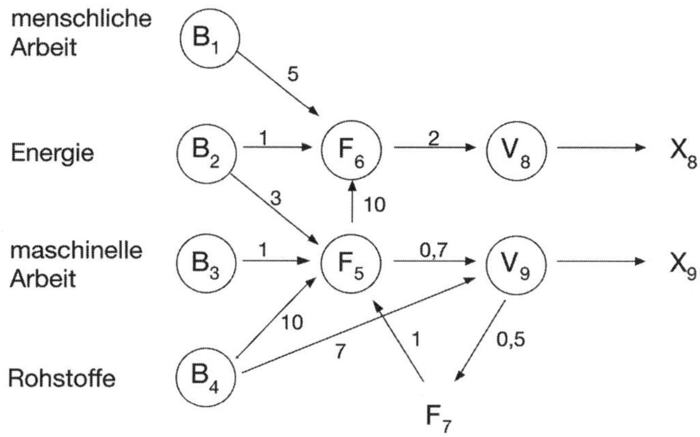

Ermitteln Sie den Gesamtbedarf des Zwischenproduktes 5 vor der Stelle F_5, wenn von $x_8 = 100$ und $x_9 = 100$ Einheiten gefertigt werden sollen.

f) Ermitteln Sie zu diesem Graphen die korrespondierende Direktbedarfsmatrix **A**. Zeigen Sie an dem Beispiel durch Vergleich mit der Direktbedarfsmatrix aus c), worin sich die Struktur der Direktbedarfsmatrizen zyklischer und nicht-zyklischer Produktionsprozesse unterscheidet.

g) Implementieren Sie das Input-Output-Modell für die in Teilaufgabe e) vorliegende Produktionsstruktur (d. h. mit neuer Stelle F_7) in Excel; erstellen Sie hierbei zwei Implementierungsvarianten: eine Version unter Verwendung von Matrix-Funktionen und eine Version mittels Excel-Solver. Ermitteln Sie damit die Gesamtbedarfe aller Güter für die in Teilaufgabe e) gegebenen Primärbedarfe.

Aufgabe 1.2.7: Leontief-Produktionsfunktion

Betrachten Sie den folgenden grafisch dargestellten Produktionsprozess. Die Knoten des Graphen stellen einzelne Elementarprozesse (-stellen) dar, die bewerteten Pfeile die direkten mengenmäßigen Beziehungen zwischen den Elementarprozessen. Ausbringungsmengen einzelner Prozesse i werden mit r_i, Absatzmengen mit x_i bezeichnet.

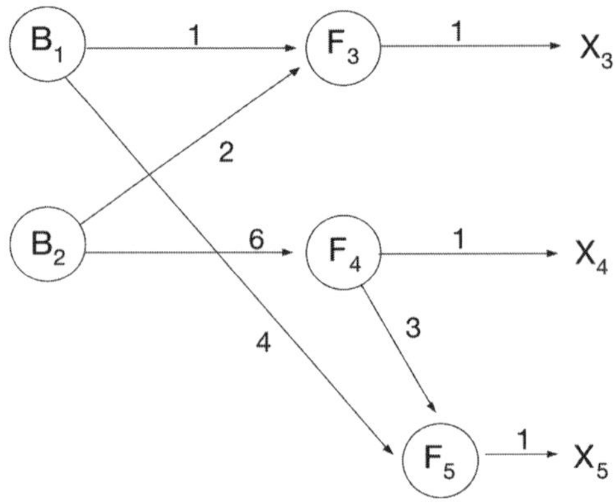

a) Bestimmen Sie auf der Grundlage des oben dargestellten Produktionsprozesses die entsprechende Direkt- und Gesamtbedarfsmatrix.

b) Die Unternehmensleitung beschließt für das kommende Jahr folgendes Absatzprogramm: $x_3 = 30$, $x_4 = 20$, $x_5 = 10$. Wie lautet das dazugehörige Produktionsprogramm?

c) Implementieren Sie das Input-Output-Modell für die vorliegende Produktionsstruktur in Excel; erstellen Sie hierbei zwei Implementierungsvarianten: eine Version unter Verwendung von Matrix-Funktionen und eine Version mittels Excel-Solver. Ermitteln Sie damit die Gesamtbedarfe aller Güter für die in Teilaufgabe b) gegebenen Primärbedarfe.

1.3 Substitutionale Produktionsfunktionen

Aufgabe 1.3.1: Ertragsgesetzliche Produktionsfunktionen

Ein Unternehmen stellt eine Produktmenge x durch den Einsatz von zwei Produktionsfaktoren r_1 und r_2 her. Die Produktionsfunktion lautet:

$$x = r_1^{3/4} \cdot r_2^{1/4}$$

Der Preis des ersten Faktors beträgt 30 € je Mengeneinheit, der des zweiten Faktors 10 € je Mengeneinheit.

a) Ermitteln Sie die Kurve des partiellen Grenzertrages für den Produktionsfaktor r_1.

b) Geben Sie die Isoquantengleichung an, wenn $x = 4$ Mengeneinheiten gefertigt werden.

c) Sind die folgenden Aussagen richtig?

c.1) Bei einem limitationalen Produktionsprozess sind alle Produktionskoeffizienten konstant.

c.2) Soll eine bestimmte Produktionsmenge zu minimalen Kosten hergestellt werden, müssen die Produktionsfaktoren r_1 und r_2 mit jeweils gleichen Mengen eingesetzt werden.

c.3) Die Produktionselastizität eines Produktionsfaktors ist gleich dem Grenzertrag des Produktionsfaktors multipliziert mit dem Produktionskoeffizienten des Produktionsfaktors.

Aufgabe 1.3.2: Gesamt-, Stück- und Grenzkostenfunktionen

Ein Produktionsprozess sei durch folgende ertragsgesetzliche Kostenfunktion beschrieben:

$$K = \frac{1}{10}x^3 - 3x^2 + 50x + 400$$

a) Berechnen Sie die Grenzkostenfunktion, die Funktion der variablen Durchschnittskosten, die Funktion der gesamten Durchschnittskosten und die Minima dieser Funktionen.

b) Erläutern Sie die Zusammenhänge der Kostenfunktionen aus a).

Aufgabe 1.3.3: Ertragsgesetzliche Kostenfunktion

Ein Produktionsprozess sei durch folgende Kostenfunktion beschrieben:

$$K = \frac{1}{10}x^3 - 6x^2 + 150x + 200$$

a) Berechnen Sie die Grenzkosten für eine Ausbringung von $x = 10$.

b) Bei welcher Ausbringung erreicht die Grenzkostenfunktion ihr Minimum?

c) Bei welcher Ausbringung $x > 0$ sind Grenzkosten und variable Durchschnittskosten gleich hoch?

d) Welche Größe misst der Anstieg der an einen beliebigen Punkt der Gesamtkostenkurve gelegten Tangente?

Aufgabe 1.3.4: Ertragsgesetzliche Produktionsfunktion

Eine ertragsgesetzliche Produktionsfunktion bei einstufiger Einproduktfertigung und zwei mit variierender Menge einsetzbaren Gütern (1 und 2) lautet:

$$x = -\frac{1}{2000} \cdot r_1^3 \cdot r_2^3 + \tfrac{1}{25} \cdot r_1^2 \cdot r_2^2$$

a) Berechnen Sie die Kurven partieller Erträge, partieller Durchschnittserträge und partieller Grenzproduktivitäten für r_1 bei konstanter Einsatzmenge $r_2 = 10$.

b) Weisen Sie algebraisch nach,

   b.1) dass die partielle Grenzproduktivitätskurve im Wendepunkt der partiellen Ertragskurve ihr Maximum besitzt und

   b.2) dass die Grenzproduktivitätskurve die Durchschnittskurve in deren Maximum schneidet.

c) Die Preise der beiden Einsatzgüter betragen $p_1 = 15$ € für Einsatzgut 1 und $p_2 = 10$ € für Einsatzgut 2. Berechnen Sie die Minimalkostenkombination.

Aufgabe 1.3.5: Ertragsgesetzliche Produktionsfunktion

Ein Unternehmen fertigt aus zwei Rohstoffen 1 und 2 mit den Einsatzmengen r_1 und r_2 ein Endprodukt mit der Ausbringungsmenge x. Aus einer Analyse sind dem zuständigen Manager die folgenden Funktionen der Grenzproduktivität bekannt:

$$\frac{\partial x}{\partial r_1} = 6 \cdot r_1^2 - 8 \cdot r_1 + 10 \cdot r_1 \cdot r_2$$

$$\frac{\partial x}{\partial r_2} = 5 \cdot r_1^2 + 9 \cdot r_2^2$$

Zusätzlich weiß er, dass aus dem Einsatz von $r_1 = 10$ Einheiten und $r_2 = 12$ Einheiten eine Ausbringung von $x = 11.984$ Einheiten des Endproduktes resultiert.

a) Bestimmen Sie aus diesen Angaben die Produktionsfunktion des beschriebenen Produktionsprozesses.

b) Zu welcher Klasse von Produktionsfunktionen gehört diese Produktionsfunktion? Begründen Sie Ihre Aussage an zwei charakteristischen Merkmalen dieser Klasse.

Aufgabe 1.3.6: Substitutionale Produktionsfunktion

Ein Produktionsprozess ist durch folgende Funktion beschrieben:

$$x = 0{,}5 \cdot r_2 + 2 \cdot (r_1 \cdot r_2)^{0,5}$$

a) Von dem Ausbringungsgut sollen $x = 5$ Stück hergestellt werden. Welche Einsatzmenge r_1 des ersten Faktors muss eingesetzt werden, wenn $r_2 = 2$ Stück des zweiten Faktors in den Produktionsprozess eingehen?

b) Bestimmen Sie die Höhe der Grenzrate der Substitution für das in a) ermittelte Faktoreinsatzverhältnis. Welche Aussage beinhaltet die Grenzrate der Substitution?

c) Überprüfen Sie diesen Produktionsprozess auf Homogenität.

d) Der Betrieb entscheidet sich für einen Einsatz der Faktormengen r_1 und r_2 im Verhältnis 1:1, d. h. es gehen gleiche Mengen r_1 und r_2 in den Produktionsprozess ein. Dieses Einsatzverhältnis wird während des gesamten Produktionsprozesses nicht variiert. Die Faktorpreise sind konstant und betragen $p_1 = 10$ €/Stk bzw. $p_2 = 5$ €/Stk für den ersten bzw. zweiten Faktor. In der Periode fallen 20.000 € Fixkosten in Form von Abschreibungen auf die genutzte Produktionsanlage an. Bestimmen Sie die Kostenfunktion $K(x)$ des Produktionsprozesses in Abhängigkeit von der Ausbringungsmenge x unter der Prämisse eines konstanten Faktoreinsatzverhältnisses von 1:1. Wie beurteilen Sie allgemein die Entscheidung der Unternehmung für eine Konstanthaltung des Verhältnisses der Einsatzfaktoren bei allen Ausbringungsmengen?

Aufgabe 1.3.7: Neoklassische Produktionsfunktion

a) Welchen Abschnitt der ertragsgesetzlichen Produktionsfunktion bilden neoklassische Produktionsfunktionen ab?

b) Zeigen Sie, welche Voraussetzungen linear homogene Produktionsfunktionen erfüllen müssen.

c) Stellen Sie die Grundstruktur der Cobb-Douglas-Funktion dar. Unter welcher Voraussetzung ist diese homogen vom Grad 1 (bzw. linear homogen)?

Aufgabe 1.3.8: Cobb-Douglas-Produktionsfunktion

Student Huber hat gerade sein BWL-Examen mit den Schwerpunkten Marketing und strategisches Management abgeschlossen. Zu seinem Erstaunen stellt sein neuer Arbeitgeber schon am ersten Arbeitstag sehr konkrete Aufgaben. Ex-Student Huber soll folgenden Produktionsprozess untersuchen:

$$x = 2 \cdot r_1^{1/3} \cdot r_2^{2/3}$$

Mit Entsetzen stellt Jung-Manager Huber fest: Oh Schreck, abnehmende Grenzerträge, aber konstante Skalenerträge? Wie ist das nur möglich? Zeigen Sie dem Ex-Studenten Huber, dass kein Grund zur Panik besteht.

a) Bestimmen Sie die Grenzertragsfunktion bei konstanter Einsatzmenge des ersten Faktors $r_1 = 8$.

b) Einsatzgut 1 wird weiterhin mit $r_1 = 8$ konstant gehalten. Variiert wird nur Einsatzgut 2. Berechnen Sie die Produktionselastizität an der Stelle ($x = 4$, $r_2 = 1$). Was sagt dieser Wert aus und welcher Unterschied besteht zum Grenzertrag?

c) Wie lauten die Isoquantengleichungen dieser Produktionsfunktion für die Outputniveaus $x = 1$ und $x = 2$?

d) Es sollen zwei Outputeinheiten produziert werden. Ermitteln Sie, welche Einsatzmengen des Faktors 2 jeweils eingesetzt werden müssen, wenn vier Einheiten des Faktors 1 in den Produktionsprozess eingehen. Bestimmen Sie anschließend die Grenzrate der Substitution für das soeben ermittelte Faktoreinsatzverhältnis.

e) Berechnen Sie den Homogenitätsgrad der oben genannten Produktionsfunktion. Welche Aussagen können Sie daraus über die Skalenerträge der Produktionsfunktion ableiten?

Aufgabe 1.3.9: Kostenfunktionen auf der Basis der neoklassischen Produktionsfunktionen

Ein Unternehmen produziert ein Produkt der Menge x mit dem Einsatz von zwei Produktionsfaktoren (mit den Mengen r_1, r_2). Die Produktionsfunktion lautet:

$$x = r_1^{3/4} \cdot r_2^{1/4}$$

Nach dem bisherigen Planungsstand ist vorgesehen, 40 Einheiten von Faktor 1 und 640 Einheiten von Faktor 2 einzusetzen.

a) Bestimmen Sie für die genannte Ausgangssituation

   a.1) die Produktionsmenge.

   a.2) die partiellen Grenzproduktivitäten und geben Sie verbal den Aussagegehalt dieser Werte an.

b) Angenommen die Faktorpreise betrügen $p_1 = 30$ € und $p_2 = 10$ €.

   b.1) In welchen Mengen sollten die beiden Faktoren eingesetzt werden, um eine Produktionsmenge von 80 Einheiten zu minimalen Kosten zu erstellen? Wie hoch wären diese Kosten?

   b.2) Bestimmen Sie die mit der Ausgangssituation ($r_1 = 40$ und $r_2 = 640$) verbundenen Produktionskosten und vergleichen Sie die Antworten zu b.1) mit der Lösung zu a.1).

c) Lösen Sie Aufgabenteil b) mit dem Lagrange-Ansatz.

1.4 Gutenberg-Produktionsfunktionen

Aufgabe 1.4.1: Grundlagen Gutenberg-Produktionsfunktion

a) Welche Einsatzgüter werden als mittelbar outputabhängig angesehen? Was zeichnet sie aus?

b) Welche beiden Hypothesen werden bei der Formulierung von Verbrauchsfunktionen zugrunde gelegt?

Aufgabe 1.4.2: Verbrauchsfunktionen

Eine Unternehmung kann 2 Typen von Lastkraftwagen einsetzen. Deren Verbrauch ρ_1 bzw. ρ_2 an Dieselkraftstoff in Litern je 100 km hängt von den Durchschnittsgeschwindigkeiten d_1 bzw. d_2 [km/Std] entsprechend folgenden Verbrauchsfunktionen ab:

$$\rho_1 = \frac{1}{120} \cdot d_1^2 - \frac{3}{5} \cdot d_1 + 40 \quad \text{für} \quad d_1 \geq 5 \text{ km/Std}$$

$$\rho_2 = \frac{1}{80} \cdot d_2^2 - \frac{7}{10} \cdot d_2 + 35 \quad \text{für} \quad d_2 \geq 5 \text{ km/Std}$$

Die Kosten für Diesel betragen -,90 € je Liter. An Arbeitskosten fallen für einen Fahrer je LKW 20 € pro Stunde an.

a) Welchen der beiden LKW würden Sie mit welcher Durchschnittsgeschwindigkeit einsetzen, sofern ein LKW die gesamte Transportmenge übernehmen kann und die Kraftstoffkosten (Diesel) möglichst gering zu halten sind?

b) Wie hoch sind die Transportkosten pro Tag, wenn von jedem Typ ein LKW mit einer Durchschnittsgeschwindigkeit von 30 km/Std 5 Stunden eingesetzt wird?

c) Formulieren Sie die Kostenfunktion dieses Transportprozesses in Abhängigkeit von den Fahrtzeiten t_1 bzw. t_2 sowie den Durchschnittsgeschwindigkeiten d_1 bzw. d_2 der beiden LKW.

d) Kennzeichnen Sie an diesem Beispiel, welche Möglichkeiten eine Unternehmung besitzt, sich an Beschäftigungsänderungen anzupassen.

Aufgabe 1.4.3: Verbrauchsfunktion

Ein Unternehmen stellt in einem Produktionsprozess das Produkt x her. Die Verbrauchsfunktion ρ, die in Abhängigkeit von der jeweils gewählten Intensität d den Verbrauch des Rohstoffes r je technischer Arbeitseinheit angibt, ist:

$$\rho = \frac{1}{9} \cdot d^3 - \frac{1}{4} \cdot d^2 + \frac{1}{6} \cdot d$$

Bestimmen Sie die Intensität d, so dass der Verbrauch des Rohstoffes r minimiert wird. Berücksichtigen Sie dabei, dass aufgrund der Prozessbedingungen die minimale Intensität $d = 0{,}4$ (Arbeitseinheiten je Zeiteinheit) beträgt.

Aufgabe 1.4.4: Verbrauchsfunktion

Zum Herstellen eines Produktes auf einer Maschine werden zwei Einsatzfaktoren R_1 und R_2 benötigt, für die folgende Funktionen den Verbrauch ρ_1 und ρ_2 [ME/Stk] in Abhängigkeit von der Maschinen-Intensität d [Stk/Std] anzeigen:

$$\rho_1 = 4 \cdot d^2 - 24 \cdot d + 50$$

$$\rho_2 = 3 \cdot d^2 - 30 \cdot d + 60$$

Der Faktorpreis des Faktors R_1 beträgt 3 €/ME, der des Faktors R_2 4 €/ME.

Wie viele Mengeneinheiten des Faktors R_1 werden täglich verbraucht, wenn die Maschine mit kostenoptimaler Intensität läuft und aufgrund der geplanten Produktionsmenge täglich 16 Stunden in Betrieb ist?

Aufgabe 1.4.5: Gutenberg-Produktionsfunktion

Ein Unternehmen stellt in einem mehrstufigen Prozess Schrauben her. Im ersten Arbeitsgang werden von einer Maschine Eisenteile (Rohlinge) bearbeitet. Dabei entstehen in jedem Bearbeitungsvorgang b (=Arbeitseinheit) aus einem Rohling 6 Stück [Stk] eines Zwischenproduktes r_3. Die Intensität d, mit der Dimension Bearbeitungsvorgänge pro Minute [b/Min], kann variiert werden und liegt im Bereich $5 \leq d \leq 8$. Zum Betrieb der Maschine werden zwei Einsatzgüter 1 und 2 benötigt, deren Verbrauch ρ_1 bzw. ρ_2 in Mengeneinheiten je Bearbeitungsvorgang [ME/b] von der Intensität abhängt. Dargestellt wird dieser Zusammenhang durch die Verbrauchsfunktionen:

$$\rho_1 = 3 \cdot d^2 - 36 \cdot d + 120$$

$$\rho_2 = 6 \cdot d^2 - 84 \cdot d + 300$$

Die Preise pro Mengeneinheit betragen $q_1 = 4$ € für Einsatzgut 1 und $q_2 = 2$ € für Einsatzgut 2.

a) Mit welcher Intensität d^* muss die Maschine arbeiten, wenn kostenoptimal produziert werden soll?

b) Wie viele Stücke des Zwischenproduktes r_3 werden mit einer Intensität von d^* in einer Stunde [Std] produziert?

Aufgabe 1.4.6: Kostenfunktion

Für die beiden Betriebsstoffe 1 und 2 gelten an einer Bohrmaschine die beiden Verbrauchsfunktionen ρ_1, ρ_2 [ME/Bohrung]:

$$\rho_1 = 4 \cdot d^2 - 32 \cdot d + 80$$

$$\rho_2 = 5 \cdot d^2 - 56 \cdot d + 160$$

Die Faktorpreise für die Einsatzgüter 1 und 2 betragen pro Mengeneinheit $p_1 = 3$ €/ME und $p_2 = 4$ €/ME. Die Intensität d [Bohrungen/h] kann stufenlos variiert werden. Durch jeden Bohrvorgang entsteht genau eine Einheit des Endproduktes.

a) Wie hoch ist der Tagesverbrauch von Einsatzgut r_1, wenn das Aggregat mit einer Intensität von $d = 6$ [Bohrungen/Std] betrieben wird und die Betriebszeit 8 [Std/Tag] beträgt?

b) Wie viele Mengeneinheiten von Einsatzgut r_1 werden täglich verbraucht, wenn der Betrieb wegen Beschaffungsschwierigkeiten den Verbrauch von r_1 minimieren will und 48 Endprodukteinheiten hergestellt werden sollen?

c) Bestimmen Sie die Funktion der Stückkosten $k = f(d)$.

d) Ermitteln Sie die Kostenfunktion $K = f(x)$ (x:[Stk/Tag]), wenn sich das Unternehmen bei einer kostenoptimalen Intensität von $d_{opt} = 5$ [Bohrungen/Std] zeitlich anpasst.

Aufgabe 1.4.7: Verfahrenswahl

Ein Unternehmen kann die Ausbringungsmenge x_3 eines Produktes 3 mit zwei verschiedenen Verfahren 1 und 2 herstellen. Die diesen beiden Verfahren entsprechenden Funktionen, die in Abhängigkeit von der jeweils gewählten Intensität d_1 bzw. d_2 der Verfahren 1 und 2 den Verbrauch ρ_1 bzw. ρ_2 eines Rohstoffs 1 bzw. 2 je technischer Arbeitseinheit angeben, sind bekannt. Sie lauten:

$$\text{Verfahren 1: } \rho_1 = \frac{1}{9}\cdot d_1^3 - \frac{1}{4}\cdot d_1^2 + \frac{1}{6}\cdot d_1 \left[\frac{\text{Stk}}{\text{AE}}\right]$$

$$\text{Verfahren 2: } \rho_2 = \frac{1}{4}\cdot d_2^3 - \frac{6}{5}\cdot d_2^2 + \frac{21}{25}\cdot d_2 + 2 \left[\frac{\text{Stk}}{\text{AE}}\right]$$

(AE = Arbeitseinheiten)

a) Bestimmen Sie die Intensität d_1 des Verfahrens 1 so, dass der Verbrauch ρ_1 des Rohstoffs 1 minimiert wird. Berücksichtigen Sie dabei, dass aufgrund von Prozessbedingungen die minimale Intensität $d_1^{\min} = 0,4$ AE/h beträgt.

b) Nehmen Sie zusätzlich an, dass sich die Rohstoffpreise unterscheiden. Sie betragen $p_1 = 756$ €/Stk für Rohstoff 1 bzw. $p_2 = 50$ €/Stk für Rohstoff 2. Bestimmen Sie das Verfahren, welches die geringeren Stückkosten für das Endprodukt 3 aufweist. Berücksichtigen Sie, dass die rohstoffminimale Intensität des Verfahrens 2 $d_2^* = 14/5$ AE/h beträgt. Beachten Sie ferner, dass bei beiden Verfahren pro Arbeitseinheit eine Einheit des Produktes 3 entsteht.

Aufgabe 1.4.8: Isolierte Anpassung

Eine Unternehmung nutzt für die Fertigung von Schneeschaufeln eine Blechschneidemaschine. Ihre Aufgabe besteht darin, Bleche gleichbleibender Abmessung und Qualität zu schneiden. Durch einen Schneidevorgang wird stets ein Blech geschnitten.

Die Maschine kann mit unterschiedlichen Intensitätsgraden arbeiten. Die möglichen Intensitätsgrade liegen zwischen $2 \le d \le 4$; dabei hat d die Dimension AE pro Minute. Für den Betrieb der Maschine werden zwei Betriebsstoffe eingesetzt. Die Einsatzmengen r_1 bzw. r_2 dieser Güter pro Stunde in Abhängigkeit von der Intensität lassen sich durch die Verbrauchsfunktionen

$$r_1/Std = 5.400\cdot d - 36\cdot d^2 + 6\cdot d^3 \quad \text{pro Stunde}$$

$$r_2/Std = 3.000\cdot d - 24\cdot d^2 + 1,2\cdot d^3 \quad \text{pro Stunde}$$

wiedergeben. Die Preise der beiden Betriebsstoffe betragen (in € pro Mengeneinheit): $p_1 = 0,15$ und $p_2 = 0,09$. Die fixen Kosten der Maschine belaufen sich auf 5.000 €.

a) Zeigen Sie, wie sich der Betrieb kurzfristig kostenminimal an eine steigende Ausbringungsmenge x anpassen soll, wenn die Maschine weder zeitlich noch intensitätsmäßig ausgelastet ist.

b) Wie lautet die Kostenfunktion des Betriebes in Abhängigkeit von der Ausbringungsmenge x bei der errechneten kostenminimalen Anpassung?

c) Wie hoch sind die Kosten des Betriebes bei der errechneten kostenminimalen Anpassung bei einer Ausbringungsmenge von $x = 2.000$?

Aufgabe 1.4.9: Kombinierte Anpassung

In einem Betrieb stehen für die Herstellung eines Produktes zwei funktionsgleiche, aber kostenverschiedene Schneidemaschinen zur Verfügung, die zeitlich zwischen null und acht Stunden pro Tag angepasst werden können. Für die Herstellung eines Produktes sind jeweils 3 Schnitte vorzunehmen. Die folgenden Funktionen geben die Kosten je Stunde [€/Std] in Abhängigkeit vom Leistungsgrad d [Schnitte/Min] an:

$$K_1 = 120 \cdot d_1^3 - 720 \cdot d_1^2 + 4.320 \cdot d_1$$

$$K_2 = 120 \cdot d_2^3 - 720 \cdot d_2^2 + 5.400 \cdot d_2$$

a) Wie lautet die Stückkostenfunktion $k_2(d_2)$ für die Anlage 2?

b) Bis zu welcher Leistungsmenge x_a wird nur das kostengünstigere erste Aggregat eingesetzt und zeitlich angepasst, wenn die Unternehmung sich kostenoptimal an Beschäftigungsschwankungen anpasst?

c) Bis zu welcher Leistungsmenge x_b wird die zuerst eingesetzte Maschine bei voller zeitlicher Auslastung intensitätsmäßig angepasst?

d) Bis zu welcher Leistungsmenge x_c wird das Aggregat 2 bei stückkostenoptimaler Intensität zeitlich angepasst?

e) Ermitteln Sie die Gesamtkostenfunktion $K = f(x)$ für eine Ausbringungsmenge zwischen x_b und x_c Einheiten.

Aufgabe 1.4.10: Kombinierte Anpassung

Ein Betrieb nutzt zur Herstellung eines Produktes zwei funktionsgleiche, aber kostenverschiedene Bohrmaschinen. Diese kann man zeitlich zwischen null und zwölf Stunden pro Tag anpassen. Für die Herstellung eines Produktes ist jeweils eine Bohrung vorzunehmen. Die folgenden Funktionen geben die Kosten je Stunde [€/Std] abhängig von der Intensität d [Bohrungen/Std] an:

$$K_1 = 4 \cdot d_1^3 - 24 \cdot d_1^2 + 144 \cdot d_1$$

$$K_2 = 8 \cdot d_2^3 - 48 \cdot d_2^2 + 360 \cdot d_2$$

a) Ermitteln Sie die Stückkosten bei stückkostenoptimaler Intensität (d_2^*) an der Anlage 2.

b) Bis zu welcher Leistungsmenge x_a wird nur das kostengünstigere erste Aggregat eingesetzt und zeitlich angepasst, wenn die Unternehmung sich kostenoptimal an Beschäftigungsschwankungen anpasst?

c) Bis zu welcher Intensität d_{1b} wird das kostengünstigere erste Aggregat bei voller zeitlicher Auslastung intensitätsmäßig angepasst?

d) Auf dem ersten Aggregat wird bei voller zeitlicher Auslastung und kostenoptimaler Anpassung der Intensität d_1 eine Anzahl von x_b Produkteinheiten hergestellt. Bis zu welcher Leistungsmenge x_c wird das Aggregat 2 bei stückkostenoptimaler Intensität $\left(d_2^*\right)$ zeitlich angepasst?

e) Ermitteln Sie die Gesamtkostenfunktion $K = f(x)$ für eine Ausbringungsmenge in dem Intervall zwischen den in Teilaufgabe d) ermittelten Produktmengen x_b und x_c.

Aufgabe 1.4.11: Kombinierte Anpassung

In einem Betrieb stehen für die Herstellung eines Produktes zwei funktionsgleiche, aber kostenverschiedene Anlagen zur Verfügung. Beide Anlagen können zeitlich zwischen null und acht Stunden pro Tag angepasst werden. Die folgenden Funktionen geben die Kosten je Stunde [€/Std] in Abhängigkeit vom Leistungsgrad d [AE/Std] an:

$$K_1 = 2 \cdot d_1^3 - 12 \cdot d_1^2 + 72 \cdot d_1$$

$$K_2 = 2 \cdot d_2^3 - 12 \cdot d_2^2 + 90 \cdot d_2$$

Bei einem Arbeitsgang entsteht ein Endprodukt (1 AE = 1 Stk).

a) Bis zu welcher Leistungsmenge x_a wird nur ein Aggregat eingesetzt und zeitlich angepasst, wenn die Unternehmung sich kostenoptimal an Beschäftigungsschwankungen anpasst (x = tägliche Produktionsmenge)?

b) Ab welcher Leistungsmenge x_b wird zusätzlich das zweite Aggregat eingesetzt?

c) Bis zu welcher Leistungsmenge x_c wird das zweite Aggregat zeitlich angepasst?

d) Ermitteln Sie die Kostenfunktion $K = f(x)$ für die Anpassungsphasen I–III.

Aufgabe 1.4.12: Kombinierte Anpassung

Ein Betrieb fertigt Metalldreiecke aus quadratischen Platten. Für den Schneidevorgang entlang der Diagonalen der quadratischen Platten stehen zwei funktionsgleiche, aber kostenverschiedene Anlagen zur Verfügung. Die maximale Einsatzzeit der Anlagen beträgt jeweils zehn Stunden pro Tag. Die folgenden Funktionen zeigen die Beziehungen zwischen den Kosten K_j je Stunde [€/h] und dem Leistungsgrad d_j [Arbeitseinheiten/h] an den beiden Anlagen:

$$K_1 = 20 \cdot d_1 - \frac{1}{4} \cdot d_1^2 + \frac{1}{280} \cdot d_1^3 \quad \left[\frac{\text{Euro}}{\text{h}}\right]$$

$$K_2 = 15 \cdot d_2 - \frac{1}{3} \cdot d_2^2 + \frac{1}{120} \cdot d_2^3 \quad \left[\frac{\text{Euro}}{\text{h}}\right]$$

a) Geben Sie jeweils die kostenminimalen Intensitäten und Einsatzzeiten beider Anlagen an, wenn an einem Tag 200 Metalldreiecke gefertigt werden sollen. Kennzeichnen Sie den Lösungsweg und begründen Sie Ihre Aussagen.

b) Kennzeichnen Sie verbal den Lösungsweg, wenn an einem Tag 800 Metalldreiecke gefertigt werden sollen.

c) Unter welchen Bedingungen ist die Leontief-Produktionsfunktion ein Sonderfall der Gutenberg-Produktionsfunktion?

Aufgabe 1.4.13: Kombinierte Anpassung

Eine Unternehmung verwendet zur Herstellung eines Produktes zwei funktionsgleiche, aber kostenverschiedene Fräsmaschinen, die zeitlich zwischen null und zehn Stunden pro Tag angepasst werden können. Ein Produkt muss, bis es fertiggestellt ist, fünfmal gefräst werden (d. h. $a = 5$ AE/Stk). Die folgenden Funktionen geben die Kosten K_i [€/Std] der beiden Maschinen in Abhängigkeit von dem Leistungsgrad d_i [AE/Std] an:

$$K_1(d_1) = 2 \cdot d_1^3 - 12 \cdot d_1^2 + 117 \cdot d_1 \qquad \text{(Anlage 1)}$$

$$K_2(d_2) = 2 \cdot d_2^3 - 12 \cdot d_2^2 + 135 \cdot d_2 \qquad \text{(Anlage 2)}$$

a) Wie lauten die Stückkostenfunktionen $k_1(d_1)$ und $k_2(d_2)$ der Anlagen 1 und 2? Welche der beiden Anlagen ist kostengünstiger? Begründen Sie kurz Ihre Aussage.

b) Bis zu welcher Produktmenge x_a wird nur das kostengünstigere Aggregat eingesetzt und zeitlich angepasst, wenn die Unternehmung sich kostenoptimal an Beschäftigungsschwankungen anpasst?

c) Bis zu welcher Produktmenge x_b wird die zuerst eingesetzte Maschine bei voller zeitlicher Auslastung intensitätsmäßig angepasst? Begründen Sie Ihre Aussage anhand der Gesamtkostenfunktionen $K_1(x)$ und $K_2(x)$.

**Aufgabe 1.4.14: Kombinierte Anpassung mit drei Maschinen*

Ein Betrieb nutzt zur Herstellung eines Produktes drei sowohl funktions- als auch kostenverschiedene Technologien. Maschine 1 ist ein wenig in die Jahre gekommen und benötigt zur Herstellung einer Einheit des Endproduktes drei Arbeitsschritte. Maschine 2 benötigt zur Fertigung desselben Endproduktes lediglich einen Arbeitsschritt. Maschine 3 ist ein hochmodernes Arbeitsgerät, das mehrere Vorgänge integriert ausführt. Auf diese Weise entstehen pro Arbeitsschritt 2 Einheiten des Endproduktes. Die maximal möglichen zeitlichen Anpassungen sind 12 Std für Maschine 1, 10 Std für Maschine 2 und 8 Std für Maschine 3. Die folgenden Funktionen geben die Kosten pro Stunde [Euro/Stunde] in Abhängigkeit von den Intensitäten a_1 [Arbeitsschritte/Min], a_2 [Arbeitsschritte/Min] und a_3 [Arbeitsschritte/Std] an:

$$K_1 = 120 d_1^3 - 480 d_1^2 + 760 d_1$$

$$K_2 = 120 d_2^3 - 1920 d_2^2 + 9600 d_2$$

$$K_3 = 2 d_3^3 - 16 d_3^2 + 80 d_3$$

a) Bis zu welcher Leistungsmenge x_a wird nur eine Maschine eingesetzt und zeitlich angepasst, wenn sich die Unternehmung kostenoptimal an Beschäftigungsschwankungen anpasst? Begründen Sie Ihre Vorgehensweise!

b) Ab welcher Leistungsmenge x_b wird zusätzlich eine weitere Maschine benötigt? Welche? Begründen Sie Ihre Entscheidung.

c) Bis zu welcher Leistungsmenge x_c kann diese Maschine zeitlich angepasst werden?

d) Gesetzt den Fall, es ist lohnend, eine Menge größer als x_c zu produzieren. Erörtern Sie bei der Entscheidungsfindung auftretende Probleme und diskutieren Sie die Ihnen zur Verfügung stehenden Handlungsmöglichkeiten! Ist eine optimale Lösung des Problems möglich und wenn ja, wie könnte man sie in der Praxis umsetzen?

e) Erarbeiten Sie einen Produktionsplan in Abhängigkeit von der zu befriedigenden Nachfrage!

2. Kennzeichnung industrieller Fertigungsprozesse

2.1 Produktionstypen der Fertigung

Aufgabe 2.1.1: Organisationstypen der Fertigung

a) Sind die folgenden Aussagen richtig?

   a.1) Im Allgemeinen hat der Organisationstyp ‚Fließfertigung' gegenüber dem Organisationstyp ‚Werkstattfertigung' Vorteile in Form von geringeren Lagerkosten.

   a.2) Im Allgemeinen hat der Organisationstyp ‚Fließfertigung' gegenüber dem Organisationstyp ‚Werkstattfertigung' Nachteile in Form von höheren Transportkosten und geringerer Arbeitsproduktivität.

b) Grenzen Sie Werkstatt- und Fließfertigung voneinander ab. Beschreiben Sie jeden Organisationstyp kurz und gehen Sie auf die Vor- und Nachteile des jeweiligen Organisationstyps ein.

c) Kennzeichnen Sie kurz die Besonderheiten der Gruppenfertigung. Welche Nachteile der Werkstattfertigung können durch die Gruppenfertigung ausgeschaltet werden?

Aufgabe 2.1.2: Formen der Produktion

a) Geben Sie einen Überblick über die Formen der Produktion.

b) Ordnen Sie den folgenden Produkten den entsprechenden Programmtyp der Fertigung zu: Fertigbeton mit unterschiedlichem Zementgehalt, Einfamilienhäuser, Elektrizität, Münzen, Bücher, Teppiche, Teppichauslegware, Großtanker, Benzin, Stahlblech mit unterschiedlicher Stärke, Brücken, Autos.

Aufgabe 2.1.3: Voraussetzungen Organisationstyp

Nennen Sie Voraussetzungen für den Organisationstyp ‚Fließfertigung'.

2.2 Entlohnungsformen

Aufgabe 2.2.1: Verfahren der Arbeitsplatzbewertung und Lohnformen

Sind folgende Aussagen richtig?

a) Bei den summarischen Verfahren der Arbeitsbewertung wird die Arbeitsschwierigkeit durch eine globale Beurteilung des Arbeitsplatzes festgestellt. Ein erheblicher Nachteil der summarischen Arbeitsbewertung ist, dass die Gewichtung der Anforderungsarten nicht klar erkennbar wird.

b) Das Rangreihenverfahren und das Lohngruppenverfahren sind analytische Verfahren der Arbeitsplatzbewertung.

c) Beim Zeitlohn verläuft der Stundenverdienst des Arbeitnehmers proportional zur Arbeitszeit, da der Lohnsatz pro Zeiteinheit konstant ist. Ein spezifischer, mengenmäßiger Leistungsanreiz geht von dieser Lohnform nicht aus.

Aufgabe 2.2.2: Grundformen der Arbeitsbewertung

Nennen Sie die vier Grundformen der Arbeitsbewertung und füllen Sie die nachstehende Tabelle aus.

	als Ganzes	differenzierend
Reihung (ordinal)		
Stufung (kardinal)		

Aufgabe 2.2.3: Lohnformen

Ergänzen Sie die folgende Tabelle bei verschiedenen Lohnformen:

Bemessungsgrundlage	Lohnform	Anwendung	Beispiel	Vor-/Nachteile
Zeit				
Vorgabezeit				
Vorgabegeld				
Mehrleistung				

Aufgabe 2.2.4: Entlohung

In einer Woche werden von einem Arbeiter 60 bearbeitete Werkstücke abgeliefert. Der Geldfaktor (Lohnsatz pro Vorgabezeiteinheit) ist 0,25 €/Min und die Vorgabezeit je Werkstück ist 40 Minuten.

a) Ermitteln Sie den Wochenlohn des Arbeiters.

b) Um welche Lohnform handelt es sich?

c) Zeichnen Sie den Verlauf des Wochenlohns bei einer unterschiedlichen Anzahl von abgelieferten Werkstücken unter Berücksichtigung eines Mindestlohnes von 400 €.

3. Programm- und Verfahrensplanung

3.1 Operative Produktionsprogrammplanung

Aufgabe 3.1.1: Programmplanung bei Kapazitätsengpass

Eine Unternehmung kann zwei Produkte A und B produzieren. Sie verfügt über eine monatliche Fertigungszeit von 600 Stunden. Sowohl von Produkt A als auch von Produkt B sind im Monat 100 Stück abzusetzen, wobei für Produkt A ein Preis von 80 € und für Produkt B ein Preis von 60 € erzielbar ist. Produkt A benötigt eine Fertigungszeit von 3 Stunden pro Stück, es verursacht variable Kosten von 60 € pro Stück, B benötigt 2 Stunden pro Stück bei variablen Kosten von 40 € pro Stück. Die Unternehmung hat die Möglichkeit, einen Zusatzauftrag zur Herstellung der Produkte C und/oder D anzunehmen. Von Produkt C würden 150 Stück zu einem Preis von 90 € je Stück abgenommen, dieses Produkt würde voraussichtlich variable Kosten von 80 € je Stück verursachen und 2 Fertigungsstunden pro Stück benötigen. Von Produkt D werden 200 Stück zu einem Preis von 100 € je Stück gewünscht, die variablen Kosten betragen für dieses Produkt 82 € je Stück bei einer Fertigungszeit von 1,5 Stunden je Stück. Gehen Sie bei der Bearbeitung der Aufgaben a) und b) von der beliebigen Teilbarkeit der Stückzahlen der Endprodukte aus.

a) Wie gestaltet die Unternehmung ihr optimales Produktionsprogramm ohne den Zusatzauftrag, und wie groß ist ihr gesamter Deckungsbeitrag pro Monat?

b) Soll die Unternehmung den Zusatzauftrag annehmen? Woraus besteht in diesem Fall ihr Produktionsprogramm und welchen Gesamtdeckungsbeitrag erzielt die Unternehmung?

Aufgabe 3.1.2: Programmplanung bei mehreren Beschränkungen

Eine Unternehmung kann die zwei Produkte 1 und 2 produzieren. Die Produkte werden zu Preisen von 8 € je Stück von Produkt 1 und 5 € je Stück von Produkt 2 abgesetzt. Ihre Produktion verursacht variable Stückkosten in Höhe von 6 € für Produkt 1 und 3,60 € für Produkt 2. Zur Produktion sind drei Maschinen A,B und C erforderlich. Die Kapazität der Maschinen beträgt für Maschine A 190 Stunden, für B 210 Stunden und für C 200 Stunden. Die Produktionskoeffizienten für die Beanspruchung einer Maschine je Stück eines Produktes sind wie folgt:

	A	B	C
1	2	3	0
2	2	1,5	2,5

a) Formulieren Sie ein lineares Programm zur Maximierung des Gesamtdeckungsbeitrags.

b) Ermitteln Sie grafisch die Lösung des Optimierungsproblems. Kennzeichnen Sie in Ihrer Zeichnung die Restriktionen, die Zielfunktion und die optimale Lösung.

c) Unter welchen Bedingungen kann man die lineare Programmierung zur Bestimmung des optimalen Produktionsprogramms heranziehen? Welche Produktions- und Kostenfunktion sollte dabei vorliegen?

d) Implementieren und lösen Sie das Problem in Excel.

Aufgabe 3.1.3: Programmplanung bei mehreren Kapazitätsengpässen

Eine Unternehmung kann 3 Produkte A, B und C produzieren.

	var. Stückkosten [€/Stück]	Marktpreis [€/Stück]	Fertigungszeit [Stunden/Stück]	Absatzhöchstmenge [Stück/Monat]
A	20	50	0,5	200
B	40	90	1	300
C	50	200	2	100

Sie hat eine monatliche Fertigungskapazität von 500 Stunden.

a) Bestimmen Sie das optimale Produktionsprogramm.

b) Wegen häufiger Mängel wird für die Produkte B und C eine Endkontrolle eingeführt. Hierbei sind die folgenden Kontrollzeiten erforderlich:

	Kontrollzeit [Stunden/Stück]
A	0
B	1
C	0,5

Die Endkontrolle hat eine Kapazität von monatlich 200 Stunden. Bestimmen Sie unter den veränderten Bedingungen das optimale Produktionsprogramm grafisch.

c) Implementieren und lösen Sie das Problem aus Teilaufgabe b) in Excel.

Aufgabe 3.1.4: Standplanung eines Messeausstellers

Einem Messeaussteller steht eine 120 m^2 große Ausstellungsfläche zur Verfügung, die er auf das Angebot von seinen beiden Produkten Drucker und Scanner aufteilen kann. Er möchte maximal 40 m^2 für Scanner reservieren. Weitere Daten können Sie der folgenden Tabelle entnehmen:

	Drucker	Scanner
Ausgaben für Standaufbauten [1.000 €/m^2]	6	9
Deckungsbeitrag [1.000 €/m^2]	1	2

Sein maximales Gesamtbudget für die Standaufbauten beträgt 780.000 €. Wie viele m^2 soll der Aussteller für jedes Produkt reservieren, damit der maximale Gesamtdeckungsbeitrag erzielt wird?

a) Formulieren Sie für dieses Problem ein quantitatives Entscheidungsmodell.

b) Bestimmen Sie grafisch die optimale Lösung.

c) Berechnen Sie die optimale Lösung mit dem Simplex-Algorithmus.

d) Implementieren und lösen Sie das Problem in Excel.

Aufgabe 3.1.5: Programmplanung einer Brauerei

Die Firma Lindner-Gildebräu, Hannover, fertigt zwei Biersorten: Gilde-Ratskeller der Menge x_1 und Lütje-Lagen-Bier der Menge x_2. Die Absatzleitung geht für den kommenden Monat von folgenden Erlösen und variablen Kosten aus:

	Gilde-Ratskeller	Lütje-Lagen-Bier
Erlös je 1.000 l	1.000	3.000
variable Kosten je 1.000 l	700	2.500

Die Fixkosten betragen monatlich 36.000 €. Die Biersorten durchlaufen in unterschiedlichen Prozessen drei Anlagen A, B und C. Das Gilde-Ratskeller durchläuft die Anlagen A und B, die es je eine Stunde für 1.000 l belegt. Das Lütje-Lagen-Bier benötigt für 1.000 l zwei Stunden auf A, eine Stunde auf B und drei Stunden auf C. Das folgende Tableau zeigt die monatliche Kapazität der drei Anlagen nach Abzug von Stillstandzeiten:

	monatliche Kapazität in Stunden
A	170
B	150
C	180

Welche Mengen Gilde-Ratskeller und Lütje-Lagen-Bier sollen im kommenden Monat erzeugt werden, wenn Sie von der Zielvorstellung Gewinnmaximierung unter Einhaltung der Kapazitätsrestriktionen ausgehen?

a) In welchen Situationen wird die lineare Programmierung zur Bestimmung des optimalen Produktionsprogramms angewandt? Nennen Sie auch die Prämissen, die dabei unterstellt werden.

b) Erstellen Sie ein Gleichungssystem mit Zielfunktion und Nebenbedingungen für die drei Anlagen.

c) Leiten Sie die optimale Lösung grafisch her.

d) Berechnen Sie die optimale Lösung mithilfe der Simplex-Methode und interpretieren Sie die Ergebnisse anhand der Tableaus sowie anhand der grafischen Lösung unter c).

e) Implementieren und lösen Sie das Problem in Excel. Hinweis: Die Lösung zu dieser Aufgabe wird ausführlich in Teil III, Kapitel 1 beschrieben.

Aufgabe 3.1.6: Programmplanung bei mehrstufigem Produktionsprozess

Eine Unternehmung fertigt die drei Produkte 1, 2 und 3 in den Mengen x_1, x_2 und x_3. Der Produktionsprozess ist mehrstufig. Jeweils zwei der Produkte durchlaufen die Werkstätten Bohrerei, Lackiererei und Montage. Folgende Deckungsbeiträge kann die Unternehmung mit den drei Produkten erzielen:

Produkt 1: $DB_1 = 60$ €

Produkt 2: $DB_2 = 30$ €

Produkt 3: $DB_3 = 20$ €

Das Unternehmensziel besteht in der Maximierung des Gesamtdeckungsbeitrages.

Die Produkte 1 und 2 werden gebohrt, wobei maximal 110 Stunden je Woche zur Verfügung stehen. Produkt 1 benötigt je Stück 1 Stunde, Produkt 2 je Stück 3 Stunden für die Bohrungen. Die Produkte 2 und 3 werden lackiert. Die Lackiererei kann maximal 90 Stunden je Woche belegt werden, wobei auf Produkt 2 je Stück 1 Stunde und auf Produkt 3 je Stück 3 Stunden entfallen. Die Montage durchlaufen das Produkt 1 jeweils 1 Stunde und das Produkt 3 jeweils 2 Stunden je Stück. Die Montagewerkstatt hat eine Wochenkapazität von maximal 80 Stunden.

a) Formulieren Sie das geschilderte Problem als lineares Programmierungsproblem und lösen Sie es mithilfe des Simplex-Algorithmus.

b) Welche der drei Werkstätten sind in der Optimallösung voll ausgelastet?

c) Welchen Preis ist die Unternehmensleitung maximal zu zahlen bereit, um die Kapazität der Werkstätten bei jeweils isolierter Betrachtung um je 1 Stunde je Woche zu vergrößern?

d) Implementieren und lösen Sie das Problem in Excel. Lassen Sie dabei einen Sensitivitätsbericht erstellen und vollziehen Sie Ihre Antwort zu Teilaufgabe c) nochmals anhand des Sensitivitätsberichts nach.

Aufgabe 3.1.7: Lineare Programmierung

Gegeben ist das folgende lineare Programmierungsproblem:

$$Max\ F(x_1, x_2) = 50x_1 + 20x_2$$

unter den Nebenbedingungen:

$$x_1 + 4x_2 \leq 12 \qquad (1)$$

$$-x_1 + 6x_2 \leq 0 \qquad (2)$$

$$2x_1 - 4x_2 \leq 8 \qquad (3)$$

$$x_1, x_2 \geq 0$$

a) Ermitteln Sie die optimale Lösung mit dem Simplex-Algorithmus.

b) Welche der drei Nebenbedingungen sind in der Optimallösung voll ausgelastet?

c) Wie wirkt sich eine Vergrößerung der Schlupfvariablen zu Restriktion 2 um eine Einheit auf die optimale Lösung aus?

d) Wie wirkt sich eine Vergrößerung der Schlupfvariablen zu Restriktion 3 um eine Einheit auf die optimale Lösung aus?

e) Wie wirkt sich eine Vergrößerung der Menge x_2 um eine Einheit auf die Schlupfvariable zu Restriktion 1 aus?

f) Implementieren und lösen Sie das Problem in Excel.

**Aufgabe 3.1.8: Produktionsprogrammplanung*

Gegeben sei das folgende Entscheidungsmodell der operativen Programmplanung für die Produkte 1 und 2 (x_1 bzw. x_2 bezeichnen die produzierten und abgesetzten Mengen von Produkt 1 bzw. von Produkt 2).

$Max\ F(x_1, x_2) = x_1 + 4x_2$ (Maximiere die Summe der Deckungsbeiträge für Produkt 1 und 2)

unter den Nebenbedingungen:

$2x_1 + x_2 \leq 100$ (beschränkte Kapazität der Maschine 1 in Höhe von 100 Kapazitätseinheiten)

$x_1 + 2x_2 \leq 120$ (beschränkte Kapazität der Maschine 2 in Höhe von 120 Kapazitätseinheiten)

$x_1 + x_2 \geq 20$ (die Summe der produzierten und abgesetzten Mengen von Produkt 1 und Produkt 2 muss mindestens 20 Stück betragen)

$x_1, x_2 \geq 0$

a) Ermitteln Sie mithilfe geeigneter Varianten des Simplex-Algorithmus die optimale Lösung.

b) Beantworten Sie unter Bezugnahme auf das optimale Simplex-Tableau (Endtableau) aus Teilaufgabe a) untenstehende Fragen. Begründen Sie Ihre Antworten. Die Teilaufgaben b.1) bis b.4) sind unabhängig voneinander, d. h. es gilt immer nur der in der jeweiligen Teilaufgabe geschilderte Sachverhalt.

b.1) Aufgrund des hohen Alters der Maschine 1 ist zu erwarten, dass ihre Kapazität sinken wird. Bis auf welchen Wert darf diese maximal sinken, ohne dass sich die optimale Lösung verändert?

b.2) Würde sich bei einem Absinken der Kapazität von Maschine 2 die optimale Lösung verändern?

b.3) Die Summe der produzierten und abgesetzten Mengen von Produkt 1 und Produkt 2 wird künftig mindestens m Stück betragen müssen. Wie groß darf m maximal sein, ohne dass sich die optimale Lösung verändert?

b.4) Welche Aussagen lassen sich über die Wirkung einer Erweiterung der Kapazität von Maschine 1 bzw. von Maschine 2 treffen? Welche Empfehlungen können daraus abgeleitet werden?

c) Sehen Sie eine Möglichkeit, die optimale Lösung ohne Verwendung des Simplex-Algorithmus zu bestimmen? Begründen Sie Ihre Antwort und berechnen Sie – falls möglich – die optimale Lösung mithilfe eines alternativen Lösungsweges.

d) Implementieren und lösen Sie das in der Angabe gegebene Problem in Excel. Lassen Sie dabei einen Sensitivitätsbericht erstellen und vollziehen Sie Ihre Antwort zu Teilaufgabe b.4) nochmals anhand des Sensitivitätsberichts nach.

*Aufgabe 3.1.9: Lineare Programmierung

Gegeben sei das folgende lineare Maximierungsproblem:

$$Max\ F(x,y) = 4x + 3y$$

unter den Nebenbedingungen:

$$x + 3y \leq 9$$
$$-x + 2y \geq 2$$
$$x, y \geq 0$$

a) Bestimmen Sie grafisch die optimale Lösung. Kennzeichnen Sie die Menge der zulässigen Lösungen und das Optimum.

b) Ermitteln Sie rechnerisch mit einem geeigneten Verfahren der Linearen Programmierung die optimale Lösung.

c) Implementieren und lösen Sie das Problem in Excel.

*Aufgabe 3.1.10: Operative Programmplanung

Eine Unternehmung stellt zwei Produktarten her. Bei Produkt 1 betragen die variablen Stückkosten 300 € und der Absatzpreis 500 € je Stück. Beträgt die produzierte und abgesetzte Menge 30 Stück bei Produkt 1 und 40 Stück bei Produkt 2, so ergibt sich ein Gewinn je Planperiode in Höhe von 0 €. Die fixen Kosten je Planperiode betragen 10.000 €.

Beide Produktarten müssen eine Fertigungsmaschine mit beschränkter Periodenkapazität durchlaufen. Die Fertigungszeit für ein Stück von Produkt 2 ist doppelt so lang wie die Fertigungszeit für ein Stück von Produkt 1. Würde man ausschließlich Produkt 2 herstellen, so würde die maximal mögliche Produktionsmenge 60 Stück je Planperiode betragen.

Sowohl bei Produkt 1 als auch bei Produkt 2 fallen je hergestelltem Stück jeweils 8 Liter der umweltschädlichen Substanz ‚Antibio' an. Diese Substanz darf nicht ungeklärt in das Abwasser eingeleitet werden, sondern muss in einer Filteranlage gereinigt werden. Die Reinigung eines Liters ‚Antibio' dauert 15 Minuten. Die Periodenkapazität der Filteranlage beträgt 160 Stunden.

Von Produkt 1 können höchstens 60 Stück je Planperiode abgesetzt werden. Ferner muss die Summe der produzierten und abgesetzten Mengen von Produkt 1 und Produkt 2 mindestens 70 Stück je Planperiode betragen. Als Zielsetzung verfolgt die Unternehmung Gewinnmaximierung.

a) Formulieren Sie für das beschriebene Problem ein Entscheidungsmodell.

b) Bestimmen Sie grafisch die optimale Lösung. Kennzeichnen Sie die Menge der zulässigen Lösungen (Lösungsraum) und das Optimum. Wie hoch ist der Gewinn?

c) Der Absatzpreis von Produkt 1 wird künftig um 10 Prozent sinken. Der Stückdeckungsbeitrag von Produkt 2 wird sich dagegen verdoppeln. Aufgrund gestiegener Qualitätsanforderungen wird die Fertigungszeit je Stück bei Produkt 1 und bei Produkt 2 um jeweils 10 Prozent steigen. Aufgrund einer verbesserten Losgrößen- und Reihenfolgeplanung wird auch die nutzbare Periodenkapazität der Fertigungsmaschine um 10 Prozent steigen.

c.1) Zeigen Sie, wie das Entscheidungsmodell aus Teilaufgabe a) zur Berücksichtigung dieser Sachverhalte modifiziert werden muss. Zeigen Sie an der Grafik aus Teilaufgabe b), ob und wenn ja in welcher Weise sich der Lösungsraum und die optimale Lösung gegenüber der Ausgangsproblemstellung aus Teilaufgabe a) verändern.

c.2) Erläutern Sie kurz, inwiefern die Losgrößen- und die Reihenfolgeplanung die in der operativen Programmplanung für die Fertigung tatsächlich zur Verfügung stehenden Kapazitäten beeinflussen.

d) Implementieren und lösen Sie das Problem aus Teilaufgabe a) in Excel.

*Aufgabe 3.1.11: Lineare Optimierung

Gegeben sei das folgende lineare Optimierungsproblem:

$$Min \quad F(x_1, x_2, x_3) = 2x_1 + 3x_2 + x_3$$

unter den Nebenbedingungen:

$$\begin{aligned} x_1 + x_2 + x_3 &\geq 5 \\ x_2 &\geq 3 \\ x_1, x_2, x_3 &\geq 0 \end{aligned}$$

a) Stellen Sie zu diesem Problem das duale Optimierungsproblem auf.

b) Welche Beziehung besteht zwischen den Variablen bzw. Schlupfvariablen des Primals und den Variablen bzw. Schlupfvariablen des Duals im Optimum? Wie verhalten sich die optimalen Zielfunktionswerte?

c) Lösen Sie das duale Programm und geben Sie die Lösung an. Wie lautet die optimale Lösung des Primals? Geben Sie jeweils den Zielfunktionswert und die Werte für die Variablen an.

d) Wie lassen sich die Dualwerte derartiger Probleme ökonomisch interpretieren? Veranschaulichen Sie Ihre Antwort am Problem der Bestimmung von Lenkungspreisen.

e) Implementieren und lösen Sie das in der Angabe gegebene Problem in Excel.

*Aufgabe 3.1.12: Programmplanung mit dem Transportmodell

Ein Unternehmen plant die Produktion für die nächsten vier Quartale. Die verschiedenen, in einem Betrieb herstellbaren Produkte sind zu einer einheitlichen Produktgruppe aggregiert worden. Der stark saisonale Bedarf nach dieser Produktgruppe beträgt in den kommenden vier Quartalen 150, 10, 40 und 200 Mengeneinheiten (ME). In jedem Quartal stehen dem Bereich 100 Kapazitätseinheiten (KE) zur Produktion zur Verfügung. Für die Produktion einer ME der Produktgruppe wird eine KE der Produktionsanlage benötigt. Wenn der Bedarf eines Quartals nicht in diesem Quartal befriedigt werden kann, besteht die Möglichkeit, diese Verzugsmengen in einem der folgenden Quartale nachzuliefern. Dies ist jedoch mit zusätzlichen Kosten verbunden. Der dafür anfallende Verzugskostensatz beträgt 50 Geldeinheiten (GE) je ME und Quartal. Wenn Sie z. B. 10 ME mit zwei Quartalen Verspätung ausliefern, so entstehen dadurch Verzugskosten von $50 \cdot 10 \cdot 2 = 1.000$ GE. Es ist auch möglich, auf Lager zu produzieren. Dabei entstehen Lagerkosten von 1 GE je ME und Quartal.

Ihre Aufgabe besteht darin, unter Anwendung des klassischen Transportmodells einen Produktions- und Distributionsplan zu ermitteln, der bei minimalen Lagerhaltungs- und Verzugskosten die Kapazitätsrestriktionen einhält und die Nachfrage befriedigt. Dazu können Sie die Produktionskapazität in den Quartalen als verfügbare Menge an ‚Angebotsorten' und die Nachfrage in den Quartalen als Nachfrage an ‚Nachfrageorten' interpretieren.

a) Zeichnen Sie den Graphen des korrespondierenden Transportmodells. Welche Bedeutung haben in diesem Kontext die Knoten und die Pfeile? Ordnen Sie den Knoten die korrespondierenden Mengen- bzw. Kapazitätseinheiten der Quartale und den Pfeilen vom Angebotsknoten 2 die Verzugs- bzw. Lagerkostensätze zu.

b) Stellen Sie die korrespondierende Kostenmatrix des Transportmodells auf.

c) Geben Sie das klassische Transportmodell allgemein (d. h. ohne Bezug auf die vorliegenden Daten) an. Formulieren Sie ferner mit den hier vorliegenden Daten die Gleichung für die Produktion im zweiten Quartal.

d) Ermitteln Sie mit den hier vorliegenden Daten eine zulässige Lösung des Problems durch Anwendung der Nordwesteckenregel. Geben Sie die Kosten der Lösung an. Geben Sie an, in welchen Quartalen jeweils der Bedarf der vier Quartale produziert wird.

e) Lösen Sie das gleiche Problem mit der Vogel´schen Approximationsmethode und geben sie die Kosten der Lösung an. Wie hoch sind die geplante Verzugsmenge am Ende der Periode 1 und der Lagerbestand am Ende der Periode 3?

f) Implementieren und lösen Sie das Problem in Excel.

*Aufgabe 3.1.13: Programmplanung mit linearer Programmierung

Eine Unternehmung kann zwei Produkte produzieren.

	Variable Kosten [€/Stk]	Marktpreis [€/Stk]	Fertigungszeit Maschinentyp A [Stunden/Stk]	Fertigungszeit Maschinentyp B [Stunden/Stk]	Absatzhöchstmenge [Stk/Monat]
Produkt 1	3	4	1	6	–
Produkt 2	6	8	1	9	60

Es gibt eine Maschine des Typs A, die eine monatliche Fertigungskapazität von 100 Stunden hat. Vom Maschinentyp B gibt es 6 Einheiten, die eine monatliche Fertigungskapazität von je 120 Stunden haben. Es ist der Deckungsbeitrag zu maximieren.

a) Geben Sie Zielfunktion und Nebenbedingungen des Optimierungsproblems an.

b) Lösen Sie das Optimierungsproblem mithilfe des Simplex-Verfahrens.

c) Implementieren und lösen Sie das Problem in Excel.

*Aufgabe 3.1.14: Programmplanung

Produktionsleiter Sakata möchte den Erfolg seines Produktionsbereiches erhöhen. In seinem Bereich können die zwei chemischen Produkte Asinol und Bephal hergestellt werden. Für Asinol hat Sakata mit der Zentrale einen Verrechnungspreis von 3.000 € je kg vereinbart, für Bephal 2.000 € je kg. Vom Rohstoff Rotabol, von dem bei der Herstellung je ein kg je kg

Asinol oder Bephal benötigt wird, kann er gegenwärtig nur 80 kg zu einem Preis von 1.000 € je kg einkaufen.

Sakata weiß ferner, dass zwei der im Produktionsbereich ablaufenden Prozesse nicht unterbrochen werden dürfen, da sonst erhebliche Ausschussmengen entstehen. Deshalb müssen die Prozesse 1 und 2 je mindestens 100 Stunden laufen, wobei die beiden Produkte folgende Maschinenlaufzeiten je kg erfordern:

	Laufzeit von Prozess 1 je kg [h/kg]	Laufzeit von Prozess 2 je kg [h/kg]
Asinol	1	4
Bephal	2	1

a) Formulieren Sie das zugrundeliegende Entscheidungsmodell (Benutzen Sie eine Formulierung, die mit zwei Entscheidungsvariablen auskommt).

b) Ermitteln Sie grafisch die optimale Lösung.

c) Berechnen Sie die optimale Lösung mit einem Simplex-Algorithmus.

d) Lässt sich aus dem Endtableau von c) erkennen, welchen Betrag Sakata maximal für eine zusätzliche Einheit Rotabol zu zahlen bereit wäre?

e) Sakata erfährt aus einer Fachzeitschrift, dass bei dem bisher als unkritisch angesehenen Prozess 3 bei einem Stromausfall Explosionsgefahr besteht, wenn die verarbeitete Menge Asinol zu hoch ist. Er berechnet, dass eine Gefährdung ab etwa 40 bis 60 kg in der Planungsperiode hergestellter Menge Asinol gegeben ist. Diskutieren Sie und veranschaulichen Sie grafisch, wie Sakata seine Einschätzung im Entscheidungsmodell und in der Lösung berücksichtigen kann.

f) Implementieren und lösen Sie das Problem aus Teilaufgabe a) in Excel. Lassen Sie dabei einen Sensitivitätsbericht erstellen und vollziehen Sie Ihre Antwort zu Teilaufgabe d) nochmals anhand des Sensitivitätsberichts nach.

Aufgabe 3.1.15: Mischproblem und lineare Optimierung

Ein chemisches Produkt kann durch die Mischung dreier Einsatzgüter hergestellt werden. Das Einsatzgut 1 kostet 15 Geldeinheiten (GE) je Tonne (t). Das Einsatzgut 2 kostet 24 GE je t und das Einsatzgut 3 kostet 6 GE je t. Die Einsatzgüter enthalten gemäß folgender Tabelle zwei bestimmte und für das Ausbringungsgut erforderliche Elemente in verschiedenen Mengeneinheiten (ME) je t:

	Einsatzgut 1	Einsatzgut 2	Einsatzgut 3
Element 1	3 ME/t	4 ME/t	0 ME/t
Element 2	1 ME/t	3 ME/t	1 ME/t

Das Ausbringungsgut muss mindestens 2 ME von Element 1 und mindestens 4 ME von Element 2 enthalten. Gesucht sind im Folgenden die kostenminimalen Einsatzmengen der Einsatzgüter.

a) Formulieren Sie ein Entscheidungsmodell der linearen Programmierung für dieses Problem.

b) Geben Sie zu dem Problem aus a) das duale Problem an.

c) Lösen Sie das duale Problem durch Anwendung der Simplex-Methode. Geben Sie die optimalen Einsatzmengen der Einsatzgüter und die minimalen Kosten an.

d) Skizzieren Sie mit wenigen Stichworten eine weitere Möglichkeit Ihrer Wahl zur formalen Lösung des Modells aus Teilaufgabe a).

e) Implementieren und lösen Sie das Problem aus Teilaufgabe a) in Excel. Lassen Sie dabei einen Sensitivitätsbericht erstellen und lesen Sie daraus die Lösung des Problems aus Teilaufgabe b) ab.

Aufgabe 3.1.16: Lineare Optimierung

Das Unternehmen Raff & Gier stellt die beiden Produkte 1 und 2 her. Die Absatzpreise und variablen Stückkosten können Sie der nachfolgenden Tabelle entnehmen:

	Produkt 1	Produkt 2
Absatzpreis [€/Stück]	400,–	800,–
variable Stückkosten [€/Stück]	300,–	600,–

Die fixen Kosten je Planperiode betragen 10.000 €. Beide Produkte durchlaufen die Maschinen I und II. Die Fertigungsdauern je Stück von Produkt 1 bzw. 2 sowie die Gesamtkapazitäten der Maschinen I und II je Planungsperiode können Sie der nachfolgenden Tabelle entnehmen:

	Fertigungsdauer Produkt 1 [Stunden/Stück]	Fertigungsdauer Produkt 2 [Stunden/Stück]	Gesamtkapazität [Stunden]
Maschine I	1	1	100
Maschine II	6	9	720

Der Vertriebsleiter schätzt, dass in der Planungsperiode höchstens 60 Stück von Produkt 2 abgesetzt werden können. Für Produkt 1 besteht dagegen keine Absatzrestriktion. Als Zielsetzung verfolgt Raff & Gier Gewinnmaximierung.

a) Formulieren Sie für das beschriebene Problem ein Entscheidungsmodell (Zielfunktion und Nebenbedingungen). Welche Rolle spielen die Fixkosten bei der Lösungsfindung?

b) Ermitteln Sie die optimale Lösung grafisch.

c) Berechnen Sie die optimale Lösung mit dem primalen Simplex-Algorithmus und interpretieren Sie das Endtableau. Gehen Sie dabei insbesondere auf die Werte in der letzten Zeile ein.

d) Bei Produkt 1 fallen je hergestelltem Stück 3 kg Kohlendioxid an. Produkt 2 verursacht 4 kg Kohlendioxid je Stück. Umweltminister Grün führt in der kommenden Planungsperiode erstmals eine Umweltsteuer in Höhe von 10 € je kg Kohlendioxid ein. Da Raff & Gier bei Produkt 1 eine führende Stellung am Markt einnimmt, geht der Vertriebsleiter davon aus, in Zukunft einen Preis in Höhe von 450 € für Produkt 1 erzielen zu können. Dagegen rechnet er bei Produkt 2 aufgrund des starken Konkurrenzdrucks mit einem Preisrückgang auf 740 € je Stück.

d.1) Modifizieren Sie das Entscheidungsmodell aus Teilaufgabe a) für diesen Fall.

d.2) Zeigen Sie anhand der Grafik aus Teilaufgabe b), wie sich das optimale Produktionsprogramm verändert.

e) Gehen Sie nun wiederum von der Ausgangsproblemstellung in Teilaufgabe a) aus und berücksichtigen Sie folgende zusätzliche Aspekte: Aufgrund von vertraglichen Beziehungen beträgt die Absatzmenge bei Produkt 1 mindestens 20 Stück, ferner muss die Summe der Absatzmengen von Produkt 1 und 2 mindestens 40 Stück betragen.

e.1) Zeigen Sie, wie das Entscheidungsmodell in diesem Fall modifiziert werden muss.

e.2) Zeigen Sie an der grafischen Lösung aus Teilaufgabe b), wie sich der Lösungsraum gegenüber der Ausgangsproblemstellung in Teilaufgabe a) verändert.

e.3) Bestimmen Sie nun eine zulässige Basislösung mit dem dualen Simplex-Algorithmus.

f) Formulieren Sie das Dualproblem zur Ausgangsproblemstellung aus Teilaufgabe a).

g) Wie lassen sich das Dualproblem bzw. die Dualwerte ökonomisch interpretieren? Berücksichtigen Sie dabei Ihre Antwort zu Teilaufgabe c).

h) Implementieren und lösen Sie das Problem aus Teilaufgabe a) in Excel. Lassen Sie dabei einen Sensitivitätsbericht erstellen und vollziehen Sie Ihre Antwort zu Teilaufgabe c) nochmals anhand des Sensitivitätsberichts nach.

3.2 Berücksichtigung von Ganzzahligkeitsbedingungen

Aufgabe 3.2.1: Lineare Optimierung bei einem Bekleidungshersteller

Die Bozz AG fertigt Damenkostüme und Herrenanzüge. Der Vorstand beschließt, Sie mit der Optimierung der Materialkosten zu betrauen. Zur Herstellung eines Anzuges bzw. eines Kostüms wird Schurwolle als Deckstoff verwendet. Zur Planung des Produktionsprogramms erhalten Sie von der Beschaffungsabteilung sowie von dem verantwortlichen Produktionsleiter die nachfolgenden Daten.

	Herrenanzug	Damenkostüm
Verbrauch Deckstoff (Schurwolle) pro Stück	4 m^2	2,5 m^2

Die Schurwolle wird in Bahnen von 50 m Länge und 2 m Breite auf Rollen geliefert. Aus den Informationen der Vertriebsabteilung geht hervor, dass Herrenanzüge doppelt so häufig verkauft werden wie Damenkostüme. Dieses Absatzverhältnis soll ebenfalls in der Produktion berücksichtigt werden, indem pro Rolle Deckstoff (Schurwolle) genau doppelt so viele Herrenanzüge wie Damenkostüme hergestellt werden. Darüber hinaus sollen pro Rolle Deckstoff mindestens 5 Damenkostüme gefertigt werden. Bei der Optimierung ist zu berücksichtigen, dass nur vollständige Damenkostüme bzw. Herrenanzüge gefertigt werden können.

a) Stellen Sie den mathematischen Ansatz zur Lösung des hier dargestellten Problems auf. Bezeichnen Sie die Nebenbedingungen. Verwenden Sie als Zielfunktion die Maximierung der Summe aus der Anzahl Anzügen x_H und Kostümen x_D pro Rolle Deckstoff.

b) Veranschaulichen Sie die Zielfunktion und Nebenbedingungen aus a) in einer Grafik. Bezeichnen Sie alle eingetragenen Funktionen.

c) Kennzeichnen Sie in dieser Grafik alle möglichen Lösungen. Wo liegt die optimale Lösung? Welche Werte lesen Sie für diese ab?

d) Implementieren und lösen Sie das Problem in Excel. Lösen Sie das Problem einmal ohne Ganzzahligkeitsbedingungen und einmal mit Ganzzahligkeitsbedingungen. Vergleichen Sie die Ergebnisse.

*Aufgabe 3.2.2: Produktionsprogrammplanung bei einem Spielzeughersteller

Die Pinocchio GmbH stellt zwei Arten Holzspielzeug her: Eisenbahnen und Handpuppen. Die Eisenbahnen werden für 25 € je Stück verkauft; die Handpuppen für 20 € je Stück. Auf dem Absatzmarkt können maximal sieben Eisenbahnen pro Tag verkauft werden. Für die Handpuppen gibt es keine Absatzrestriktion.

Bei der Produktion müssen drei Produktionsschritte durchlaufen werden. Im ersten Schritt werden die Holzstücke zurechtgeschnitten. Dieser Arbeitsgang dauert unabhängig von dem jeweiligen Produkt eine Stunde. Insgesamt stehen zehn Stunden pro Tag für das Zurechtschneiden zur Verfügung. Die Angaben für die beiden weiteren Fertigungsschritte sind in der folgenden Tabelle angegeben.

	Eisenbahnen	Handpuppen	Verfügbare Kapazität
Lackierung	2 h	1 h	16 h/Tag
Montage	1 h	2 h	16 h/Tag

Neben den variablen Stückkosten von 10 € pro Produkt fallen in der Pinocchio GmbH Fixkosten in Höhe von 100 € an. Der Geschäftsführer der Pinocchio GmbH möchte den täglichen Gewinn maximieren.

a) Bestimmen Sie Zielfunktion und Nebenbedingungen des Entscheidungsproblems.

b) Lösen Sie das lineare Optimierungsproblem grafisch.

c) Lösen Sie das Optimierungsproblem anschließend unter Verwendung des Simplex-Algorithmus. Verdeutlichen Sie Ihr Vorgehen an der grafischen Lösung und interpretieren Sie Ihr Ergebnis. Liefert der Simplex-Algorithmus im Allgemeinen stets eine ganzzahlige Lösung?

d) Implementieren und lösen Sie das Problem aus Teilaufgabe a) in Excel. Verzichten Sie zunächst auf das Setzen von Ganzzahligkeitsbedingungen und prüfen Sie, ob sich ohnehin eine ganzzahlige Lösung ergibt.

e) Berücksichtigen Sie nun im Excel-Modell aus Teilaufgabe d) folgende Änderung: Aufgrund von Instandhaltungsmaßnahmen beträgt die effektiv zur Verfügung stehende Kapazität in der Abteilung Lackierung nur noch 13 h/Tag. Lösen Sie das veränderte Problem zunächst ohne Ganzzahligkeitsbedingungen und versuchen Sie, durch Runden der Ergebnisse eine zulässige Lösung zu generieren. Notieren Sie sich den resultierenden Zielfunktionswert. Lösen Sie das Modell anschließend mit Setzen von Ganzzahligkeitsbedingungen und vergleichen Sie die Ergebnisse.

3.3 Einbeziehung von Verfahrens- und Make or Buy-Entscheidungen

**Aufgabe 3.3.1: Produktionsprogramm- und Verfahrensplanung*

Gegeben sei folgendes Planungsproblem mit vier Produkten und zwei Arbeitsgängen mit jeweils zwei möglichen Verfahren:

Produkt		$i = 1$	$i = 2$	$i = 3$	$i = 4$
Stückerlös [€/Stück]		300	500	1.200	480
Materialkosten [€/Stück]		195	300	980	300
Absatzobergrenze q_i^0 [Stück]		200	250	150	300
a_{mji}	Verbrauch a_{11i} [KE/Stück]	2	4	8	4
	Verbrauch a_{12i} [KE/Stück]	3	5	6	6
	Verbrauch a_{23i} [KE/Stück]	6	6	10	3
	Verbrauch a_{24i} [KE/Stück]	5	4	9	2

Die Produktionskoeffizienten a_{mji} geben je Arbeitsgang m an, in welchem Ausmaß die Kapazität von Prozess j für die Fertigung einer Einheit von Produkt i in Anspruch genommen wird. Die proportionalen Prozesskosten und die verfügbare Prozesskapazität zeigt die folgende Tabelle:

Arbeitsgang m	1		2	
Prozess j	1	2	3	4
Kostensatz c_{ji} [€/KE]	7	4	5	7
Kapazität d_j^0 [KE]	5.500	5.000	6.000	4.500

a) Ermitteln Sie das optimale Produktionsprogramm bei optimaler Verfahrenswahl.

b) Gehen Sie nun davon aus, dass sich aufgrund eines Brandes in der relevanten Werkstatt die Kapazität von Prozess 3 in Arbeitsgang 2 auf 2.400 verringert. Bestimmen Sie das nun optimale Produktionsprogramm.

c) Implementieren und lösen Sie das Problem aus Teilaufgabe b) in Excel.

*Aufgabe 3.3.2: Produktionsprogrammplanung und Make or Buy-Entscheidung

Eine Unternehmung fertigt vier Produkte $i = 1, 2, 3, 4$. Jedes Produkt wird in einem Montageprozess aus vier Bauteilen zusammengesetzt. Jedes Endprodukt benötigt genau eine Einheit von den vier Bauteilen $n = a, b, c, d$. Neben den Kosten für die Bauteile fallen Fertigungskosten k_i an. Die folgende Tabelle zeigt die relevanten Daten.

Produkt	$i = 1$	$i = 2$	$i = 3$	$i = 4$
Stückerlös p_i [€/Stück]	450	400	650	440
proportionale Fertigungskosten k_i [€/Stück]	130	100	340	250
Absatzobergrenze q_i^0 [Stück]	100	240	130	400
Bedarf an Bauteil a [ME/Stück]	1	1	1	1
Bedarf an Bauteil b [ME/Stück]	1	1	1	1
Bedarf an Bauteil c [ME/Stück]	1	1	1	1
Bedarf an Bauteil d [ME/Stück]	1	1	1	1

Jedes Bauteil kann selbst gefertigt oder fremdbezogen werden. Die folgende Tabelle gibt die Einkaufspreise v_n bei Fremdbezug und die Kosten c_n sowie Produktionskoeffizienten a_n bei Eigenfertigung der Bauteile an.

Bauteil	a	b	c	d
Einkaufspreis v_n [€/ME]	40	100	65	40
Kosten bei Eigenfertigung c_n [€/ME]	30	80	50	60
Produktionskoeffizient a_n [KE/ME]	5	2	1	4

a) Unterstellen Sie für den Montageprozess ausreichende Kapazitäten. Für die Eigenfertigung der Bauteile sind 3.000 Kapazitätseinheiten vorhanden. Bestimmen Sie das optimale Produktionsprogramm der Endprodukte unter Berücksichtigung der benötigten Bauteile. Ermitteln Sie zudem die optimale Menge für die Eigenfertigung und den Fremdbezug der Bauteile $n = a, b, c, d$ und den resultierenden maximalen Deckungsbeitrag.

b) Gehen Sie nun davon aus, dass für die Eigenfertigung der Bauteile aufgrund einer Kapazitätsanpassung stets ausreichend Kapazitätseinheiten vorhanden sind. Für die Endprodukte gelten die gleichen Angaben wie in obiger Tabelle, allerdings muss nun jedes Endprodukt zusätzlich zwei Anlagen durchlaufen. Die Produktionskoeffizienten für die Nutzung der Anlagen sind in folgender Tabelle angegeben.

Produkt	$i=1$	$i=2$	$i=3$	$i=4$
Produktionskoeffizient a_{1i} [KE/Stück]	6	6	8	4
Produktionskoeffizient a_{2i} [KE/Stück]	8	3	8	5

Die Anlage $j=1$ hat eine Kapazität von 2.600 Einheiten, die Anlage $j=2$ eine Kapazität von 2.200 Einheiten. Implementieren Sie das Problem aus dieser Teilaufgabe b) in Excel und bestimmen Sie die optimale Lösung. Wie würde sich eine Erhöhung der Kapazität von Anlage 1 bzw. 2 auf den optimalen Deckungsbeitrag auswirken? Ziehen Sie zur Beantwortung dieser Frage den Sensitivitätsbericht heran.

4. Materialwirtschaft und Beschaffungsplanung

4.1 Klassifikation von Material und Bedarfsarten

Aufgabe 4.1.1: ABC-Analyse

Eine Unternehmung möchte mithilfe einer ABC-Analyse die im Produktionsprozess eingesetzten Materialien klassifizieren, um Anhaltspunkte für eine effizientere Materialwirtschaft und Bestellmengenplanung zu finden. Folgende Materialliste liegt vor:

Materialart-Nr.	Verbrauch pro Jahr [ME]	Preis [€/ME]
1	120	280,00
2	15.000	1,70
3	1.000	2,70
4	4.000	1,80
5	600	5,80
6	30.000	0,08
7	18.000	0,05
8	20.000	0,08
9	500	8,50
10	100	23,00

Führen Sie eine ABC-Analyse durch. Dabei soll die Kategorie der A-Materialien von möglichst wenigen Materialarten gebildet werden, die insgesamt einen Anteil in Höhe von ca. 70% am Gesamtwert des Materialverbrauchs erreichen. Die Kategorie der B-Materialien soll ca. 18% und die der C-Materialien ca. 12% vom Gesamtwert betragen.

a) Stellen Sie das Ergebnis tabellarisch dar.

b) Stellen Sie das Ergebnis grafisch dar.

c) Nennen Sie typische Handlungsempfehlungen, die man mittels der ABC-Analyse für A- und C-Teile hinsichtlich der Gestaltung der beschaffungswirtschaftlichen Aktivitäten ableiten kann.

Aufgabe 4.1.2: Bedarfsarten

Unterscheiden Sie Primär-, Sekundär- und Tertiärbedarf sowie Brutto-, Zusatz- und Nettobedarf. Geben Sie jeweils ein Beispiel.

4.2 Verbrauchsorientierte Materialbedarfsvorhersage

Aufgabe 4.2.1: Gleitende Mittelwerte und exponentielle Glättung erster Ordnung

Die nachfolgende Tabelle gibt die Istwerte des Materialverbrauchs für die Jahre 2009 bis 2014 an:

Jahr	Materialverbrauch
2009	20
2010	22
2011	21
2012	26
2013	22
2014	24

a) Sind folgende Aussagen richtig?

a.1) Bei den Methoden der Materialbedarfsvorhersage gehen die verbrauchsgebundenen Prognoseverfahren vom bisherigen zeitlichen Bedarf der Materialarten aus. Als unabhängige Variablen der Materialbedarfsfunktion treten Zeitgrößen auf, durch welche die eigentlichen Bestimmungsgrößen indirekt wiedergegeben werden.

a.2) Als verbrauchsgebundenes Verfahren der Materialbedarfsvorhersage empfiehlt sich bei einem konstanten Bedarfsverlauf die einfache oder gleitende Mittelwertbildung oder die exponentielle Glättung erster Ordnung.

b) Berechnen Sie mithilfe der gleitenden Mittelwerte die Prognosewerte für die Jahre 2014 und 2015. Bei der Berechnung der Prognosewerte sollen jeweils die vergangenen drei Perioden zugrunde gelegt werden.

c) Prognostizieren Sie den Bedarf für das Jahr 2015 mit der exponentiellen Glättung erster Ordnung. Der Istwert von 2012 habe dem Prognosewert von 2011 für 2012 entsprochen. Der Glättungskoeffizient α beträgt 0,5.

d) Welchen Einfluss hat die Wahl des Glättungskoeffizienten α bei der exponentiellen Glättung erster Ordnung auf die Prognosewerte? Sollte bei großen zufälligen Schwankungen im Bedarfsverlauf eher ein großer oder eher ein kleiner Glättungskoeffizient verwendet werden?

e) Führen Sie die Prognosen gemäß den Teilaufgaben b) und c) in Excel durch.

Aufgabe 4.2.2: Exponentielle Glättung erster Ordnung

Folgende Zeitreihe für den Materialverbrauch liegt vor:

Jahr t	Materialverbrauch r_t
2009	2.450
2010	2.600
2011	2.600
2012	2.800
2013	2.700
2014	2.500
2015	2.300

a) Prognostizieren Sie den Bedarf für das jeweils folgende Jahr bis 2016 mit der exponentiellen Glättung erster Ordnung. Unterstellen Sie als Glättungskoeffizienten $\alpha = 0{,}3$. Zudem gilt, dass der Istwert von 2009 dessen Prognosewert entsprach.

b) Wie beurteilen Sie die Anwendungsvoraussetzungen für die exponentielle Glättung erster Ordnung?

c) Führen Sie die Prognose gemäß Teilaufgabe a) in Excel durch. Hinweis: Die Lösung zu dieser Aufgabe wird ausführlich in Teil III, Kapitel 2.1 beschrieben.

**Aufgabe 4.2.3: Verbrauchsgebundene Materialbedarfsprognose*

Bei der Neueinführung eines computerunterstützten PPS-Systems muss sich Produktionsleiter Sakata entscheiden, welches Verfahren für die Verbrauchsvorhersage angewandt werden soll. Zur Auswahl stehen ihm:

- gleitende Mittelwerte über die jeweils letzten fünf Perioden
- exponentielle Glättung 1. Ordnung mit Glättungsparameter $\alpha = 0{,}4$ und
- exponentielle Glättung 2. Ordnung mit Glättungsparameter $\alpha = 0{,}4$

Hinweis:

$$V_{t+\tau} = 2\overline{r}_t^{(1)} - (1-\tau)\cdot\overline{r}_t^{(2)} - \tau\cdot\overline{r}_{t-1}^{(2)}$$

mit

$V_{t+\tau}$: Vorhersagewert für Periode $t+\tau$

$\overline{r}_t^{(1)}$: exponentiell gewichteter Mittelwert erster Ordnung der Bedarfsmengen r_τ aller Perioden $\tau \leq t$

$\overline{r}_t^{(2)}$: exponentiell gewichteter Mittelwert zweiter Ordnung der Bedarfsmengen r_τ aller Perioden $\tau \leq t$ (= exponentiell gewichteter Mittelwert erster Ordnung der $\overline{r}_t^{(1)}$ aller Perioden $\tau \leq t$)

Sakata möchte seine Entscheidung objektiv treffen. Er lässt sich daher die Materialbedarfe der letzten 8 Perioden geben, von denen er die ersten 5 als Vorlauf verwendet, die weiteren 3 als Testdaten.

Periode	Materialbedarf
$t-8$	126
$t-7$	120
$t-6$	139
$t-5$	161
$t-4$	150
$t-3$	163
$t-2$	164
$t-1$	170

Als Trainee in der Produktionsabteilung wird Ihnen die Aufgabe übertragen, das Verfahren zu ermitteln, dessen Prognosen gegenüber den Testdaten die kleinste mittlere absolute Abweichung (MAD) aufweisen.

a) Bestimmen Sie zunächst anhand der Vorlaufdaten die jeweiligen Prognosewerte der drei Verfahren für die Periode $t-3$.

b) Prognostizieren Sie den Verbrauch der Perioden $t-2$ und $t-1$ (Berücksichtigen Sie dabei die zwischenzeitlich realisierten Verbrauchswerte der Perioden $t-3$ bzw. $t-3$ und $t-2$).

c) Bei welchem Verfahren ist die mittlere absolute Abweichung gegenüber den Testdaten am geringsten? Welcher inhaltliche Vorzug dieses Verfahrens kommt hier zum Tragen?

d) Führen Sie die Prognosen gemäß den Teilaufgaben a) und b) und die Bestimmung der Abweichungen gemäß Teilaufgabe c) in Excel durch.

*Aufgabe 4.2.4: Prognoseverfahren für Nachfrage

Gegeben sei die folgende Zeitreihe mit den Nachfragen N_t in den Perioden $t = 1,...,8$:

t	1	2	3	4	5	6	7	8
N_t	200	250	175	186	225	285	305	190

a) Bezeichnen Sie die Prognose der Nachfrage im Zeitpunkt t für den Zeitpunkt $t+\tau$ mit N_t^τ. Geben Sie formal die jeweilige Gleichung zur Bestimmung der einperiodigen Prognose $\tau = 1$ im Zeitpunkt t an, falls die Prognose mit einfacher Mittelwertsbestimmung, gleitender Durchschnittswertbildung oder exponentieller Glättung erster Ordnung erfolgt. Die gleitende Durchschnittswertbildung soll die Daten aus drei Perioden zur Prognose verwenden, und die exponentielle Glättung wird mit dem Glättungsparameter $\alpha = 0,1$ durchgeführt.

b) Berechnen Sie in den Perioden $t = 3,...,7$ die Prognosewerte N_t^1 für die Perioden 4 bis 8 mit den Verfahren der gleitenden Durchschnittswertbildung (Daten aus drei Perioden) und der exponentiellen Glättung. Nehmen Sie für den zweiten Fall an, dass die Prognose $N_2^1 = 205$ betrug. Zur Rechenvereinfachung können Sie die Prognosewerte auf ganze Zahlen runden. Bestimmen Sie jeweils den absoluten Fehler für jede Prognose und den mittleren absoluten Fehler (MAD).

c) Welchen Einfluss hat der Glättungsparameter α auf den Verlauf der Prognosewerte im Vergleich zum Verlauf der tatsächlichen Nachfragewerte?

d) Vergleichen Sie die Prognosefunktionen für die einfache Mittelwertbestimmung, die gleitende Durchschnittswertbildung und die exponentielle Glättung erster Ordnung. Inwieweit gehen realisierte Werte der Vergangenheit in diese Prognosen ein?

e) Welche Voraussetzung sollte die zu prognostizierende Zeitreihe erfüllen, damit die drei genannten Verfahren angewendet werden können?

f) Führen Sie die Prognosen und die Abweichungsbestimmung gemäß Teilaufgabe b) in Excel durch.

*Aufgabe 4.2.5 Bedarfsprognose mit der linearen Regression

Ricardo Regressio ist Produktionsleiter bei einem großen Möbelhersteller. Seit geraumer Zeit steigt die Nachfrage nach dessen Qualitätsmöbeln erfreulicherweise kontinuierlich an. Dies hat wiederum einen fortlaufenden Anstieg des Rohstoff- und Teilebedarfes in der Möbelherstellung zur Folge. Folgende Tabelle zeigt die Entwicklung des Verbrauchs an Spezialschrauben des Typs DIN0815 in den letzten 12 Monaten von April 2014 bis einschließlich März 2015.

Jahr	Monat	Verbrauch
2014	April	850
	Mai	1.050
	Juni	1.000
	Juli	1.300
	August	1.200
	September	1.500
	Oktober	1.350
	November	1.700
	Dezember	1.590
2015	Januar	1.800
	Februar	2.050
	März	1.900
	April	?

Prognostizieren Sie den Bedarf an Schrauben für den Monat April 2015 mit der linearen Regression unter Verwendung von Excel. Interpretieren Sie das Bestimmtheitsmaß. Hinweis: Die Lösung zu dieser Aufgabe wird ausführlich in Teil III, Kapitel 2.2 beschrieben.

4.3 Programmorientierte Materialbedarfsvorhersage

Aufgabe 4.3.1: Stücklisten

Eine Unternehmung stellt die drei Produkte X, Y und Z her. Die Struktur der Erzeugnisse wird in folgendem Erzeugnisbaum deutlich:

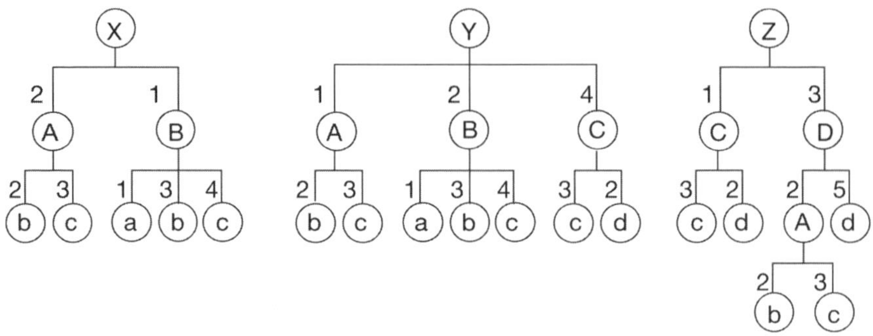

Bilden Sie aus den Erzeugnisstrukturen Stücklisten, und zwar eine Strukturstückliste für Produkt X, eine Baukastenstückliste für Produkt Y sowie eine Mengenübersichtsstückliste für Produkt Z.

Aufgabe 4.3.2: Gozintograph

a) Führen Sie mithilfe des folgenden Gozintographen eine Bedarfsauflösung durch. Der Primärbedarf betrage bei den Produkten X bzw. Y 100 bzw. 200 Stück, bei den Zwischenprodukten A bzw. B 20 bzw. 50 Stück und bei Teil d 10 Stück.

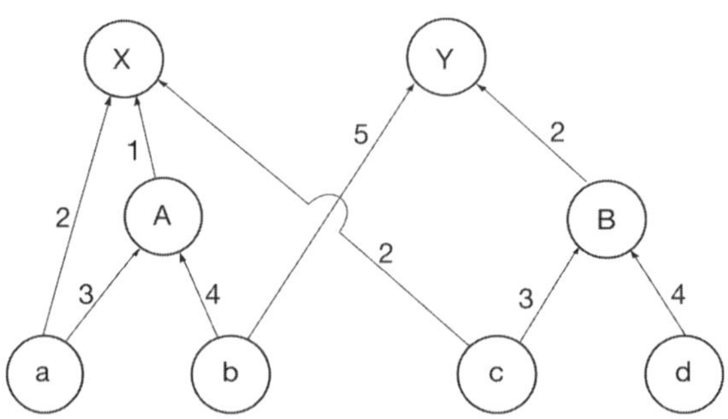

b) Implementieren Sie das statische Input-Output-Modell für die vorliegende Erzeugnisstruktur in Excel; erstellen Sie hierbei zwei Implementierungsvarianten: eine Version unter Verwendung von Matrix-Funktionen und eine Version mittels Excel-Solver. Ermitteln Sie damit die Gesamtbedarfe aller Güter.

Aufgabe 4.3.3: Gozintograph, Direkt- und Gesamtbedarfsmatrix

In einem chemischen Prozess wird ein Produkt F hergestellt. Zur Produktion dieses Stoffes werden drei Rohstoffe eingesetzt, die zu drei Zwischenprodukten weiterverarbeitet werden, aus denen dann das Endprodukt hergestellt wird.

Das Zwischenprodukt A wird aus zwei Teilen a und drei Teilen b produziert, in das Zwischenprodukt B gehen ein Teil von A sowie zwei Teile des Rohstoffs c ein. Das Zwischenprodukt C setzt sich aus einem Teil c, zwei Teilen A sowie zwei Teilen B zusammen; aus drei Teilen C und zwei Teilen B wird schließlich das Endprodukt F produziert.

a) Stellen Sie den Gozintographen zur Ermittlung des Materialbedarfs dar.

b) Entwickeln Sie aus dem Gozintographen die Direktbedarfsmatrix. Wie kann diese Matrix interpretiert werden?

c) Stellen Sie die Gesamtbedarfsmatrix auf. Welche Aussagen beinhaltet die Gesamtbedarfsmatrix und welche Interpretationen dieser Matrix sind demgemäß möglich?

d) Stellen Sie die erforderlichen Teile für drei Einheiten von F, zwei Einheiten A und vier Einheiten c zusammen.

e) Implementieren Sie das statische Input-Output-Modell für die vorliegende Erzeugnisstruktur in Excel; erstellen Sie hierbei zwei Implementierungsvarianten: eine Version unter Verwendung von Matrix-Funktionen und eine Version mittels Excel-Solver. Ermitteln Sie damit die Gesamtbedarfe aller Güter für die in Teilaufgabe d) gegebenen Primärbedarfe.

Aufgabe 4.3.4: Direkt- und Gesamtbedarfsmatrix

In einem Montagebetrieb entsteht ein Endprodukt F, das sich aus den Baugruppen A und B sowie den Einzelteilen c, d sowie e zusammensetzt.

Baugruppe A, von der man zwei Einheiten zur Produktion des Endproduktes F benötigt, wird aus vier Einzelteilen c und aus zwei Einzelteilen d montiert. Weiter werden zur Produktion eines Endproduktes F fünf Einheiten der Baugruppe B eingesetzt. Baugruppe B besteht dabei aus vier Einzelteilen d, aus drei Einzelteilen e und aus einer Baugruppe A. Von den Einzelteilen c und d gehen jeweils drei Einheiten direkt in das Endprodukt F ein.

a) Bestimmen Sie aus den obigen Angaben die Gesamtbedarfsmatrix.

b) Wie viele Einheiten der Einzelteile c, d und e werden für die Herstellung von drei Einheiten des Endproduktes F benötigt?

c) Skizzieren Sie die allgemeine mathematische Vorgehensweise, wie die Gesamtbedarfsmatrix aus der Direktbedarfsmatrix berechnet werden kann.

d) Welche Produktionsfunktion liegt dem angegebenen Produktionsprozess zugrunde? Kennzeichnen Sie deren wichtigste Merkmale.

e) Implementieren Sie das statische Input-Output-Modell für die vorliegende Erzeugnisstruktur in Excel; erstellen Sie hierbei zwei Implementierungsvarianten: eine Version unter Verwendung von Matrix-Funktionen und eine Version mittels Excel-Solver. Ermitteln Sie damit die Gesamtbedarfe aller Güter für den in Teilaufgabe b) gegebenen Primärbedarf.

Aufgabe 4.3.5: Gozintograph und statisches Input-Output-Modell

Nachfolgender Gozintograph zeigt die Erzeugnisstruktur des Produktes Y. Der Primärbedarf betrage $x_b = 20$, $x_A = 50$, $x_B = 30$, $x_X = 10$ und $x_Y = 20$.

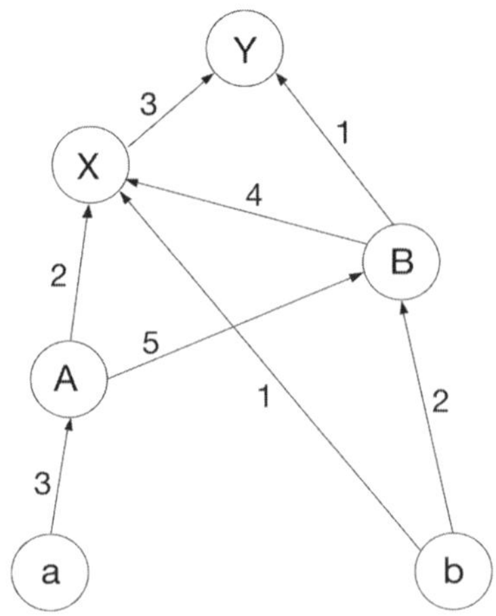

a) Führen Sie mithilfe des Gozintographen eine Bedarfsauflösung durch und bestimmen Sie die Gesamtbedarfe aller Einsatzgüter.

b) Formulieren Sie allgemein das statische Input-Output-Modell in Matrixschreibweise.

c) Spezifizieren Sie das unter Teilaufgabe b) aufgestellte Input-Output-Modell für die vorliegende Erzeugnisstruktur und berechnen Sie damit für die gegebenen Primärbedarfe die Gesamtbedarfe aller Einsatzgüter.

d) Implementieren Sie das statische Input-Output-Modell für die vorliegende Erzeugnisstruktur in Excel; erstellen Sie hierbei zwei Implementierungsvarianten: eine Version unter Verwendung von Matrix-Funktionen und eine Version mittels Excel-Solver. Ermitteln Sie damit die Gesamtbedarfe aller Güter. Hinweis: Die Lösung zu dieser Aufgabe wird ausführlich in Teil III, Kapitel 3 beschrieben.

Aufgabe 4.3.6: Erzeugnisbaum, Direkt- und Gesamtbedarfsmatrix

Das Endprodukt Z setzt sich zusammen aus den Baugruppen X und Y sowie den Einzelteilen a, b und c.

Baugruppe X, von der man für eine Einheit von Z zwei Einheiten benötigt, wird aus vier Teilen a und je einem Teil von b und c hergestellt. Von Baugruppe Y benötigt man vier Einheiten für eine Einheit Z. Y setzt sich wiederum aus einem Teil von b und fünf Teilen von c zusammen. Zudem geht Teil b mit einem Produktionskoeffizienten von vier und c mit einem Produktionskoeffizienten von drei direkt in das Endprodukt Z ein.

a) Zeichnen Sie den Erzeugnisbaum in der Dispositionsstufendarstellung für das Endprodukt Z.

b) Ermitteln Sie für obige Produktstruktur die Direktbedarfsmatrix und die Gesamtbedarfsmatrix.

c) Bestimmen Sie die Anzahl an Einheiten der Einzelteile b und c, die Sie für die Produktion von vier Einheiten von Z benötigen.

d) Sind die folgenden Aussagen richtig?

d.1) Die Gesamtbedarfsmatrix lässt sich berechnen, indem man von der Einheitsmatrix die invertierte Direktbedarfsmatrix abzieht.

d.2) Die Gesamtbedarfsmatrix gibt an, welche Menge eines bestimmten Materials im Produktionsprozess insgesamt erforderlich ist, um eine Einheit eines Zwischen- oder Endproduktes herzustellen.

d.3) Der Teileverwendungsnachweis gibt an, aus welchen Teilen ein Produkt besteht.

e) Implementieren Sie das statische Input-Output-Modell für die vorliegende Erzeugnisstruktur in Excel; erstellen Sie hierbei zwei Implementierungsvarianten: eine Version unter Verwendung von Matrix-Funktionen und eine Version mittels Excel-Solver. Ermitteln Sie damit die Gesamtbedarfe aller Güter für den in Teilaufgabe c) gegebenen Primärbedarf.

Aufgabe 4.3.7: Direkt- und Gesamtbedarfsmatrix

In einem Montagebetrieb entsteht ein Endprodukt F, das sich aus den Baugruppen A und B sowie den Einzelteilen c und d zusammensetzt. Baugruppe A, von der man zwei Einheiten zur Produktion des Endproduktes F benötigt, wird aus vier Teilen c und aus einem Teil d montiert. Weiter werden zur Produktion eines Endproduktes F fünf Einheiten der Baugruppe B gebraucht. Baugruppe B besteht wiederum aus vier Teilen d und aus einer Baugruppe A. Ferner gehen die Einzelteile c und d mit einem Produktionskoeffizienten von jeweils drei direkt in das Endprodukt F ein.

a) Geben Sie die Direktbedarfsmatrix an.

b) Ermitteln Sie die Gesamtbedarfsmatrix.

c) Sind die folgenden Aussagen richtig?

c.1) Von Teil d reicht die vorhandene Lagermenge von 50 Einheiten zur Produktion von zwei Einheiten des Endproduktes F.

c.2) Charakteristikum der Direktbedarfsmatrix ist, dass die Werte der Hauptdiagonalen Eins sind, wenn der Produktionsprozess nicht zyklisch ist.

c.3) Die Gesamtbedarfsmatrix lässt sich aus der Direktbedarfsmatrix ableiten, indem man von der Einheitsmatrix die Direktbedarfsmatrix abzieht und aus der Differenz die Inverse bildet.

d) Implementieren Sie das statische Input-Output-Modell für die vorliegende Erzeugnisstruktur in Excel; erstellen Sie hierbei zwei Implementierungsvarianten: eine Version unter Verwendung von Matrix-Funktionen und eine Version mittels Excel-Solver. Ermitteln Sie damit die Gesamtbedarfe aller Güter. Die Primärbedarfe betragen $x_c = 10$, $x_d = 0$, $x_A = 20$, $x_B = 30$ und $x_F = 100$. Lagerbestände seien in dieser Teilaufgabe nicht vorhanden.

Aufgabe 4.3.8: Baukastenstücklisten und Gesamtbedarfsmatrix

Die Materialstruktur einer Unternehmung lässt sich durch folgende Baukastenstücklisten abbilden:

Erzeugnis *Y*	
Baugruppe/Teil	Menge
A	3

Erzeugnis *Z*	
Baugruppe/Teil	Menge
A	4
B	2
e	3

Baugruppe *A*	
Baugruppe/Teil	Menge
c	4
d	3

Baugruppe *B*	
Baugruppe/Teil	Menge
A	2
c	5
e	1

a) Ermitteln Sie die für diese Struktur geltende Gesamtbedarfsmatrix.

b) Der Primärbedarf betrage für das Endprodukt *Y* 30 Einheiten und für das Endprodukt *Z* 20 Einheiten. Ferner werden von der Baugruppe *B* 10 Einheiten direkt am Markt abgesetzt. Ermitteln Sie die benötigten Einsatzmengen der Einzelteile c, d und e.

c) Implementieren Sie das statische Input-Output-Modell für die vorliegende Erzeugnisstruktur in Excel; erstellen Sie hierbei zwei Implementierungsvarianten: eine Version unter Verwendung von Matrix-Funktionen und eine Version mittels Excel-Solver. Ermitteln Sie damit die Gesamtbedarfe aller Güter für die in Teilaufgabe b) gegebenen Primärbedarfe.

Aufgabe 4.3.9: Programmgebundene Materialbedarfsermittlung bei Lagerbeständen

Ein Unternehmen stellt die beiden Endprodukte P1 und P2 aus den Baugruppen *D* und *E* sowie den Teilen *a*, *b* und *c* her. Die Erzeugnisstruktur ergibt sich aus nachfolgendem Gozintographen. Die Werte an den Pfeilen geben die Produktionskoeffizienten an.

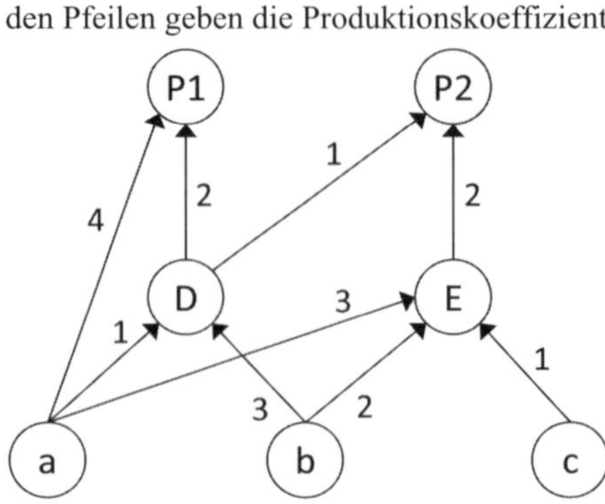

Berechnen Sie die Nettogesamtbedarfe aller Teile und Baugruppen, wenn nachfolgende Primärbedarfe x_i und Lagerbestände l_i gegeben sind. Die Lagerbestände sollen soweit wie möglich verbraucht werden. Interpretieren Sie die Ergebnisse für die Teile *b* und *c*.

$$\begin{bmatrix} x_a \\ x_b \\ x_c \\ x_D \\ x_E \\ x_{P1} \\ x_{P2} \end{bmatrix} = \begin{bmatrix} 0 \\ 0 \\ 20 \\ 30 \\ 0 \\ 100 \\ 200 \end{bmatrix} \qquad \begin{bmatrix} l_a \\ l_b \\ l_c \\ l_D \\ l_E \\ l_{P1} \\ l_{P2} \end{bmatrix} = \begin{bmatrix} 500 \\ 1000 \\ 500 \\ 200 \\ 200 \\ 20 \\ 20 \end{bmatrix}$$

**Aufgabe 4.3.10: Programmgebundene Materialbedarfsvorhersage*

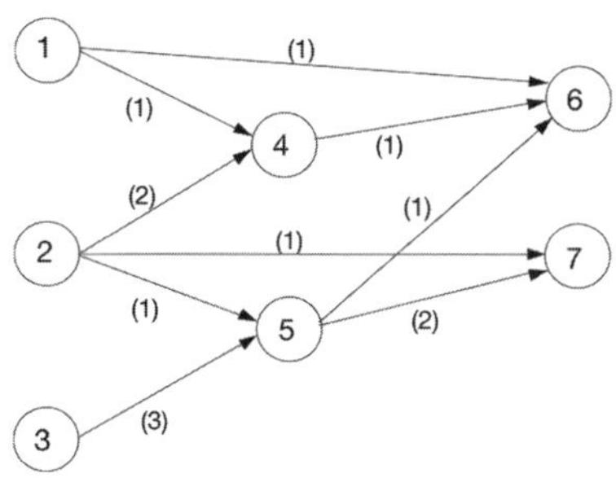

a) Stellen Sie für den oben abgebildeten Produktionsprozess das Input-Output-Modell auf und geben Sie die Direktbedarfsmatrix sowie die Gesamtbedarfsmatrix an. Wie lassen sich die Direktbedarfsmatrix und die Gesamtbedarfsmatrix interpretieren?

b) Kennzeichnen Sie ausgehend von der Grundgleichung des statischen Input-Output-Ansatzes und der statischen Transformationsfunktion des Typs I die spezifisch dynamischen Elemente im Rahmen des Übergangs vom statischen zum dynamischen Input-Output-Ansatz. Stellen Sie die beiden möglichen Typen einer dynamischen Transformationsfunktion auf und erläutern Sie diese mit knappen Worten. Geben Sie die entsprechenden Produktionsfunktionen an.

c) Ermitteln Sie mithilfe des Dispositionsstufenverfahrens die terminierten Gesamtbedarfe der Einsatzgüter 1 bis 5 für folgende Primärbedarfe:

Produkt	$t=1$	$t=2$	$t=3$
6	2	6	4
7	1	5	8

Die Verweilzeiten sind der folgenden Tabelle zu entnehmen:

von Teil / Produkt	zu Teil / Produkt	Verweilzeit
1	4	2
	6	0
2	4	2
	5	1
	7	1
3	5	0
4	6	1
5	6	1
	7	1

**Aufgabe 4.3.11: Mehrstufige Materialbedarfsrechnung*

Gegeben ist der folgende, grafisch dargestellte Produktionsprozess:

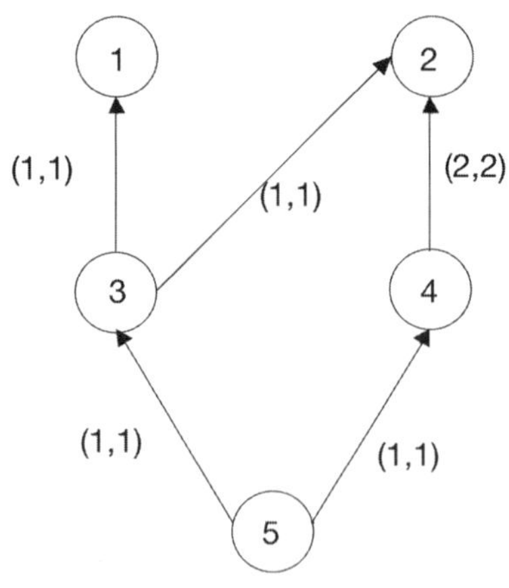

Die Knoten des Graphen stellen Produkte dar, die Bewertung (a_{ij}^{τ}, τ) der Pfeile gibt den Direktbedarfskoeffizienten a_{ij}^{τ} und die Verweilzeit (Vorlaufverschiebung) τ für den Einsatz der Produkte auf den nachfolgenden Produktionsstufen an. Für die Produkte $i = 1,..., 5$ existieren Lageranfangsbestände in Höhe von 5, 15, 10, 20 und 10 Mengeneinheiten. Gegeben sind die Nachfragezeitreihen D_{it} für die beiden Endprodukte $i = 1, 2$ und die Periode $t = 1,..., 6$:

$i \backslash t$	1	2	3	4	5	6
D_{1t}	0	0	0	15	5	30
D_{2t}	0	0	0	10	35	20

a) Führen Sie durch Anwendung des Dispositionsstufenverfahrens eine mehrstufige, mehrperiodige Materialbedarfsermittlung unter der Annahme durch, dass der Bedarf zunächst durch die Lagerbestände gedeckt wird.

b) Formulieren Sie allgemein die dynamische Produktionsfunktion, die diese Vorgehensweise formal abbildet.

*Aufgabe 4.3.12: Materialbedarfsvorhersage mit dem Dispositionsstufenverfahren

Ein Unternehmen fertigt die Endprodukte *E* und *F*. Zusätzlich wird die Baugruppe *D* als Ersatzteil vertrieben. Die Lageranfangsbestände betragen für Produkt *E* 10 Einheiten, für Produkt *F* 12 Einheiten sowie 23 Einheiten für die Baugruppe *D*. Damit die Nachfrage nach Ersatzteilen immer kurzfristig bedient werden kann, ist für die Baugruppe *D* ein Lagermindestbestand von 15 Einheiten vorzuhalten. Für die beiden Endprodukte ist kein Lagermindestbestand erforderlich.

Die Primärbedarfe für die Endprodukte *E* und *F* sowie die Baugruppe *D* sind in folgender Tabelle gegeben:

Periode	$t = 1$	$t = 2$	$t = 3$	$t = 4$
Endprodukt E	12	5	5	1
Endprodukt F	10	7	5	4
Baugruppe D	10	10	10	10

Die Produktionsstruktur der Unternehmung ist im folgenden Gozintographen dargestellt. Die an den Pfeilen angegebenen Zahlen (in Klammern) bezeichnen jeweils den Produktionskoeffizienten.

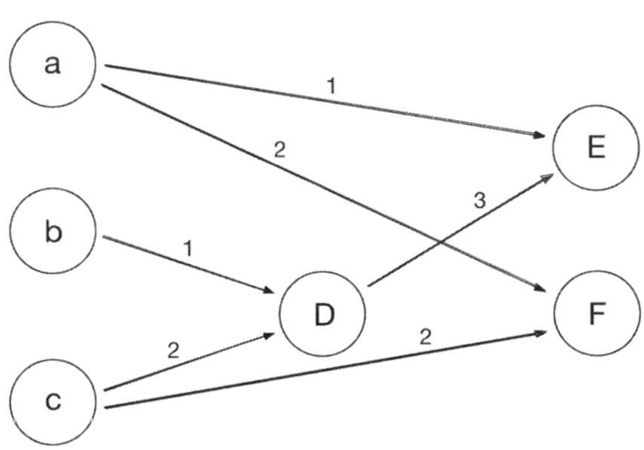

Die Verweilzeiten zwischen den einzelnen Arbeitsschritten sind der folgenden Tabelle zu entnehmen:

Von Teil/Baugruppe/ Produkt	Zu Teil/Baugruppe/ Produkt	Verweilzeit [in Perioden]
a	E	0
	F	1
b	D	1
c	D	2
	F	0
D	E	1

a) Bestimmen Sie mithilfe des Dispositionsstufenverfahrens die terminierten (Netto-)Gesamtbedarfe aller Güter.

b) Die Perioden 1 bis 4 bezeichnen die Quartale des Jahres 2016. Wann und mit welchem Bauteil muss die Produktion begonnen werden, um den Produktionsplan für das Jahr 2016 realisieren zu können?

Aufgabe 4.3.13: Dynamische Bedarfsauflösung

Gegeben sei folgender zweistufiger Produktionsprozess:

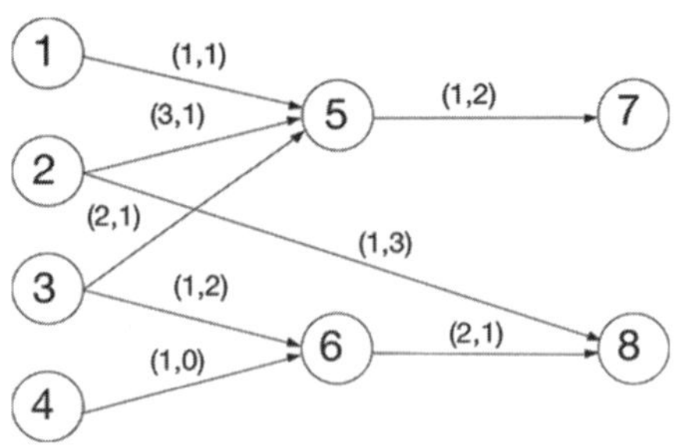

Die Werte in Klammern bezeichnen den Direktbedarfskoeffizienten sowie die Durchlaufzeit je Fertigungsstufe (Direktbedarfskoeffizient, Durchlaufzeit).

a) Ermitteln Sie mithilfe des Dispositionsverfahrens den Gesamtbedarf aller Einsatzgüter für folgende Primärbedarfsprognose:

Produkt	$t = 0$	$t = 1$	$t = 2$
6	50	70	80
7	20	60	30
8	5	10	8

b) Sehen Sie einen Weg, das Verfahren der dynamischen Bedarfsauflösung mit der Losgrößenplanung zu verbinden, oder gibt es Prämissen, an denen dies scheitert? Begründen Sie Ihre Antwort im Einzelnen.

*Aufgabe 4.3.14: Materialbedarfsvorhersage und Bestellmengenplanung

Gegeben sei der folgende Gozintograph für die Fertigung des Endproduktes X aus den Zwischenprodukten A, B und C. Die Zwischenprodukte werden aus den Rohstoffen a, b und c gefertigt. Die Direktbedarfskoeffizienten sind an den Kanten angegeben. Zur Fertigung des Endproduktes X sowie der Zwischenprodukte A und C ist von einer Vorlaufverschiebung von einer Periode auszugehen. Das Zwischenprodukt B erfordert hingegen eine Vorlaufverschiebung von zwei Perioden.

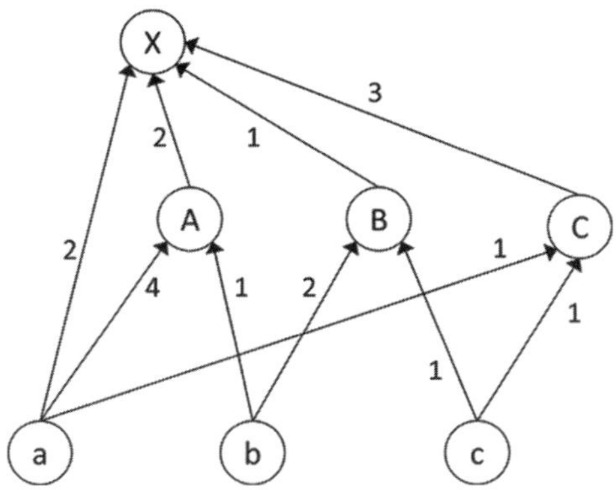

a) Für das Endprodukt X besteht in den Perioden 4, 5 und 6 ein Primärbedarf von 100, 90 und 80 Mengeneinheiten. Ermitteln Sie mit dem Dispositionsstufenverfahren die Sekundärbedarfe der Zwischenprodukte und der Rohstoffe.

b) Zusätzlich zu den in a) ermittelten Sekundärbedarfen besteht für den Rohstoff c in den Perioden 5 und 6 ein Primärbedarf von 140 und 110 Mengeneinheiten. Bestimmen Sie mit dem Verfahren von Silver / Meal die Bestellmengen von Rohstoff c. Für jeden Bestellvorgang fallen bestellfixe Kosten von 100 Geldeinheiten an. Der Lagerhaltungskostensatz beträgt 0,2 GE je gelagerter Mengeneinheit und Periode. Geben Sie die Gesamtkosten Ihrer Lösung an.

c) Implementieren und lösen Sie das mit Teilaufgabe b) korrespondierende Optimierungsmodell in Excel. Vergleichen Sie das Ergebnis mit demjenigen aus Teilaufgabe b).

*Aufgabe 4.3.15: Materialbedarfs- und Programmplanung

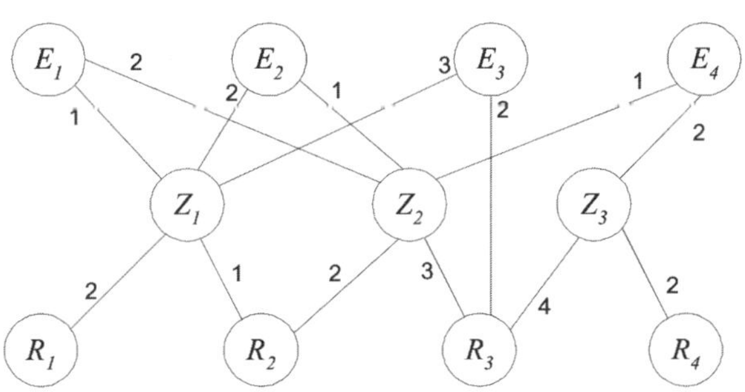

a) Bestimmen Sie, ausgehend von dem angegebenen Gozintographen, die Leontief-Funktionen für die Rohstoffe R_1, R_2, R_3 und R_4.

b) Bestimmen Sie bei gegebenen Absatzpreisen in Geldeinheiten (GE) je Stück, maximalen Absatzmengen sowie maximal verfügbaren Rohstoffmengen (Lagerbestand) die Produktionsmengen der Endprodukte, sodass der Umsatz maximal wird.

	E_1	E_2	E_3	E_4
Max. Absatzmenge	100	20	80	70
Preise (GE/Stück)	6	4	5	12

	R_1	R_2	R_3	R_4
Lagerbestand	780	1.000	1.000	280

c) Wie groß ist der maximale Deckungsbeitrag bei diesem Produktionsprogramm, wenn nur Lagerkosten, und zwar entsprechend nachfolgender Tabelle in GE je Stück und Zeiteinheit (ZE), für die am Ende einer Periode vorhandenen Lagerbestände anfallen (Begründung erforderlich)?

	E_1	E_2	E_3	E_4	Z_1	Z_2	Z_3	R_1	R_2	R_3	R_4
Lagerkosten in GE/(Stück u. ZE)	20	15	15	25	4	6	8	1	1	1	1

d) Welche tendenzielle Änderung ergibt sich, wenn die Lagerkosten des Zwischenproduktes Z_1 2 GE je Stück und ZE betragen?

*Aufgabe 4.3.16: Materialbedarfsplanung

a) Ein chemischer Produktionsprozess ist durch nachfolgenden Gozintographen beschrieben. Die Zahlen an den Pfeilen stellen konstante Produktionskoeffizienten dar. Ermitteln Sie den Gesamtbedarf des Zwischenproduktes 5, wenn von Endprodukt 8 150 Einheiten und von Endprodukt 9 750 Einheiten abgesetzt werden.

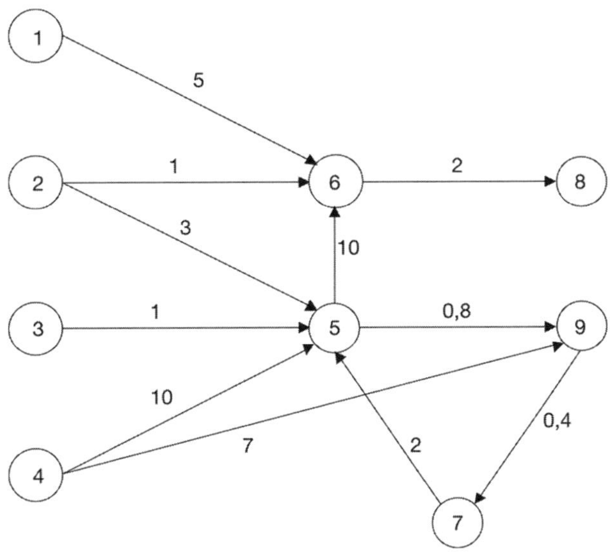

b) Gegeben ist folgender Produktionsprozess mit unterschiedlichen Verweilzeiten:

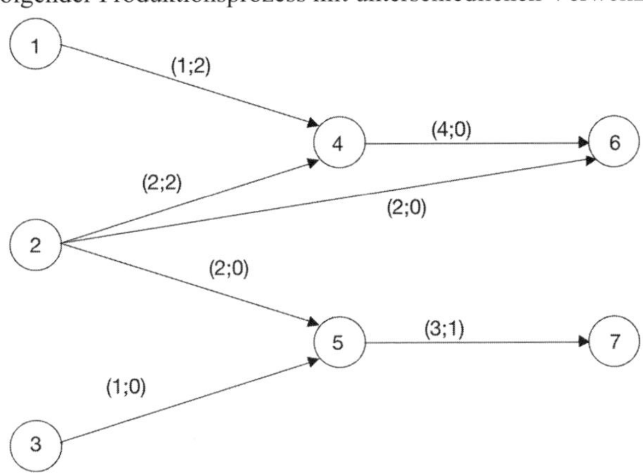

(1;0) = (Produktionskoeffizient; Verweilzeit)

Bestimmen Sie für den angegebenen Produktionsprozess mithilfe des Dispositionsstufenverfahrens den Periodenbedarf an Zwischenprodukten 4 und 5 und Einsatzgütern 1, 2 und 3 in den Perioden $t = 1$, 2, 3, 4 unter der Annahme, dass für die nächsten vier Perioden nachfolgendes Produktionsprogramm geplant ist:

Produkt / Periode	$t = 1$	$t = 2$	$t = 3$	$t = 4$
6	1	6	4	2
7	1	6	8	2

c) Welche Zwischenprodukte müssen in welcher Menge und in welcher Periode bei dem unter b) angegebenen Produktionsprozess fremd bezogen werden, damit das in b) geplante Produktionsprogramm realisiert werden kann?

**Aufgabe 4.3.17: Statische und dynamische Materialbedarfsvorhersage*

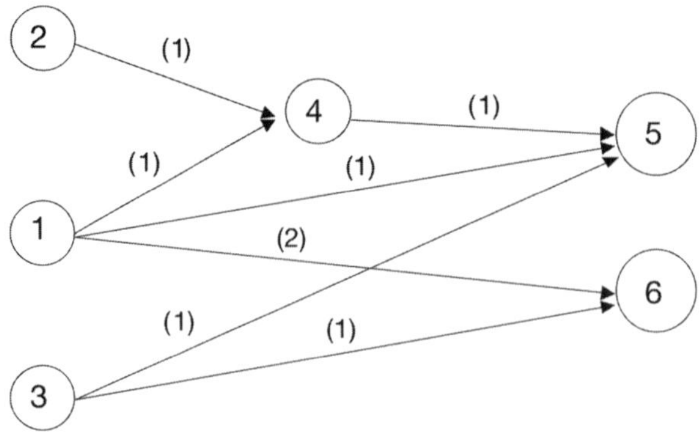

a) Kennzeichnen Sie für den angegebenen Gozintographen die Art der Fertigung und die zugrunde liegende Produktionsfunktion. Welche Voraussetzungen werden hier an die Produktionstechnologie gestellt?

b) Zeigen Sie im statischen Input-Output-Modell den allgemeinen Zusammenhang zwischen dem Vektor der Primärbedarfsmengen (Absatzmengen) und dem Vektor der Gesamtbedarfsmengen (in Matrixschreibweise).

c) Stellen Sie für den oben dargestellten Produktionsprozess das Input-Output-Modell auf und geben Sie die Direktbedarfsmatrix sowie die Gesamtbedarfsmatrix an.

d) Geben Sie für Produkt 5 des oben dargestellten Produktionsprozesses die Struktur- und die Baukastenstückliste, für Produkt 6 die Mengenübersichtsstückliste an.

e) Ermitteln Sie die Nettogesamtbedarfe, wenn folgende Primärbedarfe und Lagerbestände vorliegen:

Teil/Produkt	Lagerbestand	Primärbedarf
1	11	–
2	4	–
3	5	–
4	1	–
5	0	23
6	8	18

f) Ermitteln Sie auf der Grundlage des oben dargestellten Produktionsprozesses mithilfe des Dispositionsstufenverfahrens die terminierten Gesamtbedarfe der Einsatzgüter 1 bis 4 für folgende Primärbedarfe (Absatzprogramm); gehen Sie in dieser Teilaufgabe davon aus, dass keine Lagerbestände vorhanden sind:

Produkt	$t = 1$	$t = 2$	$t = 3$	$t = 4$
5	0	5	2	4
6	1	5	8	2

Die Verweilzeiten sind der folgenden Tabelle zu entnehmen:

von Teil/Produkt	zu Teil/Produkt	Verweilzeit
1	4	2
	5	0
	6	0
2	4	2
3	5	0
	6	0
4	5	1

4.4 Bestellmengenplanung

Aufgabe 4.4.1: Grundmodell der optimalen Bestellmenge und Rabattstaffelung der Einkaufspreise

Ein Weinhändler bezieht von einer lokalen Winzergenossenschaft direkt seinen Wein. Zum Transport der Bestellung und des Leergutes verwendet er einen eigens dafür gemieteten LKW. Die Kosten des LKW betragen:

- Grundgebühr der Miete: 157,65 €
- Kilometerpreis: 0,71 €/km
- einfache Wegstrecke: 480 km
- Kraftstoffverbrauch: 15 Ltr/100 km
- Kraftstoffpreis: 1,20 €/Ltr

Der Transport wird durch einen Mitarbeiter des Weinhändlers durchgeführt. Bisher wurden regelmäßig 800 Kartons zu sechs Flaschen bestellt, womit die volle Ladekapazität des LKW erreicht wird. Der Einstandspreis pro Flasche beträgt 6 €. Pro Monat werden 100 Kartons verkauft. Pro Karton fallen im Jahr Lagerkosten in Höhe von 5 € an. Der Weinhändler finanziert jede Bestellung über einen Kontokorrentkredit. Da die Bank den Zinssatz dafür auf 14 % p. a. angehoben hat, stellt sich der Weinhändler die Frage, ob sein Bestellverhalten wirtschaftlich ist. Es gelten für ihn die Prämissen des Grundmodells der optimalen Bestellmenge. Gehen Sie von einem Planungshorizont von acht Monaten aus.

a) Geben Sie die Bestell- und Lagerhaltungskostenfunktion des Weinhändlers an. Wie hoch sind seine bisherigen Bestell- und Lagerhaltungskosten sowie seine Gesamtkosten in der Planungsperiode und die Kosten pro Karton?

b) Welche Bestellmenge ist für den Weinhändler optimal? Zeigen Sie die Lösung algebraisch durch Herleitung der Grundformel für die optimale Bestellmenge sowie grafisch. Erläutern Sie die Bedingung, von der dieser Wert abhängt.

c) Nennen Sie die Bestimmungsgrößen der optimalen Bestellmenge im Grundmodell. Welchen Einfluss hat eine Änderung der einzelnen Bestimmungsgrößen ceteris paribus auf die optimale Bestellmenge?

d) Wie ändert sich die optimale Bestellmenge, wenn die Winzergenossenschaft bei einer Mindestabnahme von 600 Kartons einen Rabatt von 1 € pro Flasche für die gesamte Bestellung einräumt? Zeigen Sie die Lösung algebraisch und grafisch auf.

e) Implementieren und lösen Sie die Teilaufgaben b) und d) in Excel.

Aufgabe 4.4.2: Bestellmengenplanung

Die Kaffeerösterei Wallmeier verkauft für besonders anspruchsvolle Kunden den kolumbianischen Hochlandkaffee der Sorte ‚Wunderbar'. Die Nachfrage pro Jahr, die gleichmäßig auftritt, beträgt 160 Kilogramm. Die Kaffeebohnen werden für 9,60 € pro Kilogramm von einem Importeur erstanden. Die Rösterei schätzt, dass die Verwaltungskosten und die Kosten für Arbeitskräfte pro Bestellung insgesamt 15 € betragen. Lagerhaltungskosten werden mit einem kalkulatorischen Zinssatz von 20 % pro Jahr berechnet.

a) Bestimmen Sie die optimale Bestellmenge für die Kaffeebohnen.

b) Wie viel Zeit in Wochen vergeht zwischen den Bestellungen?

c) Wie hoch sind die Kosten pro Jahr für die optimale Bestellpolitik?

d) Nehmen Sie an, dass die Lieferzeit (die Zeit zwischen der Bestellung beim Großhändler und dem Wareneingang beim Kaffeeröster) drei Wochen beträgt. Wie hoch ist der Lagerbestand zum Bestellzeitpunkt?

e) Wie hoch ist der durchschnittliche Lagerbestand bei Verfolgung der optimalen Bestellpolitik?

f) Zeichnen Sie den Bestandsverlauf für zwei Bestellzyklen. Kennzeichnen Sie die Bestellmenge, den Bestellzeitpunkt und den Bestand zum Bestellzeitpunkt in Ihrer Zeichnung. Sie brauchen allerdings nicht die berechneten Zahlen aus der Aufgabe zu übernehmen.

g) Implementieren und lösen Sie die Teilaufgaben a) bis e) in Excel.

Aufgabe 4.4.3: Bestellmengenplanung bei abweichenden Parametereinheiten

Ein Unternehmen benötigt für seine Fertigungsprozesse unter anderem das Einsatzgut A, bei dem ein konstanter Bedarf in Höhe von 100 Stück pro Monat besteht. Für die Abwicklung einer Bestellung fallen (bestellmengenunabhängige) Kosten in Höhe von EUR 90,– an. Der Lagerhaltungskostensatz beträgt 12 % pro Halbjahr. Der Einstandspreis für das Einsatzgut A beträgt EUR 10,– pro Stück.

a) Berechnen Sie die optimale Bestellmenge für das Einsatzgut A.

b) Wie hoch sind die entscheidungsrelevanten Gesamtkosten pro Jahr bei Verfolgung der optimalen Bestellpolitik?

c) Bei welchem Einstandspreis für das Gut A wäre eine Bestellmenge in Höhe von 250 Stück optimal?

d) Implementieren und lösen Sie die Teilaufgaben a) und b) in Excel.

Aufgabe 4.4.4: Bestellmengenplanung bei bekannter Bestellhäufigkeit

Ein Unternehmen benötigt für seine Fertigungsprozesse unter anderem das Einsatzgut B. Für die Abwicklung einer Bestellung fallen (bestellmengenunabhängige) Kosten in Höhe von EUR 100,– an. Der Lagerhaltungskostensatz beträgt 25 % pro Jahr. Der Einstandspreis für das Einsatzgut B beträgt EUR 20,– pro Stück. Die optimale Bestellhäufigkeit beträgt 5 Bestellungen pro Jahr. Berechnen Sie den Jahresbedarf und die optimale Bestellmenge für das Einsatzgut B.

Aufgabe 4.4.5: Bestellmengenplanung bei bekannten Lagerhaltungskosten

Ein Unternehmen benötigt für seine Fertigungsprozesse unter anderem das Einsatzgut C, bei dem ein konstanter Bedarf in Höhe von 1.500 Stück pro Jahr besteht. Für die Abwicklung einer Bestellung fallen (bestellmengenunabhängige) Kosten in Höhe von EUR 50,– an. Bei Wahl der optimalen Bestellmenge betragen die gesamten Lagerhaltungskosten EUR 1.000 pro Jahr. Berechnen Sie die optimale Bestellmenge für das Einsatzgut C und die entscheidungsrelevanten Gesamtkosten pro Jahr.

**Aufgabe 4.4.6: Dynamische Bestellmengenplanung*

Als Lagerverwalter haben Sie die Bestellmengenplanung eines zu beschaffenden Produktes für die nächsten 8 Monate durchzuführen. Aus dem Produktionsbereich liegen Ihnen die prognostizierten Bedarfe d_t des Monats t vor. Diese Bedarfe sind jeweils am Beginn eines Monates vollständig zu befriedigen. Die Lieferung des bestellten Produktes erfolgt ebenfalls zum Monatsbeginn. Bei jeder Lieferung entstehen bestellmengenfixe Kosten F in Höhe von 100 €. Die von dem Produktionsbereich für einen Monat benötigte Produktmenge wird unmittelbar weitergeleitet. Sofern darüber hinaus Produkte auf Lager liegen, entstehen für die Lagerung einer Mengeneinheit über den Zeitraum eines Monats Lagerkosten. Der Lagerhaltungskostensatz l beträgt 0,1 €/(ME · Monat).

Monat t	1	2	3	4	5	6	7	8
Bedarf d_t	400	500	600	300	300	800	500	600

a) Formulieren Sie das Entscheidungsmodell der gekennzeichneten Problemstellung. Welche Eigenschaft besitzt jede optimale Lösung des Problems? Mit welchen Verfahren kann man die optimale Lösung dieses Problems bestimmen?

b) Zur Lösung des Entscheidungsproblems kann man heuristische Ansätze heranziehen. Nennen Sie das in dem Verfahren der gleitenden wirtschaftlichen Bestellmenge (Least Unit Cost) und das in dem Verfahren von Silver/Meal betrachtete Kriterium. Bestimmen Sie anschließend die jeweiligen Bestellmengen, welche sich aus den beiden Verfahren ergeben. Welches dieser Verfahren führt hier zu den geringeren Gesamtkosten?

c) Implementieren und lösen Sie das Modell gemäß Teilaufgabe a) in Excel.

**Aufgabe 4.4.7: Statische und dynamische Bestellmengenplanung*

Eine Unternehmung benötigt für ihre Fertigungsprozesse unter anderem das Einsatzgut A, bei dem ein konstanter Bedarf in Höhe von 1.200 Stück pro Jahr besteht. Die bestellmengenunabhängigen Kosten betragen 50 € je Bestellung. Die jährlichen Lager- und Zinskosten pro Stück werden mit 20 % vom Einstandspreis angesetzt. Es liegt ferner folgende Rabattstaffelung der Einstandspreise von Einsatzgut A vor:

Bestellmenge im Intervall	Einstandspreis [€/Stück]
Ab 0 bis unter 150 Stück	17,–
Ab 150 bis unter 300 Stück	15,–
Ab 300 Stück	13,–

a) Bestimmen Sie die optimale Bestellmenge für das Einsatzgut A. Wie hoch sind im Optimum die entscheidungsrelevanten jährlichen Gesamtkosten? Wählen Sie eine Vorgehensweise, die das Auffinden des Optimums garantiert.

b) Die Unternehmung benötigt ferner das Einsatzgut B, für das folgende Bedarfszeitreihe über einen Planungszeitraum von 5 Teilperioden prognostiziert wurde:

Teilperiode t	1	2	3	4	5
Bedarf (Stück)	100	90	120	80	110

Die bestellmengenunabhängigen Kosten betragen 250 € je Bestellung. Die Lagerhaltungskosten (bestehend aus Lager- und Zinskosten) betragen 2 € je Stück und Teilperiode.

b.1) Ermitteln Sie für den gesamten Planungszeitraum den kostenminimalen Bestellmengenplan und dessen Kosten mit dem Algorithmus von Wagner/Whitin.

b.2) Welche Eigenschaften weist der optimale Bestellmengenplan auf? Geben Sie für diese eine plausible Begründung oder ein kurzes Beispiel an.

b.3) Zu Beginn der dritten Periode wird prognostiziert, dass die Bedarfswerte der Perioden 3, 4 und 5 erheblich von den in obiger Tabelle angegebenen Werten abweichen werden. Besteht in der hier vorliegenden Situation – bei ansonsten unveränderten Bedingungen – die Möglichkeit, dass die optimale Lösung für die ersten beiden Perioden verfehlt wurde? Begründen Sie Ihre Anwort.

c) Erläutern Sie allgemein, ob der Algorithmus von Wagner/Whitin im Rahmen einer rollierenden Planung stets zum bestmöglichen Plan führen muss.

d) Implementieren und lösen Sie die Teilaufgaben a) und b.1) in Excel.

5. Planung betrieblicher Fertigungsprozesse

5.1 Produktionsplanung und -steuerung bei Einzelfertigung

Aufgabe 5.1.1: Zeitplanung in Vorgangsknotennetzplänen

Es wird die Orientierungsphase für die Studienanfänger des kommenden Semesters geplant. Die Organisation der damit verbundenen Veranstaltungen stellt hohe Ansprüche. Als Verantwortlicher erinnern Sie sich an die Netzplantechnik als Hilfsmittel zur Planung. Aus einer Analyse der erforderlichen Tätigkeiten ergibt sich das folgende Bild.

Vorgang	benötigte Tage	Vorgänger
A	11	keine
B	10	keine
C	6	A
D	13	A
E	7	C, D
F	12	C
G	5	D
H	10	D
I	9	B
J	4	F, G, H, I, E

a) Erstellen Sie einen MPM-Netzplan, der Auskunft über die terminliche Lage der Vorbereitung gibt.

b) Geben Sie für den vorliegenden Netzplan den kritischen Pfad an.

c) Zeichnen Sie das zum obigen Netzplan gehörige vorgangbezogene Gantt-Diagramm. Gehen sie dabei von den frühestmöglichen Start- und Endzeitpunkten für die einzutragenden Vorgänge aus. Markieren Sie den kritischen Pfad.

d) Ermitteln Sie die gesamte, die freie und die unabhangige Pufferzeit für jeden Vorgang.

Aufgabe 5.1.2: Kapazitätsplanung in Vorgangsknotennetzplänen

Für die Fertigung einer Spezialmaschine müssen 7 Tätigkeiten A bis G durchgeführt werden. Zwischen den einzelnen Tätigkeiten bestehen eindeutige Vorgänger-Nach-folger-Beziehungen. Ferner beanspruchen ihre Durchführung die beiden vorhandenen Ressourcen I und II. Die Kapazitätsbeanspruchung der beiden Ressourcen ist konstant über die Dauer der Bearbeitung.

In der folgenden Tabelle sind die tätigkeitsbezogenen Informationen enthalten. Die beiden Anlagen verfügen in jeder Periode über eine Kapazität von 5 Kapazitätseinheiten.

Tätigkeit	Dauer [ZE]	Vorgänger	Ressource I	Ressource II
A	5	–	1	4
B	2	A	2	2
C	7	A	4	1
D	6	A	2	3
E	3	B, C	–	4
F	5	D	2	2
G	2	E, F	4	1

a) Geben Sie den MPM-Netzplan an und ermitteln Sie die Kapazitätsbelastung an Ressource I in einem Belastungsprofil. Ist die gewonnene Lösung zulässig?

b) Ermitteln Sie nun eine heuristische Lösung. Verwenden Sie als Prioritätsregel das Kriterium der kürzesten Operationszeit. Geben Sie die Kapazitätsbelastung der beiden Ressourcen an.

Aufgabe 5.1.3: Zeitplanung bei Einzelfertigung

Für den Aufbau der Freiluftbühne eines Rock-Festivals müssen 10 Tätigkeiten A bis J durchgeführt werden. Zwischen den einzelnen Vorgängen bestehen eindeutige Vorgänger-Nachfolger-Beziehungen. Aus einer Analyse der erforderlichen Tätigkeiten ergibt sich das folgende Bild:

Vorgang	Dauer	Vorgänger
A	10	-
B	10	-
C	12	-
D	5	B
E	5	A, D
F	8	C, D
G	7	D
H	10	F
I	2	F, G, H
J	9	E, I

Es bestehen die folgenden zeitlichen Mindestabstände zwischen einzelnen Vorgängen:

$$d_{AE} = 6,\ d_{CF} = 2,\ d_{FI} = 4,\ d_{GI} = 6, \text{ und } d_{EJ} = 10$$

($d_{AE} = 6$ heißt z. B.: Vorgang E kann frühestens 6 Zeiteinheiten nach Beendigung von Vorgang A beginnen).

Außerdem können Vorgang H 3 Zeiteinheiten vor Beendigung von Vorgang F und Vorgang I 4 Zeiteinheiten vor Beendigung von Vorgang H beginnen. Das heißt:

$$d_{FH} = -3,\ d_{HI} = -4.$$

Die Verweilzeiten zwischen allen übrigen Vorgängen sind 0.

a) Für welchen Produktionstyp ist die Netzplantechnik ein geeignetes Instrument zur Produktionsplanung und -steuerung? Begründen Sie Ihre Aussage!

b) Erstellen Sie einen MPM-Netzplan, der Auskunft über die terminliche Lage des Bühnenaufbaus gibt und geben Sie den kritischen Pfad an.

c) Kennzeichnen Sie kurz verbal die gesamte, freie sowie unabhängige Pufferzeit. Berechnen Sie anschließend exemplarisch alle drei Pufferzeiten für die Vorgänge D, H und I.

Das Ergebnis Ihrer Planungen ist für Sie nicht zufriedenstellend, da der Bühnenaufbau Ihrer Einschätzung nach zu spät beendet ist und zu hohe Kosten verursacht. Aus diesem Grund beauftragen Sie einen externen Berater damit, Verbesserungspotentiale für den Projektablauf zu erarbeiten. Dafür wird eine einmalige Gebühr von 500 Euro fällig. Jede Zeiteinheit, die das Projekt früher beendet ist, spart Ihnen 250 Euro. Entsprechend fallen bei Verlängerung des Projekts zusätzliche Kosten in Höhe von 250 Euro je Zeiteinheit an. Der Berater präsentiert Ihnen als Ergebnis seiner Arbeit die folgenden, lediglich alternativ durchführbaren Vorschläge:

- Verringerung der Verweilzeit d_{AE} zwischen den Vorgängen A und E auf 5 Zeiteinheiten. Zusätzliche Kosten: 300 Euro.
- Einführung der Verweilzeit zwischen den Vorgängen D und G in Höhe von 7 ZE, d.h. $d_{DG} = 7$. Kostenersparnis: 1400 Euro.
- Simultane Beschleunigung der Vorgänge E und G um 2 bzw. 3 Zeiteinheiten. Kosten: 200 Euro.

d) Welche dieser Vorschläge sind in Ihren Augen sinnvoll? Begründen Sie Ihre Aussagen. Zur Durchführung welcher Alternative entschließen Sie sich? War der Berater sein Geld wert?

Aufgabe 5.1.4: Netzplantechnik

Sie sind Controller in einem auf die Erstellung individueller Einfamilienhäuser spezialisierten Bauunternehmen. Zu Ihren Aufgaben gehört die Unterstützung der Unternehmensleitung bei der Bauplanung. Der für ein künftiges Bauprojekt zuständige Ingenieur übergibt Ihnen den untenstehenden Strukturplan.

Vorgang	Dauer	Vorgänger
Erstellung des Bauplans (A)	2 ZE	keine
Erstellung des Rohbaus (B)	3 ZE	A
Installation Wasserleitungen (C)	6 ZE	A
Decken des Daches (D)	2 ZE	A,B
Verputzen des Rohbaus (E)	2 ZE	D
Installation Stromleitungen (F)	4 ZE	C
Fertigstellung Innenausbau (G)	3 ZE	B, E, F

a) Erstellen Sie einen Netzplan für das vorliegende Projekt, ermitteln Sie die frühest- bzw. spätestmöglichen Start- und Endzeitpunkte für jeden Vorgang sowie den kritischen Pfad.

b) Ermitteln Sie für jeden Vorgang innerhalb des Projektes die Gesamtpufferzeit und die unabhängige Pufferzeit. Was sagen diese Pufferzeiten jeweils aus?

c) Die Unternehmensleitung vergibt die Installation der Wasser- und Stromleitungen (Vorgänge C und F) an einen Subunternehmer. Die vertraglich festgelegte Dauer der beiden Installationsarbeiten beträgt 7 ZE. Für die Weiterleitung der fertiggestellten Baupläne an den Subunternehmer wird zudem eine weitere ZE benötigt. Empfehlen Sie der Unternehmensleitung die Durchführung des Bauprojektes, falls ein Fertigstellungstermin von $t = 12$ gewünscht wird?

*Aufgabe 5.1.5: Produktionsplanung bei Einzelfertigung mit NPT

Ein mittelständischer Betrieb fertigt Spezialnähmaschinen. Der kaufmännische Geschäftsführer möchte die Fertigung einer Nähmaschine für die Tragflächendecken von Flugzeugen planen. Eine erste Analyse ergibt, dass acht unterschiedliche Tätigkeiten A, B, ..., H auszuführen sind. Weiter folgen aus der Analyse Vorgänger-Nachfolger-Beziehungen zwischen den Tätigkeiten und deren Zeitdauern. Die gewonnenen Erkenntnisse sind in der folgenden Tabelle zusammengestellt.

Tätigkeit	Tätigkeitsbezeichnung	Vorgänger	Dauer (Wochen)	Personal-bedarf
A	Anfertigen der Konstruktionszeichnungen	–	5	2
B	Beschaffen/Vorfertigen mechanischer Bauteile	A	7	1
C	Beschaffen/Vorfertigen von EDV-Komponenten	A	3	2
D	Beschaffen/Vorfertigen elektrischer Bauteile	A	4	3
E	Fertigen des Gehäuses	B	5	2
F	Fertigen der Schaltanlage	B, C, D	2	2
G	Fertigen des Motors	D	1	1
H	Montage und Auslieferung	E, F, G	3	3

a) Führen Sie eine Zeitplanung in einem Vorgangsknotennetzplan aus. Was ist der früheste Fertigstellungstermin für die Spezialnähmaschine?

b) Geben Sie den kritischen Pfad an und bestimmen Sie die gesamte, die freie und die unabhängige Pufferzeit für jede Tätigkeit.

c) Berücksichtigen Sie nun zusätzlich den Personalbedarf der einzelnen Tätigkeiten und die vorhandene Personalkapazität. Den über die Tätigkeitsdauer konstanten Personalbedarf zeigt obige Tabelle. In der betreffenden Werkstatt sind 5 Mitarbeiter verfügbar, welche jede

Tätigkeit ausüben können. Zu welchem Zeitpunkt wird die Spezialnähmaschine unter Beachtung der Personalkapazitäten frühestens fertiggestellt? Stellen Sie Ihre Lösung in einem Gantt-Diagramm dar.

d) Wodurch unterscheiden sich die Lösungen von a) und c)?

*Aufgabe 5.1.6: Zeitplanung in Vorgangsknotennetzplänen

Bis zum Abschluss eines Forschungsprojektes sind 9 Vorgänge A bis I unterschiedlicher Dauer durchzuführen. Die zwischen den Vorgängen bestehenden Beziehungen sind in der nachfolgenden Tabelle angegeben. Das Projekt soll in der minimal möglichen Zeit durchgeführt werden.

Vorgang	A	B	C	D	E	F	G	H	I
Dauer	4	3	2	2	5	4	3	2	2
Vorgänger	–	A	A	B, C	B	C	E	D, F	G, H

a) Stellen Sie den Vorgangsknotennetzplan für die angegebenen Vorgänge auf. Kennzeichnen Sie die auf dem kritischen Pfad liegenden Vorgänge. Ermitteln Sie für alle Vorgänge die gesamte Pufferzeit, die freie Pufferzeit und die unabhängige Pufferzeit.

b) Zeichnen Sie ein Gantt-Diagramm für den Projektablauf, wenn jeder Vorgang entsprechend seines in a) ermittelten frühesten Zeitpunktes begonnen wird.

c) Der Abteilungsleiter will zwei Mitarbeiter mit dem Forschungsprojekt betrauen. Jeder Mitarbeiter kann in jedem Zeitpunkt lediglich einen Vorgang bearbeiten. Ist eine Verschiebung der Vorgänge möglich, sodass sich das Projektende nicht verzögert und die Kapazitätsrestriktion eingehalten wird? Stellen Sie Ihren Lösungsvorschlag mithilfe eines Gantt-Diagramms dar.

*Aufgabe 5.1.7: Kapazitätsplanung in Vorgangsknotennetzplänen

Für die Fertigung des Prototyps eines Autos sind 6 Tätigkeiten A bis F durchzuführen. Zwischen den Tätigkeiten bestehen eindeutige Vorgänger-Nachfolger-Beziehungen. Für die Durchführung der Tätigkeiten werden die Kapazitäten zweier Abteilungen I und II beansprucht. Die Kapazitätsbeanspruchung ist jeweils konstant über die Dauer einer Tätigkeit. Diese Dauer wird in Zeiteinheiten [ZE] angegeben. Beide Abteilungen verfügen in jeder Periode über eine Kapazität von 4 Kapazitätseinheiten [KE]. In der folgenden Tabelle sind die tätigkeitsbezogenen Informationen enthalten.

Tätigkeit	Dauer [ZE]	Vorgänger	Beanspruchung Abteilung I [KE]	Beanspruchung Abteilung II [KE]
A	2	–	2	3
B	4	A	2	1
C	3	A	2	1
D	1	B, C	3	2
E	2	C	1	2
F	2	D, E	2	2

a) Geben Sie den Vorgangsknotennetzplan für die beschriebene Fertigung des Prototyps an. Ermitteln Sie die Projektdauer und die auf dem kritischen Pfad liegenden Tätigkeiten unter Vernachlässigung der bestehenden Kapazitätsrestriktionen. Bestimmen Sie zudem die gesamte Pufferzeit, die freie Pufferzeit und die unabhängige Pufferzeit aller Tätigkeiten.

b) Zeichnen Sie für die Ergebnisse aus a) die Gantt-Diagramme für die Nutzung der beiden Abteilungen, wenn die Tätigkeiten entsprechend den Ergebnissen der Zeitplanung zu ihren frühestmöglichen Startzeitpunkten beginnen. Wo entstehen Engpässe?

5.2 Produktionsplanung und -steuerung bei Werkstattfertigung

5.2.1 Losgrößenplanung bei Ein- und Mehrproduktfertigung

Aufgabe 5.2.1.1: Bestimmung der optimalen Losgröße

a) Wie lauten die Modellprämissen für das Grundmodell zur Berechnung der optimalen Losgröße? Warum gilt dieses Grundmodell nur für den Fall der einstufigen Einproduktfertigung?

b) Welche Zielsetzung wird bei der Bestimmung der optimalen Losgröße zugrundegelegt? Erörtern Sie Ihre Antwort grafisch.

c) Zeigen Sie algebraisch, dass man die Formel der optimalen Losgröße (Grundmodell) auch unter Zugrundelegung von Stückkosten herleiten kann.

d) Berechnen Sie nun mit oben hergeleiteter Formel die optimale Losgröße und die Stückkosten für das folgende Beispiel:

In einer Sägerei muss entschieden werden, in welcher Losgröße Bretter gesägt werden, die unmittelbar nach ihrer Bearbeitung auf das Absatzlager kommen und von dort verkauft werden. Der Jahresbedarf beträgt 10.000 Stück. Lager- bzw. Zinskostensatz sind 12 bzw. 8 Prozent pro Jahr. Die Kosten für die Umrüstung der Kreissäge betragen 40 €, die variablen Fertigungsstückkosten 25 €.

e) Welche Erweiterungsmöglichkeiten sehen Sie für oben erwähnte Modelle?

f) Implementieren und lösen Sie Teilaufgabe d) in Excel.

**Aufgabe 5.2.1.2: Verfahren von Wagner/Whitin*

In einer rollierenden Losgrößenplanung wird in jeder Periode ein Plan für die aktuelle und die folgenden Perioden aufgestellt. Realisiert wird aber nur der Teil des Plans, der zur jeweils aktuellen Periode gehört. Der Planungszeitraum ist immer gleich lang, z. B. immer vier Perioden.

a) Listen Sie die Prämissen des dynamischen Losgrößenproblems auf.

b) Geben Sie formal oder verbal die Bedingung des Algorithmus von Wagner/Whitin an, die festlegt, ob innerhalb der Vorwärtsrechnung zum Zeitpunkt t die Planung für die nächste Periode $t+1$ und alle folgenden durchgeführt werden muss, ohne die optimale Lösung für die Perioden vor t zu verfehlen.

c) Gegeben sei folgendes rollierendes Planungsproblem: Die fixen Kosten einer Losauflage betragen 100 €, die Lagerhaltungskosten pro Stück und Periode seien 2 €. a bezeichne die jeweils aktuelle Periode, N_t die Nachfrage der Periode t. Zu Beginn der Periode a kennen Sie nur die Nachfragen der Perioden $t = a, \dots, a+3$.

Berechnen Sie die optimalen Losgrößen und die minimalen Kosten mit dem Verfahren von Wagner/Whitin für die Perioden $a = 1, 2, 3$.

Beachten Sie, dass sich in $t = 4$ die Nachfragedaten ändern. Die Bedingung in b) kann die Rechnung verkürzen. Die Nachfragedaten sind wie folgt:

		in der aktuellen Periode a bekannte Nachfrage der Periode t					
		$t=1$	$t=2$	$t=3$	$t=4$	$t=5$	$t=6$
Aktuelle Periode	$a=1$	60	35	70	40		
	$a=2$		35	70	60	30	
	$a=3$			70	45	30	30

d) Implementieren und lösen Sie Teilaufgabe c) in Excel.

*Aufgabe 5.2.1.3: Dynamische Losgrößenplanung

Der Betriebsleiter eines Ein-Produkt-Unternehmens steht vor dem Problem, den Produktionsplan für die nächsten 6 Perioden festzulegen. Er hat die Nachfrage für die Perioden $t = 1, \dots, 6$ prognostiziert:

Periode	1	2	3	4	5	6
Nachfrageprognose [Stück]	15	7	13	11	6	15

Im Lager befinden sich augenblicklich noch 10 Stück des Produktes. Die Rüstkosten der Losauflage betragen 250 €, die Lagerhaltungskosten wurden mit 20 € pro Stück und Periode ermittelt.

a) Ermitteln Sie den kostenminimalen Produktionsplan und dessen Kosten mit dem Algorithmus von Wagner/Whitin.

b) Bestimmen Sie den Produktionsplan mithilfe des Stück-Perioden-Verfahrens. Wie hoch sind die Kosten nun?

c) Welche Eigenschaften weist der optimale Produktionsplan auf? Erläutern Sie diese kurz mit einer plausiblen Erklärung.

d) Gibt es Fälle, in denen Sie das Stück-Perioden-Verfahren dem Algorithmus von Wagner/Whitin vorziehen würden? Begründen Sie Ihre Antwort.

e) Implementieren und lösen Sie Teilaufgabe a) in Excel.

*Aufgabe 5.2.1.4: Produktionsprozessplanung

Für einen einstufigen Produktionsprozess soll eine dynamische Losgrößenplanung für vier Perioden vorgenommen werden. Kapazitätsrestriktionen sind in dem konkreten Fall nicht zu beachten. Gegeben sind die folgenden Nachfragemengen D_t für die Perioden $t = 1, \dots, 4$:

t	1	2	3	4
D_t	80	120	30	40

Die Rüstkosten betragen 100 Geldeinheiten (GE), die Kosten der Lagerung einer Mengeneinheit des Produktes über eine Periode sind $p(l+c)/100 = 1$ GE.

a) Bestimmen Sie den kostenminimalen Produktionsplan (d. h. die optimalen Losgrößen in den vier Perioden) mittels der dynamischen Optimierung nach Wagner/Whitin und ermitteln Sie die minimalen Kosten. Geben Sie auch die Lagerbestände am Ende der einzelnen Perioden an.

b) Warum kann es sinnvoll sein, in einer rollierenden Planung zur Bestimmung der Losgrößen statt eines optimierenden Verfahrens eine Heuristik wie die von Silver und Meal einzusetzen?

c) Wie beurteilen Sie die Vernachlässigung von Kapazitätsrestriktionen innerhalb der Losgrößenplanung in PPS-Systemen? Welche Schwierigkeiten sehen Sie bei der Ermittlung von Rüstkosten? Inwiefern hängt der Ansatz von Rüstkosten von der Frage ab, ob bereits in der Losgrößenplanung innerhalb von Kapazitätsrestriktionen auch Rüstzeiten explizit berücksichtigt werden?

d) Implementieren und lösen Sie Teilaufgabe a) in Excel.

*Aufgabe 5.2.1.5: Prozessplanung

a) Von welchen Voraussetzungen geht das Modell von Wagner/Whitin aus?

b) Kennzeichnen Sie die Struktur der Lösung mithilfe der Optimalitätsbedingungen.

c) Gegeben sei die folgende Nachfrageentwicklung:

Monat	1	2	3	4	5	6
Nachfrage	30	50	30	22	12	10

Die Lagerhaltungskosten betragen 5 € pro Monat und Stück, die Rüstkosten der Produktion 200 €. Bestimmen Sie die optimale Produktionspolitik unter der Voraussetzung, dass der Anfangsbestand zu Beginn des ersten Monats 38 und der gewünschte Bestand am Ende des sechsten Monats gleich 20 ist.

d) Implementieren und lösen Sie Teilaufgabe c) in Excel.

*Aufgabe 5.2.1.6: Losgrößenplanung

Ein Industriebetrieb mit einstufiger Fertigung stellt ein einziges Produkt her. Der Produktionsleiter will für den Planungszeitraum mit der Dauer $D = 12$ Zeiteinheiten (ZE) die entscheidungsabhängigen Kosten K_D in Geldeinheiten (GE) für die Herstellungs- und Absatzmenge $d = 1.200$ Mengeneinheiten (ME) im Planungszeitraum minimieren. Diese setzen sich zusammen aus den variablen Fertigungsstückkosten $k_f = 10$ [GE/ME], den Umrüstkosten $s = 200$ [GE] je Rüstvorgang und den Lager- und Zinskosten, die sich aus dem durchschnittlich gebundenen Kapital (in Höhe der variablen Fertigungskosten des Bestandes), multipliziert mit dem Lager- und Zinskostensatz $h = 0{,}2$ [1/ZE], ergeben.

a) Skizzieren Sie den Lagerbestandsverlauf bei unendlicher Fertigungsgeschwindigkeit i und konstanter Absatzgeschwindigkeit d für die Losgröße $q = 100$. Wie groß ist der durchschnittliche Lagerbestand und welche Kosten fallen in der Planungsperiode an? Berechnen Sie die optimale Losgröße q^*.

b) Skizzieren Sie für den Fall der geschlossenen Produktion den Lagerbestandsverlauf, wenn endliche Fertigungsgeschwindigkeit $i = 4 \cdot d$ [ME/ZE] und konstante Absatzgeschwindigkeit d angenommen werden, für die Losgröße $q = 100$. Wie groß ist der durchschnittliche Lagerbestand in der Planungsperiode? Berechnen Sie die optimale Losgröße q^*.

c) Skizzieren Sie für den Fall der offenen Produktion den Lagerbestandsverlauf für die Losgröße $q = 100$.

d) Verdeutlichen Sie anhand einer Skizze, warum bei Mehrproduktfertigung auf einer Maschine u. U. nicht mit den wie in b) berechneten optimalen Losgrößen gearbeitet werden kann.

e) Implementieren und lösen Sie die Teilaufgaben a) und b) in Excel.

*Aufgabe 5.2.1.7: Dynamische Losgrößenplanung

In einem Unternehmen muss für die nächsten fünf Perioden $t = 1, ..., 5$ eine Losgrößenplanung für ein einzelnes Produkt vorgenommen werden. Der Bedarf d_t je Periode in Mengeneinheiten (ME) ist $d_1 = 20$ ME, $d_2 = 60$ ME, $d_3 = 60$ ME, $d_4 = 30$ ME und $d_5 = 40$ ME.

Wenn in einer Periode t eine positive Menge q_t produziert wird ($q_t > 0$) dann fallen in dieser Periode fixe Rüstkosten in Höhe von 100 Geldeinheiten (GE) an. Die Lagerkosten werden auf den Lagerbestand am Ende der Periode bezogen. Der Lagerkostensatz h pro ME und Periode beträgt 1 GE. Ein Lageranfangsbestand ist nicht vorhanden, ein Lagerendbestand ist nicht erwünscht.

a) Ermitteln Sie über die dynamische Programmierung den kostenminimalen Produktionsplan. Geben Sie die Produktionsmengen q_t der Perioden t sowie die resultierenden Kosten K an.

b) Geben Sie allgemein ein formales Entscheidungsmodell für das beschriebene Problem an. Verwenden Sie als zusätzliche Symbole y_t für den Lagerbestand am Ende von Periode t und die binäre Variable x_t mit $x_t = 1$, falls in Periode t ein Rüstvorgang erforderlich ist (und daher Rüstkosten anfallen), und $x_t = 0$, falls kein Rüstvorgang erforderlich ist.

c) Nennen Sie zwei heuristische Lösungsverfahren für das Problem. Geben Sie zwei Gemeinsamkeiten dieser Verfahren an.

d) Implementieren und lösen Sie Teilaufgabe b) in Excel.

*Aufgabe 5.2.1.8: Optimale Fertigungslosgröße

In einem Unternehmen der Automobilbranche werden die von einem Zulieferer angelieferten Frontscheiben vor dem Einbau in die Automobile gereinigt. Die zuständige Arbeitsgruppe reinigt mit einer Geschwindigkeit von $i = 500$ Scheiben je Arbeitstag. Die gereinigten Scheiben werden anschließend gelagert. Der für die kontinuierliche Fertigung der Autos auf dem Montageband benötigte Bedarf beträgt $d = 250$ Frontscheiben je Arbeitstag. Bei der Vorbereitung des Reinigungsvorganges fallen jeweils Kosten in Höhe von $s = 60$ € an. Der Lager- und Zinskostensatz beträgt $h = 10$ €/(ME · Jahr) (Annahme: 1 Jahr = 360 Tage).

a) Stellen Sie grafisch für den beschriebenen Reinigungsprozess den Verlauf der Lagerbestandsmenge dar. Unterstellen Sie dabei, dass der Lagerabgang kontinuierlich erfolgt und ein geschlossener Prozess vorliegt. Bestimmen Sie die optimale Fertigungslosgröße und die resultierenden Kosten pro Jahr.

b) Bestimmen Sie analog die optimale Produktionslosgröße und die resultierenden Kosten pro Jahr, wenn es sich um einen offenen Prozess handelt.

c) Worauf sind die Unterschiede zwischen den Ergebnissen von a) und b) zurückzuführen? Untersuchen Sie, für welche Anwendungsbedingungen die Prämisse eines geschlossenen Prozesses und wann die eines offenen Prozesses gerechtfertigt erscheint. Wodurch wird die Gestaltung dieser Anwendungsbedingungen in der Realität beeinflusst?

d) Implementieren und lösen Sie die Teilaufgaben a) und b) in Excel.

**Aufgabe 5.2.1.9: Losgrößenplanung bei offener Produktweitergabe*

Ein Industriebetrieb mit einstufiger Fertigung stellt ein einziges Produkt her. Bei endlicher Fertigungsgeschwindigkeit werden 2400 Stück pro Jahresquartal produziert, wohingegen 300 Stück in zwei Wochen abgesetzt werden. Des Weiteren sind folgende Kostendaten bekannt:

- Kosten je Rüstvorgang: 50 €
- Lager- und Zinskostensatz $2 \frac{€}{\text{Stück} \cdot \text{Jahr}}$

a) Bestimmen Sie die optimale Fertigungslosgröße q^* für den Fall der offenen Produktweitergabe (Nehmen Sie vereinfacht an: 1 Monat = 4 Wochen).

b) Berechnen Sie die Zeitdauer zum Absatz und zur Fertigung eines Loses von $q = 1200$ Stück sowie den maximalen und durchschnittlichen Lagerbestand bei offener Produktweitergabe.

c) Kennzeichnen Sie nun in einer Grafik den Lagerbestandsverlauf bei offener Produktweitergabe für einen Zeitraum von fünf Monaten. Verwenden Sie dazu die Ergebnisse aus b).

d) Kennzeichnen Sie verbal den Produktionsverlauf bei offener und geschlossener Produktweitergabe. Welche Konsequenzen ergeben sich hieraus jeweils für den Lagerbestandsverlauf?

e) Implementieren und lösen Sie Teilaufgabe a) in Excel.

5.2.2 Reihenfolgeplanung bei Job Shop-Problemen

Aufgabe 5.2.2.1: Auftragsfolgen mit dem Verfahren von Akers

In einer Schlosserei stehen drei Aufträge (1, 2, 3) zur Disposition. Dabei müssen alle Aufträge auf sämtlichen Maschinen (A, B, C) bearbeitet werden. Die Bearbeitungszeiten sind:

	A	B	C
1	3	3	4
2	1	4	5
3	2	2	3

a) Betrachten Sie zunächst nur die Aufträge 1 und 2. Ermitteln Sie die Wartezeit der Aufträge, wenn die beiden Aufträge die identische Maschinenfolge $<A,B,C]$ aufweisen und Auftrag 1 vor Auftrag 2 bearbeitet wird. Wie groß ist die Durchlaufzeit der Aufträge?

b) Gehen Sie nun von den Maschinenfolgen $<C,A,B]$ für Auftrag 1 und $<A,C,B]$ für Auftrag 2 aus. Ermitteln Sie die zyklusminimalen Auftragsfolgealternativen für die Maschinen A, B und C für die beiden Aufträge 1 und 2.

c) Die Maschinenfolge des Auftrages 3 ist $<B,A,C]$. Zeichnen Sie für die drei Aufträge das auftragsbezogene Gantt-Diagramm bei einer Auftragsfolge auf Maschine A von $<2,1,3]$, auf Maschine B von $<3,1,2]$ und auf Maschine C von $<1,2,3]$. Ist dies die zyklusminimale Auftragsfolge?

d) Ermitteln Sie die Gesamtbelegungszeit der Arbeitsträger bei der Bearbeitung der drei Aufträge.

Aufgabe 5.2.2.2: Auftragsfolgen mit dem Verfahren von Akers

In einer Maschinenfabrik müssen zwei Aufträge bearbeitet werden. Dabei haben die beiden Aufträge die vier Maschinen A, B, C und D in unterschiedlicher Reihenfolge zu durchlaufen. Für Auftrag 1 gilt die Maschinenfolge $<A,C,B,D]$ und für Auftrag 2 die Maschinenfolge $<B,A,C,D]$. Die Bearbeitungszeiten sind:

	A	B	C	D
1	2	3	4	5
2	3	2	4	2

a) Ermitteln Sie mit dem Verfahren von Akers die minimale Zykluszeit.

b) Geben Sie für die vier Maschinen die zykluszeitminimalen Auftragsfolgen an.

c) Ermitteln Sie die im Optimum vorhandene Summe der Durchlaufzeiten und die Summe der Wartezeiten.

d) Welche Auswirkungen auf die Summe von Durchlaufzeiten und die Summe von Wartezeiten hat es, wenn man die Bearbeitungszeit des Auftrages 1 an der Maschine C um 1 Zeiteinheit reduziert und dafür die Bearbeitungszeit an der Maschine B um 1 Zeiteinheit erhöht?

e) Ist folgende Aussage richtig? Aus einem auftragsbezogenen Gantt-Diagramm lassen sich die Durchlauf- und die Wartezeiten der Aufträge, aber nicht die Belegungs- und die Leerzeiten der Maschinen ermitteln.

Aufgabe 5.2.2.3: Prozessplanung in einer Schreinerei

In einer Schreinerei müssen zwei Aufträge auf vier Maschinen bearbeitet werden. Dabei beträgt die bislang praktizierte Maschinenfolge für den Auftrag 1 $<B,A,C,D]$ und für den Auftrag 2 $<A,B,C,D]$. Die Bearbeitungszeiten für die einzelnen Aufträge an den jeweiligen Maschinen lauten wie folgt:

	A	B	C	D
1	3	3	4	4
2	3	2	5	4

a) Bestimmen Sie unter Verwendung des Verfahrens von Akers die minimale Zykluszeit und die Auftragsfolge an den Maschinen.

b) Wie hoch sind die Summe der Durchlaufzeiten und die Summe der Wartezeiten bei dieser Lösung? Wie groß sind die Leerzeiten an den Maschinen?

c) In der Schreinerei werden nun Überlegungen angestellt, wie man den Produktionsprozess weiter optimieren könnte. Bei welchem Auftrag müsste (unter sonst gleichen Bedingungen) die Schreinerei die Maschinenfolge für zwei Maschinen tauschen, um die Zykluszeit auf den Mindestwert zu reduzieren?

d) Zusätzlich zu den Aufträgen 1 und 2 nimmt die Schreinerei nun einen dritten Auftrag an. Lässt sich die zyklusminimale Auftragsfolge auch bei drei Aufträgen mit dem unter a) verwendeten Verfahren bestimmen? Begründen Sie Ihre Antwort.

Aufgabe 5.2.2.4: Reihenfolgeplanung

a) In einer Unternehmung muss die Auftragsfolge von zwei Aufträgen 1 und 2 geplant werden. Auftrag 1 durchläuft vier Maschinen in der Reihenfolge $< A,B,C,D]$, während für Auftrag 2 die Reihenfolge $< A,C,B,D]$ gilt. Die Bearbeitungszeiten betragen:

	A	B	C	D
1	3	9	6	4
2	2	5	3	5

a.1) In welcher Reihenfolge sind die beiden Aufträge auf jeder Maschine zu bearbeiten, wenn die Zykluszeit möglichst kurz sein soll? Lösen Sie dieses Problem mithilfe des Verfahrens von Akers.

a.2) Zeichnen Sie das auftragsbezogene Gantt-Diagramm für die Auftragsfolgealternative $<1,2]$ auf Maschine A, $<1,2]$ auf Maschine B, $<2,1]$ auf Maschine C und $<2,1]$ auf Maschine D.

b) Drei Aufträge sind von vier Maschinen zu bearbeiten. Die Maschinenfolgen sind bei Auftrag 1 $< A,B,C,D]$, bei Auftrag 2 $< A,C,B,D]$ und bei Auftrag 3 $< B,D,C,A]$. Die Bearbeitungszeiten je Maschine betragen:

	A	B	C	D
1	7	9	4	4
2	2	5	3	5
3	7	6	5	2

b.1) Zeichnen Sie das maschinenbezogene Gantt-Diagramm für die Auftragsfolgealternative $<1,2,3]$ auf Maschine A, $<3,1,2]$ auf Maschine B, $<3,1,2]$ auf Maschine C und $<3,1,2]$ auf Maschine D.

b.2) Ermitteln Sie jetzt die Summe der Durchlaufzeiten aller Aufträge, die Gesamtbelegungszeit der Arbeitsträger und die Leerzeiten.

c) Zu welcher Kategorie von Entscheidungsregeln gehören Prioritätsregeln und nach welchen Kriterien werden sie gebildet? Wie kann man die Prioritätsregeln in ihrer Wirkung überprüfen?

Aufgabe 5.2.2.5: Ablaufplanung

In einer Werkstattfertigung sind zwei Aufträge (1, 2) auf drei Maschinen (A,B,C) zu bearbeiten. Die Maschinenfolge der Aufträge sei wie folgt:

Auftrag 1 durchläuft die Maschinen in der Reihenfolge A, dann B und zuletzt C. Der Auftrag 2 nimmt den Weg von Maschine C über B und schließlich zu A.

Die Bearbeitungszeiten (in Minuten) an den Maschinen sind:

	A	B	C
1	2	1	3
2	2	2	2

a) Ihnen werden zwei Auftragsfolgealternativen vorgeschlagen, die aus den folgenden Auftragsfolgematrizen ersichtlich sind:

Auftragsfolge 1			
	A	B	C
1	1	2	2
2	2	1	1

Auftragsfolge 2			
	A	B	C
1	2	1	2
2	1	2	1

Welche der Auftragsfolgen ist realisierbar, welche kann nicht umgesetzt werden? Begründen Sie Ihre Antwort.

b) Zeichnen Sie für die zulässige Auftragsfolgealternative ein auftragsbezogenes Gantt-Diagramm und ermitteln Sie die aus dieser Auftragsfolge resultierende Zykluszeit, Leerzeit, Belegungszeit, Wartezeit und Durchlaufzeit.

c) Bestimmen Sie eine Auftragsfolge mit der Kürzeste-Operationszeit-Regel (KOZ-Regel). Zeichnen Sie das entsprechende maschinenbezogene Gantt-Diagramm.

d) Nennen Sie zwei Argumente, die für die Anwendung der KOZ-Regel bei der Ermittlung von Auftragsfolgen sprechen.

**Aufgabe 5.2.2.6: Maschinenbelegungsplanung*

Für die Fertigung zweier Aufträge 1 und 2 werden fünf Maschinen benötigt. Die Maschinenfolgen seien $< A,B,C,D,E]$ für Auftrag 1 und $< D,B,A,C,E]$ für Auftrag 2. Die Bearbeitungszeiten je Auftrag und Maschine entnehmen Sie der folgenden Tabelle:

Auftrag\Maschine	A	B	C	D	E
1	3	3	2	5	3
2	3	2	5	3	2

a) Ermitteln Sie mit dem Verfahren nach Akers die Maschinenbelegungsplanung mit minimaler Zykluszeit. Geben Sie die minimale Zykluszeit an.

b) Zeichnen Sie das maschinen- und das auftragsbezogene Gantt-Diagramm der zykluszeitminimalen Lösung aus a).

c) Ermitteln Sie alle Leerzeiten je Maschine und alle Wartezeiten je Auftrag für die Lösung aus a).

*Aufgabe 5.2.2.7: Reihenfolge- und Maschinenbelegungsplanung

Zwei Aufträge 1 und 2 sollen auf vier Maschinen A bis D eingeplant werden. Die Maschinenfolge lautet $< A,B,C,D]$ für Auftrag 1 und $< A,C,B,D]$ für Auftrag 2. Die Bearbeitungszeiten der Aufträge j an den Maschinen m entnehmen Sie folgender Tabelle:

$j \backslash m$	A	B	C	D
1	30	20	10	40
2	20	40	30	20

a) Ermitteln Sie nach dem Verfahren von Akers die Auftragsfolge an den Maschinen, sodass die Zykluszeit minimiert wird.

b) Geben Sie für die optimale Lösung das maschinen- und das auftragsbezogene Gantt-Diagramm an. Ermitteln Sie die Summe der Leerzeiten an den Maschinen und die Summe der Wartezeiten der Aufträge.

c) Welcher Zusammenhang besteht zwischen dem Ziel Minimierung der Zykluszeiten und den Zielen Minimierung der Leerzeit sowie Maximierung der Kapazitätsauslastung? Begründen Sie ihre Antwort formal.

*Aufgabe 5.2.2.8: Mehrprodukterzeugung auf einer Anlage

Auf einer Anlage werden abwechselnd vier verschiedene Produkte A,B,C und D hergestellt. Das Unternehmen arbeitet im Zwei-Schicht-Betrieb, die Anlage steht damit pro Woche jeweils 80 Stunden zur Verfügung. Eine Analyse der Rüst- und Lagerkosten hat zu dem Ergebnis geführt, dass es im Hinblick auf das Erfolgsziel günstig wäre, die Produkte in einem gemeinsamen Produktzyklus von einer Woche zu fertigen. Von jedem Produkt wird innerhalb der Woche einmal ein Los aufgelegt, das den Wochenbedarf umfasst. Die benötigte Fertigungszeit für einen Wochenbedarf beträgt bei den vier Produkten 5, 20, 15 und 25 Stunden. Die Zeit für das Umrüsten der Anlage von einem Produkt auf ein anderes ist stark reihenfolgeabhängig. Die Rüstzeiten in Stunden sind in der folgenden Tabelle enthalten:

von\nach	A	B	C	D
A	–	1,2	2,7	3,5
B	1,2	–	2,3	3,6
C	2,7	2,3	–	2,6
D	3,5	3,6	2,6	–

Der Rüstzustand am Ende des Zyklus entspricht dem Zustand am Anfang des Zyklus. Ihre Aufgabe besteht darin, eine Reihenfolge der Produkte innerhalb des wöchentlichen Zyklus zu ermitteln, die insgesamt zu möglichst geringen Rüstzeiten führt, da nach Abschluss des Zyklus noch Instandhaltungsmaßnahmen erforderlich sind, die nach Möglichkeit ohne Überstunden durchgeführt werden sollen.

a) Welches Modell der Distributionsplanung können Sie zur Lösung dieses Problems heranziehen? Kennzeichnen Sie das Modell formal im Hinblick auf seine Entscheidungsvariablen, die verfolgte Zielsetzung und die Nebenbedingungen.

b) Ziehen Sie ein Ihnen bekanntes Lösungsverfahren für das Modell zur Lösung der Planungsaufgabe heran. Ermitteln Sie eine Reihenfolge der Produkte innerhalb des wöchentlichen Zyklus, bei der die Summe der Rüst- und Bearbeitungszeiten die wöchentliche Kapazität nicht überschreitet.

c) Ermitteln Sie für diese Reihenfolge die Rüstzeiten sowie die Summe aus Rüst- und Bearbeitungszeit je Produkt und Woche. Zeichnen Sie ein Gantt-Diagramm, in dem über einen Zeitraum von zwei Wochen die Belegung der Maschine mit den einzelnen Produkten sowie eventuelle Leerzeiten ersichtlich sind. Für die Instandhaltung müssen pro Woche 5 Stunden angesetzt werden. Wie viele Überstunden müssen Sie bei Ihrer Lösung für die Instandhaltungsmaßnahmen einplanen?

*Aufgabe 5.2.2.9: Reihenfolgeplanung

Sie sind Leiter einer Werkstatt zur Werkzeugherstellung und erhalten drei Aufträge (1, 2, 3), die auf drei Maschinen (A,B,C) bearbeitet werden müssen. Sie ermitteln zunächst die Maschinenfolge der Aufträge mit:

Auftrag 1: $< A,B,C]$

Auftrag 2: $< C,B,A]$

Auftrag 3: $< C,A,B]$

Aus Ihrer Erfahrung heraus kennen Sie die Bearbeitungszeiten der Aufträge auf den Maschinen. Vom Kunden werden ihnen außerdem folgende Liefertermine vorgegeben:

	Bearbeitungszeiten (Wochen)			Liefertermin
	A	*B*	*C*	(Ende der Woche)
Auftrag 1	2	1	3	8
Auftrag 2	3	2	2	7
Auftrag 3	1	3	1	9

a) Sie beauftragen Ihren Stellvertreter Mannhart mit der Bestimmung einer geeigneten Maschinenbelegung. Er präsentiert Ihnen daraufhin zwei alternative Auftragsfolgen:

	Auftragsfolge 1			Auftragsfolge 2		
Maschine *A*	3	2	1	1	3	2
Maschine *B*	1	2	3	2	1	3
Maschine *C*	3	2	1	2	3	1

Halten Sie beide Alternativen für realisierbar? Begründen Sie kurz Ihre Antwort.

b) Aufgrund der großen Bedeutung der Aufträge für Ihr Unternehmen entscheiden Sie sich sicherheitshalber, die Wahl der Auftragsfolge nochmals zu überprüfen. Die Erinnerung an Ihre Studienzeiten fördert die Kenntnis einiger Prioritätsregeln zutage. Zeigen Sie anhand von maschinenbezogenen Gantt-Diagrammen, welche Alternativen sich aus der Verwendung der KOZ-Regel (kürzeste Operationszeit) und der LT-Regel (Liefertermin) ergeben würden. Nennen Sie die resultierenden Auftragsfolgen für jede der beiden Prioritätsregeln.

c) Von welchen Bedingungen würden Sie die Entscheidung für eine der in b) genannten Prioritätsregeln abhängig machen? Verdeutlichen Sie Ihre Argumente an den Ergebnissen der Teilaufgabe b).

d) Nach der erfolgreichen Abwicklung der obigen Aufträge erhalten Sie vier neue Aufträge (1–4), die Sie so schnell wie möglich fertigstellen sollen. Die Aufträge zeichnen sich durch eine identische Maschinenfolge $< A, B]$ aus. Ihre Bearbeitungszeiten auf den beiden Maschinen A und B sind in der nachfolgenden Tabelle angegeben:

	A	B
1	7	3
2	2	3
3	3	6
4	10	7

Bestimmen Sie mit dem Verfahren von Johnson die Auftragsfolge mit der minimalen Zykluszeit.

Aufgabe 5.2.2.10: Maschinenbelegungsplanung

Für die Fertigung zweier Aufträge 1 und 2 werden fünf Maschinen benötigt. Die Maschinenfolge sei $< D, B, A, C, E]$ für Auftrag 1 und $< A, B, C, D, E]$ für Auftrag 2. Die Bearbeitungszeiten je Auftrag und Maschine entnehmen Sie der folgenden Tabelle:

Auftrag\Maschine	A	B	C	D	E
1	3	2	5	3	2
2	3	3	2	5	3

a) Ermitteln Sie mit dem grafischen Verfahren nach Akers die Maschinenbelegungsplanung mit minimaler Zykluszeit.

b) Zeichnen Sie das maschinen- und das auftragsbezogene Gantt-Diagramm der zykluszeitminimalen Lösung aus a).

c) Ermitteln Sie alle Leerzeiten je Maschine und alle Wartezeiten je Auftrag für die Lösung aus a).

*Aufgabe 5.2.2.11: Gantt-Diagramme

Drei Aufträge $j = 1, 2, 3$ durchlaufen vier Maschinen $m = A, B, C, D$ in unterschiedlicher Maschinenfolge. Es gelten die angeführten Maschinenfolgen:

$j = 1$: $< A,B,D,C]$

$j = 2$: $< C,B,A,D]$

$j = 3$: $< A,B,C,D]$

Die Bearbeitungszeiten je Maschine (einschließlich Rüstzeiten) betragen:

$j \backslash m$	A	B	C	D
1	6	3	5	4
2	4	2	5	1
3	3	4	1	6

a) Zeichnen Sie das auftragsbezogene Gantt-Diagramm, wenn auf Maschine A die Auftragsfolge $< 3,1,2]$, auf Maschine B die Auftragsfolge $< 3,1,2]$, auf Maschine C die Auftragsfolge $< 2,3,1]$ und auf Maschine D die Auftragsfolge $< 3,1,2]$ gilt. Bestimmen Sie die Zyklus-, Warte-, Leer- und Bearbeitungszeiten sowie die Kapazitätsauslastung.

b) Zeichnen Sie das maschinenbezogene Gantt-Diagramm, wenn auf Maschine A die Auftragsfolge $< 3,1,2]$auf Maschine B die Auftragsfolge $< 3,2,1]$, auf Maschine C die Auftragsfolge $< 2,3,1]$ und auf Maschine D die Auftragsfolge $< 3,1,2]$ lautet. Bestimmen Sie die Zyklus-, Warte-, Leer- und Bearbeitungszeiten sowie die Kapazitätsauslastung.

*Aufgabe 5.2.2.12: Reihenfolgeplanung für ein Job-Shop-Problem

Vier Aufträge benötigen in unterschiedlicher Maschinenfolge drei Maschinen A, B und C. Die Bearbeitungszeiten t_{jh} und Maschinenfolgen μ_{jh} des Arbeitsgangs h von Auftrag j sind in den nachfolgenden Tabellen enthalten. Die vier Aufträge sollen mit Ende der Zeiteinheit (ZE) 110, 100, 140 und 70 ausgeliefert werden.

Bearbeitungszeiten t_{jh}			
$j \backslash h$	1	2	3
1	10	20	20
2	15	25	25
3	10	10	25
4	20	10	30

Maschinenfolgen μ_{jh}			
$j \backslash h$	1	2	3
1	A	B	C
2	A	C	B
3	B	A	C
4	A	B	C

a) Bestimmen Sie die Maschinenbelegung mit der Prioritätsregel der kürzesten Operationszeit (KOZ-Regel). Geben Sie das maschinenbezogene Gantt-Diagramm, die Zykluszeit und Verspätung der Aufträge an.

b) Bestimmen Sie nun die Maschinenbelegung mit der LT-Regel (Liefertermin). Ermitteln Sie erneut das maschinenbezogene Gantt-Diagramm, die Zykluszeit und die Verspätung der Aufträge.

5.3 Produktionsplanung und -steuerung bei Fließfertigung

5.3.1 Fließbandabstimmung

**Aufgabe 5.3.1.1: Fließbandabstimmung*

Gegeben seien Arbeitselemente, ihre Bearbeitungszeiten und ihre direkten Nachfolger, die zum Aufbau eines Fließbandes ermittelt wurden:

Arbeitselement i	A	B	C	D	E	F	G
Bearbeitungszeit in ZE	5	14	15	6	12	20	8
Direkte Nachfolger von i	B, C	E, F	D, F	G	G	G	–

a) Zeichnen Sie den Vorranggraphen.

b) Ermitteln Sie für eine Taktzeit von 20 ZE die Anzahl von Arbeitsstationen, sowie die Zuordnung der Arbeitselemente zu den Stationen mithilfe des Positionswertverfahrens von Helgeson/Birnie und berechnen Sie den Bandwirkungsgrad.

c) Bei welcher Taktzeit reduziert sich die Zahl der Stationen um eins? Berechnen Sie wieder den Bandwirkungsgrad und geben Sie die Zuordnung der Arbeitselemente zu den Stationen an.

d) Führen Sie die Heuristik von Helgeson/Birnie rückwärts aus, d. h. stellen Sie sich für die Einplanung vor, dass die Pfeile des Vorranggraphs umgekehrt sind, und das Arbeitselement G das erste ist. Wieviele Stationen werden nun benötigt bei einer Taktzeit von 20 ZE und wie hoch ist der Bandwirkungsgrad? Geben Sie die Ordnung der Arbeitselemente zu den Stationen an.

e) Worauf lassen sich die Unterschiede in den Ergebnissen von b) und d) zurückführen?

**Aufgabe 5.3.1.2: Fließbandabstimmung*

An einem Fließband sollen zehn verschiedene Tätigkeiten ausgeführt werden. Die technologischen Bedingungen für die Reihenfolge bestimmter Tätigkeiten sind im nachfolgenden Vorranggraphen, die Bearbeitungszeiten in der Tabelle angegeben.

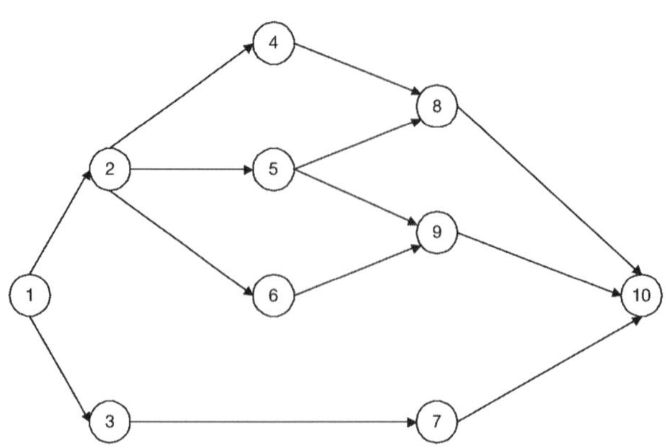

Tätigkeit	1	2	3	4	5	6	7	8	9	10
Zeit (Min)	5	7	4	3	6	8	4	5	7	4

An einem Arbeitstag mit 8 Arbeitsstunden sollen mindestens 32 Produkteinheiten erzeugt werden. Ermitteln Sie nach dem Verfahren der Postitionsgewichte (Verfahren von Helgeson/Birnie) die Stationenzahl und die Zuordnung der Arbeitselemente zu den Stationen, bei welcher der Bandwirkungsgrad möglichst groß ist.

*Aufgabe 5.3.1.3: Produktionsplanung bei Massenfertigung

Das Werk eines Markenartikelherstellers aus dem Bereich der Konsumgüterindustrie fährt in der Endmontage zwei Schichten à 7,5 Std. am Tag. Durch Wartungs- und Instandhaltungsarbeiten an Arbeitsplätzen und Fördermitteln bzw. durch den Schichtwechsel entfallen je Schicht im Durchschnitt ca. 32 Minuten. Pro Tag sollen im Bereich ‚Endmontage' 76 Stück eines Artikels fertiggestellt werden.

Der Montageprozess der Produktlinie umfasst zehn Arbeitsschritte und lässt sich durch folgenden Vorranggraphen veranschaulichen:

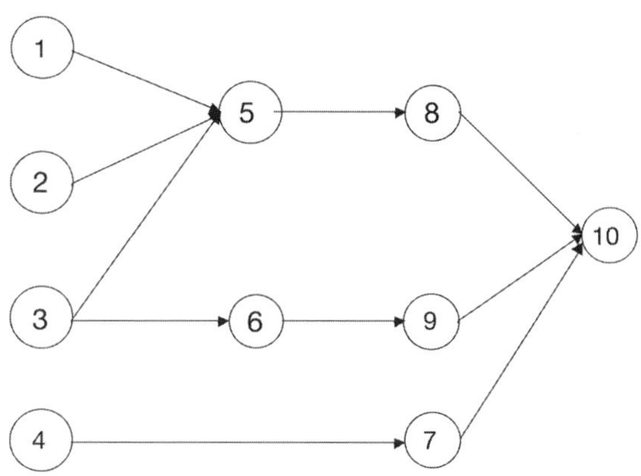

Die Bearbeitungszeiten je Arbeitsschritt entnehmen Sie nachfolgender Tabelle:

Arbeitselement	1	2	3	4	5	6	7	8	9	10
Bearbeitungszeit [Min]	5	2	3	2	5	1	8	2	3	5

a) Bestimmen Sie die Verteilung der Arbeitselemente auf die Stationen mithilfe des Rangwertverfahrens.

b) Welche Wirkungen könnte das Einfügen kleiner Puffer zwischen den Stationen haben?

*Aufgabe 5.3.1.4: Fließbandabgleich

An einem Fließband müssen zur Herstellung eines Massenproduktes zehn verschiedene Tätigkeiten ausgeführt werden. Die technologischen Bedingungen für die Reihenfolge der Tätigkeiten sind im nachfolgenden Netzwerk, die Bearbeitungszeiten je Tätigkeit in der darauffolgenden Tabelle angegeben.

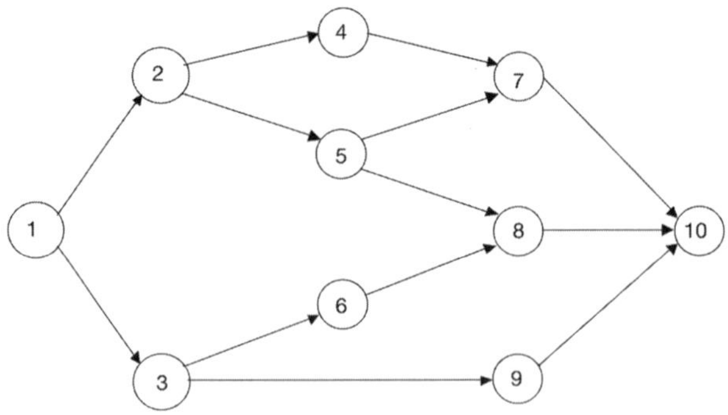

Tätigkeit	1	2	3	4	5	6	7	8	9	10
Zeit [Min]	5	7	3	3	6	8	4	5	8	4

Pro Tag sollen mindestens 64 Produkteinheiten erzeugt werden. Im Zwei-Schicht-Betrieb stehen dazu pro Tag 16 Arbeitsstunden zur Verfügung.

Ermitteln Sie nach dem Rangwertverfahren die Stationenzahl, die Zuordnung der Tätigkeiten zu den Stationen und die Taktzeit sowie den Bandwirkungsgrad (Gehen Sie davon aus, dass die Taktzeit immer eine ganzzahlige Anzahl von Minuten umfassen muss.).

*Aufgabe 5.3.1.5: Fließbandabstimmung

Gegeben ist der folgende Vorranggraph von Arbeitselementen, die den einzelnen Stationen eines getakteten Fließfertigungssystems zuzuordnen sind.

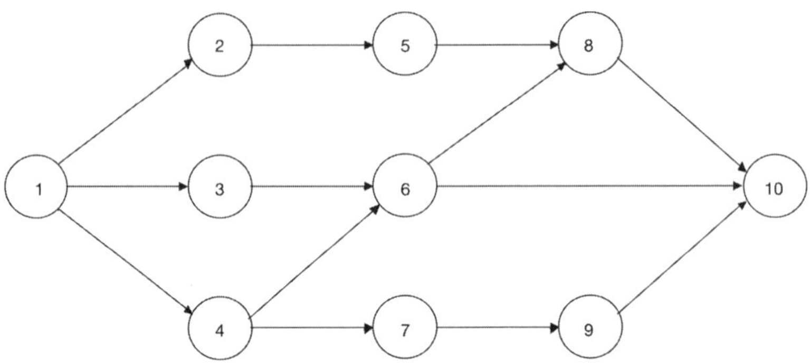

Die Bearbeitungszeiten T_i in Minuten für die einzelnen Arbeitselemente $i=1,...,10$ sind in folgender Tabelle enthalten:

i	1	2	3	4	5	6	7	8	9	10
T_i	3	3	4	6	8	3	2	5	6	1

Pro Tag stehen 468 Minuten Fertigungszeit zur Verfügung. An jedem Tag müssen mindestens 36 Einheiten des Produktes hergestellt werden.

a) Wie groß darf die Taktzeit maximal sein, sodass die geforderte Mindestproduktionsmenge erreicht wird? Wie groß ist die minimal mögliche Taktzeit? Welche Produktionsmenge wird bei der minimal möglichen Taktzeit erreicht, wenn für keinen Arbeitsgang mehr als eine Station eingerichtet wird?

b) Ordnen Sie die Arbeitselemente nach dem Positionsgewichtswert einzelnen Arbeitsstationen so zu, dass der Bandwirkungsgrad maximiert wird und pro Tag mindestens 36 Produktionseinheiten hergestellt werden können. Geben Sie den maximalen Bandwirkungsgrad und die pro Tag bei diesem Bandwirkungsgrad maximal herstellbare Produktionsmenge an.

Aufgabe 5.3.1.6: Fließbandabgleich

Auf einem Fließband soll durch zehn verschiedene Tätigkeiten ein Produkt erstellt werden. Über die einzelnen Tätigkeiten sind die folgenden Bearbeitungszeiten und die jeweils direkten Vorgängertätigkeiten bekannt:

Tätigkeit	1	2	3	4	5	6	7	8	9	10
Bearbeitungszeit [Min/Stück]	6	5	3	7	2	4	6	9	1	8
direkte Vorgängertätigkeit	–	1	1	1	2,3	3,5	4	6,7	5	8,9

a) Geben Sie mit den angegebenen Reihenfolgebeziehungen den Vorranggraphen der Tätigkeit an.

b) Bei einer Arbeitszeit von 24 Stunden pro Tag sollen täglich 120 Einheiten des Produktes hergestellt werden. Ermitteln Sie mithilfe des Positionswertverfahrens von Helgeson/Birnie die Anzahl an Bearbeitungsstationen, für welche der Bandwirkungsgrad maximal wird.

c) Ist eine Taktzeit von 10 Min/Stück sinnvoll? Warum kann keine Taktzeit von 8 Min/Stück gewählt werden?

5.3.2 Reihenfolgeplanung bei Flow-Shop-Problemen

Aufgabe 5.3.2.1: Reihenfolgeplanung

In einer Fließfertigung werden fünf Aufträge bearbeitet. Jeder Auftrag durchläuft zunächst die Maschine A und dann die Maschine B. Die Bearbeitungszeiten der Aufträge sind in folgender Tabelle gegeben:

Auftrag	Maschine A	Maschine B
1	5	2
2	1	6
3	9	7
4	3	8
5	10	4

a) Bestimmen Sie die Auftragsfolge mit dem Verfahren von Johnson. Zeichnen Sie das maschinenbezogene Gantt-Diagramm. Wie groß sind die Zykluszeit und die Leerzeiten beider Maschinen?

b) Welche Zielsetzung verfolgt das Verfahren von Johnson? Wird die optimale Lösung garantiert? Versuchen Sie den Grundgedanken des Verfahrens herauszuarbeiten, der dazu führt, dass eine optimale bzw. gute Lösung erzielt wird. Kennzeichnen Sie dazu die Eigenschaft der Auftragsfolgen an beiden Maschinen.

*Aufgabe 5.3.2.2: Verfahren von Johnson und NEH-Heuristik

Vier Aufträge $j = 1,2,3,4$ sollen mit gleicher Maschinenfolge zunächst auf Maschine A und anschließend auf Maschine B gefertigt werden. Die Bearbeitungszeiten t_{jA} bzw. t_{jB} auf den beiden Maschinen sind in der nachfolgenden Tabelle angegeben:

j	t_{jA}	t_{jB}
1	4	2
2	2	3
3	5	6
4	5	3

a) Bestimmen Sie mit dem Verfahren von Johnson die Auftragsfolge mit minimaler Zykluszeit. Zeichnen Sie das zugehörige maschinenbezogene Gantt-Diagramm und ermitteln Sie daraus die Zykluszeit.

b) Bestimmen Sie nun mit der NEH-Heuristik die Auftragsfolge mit minimaler Zykluszeit.

*Aufgabe 5.3.2.3: Reihenfolgeplanung

Drei Aufträge 1, 2, 3 werden mit gleicher Maschinenfolge $< A,B,C]$ gefertigt. Die Bearbeitungszeiten der Aufträge je Maschine zeigt nachfolgende Tabelle:

$i \backslash j$	A	B	C
1	5	2	7
2	8	3	2
3	6	5	9

a) Bestimmen Sie mit der NEH-Heuristik die Auftragsfolge mit minimaler Zykluszeit.

b) Stellen Sie das Ergebnis aus Teilaufgabe a) in einem auftragsbezogenen und einem maschinenbezogenen Gantt-Diagramm dar. Welche Wartezeiten ergeben sich für die einzelnen Aufträge? Wie groß sind die Leerzeiten an den Maschinen, wie groß ist die Kapazitätsauslastung?

Aufgabe 5.3.2.4: Reihenfolgeplanung für ein Flow-Shop-Problem

Vier Aufträge mit gleicher Maschinenfolge werden zunächst auf Maschine A und anschließend auf Maschine B gefertigt. Die Bearbeitungszeiten auf den beiden Maschinen zeigt nachfolgende Tabelle:

j	t_{jA}	t_{jB}
1	5	7
2	1	3
3	4	3
4	2	9

a) Bestimmen Sie mit dem Verfahren von Johnson die Auftragsfolge mit minimaler Zykluszeit.

b) Ermitteln Sie mit der NEH-Heuristik die Auftragsfolge mit minimaler Zykluszeit.

c) Welche Unterschiede bestehen zwischen dem Verfahren von Johnson und der NEH-Heuristik?

6. Planung von Transporten, Touren und Standorten

6.1 Transportplanung

**Aufgabe 6.1.1: Klassisches Transportproblem*

An drei Angebotsorten $i = 1, ..., 3$ ist ein Gut vorhanden, das an vier Nachfrageorten $j = 1, ..., 4$ benötigt wird. Die am Ort i vorhandenen Mengeneinheiten (ME) A_i betragen $A_1 = 20$ ME, $A_2 = 25$ ME und $A_3 = 21$ ME. Die am Ort j benötigten Mengen B_j sind $B_1 = 15$ ME, $B_2 = 17$ ME, $B_3 = 22$ ME und $B_4 = 12$ ME. Die Kosten c_{ij} für den Transport einer ME von Ort i zu Ort j sind folgender Tabelle zu entnehmen:

c_{ij}	$j=1$	$j=2$	$j=3$	$j=4$
$i=1$	6	2	6	7
$i=2$	4	9	5	3
$i=3$	8	8	1	6

a) Ermitteln Sie zunächst eine zulässige Lösung des Transportproblems mithilfe der Nordwest-Ecken-Regel. Geben Sie die Kosten der Lösung an.

b) Ermitteln Sie eine Lösung mit der Spaltenminimum-Methode. Geben Sie die Kosten der Lösung an und vergleichen Sie diese mit Ihrem Ergebnis aus a).

c) Ermitteln Sie eine Lösung mit der Matrixminimum-Methode. Geben Sie die Kosten der Lösung an und vergleichen Sie diese mit Ihrem Ergebnis aus a).

d) Ermitteln Sie eine Lösung mittels der Vogel'schen Approximationsmethode. Geben Sie die Kosten der Lösung an und vergleichen Sie diese mit Ihrem Ergebnis aus a).

e) Wie beurteilen Sie grundsätzlich die Lösungsverfahren gemäß a) bis d) hinsichtlich der Güte der Lösungen?

f) Implementieren und lösen Sie das Problem in Excel.

**Aufgabe 6.1.2: Transportplanung mit Angebotsüberschuss*

Die Revisionsabteilung der Autovermietungsgesellschaft BavariaCar stellt am Jahresende fest, dass der Fuhrpark ungleichmäßig über die Filialen verteilt ist. So werden in den Filialen a, b und c 11, 10 bzw. 5 PKW nicht benötigt. Demgegenüber fehlen den Filialen D, E und F im Schnitt 6, 4 bzw. 14 PKW. Man entschließt sich, die nicht genutzten PKW den Filialen D, E und F zur Verfügung zu stellen. Dabei ergibt sich das Problem der optimalen Verteilung der PKW auf die neuen Filialen. Die Kostenrechnung schätzt die folgenden Kosten für die Überführung eines PKW von der Filiale a, b, c zur Filiale D, E bzw. F:

von\nach	D	E	F
a	60	40	30
b	20	30	50
c	0	14	16

Die bei der Überführung anfallenden Kosten sollen minimiert werden.

a) Formulieren Sie allgemein Zielfunktion und Nebenbedingungen des zugrunde liegenden Entscheidungsproblems. Welche Verfahren lassen sich zur Lösung einsetzen? Sind hierzu ggf. Modifikationen des dargestellten Entscheidungsproblems erforderlich?

b) Die Logistikabteilung entschließt sich, 2 PKW in Filiale b zu belassen. Damit entsprechen sich die Gesamtzahl der überschüssigen und die Gesamtzahl der fehlenden PKW. Ermitteln Sie für dieses Problem eine heuristische Ausgangslösung mit einem zweckmäßigen Verfahren. Welche Kosten fallen bei dieser Lösung an?

c) Bestimmen Sie nun die optimale Lösung dieses ‚Überführungsproblems'. Welche Kosteneinsparungen ergibt diese Lösung im Vergleich zur heuristischen? Handelt es sich um eine zulässige Lösung im Sinne des formulierten Entscheidungsproblems aus Teilaufgabe a)?

d) Implementieren und lösen Sie das Modell aus Teilaufgabe a) in Excel.

Aufgabe 6.1.3: Transportproblem

Von drei Angebotsorten A, B und C ist ein Gut zu drei Nachfrageorten I, II, III zu transportieren. An den Angebotsorten stehen folgende Mengen zur Verfügung: 50 t, 70 t, 60 t. An den Nachfrageorten werden 100 t, 30 t und 50 t benötigt. Die Kosten für den Transport einer Mengeneinheit betragen:

von\an	I	II	III
A	15	2	8
B	3	5	1
C	7	12	13

a) Lösen Sie das Problem durch Anwendung der Nord-West-Ecken-Regel. Ermitteln Sie die Kosten der Lösung.

b) Ermitteln Sie eine Lösung mit der Spaltenminimum-Methode. Geben Sie die Kosten der Lösung an.

c) Ermitteln Sie eine Lösung mit der Matrixminimum-Methode. Geben Sie die Kosten der Lösung an.

d) Lösen Sie das Problem durch Anwendung der Vogel'schen Approximationsmethode.

e) Implementieren und lösen Sie das Problem in Excel.

*Aufgabe 6.1.4: Klassisches Transportproblem

An zwei Angebotsorten A und B stehen 22 t bzw. 33 t eines Gutes zur Verfügung, die zu drei Nachfrageorten 1, 2 und 3 transportiert werden müssen. An den Nachfrageorten werden 15 t, 17 t und 23 t benötigt. Die Kosten des Transportes einer Mengeneinheit von einem Angebots- zu einem Nachfrageort gehen aus folgender Matrix hervor:

von\nach	1	2	3
A	8	10	3
B	4	2	6

a) Formulieren Sie mit diesen Daten das lineare Transportmodell.

b) Lösen Sie das Problem mit der Nord-West-Ecken-Regel und ermitteln Sie die Kosten der Lösung.

c) Ermitteln Sie eine Lösung mit der Matrixminimum-Methode. Geben Sie die Kosten der Lösung an.

d) Lösen Sie das Problem mit der Vogel´schen Approximationsmethode und ermitteln Sie die Kosten der Lösung.

e) Wie würden Sie das Modell aus a) ändern, wenn am Ort A 25 t des Gutes zur Verfügung stehen, alle anderen bislang gegebenen Daten des Problems jedoch unverändert bleiben?

f) Implementieren und lösen Sie das Modell aus Teilaufgabe e) in Excel.

*Aufgabe 6.1.5: Transportplanung

Das Unternehmen ‚Mädel' fertigt an drei Standorten in München (M), Wien (W) und Zürich (Z) Bergstiefel. Für das kommende Jahr betragen die Fertigungskapazitäten 115.000 (M), 90.000 (W) und 70.000 (Z) Paar Schuhe. Die gefertigten Bergstiefel sind in die zentralen Auslieferungslager zu transportieren. Für Sindelfingen (S), Linz (L) und Basel (B) wird für das kommende Jahr ein Bedarf von 100.000 (S), 80.000 (L) und 95.000 (B) Paar Bergstiefeln prognostiziert. Für den Transport der Stiefel fallen je 1.000 Paar die in der folgenden Tabelle angegebenen Transportkosten (Geldeinheiten) an:

von\nach	Sindelfingen	Linz	Basel
München	4	10	8
Wien	5	9	12
Zürich	4	2	3

a) Ermitteln Sie mit der Nord-West-Ecken-Regel eine zulässige Ausgangslösung. Welche Aussage können Sie über die Güte dieser Lösung treffen?

b) Bestimmen Sie (z. B. mit der MODI-Methode oder Stepping-Stone-Methode) die kostenminimalen Transportmengen zwischen den Fertigungsstätten und Auslieferungslagern. Welche Kosten fallen im Optimum an?

c) Implementieren und lösen Sie das Problem in Excel.

*Aufgabe 6.1.6: Transportmodell

Vier Bergwerke $i = 1, ..., 4$ beliefern vier verschiedene Kraftwerke $j = 1, ..., 4$. Die Abbaumengen der Bergwerke B_j betragen 100 t, 250 t, 200 t und 50 t Kohle pro Tag, der Bedarf der Kraftwerke K_j ist 150 t, 50 t, 100 t und 300 t pro Tag. Die Kosten pro transportierter Tonne von den Bergwerken zu den Kraftwerken betragen in Geldeinheiten:

von\nach	K_1	K_2	K_3	K_4
B_1	1	4	31	50
B_2	20	14	15	46
B_3	30	35	23	25
B_4	7	40	45	37

a) Geben Sie für die hier angegebenen Daten die Zielfunktion an sowie die Nebenbedingungen für die Transportbeziehungen von den Bergwerken 1 und 2 zu den Kraftwerken.

b) Ermitteln Sie zunächst eine zulässige Lösung des Transportproblems mithilfe der Nord-West-Ecken-Regel. Ermitteln Sie die Kosten der Lösung.

c) Ermitteln Sie eine Lösung mit der Spaltenminimum-Methode. Geben Sie die Kosten der Lösung an.

d) Ermitteln Sie eine Lösung mit der Matrixminimum-Methode. Geben Sie die Kosten der Lösung an.

e) Ermitteln Sie nun eine Lösung mittels der Vogel'schen Approximationsmethode. Ermitteln Sie die Kosten dieser Lösung und vergleichen Sie diese mit Ihrem Ergebnis aus b). Wie können Sie bestimmen, ob die Lösung optimal ist?

f) Implementieren und lösen Sie das Problem in Excel.

*Aufgabe 6.1.7: Klassisches Transportproblem

Vier Kieswerke beliefern verschiedene Baustellen. Die Abbaumengen der Kieswerke betragen 450 t, 200 t, 200 t und 50 t Kies pro Tag, der Bedarf der Baustellen 500 t, 100 t und 300 t pro Tag. Die Kosten pro transportierter Tonne sind:

von\nach	B_1	B_2	B_3
K_1	6	11	10
K_2	7	3	4
K_3	5	4	8
K_4	10	5	12

a) Formulieren Sie das lineare Entscheidungsmodell zur Ermittlung der kostenminimalen Transportmengen von den Kiesgruben zu den Baustellen.

b) Ermitteln Sie die optimale Lösung anhand der MODI- oder Stepping-Stone-Methode und bestimmen Sie deren Kosten (der Ausgangspunkt ist mithilfe der Nord-West-Ecken-Regel zu berechnen).

c) Implementieren und lösen Sie das Problem in Excel.

*Aufgabe 6.1.8: Transportplanung mit Fehlmengen

Die fertigen Endprodukte dreier Werke einer Unternehmung werden an vier Auslieferungslager geliefert. In dem betrachteten Monat können die Werke A_1, A_2 und A_3 maximal 120, 180 sowie 250 Produkte fertigen. Die Auslieferungslager B_1, B_2, B_3 und B_4 haben in diesem Monat einen Bedarf von 130, 210, 160 und 100 Produkten. Für den Transport zwischen den Werken und den Auslieferungslagern fallen die in der nachfolgenden Tabelle angegebenen Kosten je transportierter Produkteinheit an:

€/Stück	B_1	B_2	B_3	B_4
A_1	15	17	22	12
A_2	18	21	14	9
A_3	12	10	6	15

a) Für das vorliegende Problem ist die Summe der gefertigten Produkte kleiner als die insgesamt nachgefragte Menge (Lösungshinweis: Einführung des Nachfrageüberschusses als eigenes Werk F). Für die unbefriedigte Nachfrage müssen die Auslieferungslager eine Konventionalstrafe zahlen. Dabei entstehen bei den Lagern Fehlmengenkosten in Höhe von 20, 25, 22 und 16 Geldeinheiten je Produkteinheit. Ermitteln Sie die auftretende Fehlmenge. Geben Sie eine Nebenbedingung an, welche diese Fehlmengen auf vier Auslieferungslager verteilt. Stellen Sie in ausgeschriebener Form die Kostenfunktion der Fehlmengenkosten auf.

b) Bestimmen Sie mithilfe der Spaltenminimum-Methode die Transportmengen und die Verteilung der Fehlmengen auf die vier Auslieferungslager, sodass die Summe aus Transport- und Fehlmengenkosten möglichst klein wird. Wie verteilen sich die Fehlmengen? Geben Sie die resultierenden Gesamtkosten an.

c) Bestimmen Sie mithilfe der Matrixminimum-Methode die Transportmengen und die Verteilung der Fehlmengen auf die vier Auslieferungslager, sodass die Summe aus Transport- und Fehlmengenkosten möglichst klein wird. Wie verteilen sich die Fehlmengen? Geben Sie die resultierenden Gesamtkosten an.

d) Bestimmen Sie mithilfe der Vogel'schen Approximationsmethode die Transportmengen und die Verteilung der Fehlmengen auf die vier Auslieferungslager, sodass die Summe aus Transport- und Fehlmengenkosten möglichst klein wird. Wie verteilen sich die Fehlmengen? Geben Sie die resultierenden Gesamtkosten an.

e) Implementieren und lösen Sie das Problem in Excel.

**Aufgabe 6.1.9: Transport- und Materialbedarfsplanung*

Die Erz AG betreibt drei Erzbergwerke. Für diese drei Bergwerke E1, E2 und E3 rechnet die Erz AG jeweils mit Erzabbaumengen in Höhe von 100 t (Tonnen), 120 t und 60 t in der kommenden Planperiode. Das Erz wird an drei Unternehmen A, B und C geliefert. In der kommenden Planperiode fragt Unternehmen A 80 t und Unternehmen B 50 t Erz bei der Erz AG nach.

Unternehmen C ist ein Tochterunternehmen der Erz AG und fertigt die zwei Produkte X und Y. Folgender Gozinto-Graph zeigt die Erzeugnisstruktur dieser beiden Produkte. Neben dem Erz werden noch drei weitere Rohstoffe R1, R2 und R3 zur Produktion von X und Y benötigt. Bei der Produktion werden zwei Zwischenprodukte Z1 und Z2 hergestellt. Die an den Pfeilen angetragenen Produktionskoeffizienten geben jeweils die Inputmenge in Tonnen bzw. Einheiten je produziertem Stück an.

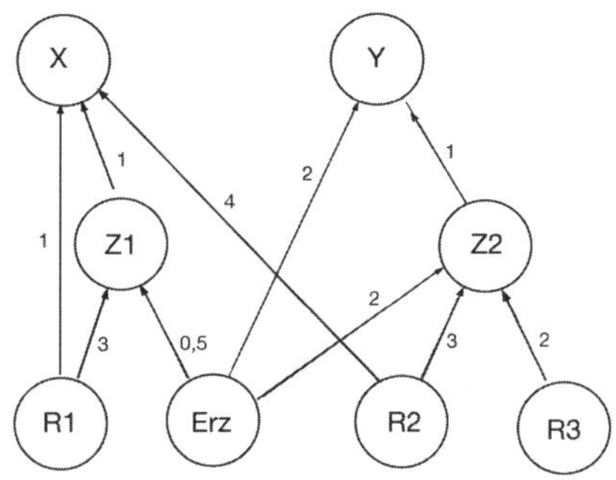

Überschüssige Angebotsmengen an Erz werden zu einem Speziallager L der Erz AG gebracht und dort sachgerecht gelagert. Für den Transport von den Erzbergwerken zu den Unternehmen A, B und C sowie zum Lager L fallen die in der nachfolgenden Tabelle angegebenen Kosten [in Euro je transportierter Tonne] an.

Erzbergwerk\Unternehmen bzw. Lager	A	B	C	L
E1	3	8	2	5
E2	9	7	7	5
E3	4	9	5	4

Als neuer Mitarbeiter der Erz AG wird Ihnen die Aufgabe übertragen, die kostenminimalen Transportmengen zu ermitteln.

a) Tochterunternehmen C deckt seinen gesamten Erzbedarf bei der Erz AG. Aufgrund eines Fehlers in der Datenübertragung wurden Ihnen lediglich die Primärbedarfsmengen der Produkte X und Y von Tochterunternehmen C für die kommende Planperiode übermittelt. Von Produkt X sollen 30 Stück und von Produkt Y 25 Stück hergestellt und verkauft werden. Für die Zwischenprodukte und Rohstoffe bestehen keine Primärbedarfe. Formulieren Sie für das vorliegende Transportproblem mit den hier angegebenen konkreten Daten ein lineares Entscheidungsmodell zur Ermittlung der kostenminimalen Transportmengen von den Erzbergwerken zu den Unternehmen A, B und C sowie zum Lager L!

Bevor Sie mit der Berechnung der kostenminimalen Transportmengen beginnen, erhalten Sie von Tochterunternehmen C in einer Eilmeldung die Information, dass entgegen der ursprünglichen Planung ein Gesamtbedarf an Erz in Höhe von 100 t für die kommende Planperiode besteht. Sie nehmen die notwendige Änderung in Ihrem Entscheidungsmodell vor und beginnen mit Ihren Berechnungen. Nach Ihren bisher richtigen Berechnungen liegt Ihnen folgendes Transporttableau vor. Das Tableau gibt an, wie viele Tonnen Erz von den Erzbergwerken der Erz AG zu den einzelnen Unternehmen A, B und C sowie zum Lager L transportiert werden sollen.

Erzbergwerk\Unternehmen bzw. Lager	A	B	C	L
E1	70		30	
E2		50	70	
E3	10			50

b) Beinhaltet dieses Tableau bereits die optimale Lösung des Transportproblems? Wenn nicht, so berechnen Sie ausgehend von diesem Tableau mithilfe der MODI- oder Stepping-Stone-Methode die optimalen Transportmengen! Geben Sie außerdem die minimalen Kosten des Transportproblems an!

c) Implementieren Sie das statische Input-Output-Modell für die Erzeugnisstruktur der Produkte des Unternehmens C in Excel; erstellen Sie hierbei zwei Implementierungsvarianten: eine Version unter Verwendung von Matrix-Funktionen und eine Version mittels Excel-Solver. Ermitteln Sie damit für das Unternehmen C den Gesamtbedarf an Erz. Implementieren und lösen Sie anschließend das Transportproblem unter Berücksichtigung der Eilmeldung.

6.2 Kürzeste Wege in Graphen

Aufgabe 6.2.1: Kürzeste Wege in ungerichteten Graphen

Das Dienstleistungsunternehmen Ratz & Fatz verfügt über eine Zentrale am Standort A und sechs dezentrale Servicestationen an den Standorten B bis G. Ein Mitarbeiter der Revisionsabteilung besucht jeweils ausgehend von der Zentrale A jede Woche eine andere Servicestation zum Zwecke der Überprüfung und Beratung. Hierbei sollen die Fahrzeiten minimiert werden. Das Verkehrsnetz kann als bewerteter, ungerichteter Graph dargestellt werden:

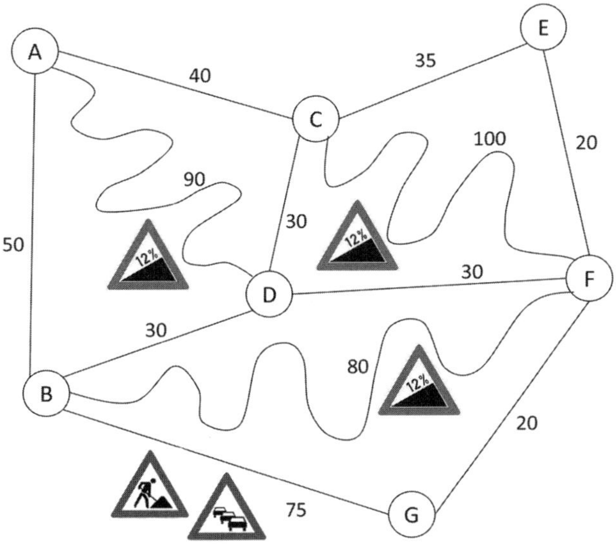

Die Knoten des Graphen stellen die einzelnen Standorte A bis G dar, die Bewertung der Kanten gibt jeweils die Fahrzeit der direkten Verbindung zwischen zwei Orten in Minuten an. Bitte beachten Sie, dass die direkte Verbindung zwischen zwei Standorten nicht in jedem Fall auch die zeitlich schnellste Verbindung darstellt. So handelt es sich bei den direkten Verbindungen zwischen A und D, zwischen B und F sowie zwischen C und F um Bergstrecken mit deutlichen Höhenunterschieden, bei denen zahlreiche Serpentinen mit Steigungen zu bewältigen sind; die Umgehungsstraßen im Tal weisen daher zum Teil geringere Fahrzeiten auf. Auf der Strecke zwischen B und G sind in beide Richtungen mehrere längerfristige Großbaustellen vorhanden, sodass dort die Fahrzeit entsprechend hoch ist.

a) Bestimmen Sie mithilfe des Dijkstra-Algorithmus die kürzesten (d. h. hier zeitlich schnellsten) Wege von der Zentrale A zu den Servicestationen B bis G und geben Sie jeweils die Fahrzeit an.

b) Diskutieren Sie, ob der kürzeste Weg von A nach G (d. h. A ist Startknoten und G ist Zielknoten) identisch mit dem Weg von G nach A (d. h. G ist Startknoten und A ist Zielknoten) ist, wenn beide Wege mit dem Algorithmus von Dijkstra berechnet werden.

c) Welche Rolle kann die Bestimmung kürzester Wege im Rahmen der Transport-, Rundreise- und Tourenplanung spielen?

**Aufgabe 6.2.2: Kürzeste Wege in gerichteten Graphen*

Es liegt gemäß nachfolgender Abbildung ein Verkehrsnetz in Form eines bewerteten, gerichteten Graphen mit den Knoten A bis G vor (rein symbolische, nicht geografische Darstellung). Die Bewertung der Pfeile gibt jeweils die Fahrzeit der direkten Verbindung zwischen zwei Knoten in Minuten an, die aufgrund des jeweiligen Verkehrsaufkommens und von Baustellen richtungsabhängig sind. Beachten Sie, dass die direkte Verbindung zwischen zwei Knoten nicht in jedem Fall auch die zeitlich schnellste Verbindung darstellt.

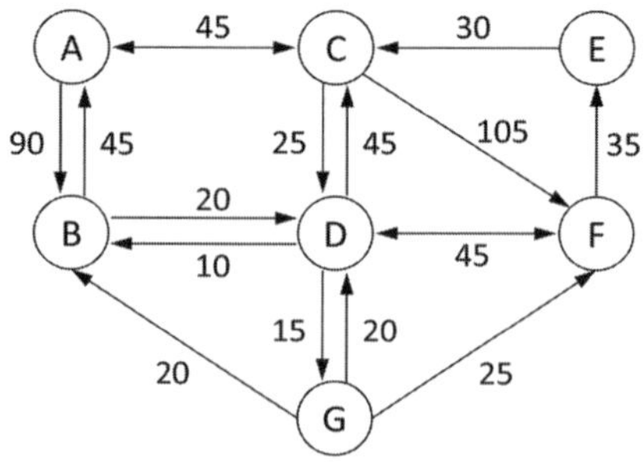

a) Wählen Sie Knoten A als Startknoten und bestimmen Sie mithilfe des Dijkstra-Algorithmus die kürzesten (d. h. hier zeitlich schnellsten) Wege vom Knoten A zu allen übrigen Knoten. Geben Sie jeweils die Fahrzeit für die Wege an.

b) Wählen Sie Knoten E als Startknoten und bestimmen Sie mithilfe des Dijkstra-Algorithmus die kürzesten (d. h. zeitlich schnellsten) Wege vom Knoten E zu allen übrigen Knoten. Geben Sie jeweils die Fahrzeit für die Wege an.

c) Vergleichen Sie den kürzesten Weg von A nach E gemäß Teilaufgabe a) mit dem kürzesten Weg von E nach A gemäß Teilaufgabe b).

6.3 Planung von Rundreisen

**Aufgabe 6.3.1: Rundreiseplanung*

Der sportliche und vielbeschäftigte Professor K. bekommt von seinen Assistenten zum Geburtstag ein Fahrrad geschenkt. Er ahnt sofort, welche Zeitersparnis möglich ist, wenn man das Rad nur effizient nutzt. An einem lebhaften Tag muss der Professor in drei verschiedenen Instituten H, S und U arbeiten. Ausgangs- und Endpunkt seiner ‚Rundreise' ist jeweils der Bahnhof B. Dabei können ohne Effizienzverlust die Aufgaben von maximal zwei Instituten direkt hintereinander bewältigt werden. Davor oder danach muss eine Mittagspause in der Mensa M erfolgen. Es gibt keine weiteren Beschränkungen. Nach kurzer Diskussion mit seinen Assistenten einigt man sich auf folgende Matrix der durchschnittlichen Wegzeiten in Minuten. Dabei sind die Fahrzeiten wegen Steigungen (Institut S), Sättigungsgrad (Mensa M) und Müdigkeit am Abend (Bahnhof B) richtungsabhängig. Gleichzeitig wird berücksichtigt, dass ein Abstellen des Fahrrads am Bahnhof aufgrund der Diebstahlsgefahr nicht ratsam ist und somit die erste bzw. letzte Strecke auf andere Art zurückgelegt werden muss. In der Tabelle wurde deshalb jeweils die schnellste Alternative von und zum Bahnhof B berücksichtigt.

von\nach	B	H	S	U	M
B	–	17	13	10	12
H	20	–	12	15	17
S	15	16	–	12	14
U	10	15	9	–	2
M	13	19	13	3	–

a) Zur Bestimmung der Rundreise mit der minimalen Gesamtzeit wählt der Professor das heuristische Verfahren der sukzessiven Einbeziehung von Stationen. Ausgehend vom Kurzzyklus B-U-B hält er folgende Reihenfolge für die Einbeziehung der Stationen für sinnvoll: S, H, M. Daneben muss bei der Einordnung der Mensa M die obige Nebenbedingung bezüglich der Arbeitseffizienz beachtet werden. Bestimmen Sie die nach diesem Verfahren beste Rundreise und ihre Gesamtzeit.

b) Erweitern Sie nun die eintägige auf eine mehrtägige Betrachtung, d. h. eine Wiederholung des Problems. Berücksichtigen Sie, dass das Fahrrad nie am Bahnhof abgestellt wird. Welche Problematik ergibt sich ausgehend von der Lösung aus Aufgabe a)? Welchen zweitägigen Rundreiseplan schlagen Sie vor, wenn am ersten Tag die Rundreise aus Aufgabe a) gefahren wird und am zweiten Tag das Institut U zuletzt besucht werden soll sowie die Gesamtfahrzeit an den Tagen 1 und 2 möglichst gering sein soll?

Aufgabe 6.3.2: Travelling-Salesman-Problem

Ein LKW eines Investitionsgüterherstellers muss jede Nacht drei dezentrale Servicestellen B bis D des Unternehmens mit bestimmten zentral gelagerten Ersatzteilen versorgen und zum Zentrallager A zurückkehren. Die Fahrzeiten auf den benutzten Straßen sind aufgrund zahlreicher Einbahnstraßen häufig richtungsabhängig. Die jeweils günstigsten Fahrzeiten zwischen den Orten sind in der folgenden Tabelle enthalten:

von\nach	A	B	C	D
A	–	10	31	23
B	19	–	24	33
C	25	25	–	26
D	24	28	27	–

Die Gesamtdauer der nächtlichen Rundreise soll minimiert werden.

a) Ermitteln Sie mehrere Rundreisen mithilfe der Nearest Neighbor Heuristik. Wählen Sie für die Konstruktion der Rundreisen jeden Knoten einmal als Startknoten. Geben Sie anschließend jede Rundreise in der Form an, dass Knoten A am Beginn der Rundreise steht. Geben Sie für jede Rundreise deren Dauer an und vergleichen Sie diese. Wie beurteilen Sie im Allgemeinen die Güte der Lösungen, die durch die Nearest Neighbor Heuristik erzielt werden?

b) Ermitteln Sie eine Rundreise nach dem Verfahren der sukzessiven Einbeziehung von Nachfolgern. Beginnen Sie dazu mit dem Kurzzyklus A-B-A und erweitern Sie diesen Zyklus sukzessive um weitere Orte in alphabetisch aufsteigender Reihenfolge. Geben Sie die resultierende Rundreise und deren Dauer an. Liefert dieses Verfahren die optimale Lösung des Problems? Begründen Sie Ihre Antwort.

c) Kennzeichnen Sie ein Entscheidungsproblem der Produktionsprozessplanung, dessen formale Struktur dem Travelling-Salesman-Problem gleicht.

**Aufgabe 6.3.3: Travelling-Salesman-Problem: Formales Modell und Überprüfung von Lösungen auf Zulässigkeit*

a) Geben Sie die Indizes, Parameter und Entscheidungsvariablen einschließlich deren Bedeutung für das Travelling-Salesman-Problem (TSP) an. Formulieren Sie auf dieser Grundlage das allgemeine Modell (d. h. Formelausdrücke für Zielfunktion und alle Nebenbedingungen) für das TSP.

b) Überprüfung von Lösungen auf Zulässigkeit

Vorbemerkung:

- Um nachzuweisen, dass eine Lösung unzulässig ist, genügt es, lediglich *eine* nicht erfüllte Nebenbedingung zu finden
- Um dagegen nachzuweisen, dass eine Lösung zulässig ist, müssen *alle* Nebenbedingungen geprüft werden und erfüllt sein.

b.1) Betrachten Sie nachfolgende Lösung für ein TSP mit $n = 5$ Knoten:

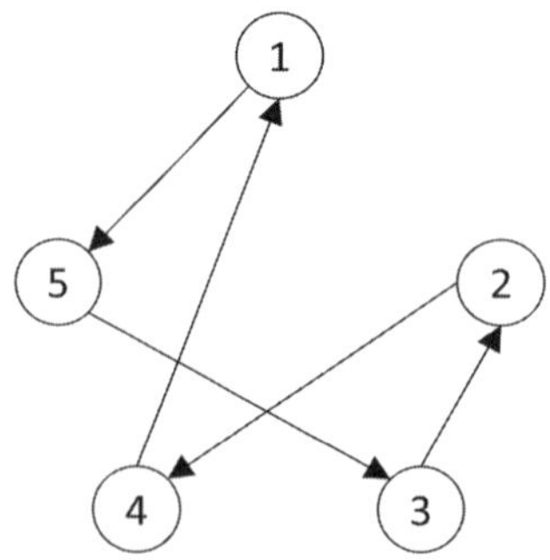

Ist dies eine zulässige Lösung für ein TSP?

b.2) Betrachten Sie nachfolgende Lösung für ein TSP mit $n = 6$ Knoten:

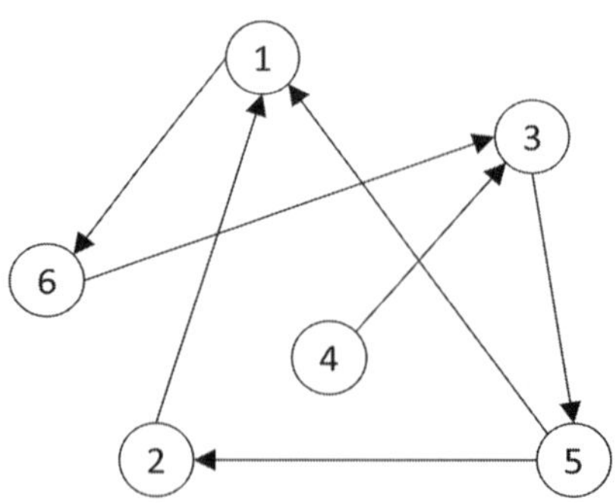

Ist dies eine zulässige Lösung für ein TSP?

b.3) Betrachten Sie nachfolgende Lösung für ein TSP mit $n = 8$ Knoten:

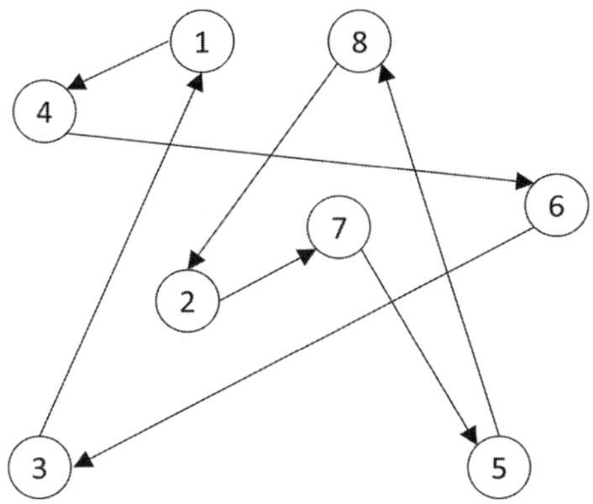

b.3.1) Ihr Kommilitone behauptet, dass die gezeigte Lösung eine zulässige Lösung für das Rundreiseproblem darstelle, weil jeder Knoten genau einmal erreicht und genau einmal verlassen wird. Stimmen Sie Ihrem Kommilitonen zu? Begründen Sie Ihre Antwort kurz (Argumentation anhand konkreter Formelausdrücke *hier* noch nicht nötig).

b.3.2) Überprüfen Sie nur für die unten angegebenen Knotenmengen, ob die Dantzig-Fulkerson-Johnson (DFJ)-Bedingung jeweils erfüllt ist oder nicht. Tragen Sie hierzu in die erste Zeile der nachfolgenden Tabelle den Formelausdruck für die DFJ-Bedingung und in die nächsten Zeilen Ihre Überprüfung in geeigneter und klar erkennbarer Weise ein.

Q	
{1,4}	
{4,5}	
{1,3,6}	
{4,5,8}	
{1,2,6,7}	
{2,5,7,8}	

b.3.3) Ist die Dantzig-Fulkerson-Johnson (DFJ)-Bedingung auf die Knotenmenge $Q = \{1, 2, 3, 4, 5\}$ anzuwenden? Begründen Sie Ihre Antwort.

6.4 Tourenplanung

*Aufgabe 6.4.1: Tourenplanung

Sie sind mit der Tourenplanung für eine Handelsunternehmung beauftragt. Von einem zentralen Depot aus müssen mit einem LKW Waren an sechs Zwischenlager weiterverteilt werden. Zu jedem Zwischenlager ist je eine Palette zu transportieren. Der LKW hat eine maximal zulässige Zuladung von vier Paletten. Das Verkehrsnetz wird als bewerteter ungerichteter Graph dargestellt:

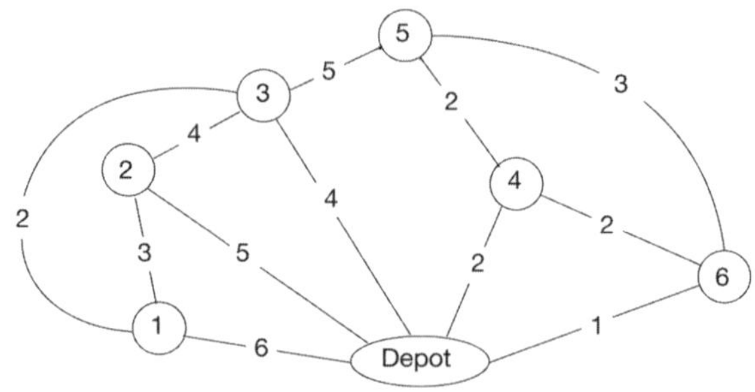

Die Knoten des Graphen stellen die einzelnen Lager dar, die Bewertung der Kanten gibt jeweils die Fahrzeit der direkten Verbindung zwischen zwei Orten an. Ihre Aufgabe besteht darin, die Tourenplanung so vorzunehmen, dass alle Zwischenlager beliefert werden und dabei die Fahrzeit des LKW minimiert wird. Die folgende Matrix der kürzesten Fahrzeiten zwischen allen Orten wurde bereits berechnet:

von\nach	1	2	3	4	5	6	Depot
1	–	3	2	8	7	7	6
2	3	–	4	7	9	6	5
3	2	4	–	6	5	5	4
4	8	7	6	–	2	2	2
5	7	9	5	2	–	3	4
6	7	6	5	2	3	–	1
Depot	6	5	4	2	4	1	–

a) Das allgemeine mathematische Modell zur Optimierung der Tourenplanung, mit dem sich auch obiges Problem lösen lässt, kann man wie folgt formulieren (Hinweis: In diesem allgemeinen Modell bezeichnet abweichend von obigem Beispiel der Ort 1 das zentrale Depot, von dem aus die Orte 2 bis N beliefert werden müssen):

$$\text{Min } Z = \sum_{i=1}^{N}\sum_{j=1}^{N}\sum_{m=1}^{M} c_{ij} \cdot x_{ijm} \qquad (1)$$

unter Beachtung der Nebenbedingungen:

$$\sum_{i=1}^{N} w_i \cdot y_{im} \leq b \qquad \forall m \qquad (2)$$

$$\sum_{j=1}^{N} x_{ijm} = y_{im} \qquad \forall i,m \qquad (3)$$

$$\sum_{i=1}^{N} x_{ijm} = y_{jm} \qquad \forall j,m \qquad (4)$$

$$\sum_{m=1}^{M} y_{im} = 1 \qquad i = 2,...,N \qquad (5)$$

$$z_i - z_j + N \cdot \sum_{m=1}^{M} x_{ijm} \leq N - 1 \qquad i,j = 2,...,N \quad i \neq j \qquad (6)$$

$$x_{iim} = 0 \qquad \forall i,m \qquad (7)$$

Kennzeichnen Sie die Entscheidungsvariablen, Indizes und Parameter des Modells. Interpretieren Sie mit knappen Worten die inhaltliche Aussage der Zielfunktion sowie sämtlicher Nebenbedingungen.

b) Ermitteln Sie eine Lösung für das oben beschriebene Tourenplanungsproblem nach dem Saving-Verfahren von Clarke und Wright. Ermitteln Sie zunächst eine Startlösung unter der Annahme, dass jedes Zwischenlager in einer separaten Tour angefahren wird. Wie groß ist die insgesamt benötigte Fahrzeit für diese Startlösung? Fassen Sie nun nach dem Saving-Verfahren, soweit möglich, Touren zusammen. Stellen Sie für jede Iteration den erhaltenen Tourenplan grafisch dar und geben Sie die Gesamtdauer aller Touren der letztlich ermittelten Lösung an.

**Aufgabe 6.4.2: Tourenplanung*

Party-Paul möchte seinem Freund Festl-Frede aus Frankfurt das Münchener Nachtleben näherbringen. Dazu hat er 5 Clubs (= Orte 2 bis 6), die über die Stadt verteilt sind, ausgesucht. Er steht vor der Frage, wie er die Fahrtkosten möglichst gering halten kann. Jede Tour beginnt zu Hause (= Ort 1) und endet auch dort. An jedem Abend sind maximal 3 Clubs zu schaffen. Jeder Club wird nur einmal besucht. Hinsichtlich der Fahrtkosten c_{ij} von Ort i zu Ort j ergibt sich folgende symmetrische Matrix der niedrigsten Fahrtkosten:

von i\nach j	1	2	3	4	5	6
1	–	15	12	9	6	3
2	15	–	4	8	12	16
3	12	4	–	5	10	15
4	9	8	5	–	7	10
5	6	12	10	7	–	8
6	3	16	15	10	8	–

a) Berechnen Sie die Fahrtkosten, wenn jeder Club in einer separaten Tour angefahren werden würde.

b) Lösen Sie das obige Problem anhand des Saving-Verfahrens von Clarke und Wright. Wie groß sind die Fahrtkosten?

c) Party-Paul hat bisher die Qualität der Cocktails vernachlässigt. So plant er in Club 2 einen Konsum von 3 Cocktails, in Club 3 einen Konsum von 2 Cocktails und in den anderen Clubs einen Konsum von je einem Cocktail. Pro Kopf und Abend schätzt er die maximale Kapazität für den Konsum auf 4 Cocktails. Welche Touren ergeben sich bei Anwendung des Saving-Verfahrens von Clarke und Wright? Ermitteln Sie wiederum die Fahrtkosten.

**Aufgabe 6.4.3: Tourenplanung*

Um seinen Fuhrpark optimal auszulasten und zugleich ein hohes Maß an Kundenzufriedenheit zu erzielen, verfolgt ein im Bereich des Paketversandes tätiges Transportunternehmen bei der Planung für die Auslieferungsfahrten das Ziel, die Fahrzeiten zu minimieren. Sendungen, die zum Overnight-Express-Tarif aufgegeben werden, lässt das Unternehmen mit Mini-Vans mit einem zulässigen Ladegewicht von 0,1 t ausliefern. Eines Tages soll der Fahrer eines Mini-Vans vom Zentralversandlager der Region ‚Süd' aus folgende Expresssendungen an sechs verschiedene Empfänger ausliefern:

Empfänger	Sendungen
A	46,5 kg
B	43,8 kg
C	40,2 kg
D	7,9 kg
E	10,5 kg
F	85,0 kg

Die zugehörigen Verbindungen und Fahrzeiten können Sie dem folgenden Graphen entnehmen:

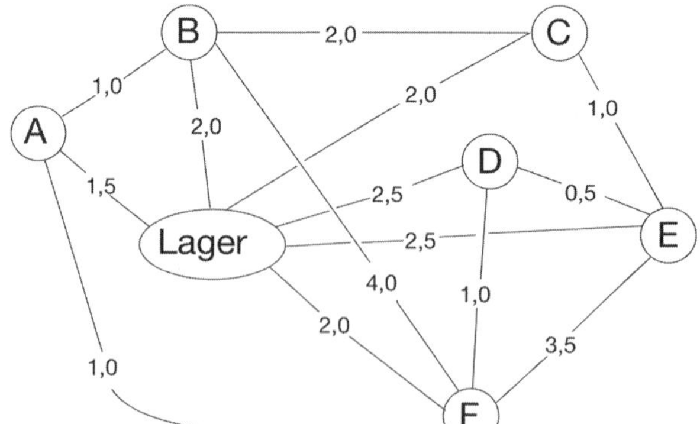

Die Matrix der kürzesten Fahrzeiten zwischen den Knoten lässt sich wie folgt darstellen:

von\nach	*Lager*	*A*	*B*	*C*	*D*	*E*	*F*
Lager	–	1,5	2,0	2,0	2,5	2,5	2,0
A	1,5	–	1,0	3,0	2,0	2,5	1,0
B	2,0	1,0	–	2,0	3,0	3,0	2,0
C	2,0	3,0	2,0	–	1,5	1,0	2,5
D	2,5	2,0	3,0	1,5	–	0,5	1,0
E	2,5	2,5	3,0	1,0	0,5	–	1,5
F	2,0	1,0	2,0	2,5	1,0	1,5	–

a) Ermitteln Sie eine Lösung für das vorliegende Tourenplanungsproblem mithilfe des Saving-Verfahrens von Clarke und Wright. Geben Sie die Zeitdauer aller Touren sowie das Ladegewicht je Tour an.

b) Was kennzeichnet das unter a) angewandte Lösungsverfahren bzw. die damit erzielbaren Lösungen?

**Aufgabe 6.4.4: Tourenplanung*

In dem folgenden Graphen stellen die Knoten 1 bis 6 Orte dar. Die Kanten des Graphen bilden die Verkehrswege ab. Die Fahrzeiten sind jeweils neben den Kanten angegeben.

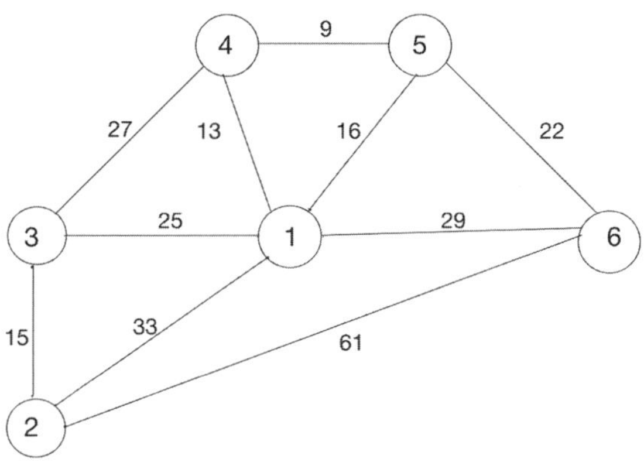

Die kürzesten Fahrzeiten zwischen den Knoten entnehmen Sie der folgenden Tabelle:

von\nach	1	2	3	4	5	6
1	–	33	25	13	16	29
2	33	–	15	42	49	61
3	25	15	–	27	36	54
4	13	42	27	–	9	31
5	16	49	36	9	–	22
6	29	61	54	31	22	–

Von dem Ort 1 aus müssen die Orte 2 bis 6 durch einen LKW angesteuert werden. An jedem Ort ist eine Palette eines Gutes abzuholen und zum Ort 1 zu bringen. Der LKW kann maximal 4 Paletten laden.

a) Führen Sie eine Tourenplanung nach dem Saving-Verfahren durch, sodass die gesamte Fahrzeit aller Touren möglichst gering wird. Geben Sie die Gesamtlänge der gebildeten Touren an.

b) Würde sich eine andere Lösung ergeben, wenn der LKW nur drei Paletten laden könnte?

*Aufgabe 6.4.5: Tourenplanung

Von einem zentralen Lager L_6 müssen fünf Auslieferungslager A_1 bis A_5 durch einen LKW beliefert werden. Zu jedem Auslieferungslager muss je eine Palette transportiert werden. Der LKW kann maximal vier Paletten laden. Das Verkehrsnetz wird als bewerteter ungerichteter Graph dargestellt.

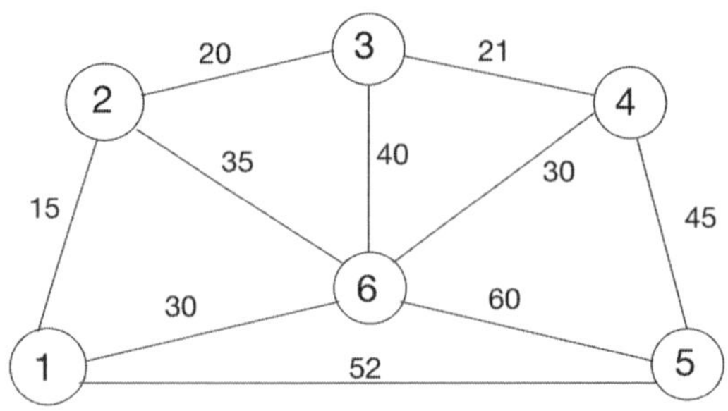

Die Knoten des Graphen stellen die einzelnen Lager dar, die Bewertungen der Kanten geben die Fahrzeiten der direkten Verbindung zwischen zwei Lagern an. Ihre Aufgabe besteht darin, eine Tourenplanung so vorzunehmen, dass alle Auslieferungslager angefahren werden und dabei die Fahrzeit des LKW minimiert wird. Nehmen Sie die Tourenplanung für den LKW nach dem Saving-Verfahren von Clarke und Wright vor.

a) Ermitteln Sie zunächst eine Startlösung unter der Annahme, dass jedes Auslieferungslager in einer separaten Tour (Pendeltour) angefahren wird. Wie groß ist die insgesamt benötigte Fahrzeit?

b) Ermitteln Sie nun die Saving-Werte für die jeweils schnellsten Verbindungen zwischen den Auslieferungslagern und fassen Sie sie, soweit möglich, gemäß den errechneten Saving-Werten zu Touren zusammen.

*Aufgabe 6.4.6: Tourenplanung

Von einem zentralen Lager L_6 müssen fünf Auslieferungslager A_1 bis A_5 durch einen LKW beliefert werden. Zu jedem Auslieferungslager muss je eine Palette transportiert werden. Der LKW kann maximal vier Paletten laden. Das Verkehrsnetz wird als bewerteter ungerichteter Graph dargestellt:

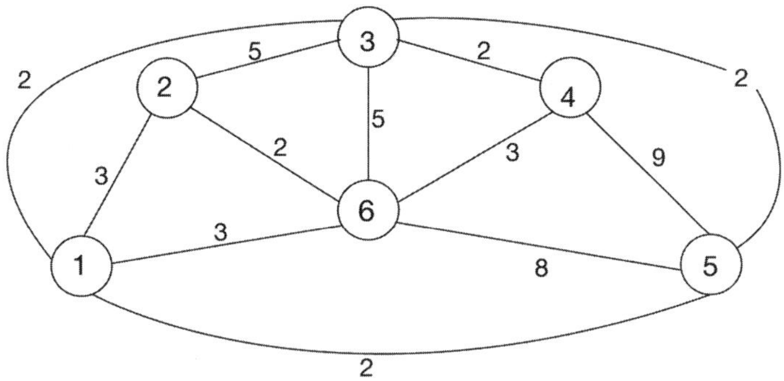

Die Knoten des Graphen stellen die einzelnen Lager dar, die Bewertung der Kanten gibt jeweils die Fahrzeit der direkten Verbindung zwischen zwei Orten an. Beachten Sie, dass nicht in jedem Fall die direkte Verbindung zwischen zwei Orten auch die zeitlich schnellste Verbindung darstellt. Ihre Aufgabe besteht darin, eine Tourenplanung so vorzunehmen, dass alle Auslieferungslager angefahren werden und dabei die Fahrzeit des LKW minimiert wird. Zunächst wurde die folgende Matrix der kürzesten Fahrzeiten zwischen allen Orten berechnet:

c_{ij}	1	2	3	4	5	6
1	–	3	2	4	2	3
2	3	–	5	5	5	2
3	2	5	–	2	2	5
4	4	5	2	–	4	3
5	2	5	2	4	–	5
6	3	2	5	3	5	–

Aus der Matrix können Sie ablesen, dass z. B. der schnellste Weg von 5 nach 4 die Fahrzeit $c_{54} = 4$ erfordert.

a) Mit welchem Verfahren kann die oben gegebene Matrix der kürzesten Fahrzeiten ermittelt werden? Zeigen Sie die Anwendung dieses Verfahrens exemplarisch, indem Sie mit ihm die kürzesten Fahrzeiten von Knoten 5 zu allen übrigen Knoten, d. h. die zu Knoten 5 gehörende Zeile in der obigen Matrix, bestimmen.

b) Ermitteln Sie einen Tourenplan für den LKW nach dem Saving-Verfahren von Clarke und Wright.

   b.1) Ermitteln Sie zunächst eine Startlösung unter der Annahme, dass jedes Auslieferungslager in einer separaten Tour angefahren wird. Wie groß ist die insgesamt benötigte Fahrzeit?

   b.2) Ermitteln Sie nun die Saving-Werte für die jeweils schnellsten Verbindungen zwischen den Auslieferungslagern und fassen Sie sie, gemäß den errechneten Saving-Werten zu Touren zusammen. Stellen Sie in jeder Iteration den erhaltenen Tourenplan grafisch dar und ermitteln Sie für die letztlich erhaltene Lösung die Gesamtlänge der Touren.

c) Zu der oben angegebenen Matrix der kürzesten Fahrzeiten korrespondiert die nachfolgende Vorgängermatrix:

VG_{ij}	1	2	3	4	5	6
1	1	1	1	3	1	1
2	2	2	2	6	1	2
3	3	3	3	3	3	3
4	3	6	4	4	3	4
5	5	1	5	3	5	1
6	6	6	6	6	1	6

Aus dieser Vorgängermatrix können Sie ablesen, wie die schnellsten Wege verlaufen, deren Fahrzeiten in der Matrix der kürzesten Fahrzeiten enthalten sind. Ein Element VG_{ij} in der Vorgängermatrix für den schnellsten Weg von i nach j gibt jeweils den letzten Knoten vor Knoten j an. Damit lassen sich rekursiv alle schnellsten Wege rekonstruieren. Hierzu ein Beispiel: Für den Weg (5,?,4) von Knoten 5 nach Knoten 4 gilt $VG_{54} = 3$; der letzte Knoten vor Knoten 4 ist also Knoten 3, woraus sich die Streckenführung (5,?,3,4) ergibt. Damit stellt sich die Frage nach dem letzten Knoten vor Knoten 3; wegen $VG_{53} = 5$ ist der letzte Knoten vor Knoten 3 der Knoten 5, sodass sich die Streckenführung (5,3,4) ergibt.

c.1) Wie lässt sich diese Vorgängermatrix aus dem von Ihnen in Teilaufgabe a) angewendeten Verfahren ableiten? Zeigen Sie dies exemplarisch für die zu Knoten 5 gehörende Zeile in der Vorgängermatrix.

c.2) Ermitteln Sie nun unter Verwendung der Vorgängermatrix die Streckenführungen der in Teilaufgabe b.2) ermittelten Touren und stellen Sie diese grafisch dar.

6.5 Standortplanung

**Aufgabe 6.5.1: Kapazitiertes (capacitated) Warehouse Location Problem (cWLP)*

a) Geben Sie für das kapazitierte (capacitated) Warehouse Location Problem (cWLP) die Indizes, Parameter und Entscheidungsvariablen einschließlich deren Bedeutung an. Formulieren Sie auf dieser Grundlage das allgemeine Modell (d. h. Formelausdrücke für Zielfunktion und alle Nebenbedingungen) zum cWLP. Nummerieren Sie die Ausdrücke durch, beginnend mit (1) für die Zielfunktion.

b) Betrachten Sie ein cWLP mit 23 potenziellen Lagerhausstandorten und 47 Nachfrageorten. Wie groß sind

- die gesamte Anzahl der Entscheidungsvariablen sowie
- die Anzahl jedes Typs von Nebenbedingungen und die Anzahl aller Nebenbedingungen insgesamt? (nehmen Sie hierbei auf Ihre Nummerierung aus Teilaufgabe a) Bezug, damit klar wird, welche Anzahl zu welchem Typ Nebenbedingung gehört).

c) Betrachten Sie nun ein cWLP mit 55 Nachfrageorten. Die Gesamtzahl aller Variablen im Modell beträgt 1.568. Wie groß ist die Anzahl der potenziellen Lagerhausstandorte?

d) Geben Sie an, durch welche formalen Ausdrücke nachfolgende Bedingungen in einem cWLP berücksichtigt werden können:

d.1) Die beiden potenziellen Lagerhausstandorte $i = 5$ und $i = 8$ befinden sich in einer unter marktstrategischen Gesichtspunkten wichtigen Absatzregion, in der das Unternehmen mit mindestens einem Standort vertreten sein möchte. Daher soll von diesen beiden potenziellen Lagerhausstandorten mindestens einer eröffnet werden.

d.2) Die potenziellen Lagerhausstandorte $i = 2, \ldots, 6$ befinden sich in einer Region mit voraussichtlich stagnierender Marktentwicklung. Deshalb sollen höchstens drei von diesen Standorten eröffnet werden.

e) Die SuperService GmbH beliefert gemäß nachfolgender Datentabelle sechs Kunden K1 bis K6 mit bestimmten Mengen eines Gutes. Zur Senkung der Lieferzeiten und Optimierung der Logistikkosten sollen regionale Auslieferungslager für die Belieferung der Kunden eingerichtet werden; hierfür stehen vier potenzielle Standorte L1 bis L4 zur Verfügung, die jeweils über beschränkte Kapazitäten verfügen. Wird an einem potenziellen Standort ein Lager eingerichtet, so fallen hierfür entsprechende Fixkosten an. Ferner sind die Kostensätze für den Transport einer Mengeneinheit des Gutes von den jeweiligen Lagern zu den jeweiligen Kunden gegeben.

Transport-kostensätze	K1	K2	K3	K4	K5	K6	Fixkosten [GE]	Kapazität [ME]
L1	6	2	6	7	3	9	300	700
L2	4	9	5	3	3	1	500	300
L3	8	8	1	6	4	2	400	600
L4	3	1	3	7	3	13	700	400
Bedarf [ME]	150	270	80	120	100	200		

Welche der potenziellen Lagerstandorte sollen eingerichtet werden und wie sieht der optimale Transportplan zur Belieferung der Kunden aus? Implementieren und lösen Sie dieses Problem in Excel.

Aufgabe 6.5.2: Unkapazitiertes (uncapacitated) Warehouse Location Problem (WLP)

Die Wirbel & Wind GmbH beliefert sieben Kunden $j = 1,\ldots,7$ mit bestimmten Mengen eines Gutes. Der Bedarf der Kunden beträgt b_j Mengeneinheiten dieses Gutes pro Periode. Zur Senkung der Lieferzeiten und Optimierung der Logistikkosten sollen regionale Auslieferungslager für die Belieferung der Kunden eingerichtet werden; hierfür stehen fünf potenzielle Standorte $i = 1,\ldots,5$ zur Verfügung. Wird am potenziellen Standort i ein Lager eingerichtet, so entstehen Fixkosten in Höhe von f_i Geldeinheiten pro Periode. Die Transportkosten für den Transport einer Mengeneinheit des Gutes vom Lager i zum Kunden j betragen g_{ij} Geldeinheiten. Die Kapazität jedes einzelnen Lagers reiche annahmegemäß aus, um den Bedarf aller Kunden zu decken; somit liegen keine (wirksamen) Kapazitätsbeschränkungen an den potenziellen Lagerstandorten vor. Die Werte aller genannten Parameter können nachfolgender Tabelle entnommen werden.

g_{ij}	1	2	3	4	5	6	7	f_i
1	2	2	13	6	24	6	6	1.000
2	5	9	1	4	12	5	20	1.850
3	15	6	1	3	12	8	10	1.000
4	12	5	13	1	24	2	12	1.350
5	12	4	8	2	28	2	12	1.600
b_j	100	200	160	320	50	250	100	

a) Ermitteln Sie eine Lösung für das vorliegende WLP durch Anwendung des ADD-Algorithmus. Geben Sie die einzurichtenden Lagerstandorte und den Transportplan an.

b) Interpretierten Sie die Entwicklung der Höhe der Transportkostenersparnisse, die sich im Laufe der Iterationen in Teilaufgabe a) ergibt.

c) Liefert der ADD-Algorithmus im Allgemeinen eine optimale Lösung? Wenn nicht, durch welches Verfahren kann eine optimale Lösung bestimmt werden?

d) Implementieren und lösen Sie das Problem in Excel.

7. PPS-Systeme und Hierarchische Produktionsplanung

7.1 PPS-Systeme

*Aufgabe 7.1.1: Produktionsplanung und -steuerung

In einem Produktionssystem mit einer Maschine, das durch ein M/M/1 Warteschlangenmodell beschrieben werden kann, kommen Aufträge mit der Ankunftsrate λ an und werden mit der Abfertigungsrate μ fertiggestellt. Die Auslastung ρ des Systems und die erwartete Wartezeit eines Auftrags (zeitlicher Bestand) W_q betragen:

$$\rho = \frac{\lambda}{\mu} \text{ und } W_q = \frac{\rho}{\mu(1-\rho)}$$

Also ist die Auslastung in Abhängigkeit von der Wartezeit:

$$\rho = \frac{\mu}{\mu + \frac{1}{W_q}}$$

a) Nehmen Sie an, dass der Deckungsbeitrag der Produktion durch die Gleichung $D = 2 \cdot \rho - W_q$ beschrieben wird. Bestimmen Sie die mittlere Wartezeit W_q^*, die den Deckungsbeitrag maximiert.

b) Bestimmen Sie die optimale Auslastung des Systems, die sich aus W_q^* ergibt. Wie verhält sich die optimale Auslastung in Bezug auf die Abfertigungsrate? Kann die optimale Auslastung den Wert Eins erreichen?

c) Bei näherer Untersuchung der Funktion des Deckungsbeitrags stellt man fest, dass $D(\rho)$ unendlich negativ wird und der mittlere zeitliche Bestand W_q^* ins Unendliche ansteigt, falls man versucht, den Auslastungsgrad ρ dem Wert Eins anzunähern. Kennzeichnen Sie die Bedeutung dieses Ergebnisses für die Theorie der belastungsorientierten Auftragsfreigabe.

*Aufgabe 7.1.2: Belastungsplanung unter Unsicherheit

Nehmen Sie an, dass sich ein einfacher Fertigungsprozess an einem bereits vorhandenen verschleißfreien Aggregat durch ein M/M/1-Warteschlangenmodell abbilden lässt. Für ein M/M/1-Warteschlangensystem gelten die folgenden Zusammenhänge zwischen dem Erwartungswert des zeitlichen Bestandes $E\{B\}$, der Ankunftsrate λ, der Abfertigungsrate μ und der Auslastung ρ:

$$\rho = \lambda / \mu$$

$$E\{B\} = \rho / [\mu(1-\rho)] \text{ bzw. } \rho = \mu / [\mu + 1/E\{B\}]$$

Der Deckungsbeitrag DB_{OZ} in Geldeinheiten (GE) pro Zeiteinheit (ZE) der gesamten Fertigung vor Berücksichtigung der Kosten der Kapitalbindung (Zinskosten) sei mit k_1 proportional zur Auslastung des Systems:

$$DB_{OZ} = k_1 \cdot \rho \quad (k_1 \text{ in GE/ZE})$$

Die Kosten der Kapitalbindung Z (Zinsen) in GE/ZE seien mit k_2 proportional zum mittleren zeitlichen Bestand $E\{B\}$ in der Fertigung.

$$Z = k_2 \cdot E\{B\} \quad (k_2 \text{ in GE/ZE}^2)$$

Für den Deckungsbeitrag DB in GE/ZE nach Berücksichtigung der Zinsen gelte:

$$DB = DB_{OZ} - Z$$

a) Berechnen Sie den mittleren zeitlichen Bestand $E\{B\}$ des Systems, welcher den Deckungsbeitrag nach Zinsen maximiert.

b) Berechnen Sie für k_1 = 100 GE/ZE, k_2= 200 GE/ZE^2 und μ =50/ZE den optimalen zeitlichen Bestand $E\{B\}$ und die optimale Auslastung ρ des Systems.

c) Wie entwickelt sich der Deckungsbeitrag pro ZE nach Zinsen, wenn die Auslastung des Systems gegen 100 % geht?

d) Welche Auslastung ist optimal, wenn sowohl der Ankunfts- als auch der Abfertigungsprozess deterministisch sind?

*Aufgabe 7.1.3: Kapazitätserweiterung von Reparatureinrichtungen

Ein Unternehmen betreibt einen umfangreichen Fuhrpark mit neutralen Firmenwagen. Die Reparatur der Fahrzeuge wird von einer unternehmenseigenen Werkstatt durchgeführt, in der zu jedem Zeitpunkt gewartet werden kann. Die Werkstatt kann durch ein M/M/1-Warteschlangenmodell abgebildet werden. Die mittlere Zeit zwischen zwei Ankünften defekter Firmenwagen an der Werkstatt beträgt eine Stunde. Die mittlere Zeit für die Reparatur eines defekten Fahrzeugs beträgt 50 Minuten. In der unmittelbaren Nachbarschaft der Werkstatt befindet sich eine Autovermietung, die für 10 € pro Stunde Ersatzfahrzeuge bereitstellt. Die Zahlung an die Autovermietung erfolgt auf Basis der in Anspruch genommenen Fahrzeugstunden am Ende des Jahres. Zinsen auf die innerhalb des Jahres entstandenen Forderungen werden von dem Autovermieter nicht explizit berechnet. Das Unternehmen, seine Werkstatt und die Autovermietung arbeiten 24 Stunden täglich. Es besteht die Möglichkeit, am Anfang des Jahres neue Diagnosegeräte und Werkzeuge zu beschaffen und in der Werkstatt einzusetzen. Sie wären sofort zu bezahlen. Dadurch würde sich die mittlere Reparaturdauer auf 30 Minuten reduzieren. Die neuen Diagnosegeräte und Werkzeuge kosten 500.000 €. Sie können aus technischen Gründen nur drei Jahre lang eingesetzt werden und werden dann vom Hersteller kostenlos entsorgt. Der Zinssatz beträgt 10 % pro Jahr.

Für ein M/M/1-Warteschlangenmodell gelten die folgenden Beziehungen zwischen der mittleren Wartezeit eines Auftrags W_q, der Anzahl der Aufträge im System L_s, der Ankunftsrate λ, der Abfertigungsrate μ und der Auslastung ρ:

$$\rho = \frac{\lambda}{\mu}$$

$$W_q = \frac{\rho}{\mu \cdot (1-\rho)} = \frac{L_S}{\mu} \quad \text{wobei } L_S = \frac{\rho}{1-\rho}$$

a) Zeichnen Sie die Dichtefunktion und die Verteilungsfunktion der Zwischenankunftszeit defekter Firmenwagen an der Werkstatt.

b) Diskutieren Sie die im M/M/1-Modell unterstellte Wahrscheinlichkeitsverteilung der Reparaturdauer. Welche anderen Verteilungen könnten sie hier einsetzen? Geben Sie ein Beispiel an.

c) Berechnen Sie den Kapitalwert der Investition in die Diagnosegeräte und Werkzeuge. Würden Sie die Werkzeuge und Diagnosegeräte anschaffen? Begründen Sie Ihre Antwort.

7.2 Hierarchische Produktionsplanung

*Aufgabe 7.2.1: Produkttypenplanung

a) Formulieren Sie das Entscheidungsmodell der Produkttypenplanung. Welche Algorithmen lassen sich zu dessen Lösung verwenden?

b) Der Produkttyp $i = 1$ setzt sich aus den beiden Produktfamilien $j = 1, 2$ zusammen. Produktfamilie $j = 1$ besteht aus den Endprodukten $k = A, B, C$ und Familie $j = 2$ aus dem Endprodukt $k = D$. Für die Endprodukte sind die folgenden Lageranfangsbestände und Bruttobedarfe bekannt:

Produkt-familie	End-produkt	Lageranfangs-bestand	Bruttobedarfe			
j	k	L_{k0}	$t = 1$	$t = 2$	$t = 3$	$t = 4$
1	A	0	5	10	5	10
	B	10	15	10	10	10
	C	30	10	15	10	10
2	D	5	20	20	20	20

Ermitteln Sie den effektiven Bedarf für den Produkttyp $i = 1$.

*Aufgabe 7.2.2: Produktfamilienplanung (Losgrößenplanung)

a) Formulieren Sie das Entscheidungsmodell zur Planung der Produktionsmengen je Produktfamilie.

b) Die optimale Produktionsmenge des Produkttyps $i = 1$ in der ersten Periode sei $P_{11}^* = 40$. Für die Rüstkosten gelte: $s_1 = 480$, $s_2 = 45$. Ermitteln Sie über einen Lagrange-Ansatz die Produktionsmengen der Produktfamilien $j = 1, 2$.

*Aufgabe 7.2.3: Planung der Produktionsmengen der Endprodukte

a) Formulieren Sie das Entscheidungsmodell zur Planung der Produktionsmengen der Endprodukte (Artikel).

b) Ermitteln Sie die Produktionsmengen der Produktfamilie $j = 1$ für die Periode $t = 1$.

Teil II: Lösungen

1. Produktions- und Kostentheorie

1.1 Grundlagen der Produktions- und Kostentheorie

Lösung 1.1.1: Grundlagen der Produktionswirtschaft

a) Klassifikation betrieblicher Güter und Zusammenhang zur Produktionstheorie

	Realgüter (individuelle Güter)		Nominalgüter (generelle Güter)
Güter	Materielle (körperliche) Realgüter	Immaterielle (unkörperliche) Realgüter	Stets immaterielle Güter
Ursprüngliche Güter	Sachgüter 1. Unbewegliche Sachgüter 2. Bewegliche Sachgüter	1. menschliche Arbeit 2. maschinelle Arbeit 3. Informationen	Geld
Abgeleitete Güter	Zwischenprodukte	Ansprüche auf ursprüngliche Realgüter	Ansprüche auf ursprüngliche Nominalgüter

Die Produktionswirtschaftslehre beschäftigt sich nur mit der Beschreibung, Erklärung und Prognose der Transformationsprozesse von Realgütern.

b) Produktionstheorie

Betrachtungsgegenstände der Produktionstheorie sind die wirtschaftlichen Prozesse in der Unternehmung, die auf die Herstellung und Verwertung von Leistungen ausgerichtet sind. Das sind regelmäßige und quantitative Input-Output-Beziehungen zwischen Realgütern. Ziel ist es, ein theoretisches Aussagensystem über die Input-Output-Beziehungen von Beschaffung, Fertigung und Absatz darzustellen. Bislang konzentriert sich die Produktionstheorie eher auf die Fertigung.

c) Kostenbegriff

Kosten sind bewerteter sachzielbezogener Güterverbrauch. Zur Ermittlung von Kosten ist eine Mengen- und eine Wertkomponente erforderlich. Der Kostenbegriff lässt sich durch drei Merkmale genauer charakterisieren:

- Mengenmäßiger Verbrauch von Gütern,
- Sachzielbezogenheit des Güterverbrauchs und
- Bewertung des sachzielbezogenen Güterverbrauchs.

Jedem sachzielbezogenen Güterverbrauch ist ein Preis (Geldbetrag) zuzuordnen. Aufgrund der verschiedenen Zuordnungsmöglichkeiten unterscheidet man vor allem zwei Kostenbegriffe: den wertmäßigen und den pagatorischen Kostenbegriff. Der pagatorische Kostenbegriff setzt Marktpreise voraus, d. h. der Ressourcenverbrauch wird zu Anschaffungspreisen veranschlagt. Der wertmäßige Kostenbegriff ist entscheidungsorientiert. Die Entscheidung für die Berechnung der Preise wird nach dem Grenznutzenkonzept getätigt, d. h. nach Knappheitsüberlegungen.

d) Aufgaben der Kostentheorie und Zusammenhang zur Produktionstheorie

Die Aufgaben der Kostentheorie lassen sich wie folgt umschreiben:

- Erklärung, Gestaltung und Prognose von Kosten
- Kosteneinflussgrößen erfassen und Auswirkungen auf die Höhe der Kosten ermitteln
- Regelmäßige Beziehungen zwischen Kosteneinflussgrößen und Kostenhöhe ermitteln

Der Zusammenhang zwischen der Produktions- und Kostentheorie besteht darin, dass die Produktionstheorie das Mengengerüst für die Kostentheorie liefert.

Lösung 1.1.2: Transformations- und Produktionsfunktion

a) Unterschied Produktions- / Transformationsfunktion

Die Transformationsfunktion bildet die regelmäßigen Beziehungen zwischen der Menge an Einsatz- (Input) und Ausbringungsgütern (Output) einer Stelle bzw. eines Prozesses ab. Transformationsfunktionen beziehen sich nur auf einen ausgewählten Teilabschnitt der Produktion. Produktionsfunktionen hingegen auf die gesamte Wirtschaftseinheit.

b) Einvariablige / mehrvariablige Produktionsfunktion

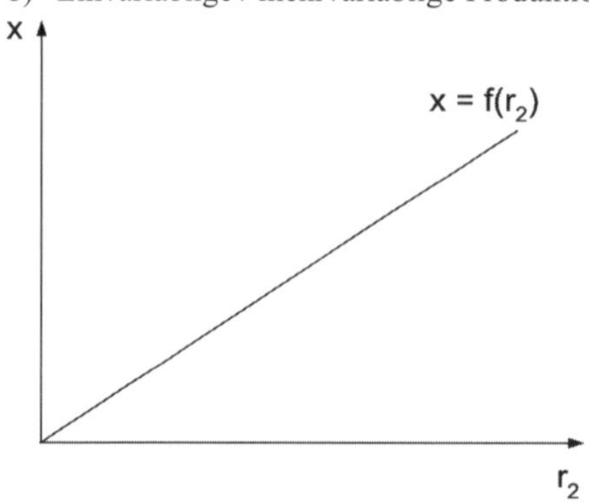

einvariablige Produktionsfunktion

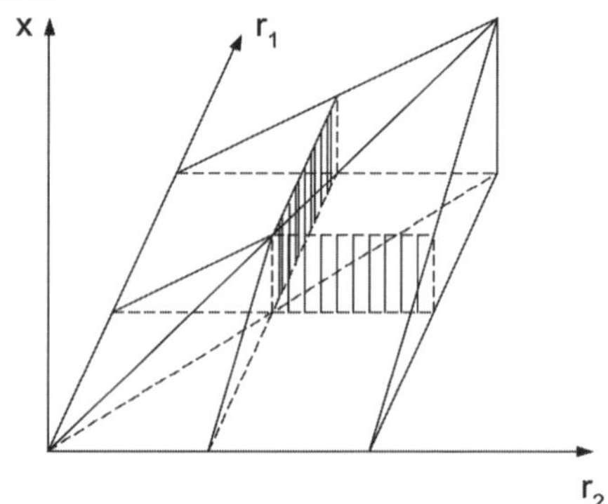

mehrvariablige Produktionsfunktion

Partielle Faktorvariation bedeutet, dass nur eine Variable (Produktionsfaktor) zur Ermittlung des Outputs variiert wird (einvariablige Funktionen).

c) Konkavität und Konvexität von Funktionen

Wenn $v_2 = 2$ gilt, dann ergibt sich folgende einvariablige Funktion (partielle Faktorvariation):

$$x = 12 \cdot v_1^2 - 2 \cdot v_1^3$$

Das Krümmungsverhalten einer Funktion folgt aus der zweiten Ableitung:

$$\frac{dx}{dv_1} = 24 \cdot v_1 - 6 \cdot v_1^2 \qquad \frac{d^2x}{dv_1^2} = 24 - 12 \cdot v_1$$

Die angegebene Funktion besitzt einen einzigen Wendepunkt bei $v_1 = 2$.

Für $v_1 > 2$ gilt:

$$\frac{d^2x}{dv_1^2} < 0 \qquad \text{konkav gekrümmt}$$

Für $v_1 < 2$ gilt:

$$\frac{d^2x}{dv_1^2} > 0 \qquad \text{konvex gekrümmt}$$

d) Grenzertrag und Durchschnittsertrag

Wenn $r_2 = 10$ gilt, dann ergibt sich folgende einvariablige Funktion (partielle Faktorvariation):

$$x = 10 \cdot r_1 - 0{,}2 \cdot r_1^2 - 80$$

Der Grenzertrag ist die Wirkung der Änderung der Einsatzmenge des Produktionsfaktors i auf die Ausbringungsmenge x:

$$\frac{dx}{dr_1} = 10 - 0{,}4 \cdot r_1$$

Der Durchschnittsertrag ist die Relation aus der Ausbringungsmenge x und der dazugehörigen Einsatzmenge des Produktionsfaktors 1:

$$\frac{x}{r_1} = \frac{10 \cdot r_1 - 0{,}2 \cdot r_1^2 - 80}{r_1} = 10 - 0{,}2 \cdot r_1 - \frac{80}{r_1}$$

Die Nullstelle der Grenzertragsfunktion ist $r_1 = 25$. Für die Durchschnittsertragsfunktion erhält man die Nullstellen $r_{1,1} = 40$ und $r_{1,2} = 10$.

1.2 Input-Output Ansatz und Leontief-Produktionsfunktionen

Lösung 1.2.1: Leontief-Produktionsfunktionen

a) *richtig*

b) *richtig*

c) *richtig*

d) *falsch.* Wegen der Limitationalität der Produktionsfunktion ist ausgehend von einer effizienten Faktorkombination eine gleichzeitige Vergrößerung aller Einsatzfaktoren erforderlich.

Lösung 1.2.2: Leontief-Produktionsfunktionen

a) *falsch.* Leontief-Produktionsfunktionen sind stets linear homogen vom Grad 1.

b) *richtig.* Allerdings bedarf es einer Vergrößerung der Menge desjenigen Einsatzgutes, welches bisher in zu geringer Menge eingesetzt wird.

c) *richtig*

d) *falsch*. Die Produktivität ist $x/r = 10$.

e) *richtig*

Lösung 1.2.3: Leontief: Transformationsfunktion für einen Prozess

a) Leontief-Transformationsfunktion und effiziente Güterkombinationen

Die Aufgabenstellung hat zwei Transformationsfunktionen:

$r_{15} = 3 \cdot r_5$ sowie $r_{25} = 2 \cdot r_5$

Die effiziente Güterkombination gibt das Verhältnis aller Kombinationen von Rohstoff 1 und Rohstoff 2 an, um das Zwischenprodukt 5 effizient zu erzeugen:

$$\frac{r_{15}}{r_{25}} = \frac{3 \cdot r_5}{2 \cdot r_5} \Rightarrow r_{25} = \frac{2}{3} \cdot r_{15}$$

b) Isoquanten

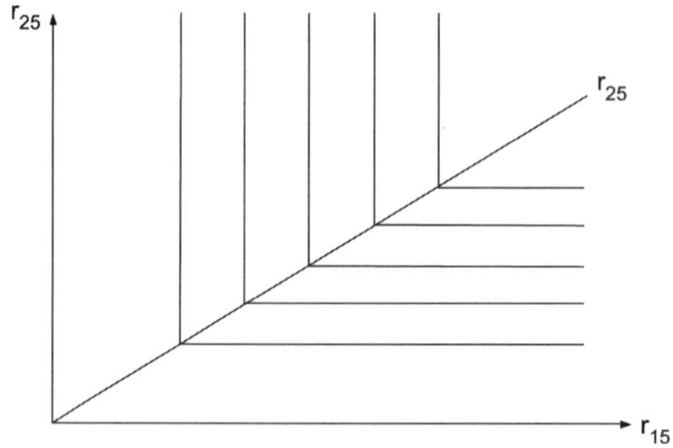

c) Merkmale der Leontief-Produktionsfunktion

- Limitationalität: Zur Erzeugung eines bestimmten Outputniveaus sind bei effizienter Produktion die Einsatzgüter nur in einem festen Verhältnis einsetzbar.
- Konstante Produktionskoeffizienten: Das Einsatzverhältnis der Einsatzgüter ist stets konstant.

Lösung 1.2.4: Leontief-Produktionsfunktion für mehrere Prozesse

a) Leontief-Produktionsfunktion für Produktionsstruktur Fall 1)

$$r_1 = a_{14} \cdot a_{46} \cdot x_6$$

$$r_2 = a_{24} \cdot a_{46} \cdot x_6 + a_{25} \cdot a_{56} \cdot x_6$$

$$r_3 = a_{34} \cdot a_{46} \cdot x_6 + a_{35} \cdot a_{56} \cdot x_6$$

$$r_4 = a_{46} \cdot x_6$$

$$r_5 = a_{56} \cdot x_6$$

$$r_6 = x_6$$

b) Leontief-Produktionsfunktion für Produktionsstruktur Fall 2)

$$r_1 = a_{14} \cdot x_4$$
$$r_2 = a_{24} \cdot x_4 + a_{25} \cdot x_5$$
$$r_3 = a_{34} \cdot x_4 + a_{35} \cdot x_5$$
$$r_4 = x_4$$
$$r_5 = x_5$$

Lösung 1.2.5: Leontief-Produktionsfunktion für mehrere Prozesse

a) Direktbedarfsmatrix

	1	2	3	4	5	6	7
1	0	0	0	4	0	0	0
2	0	0	5	0	0	0	0
3	0	0	0	2	0	2	0
4	0	0	0	0	10	1	0
5	0	0	0	0	0	0	1
6	0	0	0	0	0	0	1
7	0	0	0	0	0	0	0

Um eine Einheit des Endproduktes x zu produzieren, benötigt man von den Einsatzgütern 1 und 2 folgende Einsatzgütermengen:

$$r_1 = a_{14} \cdot a_{45} \cdot a_{57} \cdot x + a_{14} \cdot a_{46} \cdot a_{67} \cdot x =$$
$$= 4 \cdot 10 \cdot 1 \cdot x + 4 \cdot 1 \cdot 1 \cdot x = 44 \cdot x$$

$$r_2 = a_{23} \cdot a_{34} \cdot a_{45} \cdot a_{57} \cdot x + a_{23} \cdot a_{34} \cdot a_{46} \cdot a_{67} \cdot x + a_{23} \cdot a_{36} \cdot a_{67} \cdot x =$$
$$= 5 \cdot 2 \cdot 10 \cdot 1 \cdot x + 5 \cdot 2 \cdot 1 \cdot 1 \cdot x + 5 \cdot 2 \cdot 1 \cdot x = 120 \cdot x$$

Für $x = 10$ Stück benötigt man demnach $r_1 = 440$ und $r_2 = 1.200$.

b) Berücksichtigung von Lagerbeständen

Um eine Einheit des Endproduktes x zu produzieren, benötigt man von Einsatzgut 4 folgende Einsatzgütermengen:

$$r_4 = a_{45} \cdot a_{57} \cdot x + a_{46} \cdot a_{67} \cdot x = 11 \cdot x$$

Der Lagerbestand von 4 beträgt 110 Stück, daher muss man für die Produktion von 10 Endprodukten keine Einsatzgütermengen von 4 zusätzlich produzieren. Lediglich andere Einsatzgüter, die unabhängig von Einsatzgut 4 in den Fertigungsprozess eingehen, sind noch zu produzieren:

$$r_1 = 0$$
$$r_2 = a_{23} \cdot a_{36} \cdot a_{67} \cdot x = 5 \cdot 2 \cdot 1 \cdot x = 10 \cdot x$$

Somit sind vom Einsatzgut 2 insgesamt 100 Stück in den Fertigungsprozess einzubringen.

Lösung 1.2.6: Leontief-Produktionsfunktion für mehrere Prozesse

a) Typ und Struktur der Produktionsfunktion

Es handelt sich um eine Leontief-Produktionsfunktion, da die Einsatzgüter immer nur in einem bestimmten Mengenverhältnis wirkungsvoll eingesetzt werden können (Limitationalität). Eine isolierte Vergrößerung einzelner Einsatzgütermengen bewirkt keine Vergrößerung der Ausbringungsmenge. Zu einer Steigerung der Ausbringungsmenge eines Prozesses um einen bestimmten prozentualen Betrag müssen zudem alle Einsatzgütermengen um den gleichen Betrag gesteigert werden (konstante Produktionskoeffizienten).

Die Produktionsstruktur ist:

- dreistufiger Produktionsprozess
- vier originäre Einsatzgüter (Einsatzgüter 1 bis 4)
- zwei derivative Einsatzgüter / Zwischenprodukte (Zwischenprodukte 5 und 6)
- zwei Endprodukte (Kunststoffe 8 und 9)

b) Bestimmung der Einsatzmengen an originären Einsatzgütern

$$r_1 = a_{16} \cdot a_{68} \cdot x_8 = 5 \cdot 2 \cdot x_8 = 300$$
$$r_2 = a_{26} \cdot a_{68} \cdot x_8 + a_{25} \cdot a_{56} \cdot a_{68} \cdot x_8 + a_{25} \cdot a_{59} \cdot x_9 = 2.070$$
$$r_3 = a_{35} \cdot a_{56} \cdot a_{68} \cdot x_8 + a_{35} \cdot a_{59} \cdot x_9 = 20 \cdot x_8 + 0,7 \cdot x_9 = 670$$
$$r_4 = a_{45} \cdot a_{56} \cdot a_{68} \cdot x_8 + a_{45} \cdot a_{59} \cdot x_9 + a_{49} \cdot x_9 = 200 \cdot x_8 + 14 \cdot x_9 = 7.400$$

c) Input-Output-Modell und Direktbedarfsmatrix

Mit A für die Direktbedarfsmatrix gilt:

$$r = A \cdot r + x$$
$$r - A \cdot r = x$$
$$E \cdot r - A \cdot r = x$$
$$(E - A) \cdot r = x$$
$$r = (E - A)^{-1} \cdot x$$

Direktbedarfsmatrix:

	1	2	3	4	5	6	8	9
1	0	0	0	0	0	5	0	0
2	0	0	0	0	3	1	0	0
3	0	0	0	0	1	0	0	0
4	0	0	0	0	10	0	0	7
5	0	0	0	0	0	10	0	0,7
6	0	0	0	0	0	0	2	0
8	0	0	0	0	0	0	0	0
9	0	0	0	0	0	0	0	0

e) Bestimmung des Gesamtbedarfs r_5

Es liegt ein zyklischer Produktionsprozess vor.

$$r_5 = a_{56} \cdot a_{68} \cdot x_8 + a_{59} \cdot x_9 + a_{59} \cdot a_{97} \cdot r_5 = 20 \cdot x_8 + 0{,}7 \cdot x_9 + 0{,}35 \cdot r_5$$

$$0{,}65 \cdot r_5 = 20 \cdot x_8 + 0{,}7 \cdot x_9$$

$$r_5 = \frac{20 \cdot x_8 + 0{,}7 \cdot x_9}{0{,}65} \approx 3.185$$

f) Direktbedarfsmatrix

	1	2	3	4	5	6	7	8	9
1	0	0	0	0	0	5	0	0	0
2	0	0	0	0	3	1	0	0	0
3	0	0	0	0	1	0	0	0	0
4	0	0	0	0	10	0	0	0	7
5	0	0	0	0	0	10	0	0	0,7
6	0	0	0	0	0	0	0	2	0
7	0	0	0	0	**1**	0	0	0	0
8	0	0	0	0	0	0	0	0	0
9	0	0	0	0	0	0	**0,5**	0	0

Die Direktbedarfsmatrix enthält nun eine weitere Spalte und eine weitere Zeile, die neuen positiven Elemente sind mit fetter Schrift gekennzeichnet. Vergleicht man die Direktbedarfsmatrix aus c) mit f), so fällt auf, dass im Fall zyklenfreier Produktionsprozesse alle Elemente unterhalb der Hauptdiagonale gleich null sind. Die Direktbedarfsmatrix hat somit eine Dreiecksstruktur bzw. sie lässt sich durch entsprechende Anordnung der Stellen in eine Dreiecksstruktur überführen. Das erleichtert die Berechnung der inversen Matrix $(E - A)^{-1}$. Für den zyklischen Produktionsprozess in f) gilt dies dagegen nicht.

Lösung 1.2.7: Leontief-Produktionsfunktion

a) Direkt- und Gesamtbedarfsmatrix

Direktbedarfsmatrix:

	1	2	3	4	5
1	0	0	1	0	4
2	0	0	2	6	0
3	0	0	0	0	0
4	0	0	0	0	3
5	0	0	0	0	0

Gesamtbedarfsmatrix:

	1	2	3	4	5
1	1	0	1	0	4
2	0	1	2	6	18
3	0	0	1	0	0
4	0	0	0	1	3
5	0	0	0	0	1

b) Ermittlung des Produktionsprogramms

Das Produktionsprogramm lautet: $r_1 = 70$, $r_2 = 360$, $r_3 = 30$, $r_4 = 50$, $r_5 = 10$.

1.3 Substitutionale Produktionsfunktionen

Lösung 1.3.1: Ertragsgesetzliche Produktionsfunktionen

a) Partieller Grenzertrag

$$\frac{dx}{dr_1} = \frac{3}{4} \cdot r_1^{-1/4} \cdot r_2^{1/4}$$

b) Isoquantengleichung

$$r_2 = 256 \cdot r_1^{-3}$$

c) Aussagen

c.1) *falsch*

c.2) *falsch*. Das folgt unmittelbar aus der Minimalkostenkombination.

c.3) *richtig*

Lösung 1.3.2: Gesamt-, Stück- und Grenzkostenfunktionen

a) Kurvendiskussion

	Funktion	Minimum
Grenzkosten-funktion	$K'(x) = \frac{dK}{dx} = \frac{3}{10}x^2 - 6x + 50$	$x_{\min, GK} = 10$
Variable Stück-kostenfunktion	$k_v = \frac{K_v}{x} = \frac{1}{10}x^2 - 3x + 50$	$x_{\min, k_v} = 15$
Gesamte Stück-kostenfunktion	$k = \frac{K}{x} = \frac{1}{10}x^2 - 3x + 50 + \frac{400}{x}$	$x_{\min, k} = 20$

b) Vier-Phasen-Schema der Kostenentwicklung bei ertragsgesetzlichem Produktionsverlauf

Kostengrößen	Phase I $0 \le x \le 10$	Phase II $10 \le x \le 15$	Phase III $15 \le x \le 20$	Phase IV $20 \le x$
Gesamtkosten	konkav steigend	konvex steigend	konvex steigend	konvex steigend
Grenzkosten K'	fallend	steigend	steigend	steigend
variable Stückkosten k_v	fallend	fallend	steigend	steigend
gesamte Stückkosten k	fallend	fallend	fallend	steigend

Zu beachten ist: Die Grenzkostenkurve schneidet die Kurven der variablen und der gesamten Stückkosten jeweils in deren Minima.

Lösung 1.3.3: Substitutionale Kostenfunktionen

a) Grenzkosten bei $x = 10$

Die Grenzkostenfunktion ist: $K'(x) = 3/10x^2 - 12x + 150$. Für $x = 10$ sind die Grenzkosten: $K'(10) = 60$.

b) Minimum der Grenzkostenfunktion

$$K''(x) = \frac{6}{10}x - 12 = 0$$

$$x_{\text{min}} = 20$$

c) Identität von Grenzkosten und variablen Durchschnittskosten

$$K'(x) = \frac{K_{\text{var}}}{x}$$

$$\frac{3}{10}x^2 - 12x + 150 = \frac{1}{10}x^2 - 6x + 150$$

$$x_{\text{ident}} = 30$$

d) Tangente an Gesamtkostenkurve

Die Tangente an die Gesamtkostenkurve misst die in dem jeweiligen Punkt bestehenden Grenzkosten.

Lösung 1.3.4: Ertragsgesetzliche Produktionsfunktion

a) Partielle Erträge, partielle Durchschnittserträge und partielle Grenzproduktivitäten

partielle Ertragskurve: $x_{\text{partiell}} = -\frac{1}{2} \cdot r_1^3 + 4 \cdot r_1^2$

partielle Durchschnittsertragskurve: $\frac{x_{\text{partiell}}}{r_1} = -\frac{1}{2} \cdot r_1^2 + 4 \cdot r_1$

partielle Grenzproduktivitätskurve: $\frac{\partial x_{\text{partiell}}}{\partial r_1} = -\frac{3}{2} \cdot r_1^2 + 8 \cdot r_1$

b.1) Partielle Grenzproduktivitätskurve und partielle Ertragskurve

Der Wendepunkt der partiellen Ertragskurve folgt aus der 2. Ableitung mit $\frac{\partial^2 x_{\text{partiell}}}{\partial r_1^2} = 0$.

Das Maximum der partiellen Grenzproduktivitätskurve erhält man aus der Bedingung $\frac{\partial(\partial x_{\text{partiell}}/\partial r_1)}{\partial r_1} = \frac{\partial^2 x_{\text{partiell}}}{\partial r_1^2} = 0$. Mithin stimmen beide Bedingungen überein.

b.2) Partielle Grenzproduktivitätskurve und partielle Durchschnittskurve

Maximum der Durchschnittskurve:

$$\frac{\partial(x_{\text{partiell}}/r_1)}{\partial r_1} = -r_1 + 4$$

$$r_1 = 4$$

Ob sich beide Kurven in $r_1 = 4$ schneiden, kann durch Gleichsetzen beider Kurven überprüft werden:

$$\frac{\partial x_{\text{partiell}}}{\partial r_1} = \frac{x_{\text{partiell}}}{r_1}$$

$$-\frac{3}{2} \cdot r_1^2 + 8 \cdot r_1 = -\frac{1}{2} \cdot r_1^2 + 4 \cdot r_1$$

$$r_1 = 4$$

Offensichtlich stimmen beide Werte überein.

c) Minimalkostenkombination für $p_1 = 15$ € und $p_2 = 10$ €

Die Minimalkostenkombination ist diejenige Kombination von Einsatzgütermengen, die einen bestimmten Output mit minimalen Kosten oder bei gegebenen Kosten den höchstmöglichen Output produziert.

$$-\frac{dr_2}{dr_1} = \frac{\partial x/\partial r_1}{\partial x/\partial r_2} = \frac{p_1}{p_2}$$

$$\frac{-\frac{3}{2.000} \cdot r_1^2 \cdot r_2^3 + \frac{2}{25} \cdot r_1 \cdot r_2^2}{-\frac{3}{2.000} \cdot r_1^3 \cdot r_2^2 + \frac{2}{25} \cdot r_1^2 \cdot r_2} = \frac{15}{10}$$

$$r_2 = 1{,}5 \cdot r_1$$

Lösung 1.3.5: Substitutionale Produktionsfunktion

a) Bestimmung der Produktionsfunktion

Zunächst werden die Integrale der beiden Grenzproduktivitätsfunktionen bestimmt:

$$\int \frac{\partial x}{\partial r_1} dr_1 = 2 \cdot r_1^3 - 4 \cdot r_1^2 + 5 \cdot r_1^2 \cdot r_2 + c_1$$

$$\int \frac{\partial x}{\partial r_2} dr_2 = 5 \cdot r_1^2 \cdot r_2 + 3 \cdot r_2^3 + c_2$$

Aus dem Vergleich der beiden Integrale ergibt sich zunächst als Produktionsfunktion:

$$x = 2 \cdot r_1^3 - 4 \cdot r_1^2 + 5 \cdot r_1^2 \cdot r_2 + 3 \cdot r_2^3 + c$$

Setzt man die Funktionswerte $r_1 = 10$ und $r_2 = 12$ sowie $x = 11.984$ ein, so resultiert als Wert der Konstanten: $c = -800$. Die gesamte Produktionsfunktion ist:

$$x = 2 \cdot r_1^3 - 4 \cdot r_1^2 + 5 \cdot r_1^2 \cdot r_2 + 3 \cdot r_2^3 - 800$$

b) Klasse der Produktionsfunktion

Die gewonnene Produktionsfunktion zählt zu der Klasse der substitutionalen Produktionsfunktionen nach dem Ertragsgesetz mit nicht vollständiger Substitutionsmöglichkeit.

Charakteristische Merkmale sind:

- Substituierbarkeit
- steigende Grenzerträge für r_2
- fallende und steigende Grenzerträge für r_1

Lösung 1.3.6: Substitutionale Produktionsfunktion

a) Einsatzmengen

$$r_1 = \frac{\left(\frac{x - 0,5 r_2}{2}\right)^2}{r_2} = 2$$

b) Grenzrate der Substitution

Die Grenzrate der Substitution $\frac{dr_2}{dr_1}$ ist gleich dem negativen reziproken Verhältnis der partiellen Grenzproduktivitäten:

$$\frac{dr_2}{dr_1} = -\frac{\frac{\partial x}{\partial r_1}}{\frac{\partial x}{\partial r_2}} = -\frac{r_2^{0,5} \cdot r_1^{-0,5}}{0,5 + r_1^{0,5} \cdot r_2^{-0,5}} = -\frac{2}{3}$$

c) Homogenität

$$\begin{aligned} &0,5 \cdot (\lambda \cdot r_2) + 2 \cdot [(\lambda \cdot r_1) \cdot (\lambda \cdot r_2)]^{0,5} = \\ &= \lambda \cdot 0,5 \cdot r_2 + 2 \cdot \left[\lambda^2 \cdot (r_1 \cdot r_2)\right]^{0,5} = \\ &= \lambda \cdot \left[0,5 \cdot r_2 + 2 \cdot (r_1 \cdot r_2)^{0,5}\right] = \\ &= \lambda \cdot x \end{aligned}$$

Die Produktionsfunktion ist homogen vom Grad 1, d. h. linear homogen.

d) Kostenfunktion

$$x = 0,5 \cdot r_2 + 2 \cdot (r_1 \cdot r_2)^{0,5} \quad mit \quad r_1 = r_2 = r$$

$$x = 0,5 \cdot r + 2 \cdot r = 2,5 \cdot r$$

$$r = \frac{x}{2,5}$$

Variable Kosten: $K = 10 \cdot r_1 + 5 \cdot r_2 = 15 \cdot r = 6 \cdot x$

Gesamtkostenfunktion: $K(x) = 20.000 + 6 \cdot x$

Bei einer Konstanthaltung des Verhältnisses der Einsatzfaktoren für alle Ausbringungsmengen wird in der Regel nicht die Minimalkostenkombination realisiert.

Lösung 1.3.7: Neoklassische Produktionsfunktion

a) Ertragsgesetzliche und neoklassische Produktionsfunktionen

Neoklassische Produktionsfunktionen bilden den degressiven bzw. unterproportional verlaufenden Teil der ertragsgesetzlichen Produktionsfunktion ab. Der progressiv bzw. überproportional verlaufende Teil ertragsgesetzlicher Produktionsfunktionen konnte bei industriellen Produktionsprozessen nicht empirisch bestätigt werden.

b) Linear homogene Produktionsfunktionen

Linear homogen bedeutet, dass bei einer Vermehrung aller Einsatzgüter um einen bestimmten Faktor die Ausbringungsmenge um denselben Faktor steigt. Eine linear homogene Produktionsfunktion weist konstante Skalenerträge in Höhe von eins auf:

$$\lambda^1 \cdot f(r_1, r_2) = f\left(\lambda^1 \cdot r_1, \lambda^1 \cdot r_2\right)$$

c) Grundstruktur Cobb-Douglas-Funktion und lineare Homogenität

$$x = A \cdot r_1^{\alpha} \cdot r_2^{\beta}$$

Für die Cobb-Douglas-Funktion gilt:

$$A \cdot (\lambda \cdot r_1)^{\alpha} \cdot (\lambda \cdot r_2)^{\beta} = A \cdot \lambda^{\alpha} \cdot r_1^{\alpha} \cdot \lambda^{\beta} \cdot r_2^{\beta} = \lambda^{\alpha+\beta} \cdot [A \cdot r_1^{\alpha} \cdot r_2^{\beta}]$$

Nur wenn $\alpha + \beta = 1$ ist, liegt eine linear homogene Cobb-Douglas-Funktion vor. Denn nur unter dieser Bedingung erhöht sich bei Vermehrung der Einsatzgüter r_1 und r_2 um den Faktor λ auch die Ausbringungsmenge um denselben Faktor λ.

Lösung 1.3.8: Cobb-Douglas-Produktionsfunktion

a) Partielle Grenzertragsfunktion

partielle Ertragsfunktion für $r_1 = 8$: $x = 4 \cdot r_2^{2/3}$

partielle Grenzertragsfunktion: $\dfrac{\partial x}{\partial r_2} = \dfrac{8}{3} \cdot r_2^{-1/3}$

b) Produktionselastizität

Die Produktionselastizität gibt eine relative Mengenänderung der Ausbringungsmenge bei einer infinitesimalen relativen Mengenänderung der Einsatzmenge an.

Produktionselastizitätsfunktion für $r_1 = 8$: $\varepsilon = \dfrac{\partial x}{\partial r_2} \cdot \dfrac{r_2}{x} = \dfrac{8}{3} \cdot r_2^{-1/3} \cdot \dfrac{r_2}{x} = \dfrac{8}{3} \cdot \dfrac{r_2^{2/3}}{x}$

Produktionselastizität für $x = 4$ und $r_2 = 1$: $\varepsilon = \dfrac{2}{3}$

Bei einer partiellen Erhöhung von r_2 um ein Prozent, erhöht sich der Output um 2/3 Prozent. Der Unterschied zwischen Grenzertrag und Produktionselastizität besteht darin, dass der Grenzertrag angibt, wie sich bei einer marginalen Änderung des Inputs der Output (absolute

Mengenänderung) ändert. Hingegen beantwortet die Produktionselastizität, um wie viel Prozent sich der Output ändert, wenn man den Input um z. B. ein Prozent variiert (relative Mengenänderung).

c) Isoquantengleichungen

Auflösen der Produktionsfunktion nach r_2 : $r_2 = \sqrt{\frac{x^3}{8 \cdot r_1}}$

Isoquantengleichung für $x = 1$: $r_2 = \sqrt{\frac{1}{8 \cdot r_1}}$

Isoquantengleichung für $x = 2$: $r_2 = \sqrt{\frac{1}{r_1}}$

d) Grenzrate der Substitution

Einsetzen von $x = 2$ und $r_1 = 4$ in die allgemeine Isoquantengleichung: $r_2 = \sqrt{\frac{x^3}{8 \cdot r_1}} = \frac{1}{2}$

Grenzrate der Substitution: $\frac{dr_2}{dr_1} = -\frac{1}{2} \cdot \sqrt{\frac{x^3}{8 \cdot r_1^3}}$

Für $x = 2$ und $r_1 = 4$ ist die Grenzrate der Substitution: $\frac{dr_2}{dr_1} = -\frac{1}{16}$

e) Homogenitätsgrad und Skalenerträge

$$f(\lambda \cdot r_1, \lambda \cdot r_2) = 2 \cdot \lambda^{1/3} \cdot r_1^{1/3} \cdot \lambda^{2/3} \cdot r_2^{2/3} = \lambda^1 \cdot f(r_1, r_2)$$

Diese Cobb-Douglas-Produktionsfunktion ist linear homogen (homogen vom Grad 1). Aus linearer Homogenität resultieren konstante Skalenerträge (lineare Skalenertragskurve).

Lösung 1.3.9: Kostenfunktionen auf der Basis der neoklassischen Produktionsfunktionen

a) Produktionsmenge und Grenzproduktivitäten

a.1) Produktionsmenge: $x = 40^{3/4} \cdot 640^{1/4} = 80$

a.2) partielle Grenzproduktivität des Faktors 1: $\frac{\partial x}{\partial r_1} = 1{,}5$

partielle Grenzproduktivität Faktor 2: $\frac{\partial x}{\partial r_2} = \frac{1}{4} \cdot \left[\frac{r_1}{r_2}\right]^{3/4} = \frac{1}{32}$

Eine Erhöhung der Einsatzmenge von Faktor 1 um eine (infinitesimale) Einheit bei konstantem Einsatz von Faktor 2 führt zu einer Erhöhung des Outputs um das 1,5 fache. Bei partieller Variation des Faktors 2 kommt es nur zu einer Erhöhung des Outputs um 1/32 Infinitesimaleinheiten. Die Grenzproduktivität des Faktors 1 ist größer als die Grenzproduktivität des Faktors 2.

b) Minimalkostenkombination

b.1) Bei Faktorpreisen $p_1 = 30$ € und $p_2 = 10$ € besteht das Optimierungsproblem in der Minimierung der Kosten (ZF) bei gleichzeitigem Einhalten der Produktionsmenge (NB):

$$ZF: K = 30 \cdot r_1 + 10 \cdot r_2 \quad \rightarrow Min!$$

$$NB: 80 = r_1^{3/4} \cdot r_2^{1/4}$$

Die Lagrange-Funktion für dieses Problem lautet:

$L = 30 \cdot r_1 + 10 \cdot r_2 - \lambda \cdot (r_1^{3/4} \cdot r_2^{1/4} - 80)$. Die partiellen Ableitungen erster Ordnung liefern die notwendigen Bedingungen für eine optimale Lösung:

$$\frac{\partial L}{\partial r_1} = 30 - \frac{3}{4} \cdot \lambda \cdot r_1^{-1/4} \cdot r_2^{1/4} = 30 - \frac{3}{4} \cdot \lambda \cdot \left[\frac{r_2}{r_1}\right]^{1/4} = 0$$

$$\frac{\partial L}{\partial r_2} = 10 - \frac{1}{4} \cdot \lambda \cdot r_1^{3/4} \cdot r_2^{-3/4} = 10 - \frac{1}{4} \cdot \lambda \cdot \left[\frac{r_1}{r_2}\right]^{3/4} = 0$$

$$\frac{\partial L}{\partial \lambda} = -r_1^{3/4} \cdot r_2^{1/4} + 80 = 0$$

Löst man die beiden ersten Ableitungen jeweils nach λ auf und setzt sie einander gleich, so erhält man für die Relation der Einsatzmengen: $[r_1/r_2]^{1/4} = [r_2/r_1]^{3/4}$. Über die dritte Ableitung folgt zudem $r_2 = 80^4/r_1^3$. Setzt man dies in die Relation der Einsatzmengen ein, so folgt für die kostenminimalen Mengen $r_1 = 80$ und $r_2 = 80$. Die minimalen Kosten sind daher $K = 30 \cdot 80 + 10 \cdot 80 = 3.200$ €.

b.2) Die Produktionsmenge in Teil 1 beträgt ebenfalls $x = 80$ Mengeneinheiten. Allerdings sind die Produktionskosten dieser Lösung mit $K = 30 \cdot 40 + 10 \cdot 640 = 7.600$ € deutlich höher als bei der Minimalkostenkombination.

1.4 Gutenberg-Produktionsfunktionen

Lösung 1.4.1: Grundlagen Gutenberg-Produktionsfunktion

a) Mittelbar-outputabhängige Einsatzgüter

Bei Gutenberg stehen Input-Output Beziehungen an Potenzialgütern im Vordergrund. Bei unmittelbar outputabhängigen Einsatzgütern ist die Einsatzmenge r_{ij} nur von der Ausbringungsmenge r_j des betreffenden Teilprozesses j abhängig: $r_{ij} = g_{ij}(r_j)$. Bei den mittelbar outputabhängigen Einsatzgütern werden die einzusetzenden Mengen nicht primär von der Produktionsmenge an Gütern bedingt. Vielmehr hängen die Einsatzmengen von den technischen Eigenschaften z_{jv} und von dem Leistungsgrad d_j des Aggregats (Intensität) ab: $\rho_{ij} = f_{ij}(z_{j1}, ..., z_{jv}, d_j)$. Hier besteht keine direkte Beziehung zwischen Ausbringungsmenge und Verbrauch an Einsatzgütern. Beispiele für solche Einsatzgüter sind Hilfs- und Betriebsstoffe, wie z. B. Werkzeuge, Schmiermittel oder Energie.

b) Hypothesen der Verbrauchsfunktionen

1. Hypothese: Die Einsatzmenge ρ_{ij} pro Arbeitseinheit bei konstanter, gegebener z-Situation hängt von der Intensität d_j des eingesetzten Potenzialgutes ab: $\rho_{ij} = f_{ij}(d_j)$.

2. Hypothese: Die Zahl an erzeugten Produkten ist abhängig von der Zahl der Arbeitseinheiten bzw. von dem Produkt aus Intensität und Produktionsdauer:

$$r_j = \beta_j(b_j) = \beta_j(d_j \cdot t_j) \text{ bzw. } b_j = \Phi_j(r_j) \text{ und } d_j = \frac{\Phi_j(r_j)}{t_j}.$$

Lösung 1.4.2: Verbrauchsfunktionen

a) PKW-Einsatz

Für die Verbrauchsfunktion 1 gilt:

$$\text{optimale Intensität LKW 1: } \frac{d\rho_1}{dd_1} = \frac{1}{60}d_1 - \frac{3}{5} = 0 \quad \rightarrow d_1^* = 36\,\text{km/Std}$$

$$\text{optimale Intensität LKW 2: } \frac{d\rho_2}{dd_2} = \frac{1}{40}d_2 - \frac{7}{10} = 0 \quad \rightarrow d_2^* = 28\,\text{km/Std}$$

Setzt man beide Intensitäten in die Verbrauchsfunktionen ein, so folgen die Verbräuche zu $\rho_1 = 29{,}2\,\text{l}/100\,\text{km}$ und $\rho_2 = 25{,}2\,\text{l}/100\,\text{km}$. Wenn die gesamte Leistung mit nur einem LKW erbracht werden kann, ist LKW 2 mit der Durchschnittsgeschwindigkeit $28\,\text{km/Std}$ einzusetzen.

b) Transportkosten / Tag

Als Ausgangspunkt ist die Funktion der Einsatzmenge $r_{ij} = \rho_{ij} \cdot d_j \cdot t_j$ anzusetzen.

K_{LKW_1} = 5 · Stundenlohn + 5 · Verbrauchsfunktion · Intensität · Literpreis

= 5 Std · 20 €/Std + 5 Std · 29,5 l/100 km · 30 km/Std P 0,90 €/l = 139,83 €

K_{LKW_2} = 5 Std · 20 €/Std + 5 Std · 25,25 l/100 km · 30 km/Std · 0,90 €/l = 134,09 €

Die Gesamtkosten für den Einsatz beider LKW sind 273,92 €.

c) Kostenfunktionen

$$K_G = (t_1 + t_2) \cdot 20 + t_1 \cdot \rho_1(d_1) \cdot d_1 \cdot p + t_2 \cdot \rho_2(d_2) \cdot d_2 \cdot p$$

d) Möglichkeiten zur Anpassung bei Beschäftigungsänderungen

- zeitliche Anpassung: t_j wird variiert
- intensitätsmäßige Anpassung: d_j wird variiert
- quantitative Anpassung: Anzahl der LKW
- kombinierte Anpassung: z. B. Intensität und Arbeitszeit

Lösung 1.4.3: Verbrauchsfunktion

$$\text{optimale Intensität: } \frac{d\rho}{dd} = \frac{1}{3} \cdot d^2 - \frac{1}{2} \cdot d + \frac{1}{6} = 0$$

Als Ergebnis erhält man: $d_1 = 0{,}5$ und $d_2 = 1$. Über die 2. Ableitung lässt sich feststellen, ob ein Maximum oder Minimum vorliegt.

$$\text{2. Ableitung: } \frac{d^2\rho}{dd^2} = \frac{2}{3} \cdot d - \frac{1}{2}$$

Bei $d_2 = 1$ liegt somit ein Minimum, bei $d_1 = 0{,}5$ hingegen ein Maximum vor. Unter Umständen sind noch Randlösungen möglich, die einen niedrigeren Verbrauch des Rohstoffes r aufweisen als die optimale Lösung $d_2 = 1$. Der Wertebereich der Intensität ist dahingehend beschränkt, dass eine minimale Intensität von $d_{\min} = 0{,}4$ vorliegt. Mithin ist der Verbrauch bei der optimalen Intensität $d_2 = 1$ und bei der Randlösung $d_{\min} = 0{,}4$ zu vergleichen.

$$\rho(d_2 = 1) = 0{,}027777$$
$$\rho(d_{\min} = 0{,}4) = 0{,}033777$$

Der Verbrauch an Rohstoff r bei der Intensität der Randlösung $d_{\min} = 0{,}4$ ist höher als bei der optimalen Intensität $d_2 = 1$. Insofern ist für den gesamten Wertebereich der Intensität die optimale Intensität $d^* = 1$.

Lösung 1.4.4: Verbrauchsfunktion

Zunächst ist die kostenoptimale Intensität zu ermitteln. Mit den Verbrauchsfunktionen und den Faktorpreisen erhält man über die Faktorkosten:

$$q_1 \cdot \rho_1 = 12 \cdot d^2 - 72 \cdot d + 150$$
$$q_2 \cdot \rho_2 = 12 \cdot d^2 - 120 \cdot d + 240$$

die Gesamtkosten zu: $K = q_1 \cdot \rho_1 + q_2 \cdot \rho_2 = 24 \cdot d^2 - 192 \cdot d + 390$. Diejenige Intensität d^* ist optimal, welche zu minimalen Kosten führt. Über die notwendige Bedingung erster Ordnung erhält man:

$$K'(d) = 48 \cdot d - 192 = 0$$
$$d^* = 4 \text{ Stk/Std}$$

Für die zweite Ableitung gilt $K''(d^*) > 0$, sodass d^* ein Minimum ist. Die kostenoptimale Intensität ist $d^* = 4$ Stk/Std. Den Tagesverbrauch des Faktors R_1 erhält man zu:

$$\text{Verbrauch}\left[\frac{\text{ME}}{\text{Tag}}\right] = \rho_1\left[\frac{\text{ME}}{\text{Stk}}\right] \cdot d^*\left[\frac{\text{Stk}}{\text{Std}}\right] \cdot \text{Produktionszeit}\left[\frac{\text{Std}}{\text{Tag}}\right]$$
$$= 1.152 \text{ ME/Tag}$$

Lösung 1.4.5: Gutenberg-Produktionsfunktion

a) Kostenoptimale Intensität

Mit den Verbrauchsfunktionen und den Faktorpreisen erhält man über die Kosten für den Einsatz der beiden Faktoren die Gesamtkosten je Bearbeitungsvorgang:

$$K = q_1 \cdot \rho_1 + q_2 \cdot \rho_2 = 24 \cdot d^2 - 312 \cdot d + 1.080.$$

Aus der notwendigen Bedingung erster Ordnung erhält man die optimale Intensität:

$$K' = 48 \cdot d - 312 = 0$$
$$d^* = 6{,}5$$

Für die zweite Ableitung gilt $K''(d^*) > 0$, sodass d^* ein Minimum ist. Die kostenoptimale Intensität ist $d^* = 6{,}5$ b/Min.

b) Produktionsmenge von Zwischenprodukt r_3

Bei optimaler Intensität werden 6,5 Bearbeitungsvorgänge pro Minute durchgeführt. Mit jedem Bearbeitungsvorgang entstehen sechs Rohlinge des Zwischenproduktes r_3. Insofern werden $6 \cdot 6{,}5 = 39$ Einheiten pro Minute hergestellt. In einer Stunde ist die Produktionsmenge $39 \cdot 60 = 2.340$ Einheiten von Zwischenprodukt r_3.

Lösung 1.4.6: Kostenfunktion

a) Verbrauch bei gegebener Intensität

$$r_1 = \left(4 \cdot 6^3 - 32 \cdot 6^2 + 80 \cdot 6\right) \cdot 8 = 1.536$$

Tagesverbrauch $r_1 = 1.536$ ME

b) Verbrauch bei optimaler Intensität

Die kostenminimale Intensität für Einsatzgut r_1 folgt aus dem Minimum der Verbrauchsfunktion mit $d\rho_1/dd = 8 \cdot d - 32 = 0$ zu $d_{\min, r_1} = 4$. Die tägliche Einsatzzeit ist damit $48/4 = 12$ Stunden.

Somit ist der Tagesverbrauch von $r_1 : \left(4 \cdot 4^2 - 32 \cdot 4 + 80\right) \cdot 4 \cdot 12 = 768$.

c) Ermittlung der Stückkostenfunktion

Die Einflussgröße für die Stückkosten ist die Intensität, mit der das Aggregat betrieben wird. Die Kosten für ein Stück setzen sich aus den Kosten der beiden Einsatzgüter zusammen: $k = k_1 + k_2 = p_1 \cdot \rho_1 + p_2 \cdot \rho_2 = 32 \cdot d^2 - 320 \cdot d + 880$

d) Ermittlung der Kostenfunktion

$$K(x) = k(d) \cdot x = \left(32 \cdot d^2 - 320 \cdot d + 880\right) \cdot x = 80 \cdot x$$

Lösung 1.4.7: Verfahrenswahl

a) Optimale Intensität

Der Rohstoffverbrauch ist über die Verbrauchsfunktion direkt mit der Intensität verknüpft. Der minimale Rohstoffverbrauch bestimmt sich demnach durch die Marginalanalyse:

$$\frac{d\rho_1}{dd_1} = \frac{3}{9} \cdot d_1^2 - \frac{1}{2} \cdot d_1 + \frac{1}{6} = 0 \text{ zu } d_{11} = 0{,}5 \text{ und } d_{12} = 1.$$

Zunächst sind die beiden Nullstellen dahingehend zu prüfen, ob ein Minimum oder Maximum vorliegt:

$$\frac{d^2\rho_1}{dd_1^2} = \frac{6}{9} \cdot d_1 - \frac{1}{2}$$

Für $d_{11} = 0{,}5$ ist die zweite Ableitung gleich $-\frac{1}{6}$, sodass ein Maximum vorliegt. Für $d_{12} = 1$ ist die zweite Ableitung gleich $\frac{1}{6}$, d. h. es besteht ein Minimum. Die Betrachtung des Grenzbereichs im Vergleich zum Minimum ergibt:

$$\rho_1\left(d_1 = \frac{4}{10}\right) = 0{,}0337$$

$$\rho_1\left(d_1 = 1\right) = 0{,}0277$$

Somit führt die Intensität $d_1^* = 1$ zum minimalen Verbrauch an Rohstoff r_1.

b) Optimales Verfahren

Aus Teil a) bzw. der Aufgabenstellung sind die jeweiligen Verbräuche an Rohstoffen je Arbeitseinheit bei der optimalen Intensität bekannt. Da bei beiden Alternativen die gleiche Beziehung zwischen der Zahl der Arbeitseinheiten und dem Output besteht, kann man den mit dem Rohstoffpreis multiplizierten Verbrauch je Arbeitseinheit als Auswahlkriterium verwenden:

$$\rho_1\left(d_1^*\right)\cdot p_1 = 0{,}0277\cdot 756 = 21$$

$$\rho_2\left(d_2^*\right)\cdot p_2 = 0{,}432\cdot 50 = 21{,}6$$

Der Vergleich ergibt, dass die Alternative 1 die kostengünstigere darstellt.

Lösung 1.4.8: Isolierte Anpassung

a) Kurzfristige kostenminimale Anpassung

Der Betrieb verfolgt bei optimaler Intensität d^* eine zeitliche Anpassung bis $t_{\max}$; anschließend erfolgt eine intensitätsmäßige Anpassung.

Zur Bestimmung der kostenminimalen Intensität sind zunächst die Verbrauchsfunktionen je Arbeitseinheit (AE) zu ermitteln. Gegeben sind jedoch Verbrauchsfunktionen mit Einsatzmengen je Stunde. Für die Transformation gilt hier:

$$\rho\left[\frac{\text{ME}}{\text{AE}}\right] = \frac{r[\text{ME/Std}]}{60\ [\text{Min/Std}]\cdot d[\text{AE/Min}]}$$

Somit erhalten wir die Verbrauchsfunktionen der beiden Betriebsstoffe:

$$\rho_1 = \frac{r_1}{60\cdot d} = 90 - 0{,}6\cdot d + 0{,}1\cdot d^2$$

$$\rho_2 = \frac{r_2}{60\cdot d} = 50 - 0{,}4\cdot d + 0{,}02\cdot d^2$$

Die variablen Kosten betragen $k_v = \alpha\cdot(p_1\cdot\rho_1 + p_2\cdot\rho_2) = 18 - 0{,}126\cdot d + 0{,}0168\cdot d^2$ [€/Stk], wobei α das Verhältnis der Arbeitseinheiten pro Stück (hier $\alpha = 1$ AE/Stk) angibt. Über die notwendige Bedingung 1. Ordnung erhalten wir die optimale Intensität:

$$\frac{dk_v}{dd} = -0{,}126 + 0{,}0336\cdot d = 0$$

$$d^* = 3{,}75$$

b) Kostenfunktion des Betriebes

$$K = K_f + k_v\left(d^*\right)\cdot x$$
$$= 17{,}76\cdot x + 5.000$$

c) Kosten für Ausbringungsmenge $x = 2.000$

$$K = 17{,}76\cdot 2.000 + 5.000 = 40.520\ €$$

Lösung 1.4.9: Kombinierte Anpassung

a) Stückkostenfunktion $k_2(d_2)$

Für die Ermittlung der Stückkostenfunktion sind die auf verschiedenen Einheiten beruhenden Funktionen zu beachten. So gilt:

$$k_2(d_2)\left[\frac{\text{Euro}}{\text{Stk}}\right] = \frac{K_2\,[\text{Euro/Std}]}{d_2\,[\text{Schnitte/Min}]}\cdot\frac{3[\text{Schnitte/Stk}]}{60[\text{Min/Std}]}$$

Damit folgt die Stückkostenfunktion zu: $k_2(d_2) = 6\cdot d_2^2 - 36\cdot d_2 + 270$.

b) Leistungsmenge x_a

Die gesuchte Leistungsmenge x_a erhält man über das Minimum der Stückkostenfunktion $k_1(d_1) = 6 \cdot d_1^2 - 36 \cdot d_1 + 216$:

$$k_1'(d_1) = 12 \cdot d_1 - 36 = 0$$
$$d_1^* = 3$$

Die Leistungsmenge x_a folgt zu:

$$x_a = \frac{d_1^* \text{ Schnitte/Min} \cdot 60 \text{ Min/Std} \cdot 8 \text{ Std/Tag}}{3 \text{ Schnitte/Stk}} = 480 \text{ Stk/Tag}$$

c) Leistungsmenge x_b

Das Kriterium für die Leistungsmenge x_b ist, dass die Grenzkosten der Anlage 1 gleich den Grenzkosten der Anlage 2 sind. Zwischen der Intensität und der täglichen Produktionsmenge ist folgender Zusammenhang: $d = x/160$ zugrunde zu legen.

Grenzkosten Anlage 1:

$$K_1(x) = k_1(d) \cdot x = 6 \cdot (x/160)^2 \cdot x - 36 \cdot (x/160) \cdot x + 216 \cdot x$$
$$= \frac{3}{12.800} \cdot x^3 - \frac{9}{40} \cdot x^2 + 216 \cdot x$$
$$K_1'(x) = \frac{9}{12.800} \cdot x^2 - \frac{9}{20} \cdot x + 216$$

Grenzkosten Anlage 2:

$$k_2'(d_2) = 12 \cdot d_2 - 36 = 0$$
$$d_2^* = 3 \text{ Schnitte/Min}$$
$$k_2(d_2^*) = 6 \cdot 3^2 - 36 \cdot 3 + 270 = 216$$
$$K_2(d_2^*) = 216 \cdot x$$
$$K_2'(d_2^*) = 216$$

Damit folgt die Leistungsmenge aus:

$$K_1' = K_2'$$
$$\frac{9}{12.800} \cdot x_b^2 - \frac{9}{20} \cdot x_b + 216 = 216$$
$$x_b = 640$$

d) Leistungsmenge x_c

Die Menge x_c erhalten wir, indem wir zu der Menge x_b noch diejenige Menge addieren, welche bei optimaler Intensität d_2^* und maximaler zeitlicher Anpassung $t_{\max}$ resultiert:

$$x_c - x_b + \frac{d_2^* \text{ Schnitte/Min} \cdot 60 \text{ Min/Std} \cdot 8 \text{ Std/Tag}}{3 \text{ Schnitte/Stk}} - 1.120 \text{ Stk/Tag}$$

e) Gesamtkostenfunktion

Zunächst ist die Intensität d_{1b} der Anlage 1 zu ermitteln, bis zu welcher die intensitätsmäßige Anpassung erfolgt. Diese ist: $d_{1b} = x_b/160 = 4$. Damit erhalten wir die Kostenfunktion zu:

$$K = k_1(d_{1b}) \cdot x_b + k_2(d_2^*) \cdot (x - x_b)$$
$$= 107.520 + 216 \cdot (x - 640) \qquad \text{für} \qquad 640 \le x \le 1.120$$

Lösung 1.4.10: Kombinierte Anpassung

a) Stückkosten

Die Stückkosten folgen aus dem Quotienten von Kostenfunktion K [€/Std] und Intensität d [Arbeitseinheit/Std] (hier: 1 Arbeitseinheit = 1 Stück):

$$\frac{K}{d}\left[\frac{\text{Euro/Std}}{\text{Stk/Std}}\right] = k\,\frac{\text{Euro}}{\text{Stk}}$$

Die Stückkostenfunktion an der Anlage 2 ist daher: $k_2(d_2) = 8 \cdot d_2^2 - 48 \cdot d_2 + 360$. Die stückkostenoptimale Intensität folgt über die notwendige Bedingung 1. Ordnung:

$$k_2'(d_2) = 16 \cdot d_2 - 48$$
$$d_2^* = 3$$

Damit sind die Stückkosten bei optimaler Intensität: $k_2(d_2^*) = 288$.

b) Leistungsmenge x_a

Zunächst ist für Anlage 1 die optimale Intensität zu ermitteln. Die Stückkostenfunktion für Anlage 1 ist $k_1(d_1) = K_1/d_1 = 4 \cdot d_1^2 - 24 \cdot d_1 + 144$. Somit folgt über die notwendige Bedingung 1. Ordnung $k_1' = 8 \cdot d_1 - 24 = 0$ die optimale Intensität zu $d_1^* = 3$.

Die Leistungsmenge x_a bei vollständiger Ausschöpfung der zeitlichen Anpassung und optimaler Intensität ist:

$$x_a = d_1^* \cdot t_{\max} = 3\,\text{Stk/Std} \cdot 12\,\text{Std/Tag} = 36\,[\text{Stk/Tag}]$$

c) Intensitätsgrad d_1

Die intensitätsmäßige Anpassung endet, wenn die Grenzkostenfunktion K_1' der Anlage 1 gleich der Grenzkostenfunktion K_2' von Anlage 2 ist.

Bestimmung der Grenzkostenfunktion K_1' von Anlage 1 (mit $d_1 = x/12$):

$$K_1(x) = k_1(d_1) \cdot x = 4/144\,x^3 - 2x^2 + 144x$$
$$K_1' = 1/12\,x^2 - 4x + 144$$

Bestimmung der Grenzkostenfunktion K_2' von Anlage 2:

Aus Aufgabenteil a) wissen wir, dass $d_2^* = 3$ ist. Mit der Stückkostenfunktion erhält man daher $k_2(d_2^*) = 288$. Die Kostenfunktion der Anlage 2 bei reiner zeitlicher Anpassung ist dann $K_2(x) = k_2 \cdot x = 288 \cdot x$ und die Grenzkostenfunktion ist $K_2' = 288$.

Aus dem Gleichsetzen der Grenzkostenfunktionen ermittelt man die Menge zu $x_b = 72$ Stk. Die gesuchte Intensität folgt aus dem Quotienten von Leistungsmenge x_b und maximaler Zeit $t_{\max}$ zu $d_{1b} = 72\,\text{Stk}/12\,\text{Std} = 6\,\text{Stk/Std}$.

d) Leistungsmenge x_c

$$x_c = x_b + 3 \cdot 12 = 108\,\text{Stk}$$

e) Gesamtkostenfunktion $K = f(x)$ im Bereich $x_b < x \le x_c$

$$K = k_1(d_{1b}) \cdot x_b + k_2(d_2^*) \cdot (x - x_b)$$
$$= 10.368 + 288 \cdot (x - 72) \qquad \text{für} \quad 72 < x \le 108$$

Lösung 1.4.11: Kombinierte Anpassung

a) Leistungsmenge x_a

- optimale Intensität Anlage 1 : $d_1^* = 3$
- optimale Intensität Anlage 2 : $d_2^* = 3$
- Stückkosten bei optimaler Intensität für Anlage 1 : $k_1 = 54$
- Stückkosten bei optimaler Intensität für Anlage 2 : $k_2 = 72$
- Anpassung von Anlage 1 bis zur Menge $x_a = d_1^* \cdot t_{\max} = 24\,ME$

b) Leistungsmenge x_b

Ab der Menge $x_b = 32$ wird Anlage 2 zugeschaltet. Anlage 1 wird bis zu einer Intensität von $d_1 = 32/8 = 4$ intensitätsmäßig angepasst.

c) Leistungsmenge x_c

Zeitliche Anpassung von Anlage 2 bis zu $t_{\max} = 8$ bei $d_{2\,\text{opt}} = 3$:

$$x_c = x_b + 8 \cdot 3 = 56\,\text{ME}$$

d) Kostenfunktionen der Anpassungsphasen

Phase I: Zeitliche Anpassung von Maschine $1 (0 \le x \le 24)$:

$$K(x) = k_1\left(d_{\text{opt}}\right) \cdot x = 54 \cdot x$$

Phase II: Intensitätsmäßige Anpassung von Maschine 1 $(24 < x \le 32)$:

$$K(x) = k_1\,(x/8) \cdot x = \frac{1}{32} \cdot x^3 - \frac{3}{2} \cdot x^2 + 72 \cdot x$$

Phase III: Zeitliche Anpassung von Maschine 2 $(32 < x \le 56)$:

$$K(x) = k_1\,(4) \cdot 32 + k_2\,(3) \cdot (x - 32) = 72 \cdot x - 512$$

Lösung 1.4.12: Kombinierte Anpassung

a) Optimale Intensität und Einsatzzeit

1. Bestimmung der Stückkosten: Wegen des Erstellens von zwei Dreiecken je Schneidevorgang gilt: $k = \frac{K}{2d}\left[\frac{\text{Euro}}{\text{Stk}}\right]$.

$$k_1 = 10 - \frac{1}{8} \cdot d_1 + \frac{1}{560} \cdot d_1^2$$

$$k_2 = 7{,}5 - \frac{1}{6} \cdot d_2 + \frac{1}{240} \cdot d_2^2$$

2. Bestimmung der optimalen Intensitäten. Aus den notwendigen Bedingungen erster Ordnung folgt:

- optimale Intensität Anlage 1 : $d_1^* = 35$
- optimale Intensität Anlage 2 : $d_2^* = 20$

3. Überprüfung, ob die maximale Arbeitszeit durch die optimale Intensität jeweils eingehalten wird:

$$t_1 = \frac{\text{Anzahl an AE}}{d_1^*} = \frac{\frac{200}{2}}{35} = 2{,}85 \leq t_{max}$$

$$t_2 = \frac{\text{Anzahl an AE}}{d_2^*} = \frac{\frac{200}{2}}{20} = 5 \leq t_{max}$$

Beide Alternativen einer zeitlichen Anpassung sind zulässig.

4. Bestimmung der Stückkosten

$$k_1\left(d_1^* = 35\right) = 7{,}81$$

$$k_2\left(d_2^* = 20\right) = 5{,}83$$

Die günstigere Maschine 2 wird eingesetzt. Damit ist die optimale Intensität $d_2^* = 20\,AE/Std$ und die Einsatzzeit beträgt $t_2 = 5\,Std$. Die Anlage 1 wird hingegen nicht eingesetzt.

b) Verbale Kennzeichnung des Lösungswegs

Zur Fertigung von 800 Metalldreiecken ist eine intensitätsmäßige Anpassung erforderlich. Die Maschine 2 muss solange intensitätsmäßig angepasst werden, bis die Grenzkosten übereinstimmen:

$$\frac{K_2(d_2)}{dx} = \frac{K_1\left(d_1^*\right)}{dx}$$

Dann arbeiten Anlage 1 und 2 parallel.

c) Bedingungen

Die Leontief-Produktionsfunktion ist bei konstanter Intensität und proportionaler Beziehung zwischen Output und Zahl der Arbeitseinheiten ein Sonderfall der Gutenberg-Produktionsfunktion.

Lösung 1.4.13: Kombinierte Anpassung

a) Stückkostenfunktionen $k_1(d_1)$ und $k_2(d_2)$

Es gilt folgender Zusammenhang:

$$k_i(d_i) = \frac{K[\text{Euro/Std}]}{d_i\,[\text{AE/Std}]} \cdot a[\text{AE/Stk}]$$

Damit folgen die Stückkostenfunktionen:

$$k_1(d_1) = 10 \cdot d_1^2 - 60 \cdot d_1 + 585$$

$$k_2(d_2) = 10 \cdot d_2^2 - 60 \cdot d_2 + 675$$

Die intensitätsabhängigen Kosten sind bei beiden Maschinen gleich, die intensitätsunabhängigen Kosten jedoch bei Anlage 1 geringer. Anlage 1 weist somit stets niedrigere Stückkosten als Anlage 2 auf.

b) Produktmenge x_a

Die gesuchte Produktmenge x_a erhält man über das Minimum der Stückkostenfunktion $k_1(d_1)$ zu $d_1^* = 3\,\text{AE/Std}$. Die Produktionsmenge x_a ist somit:

$$x_a = \frac{d_1^*\,[\text{AE/Std}] \cdot t_{\max}\,[\text{Std/Tag}]}{a[\text{AE/Stk}]} = 6[\text{Stk/Tag}]$$

c) Produktmenge x_b

Das Kriterium für die Produktmenge x_b ist, dass die Grenzkosten der Anlage 1 gleich den Grenzkosten der Anlage 2 sind.

Kostenfunktion der Anlage 1:

$$K_1(x) = k_1(d_1) \cdot x \text{ mit } d_1\,[\text{AE/Std}] = \frac{a[\text{AE/Stk}] \cdot x[\text{Stk/Tag}]}{t_{\max}\,[\text{Std/Tag}]}$$

$$= \frac{5}{2} \cdot x^3 - 30 \cdot x^2 + 585 \cdot x$$

Grenzkosten Anlage 1:

$$K_1'(x) = \frac{15}{2} \cdot x^2 - 60 \cdot x + 585$$

Kostenfunktion der Anlage 2:

$$K_2(x) = k_2\left(d_2^*\right) \cdot x \text{ mit der optimalen Intensität } d_2^* = 3[\text{AE/Std}].$$

Damit folgt $K_2(x) = 585 \cdot x$ und Grenzkosten: $K_2'(x) = 585$.

Damit folgt die Produktmenge x_b über $K_1'(x) = K_2'(x)$ zu $x_b = 8[\text{Stk/Tag}]$.

**Lösung 1.4.14: Kombinierte Anpassung mit drei Maschinen*

a) Bestimmung der Leistungsmenge x_a

Ermittlung der Stückkostenfunktionen:

Maschine 1:

$$\frac{3K_1}{60d_1} = 6d_1^2 - 24d_1 + 38 = k_1$$

Maschine 2:

$$\frac{K_2}{60d_2} = 2d_2^2 - 32d_2 + 160 = k_2$$

Maschine 3:

$$\frac{K}{2d_3} = d_3^2 - 8d_3 + 40 = k_3$$

Ermittlung der Stückkosten:

Maschine 1:

$$\frac{\partial k_1}{\partial d_1} = 12d_1 - 24 \rightarrow d_1^* = 2 \text{ Einsetzen in die Kostenfunktion liefert: } k_1^* = 14$$

Maschine 2:

$$\frac{\partial k_2}{\partial d_2} = 4d_2 - 32 \rightarrow d_2^* = 8 \rightarrow k_2^* = 32$$

Maschine 3:

$$\frac{\partial k_3}{\partial d_3} = 2d_3 - 8 \rightarrow d_3^* = 4 \rightarrow k_3^* = 24$$

Die 2. Ableitung ist in allen 3 Fällen größer als 0.

Grundsätzlich ist auf allen drei Maschinen eine zeitliche einer intensitätsmäßigen Anpassung vorzuziehen. Maschine 1 verursacht die geringsten Stückkosten und wird aus diesem Grund als erstes maximal zeitlich angepasst.

$$d_1^* = \frac{a_1 x_a}{t_{max}} = \frac{3x_a}{12 \cdot 60} \rightarrow x_a = \frac{2 \cdot 12 \cdot 60}{3} = 480$$

b) Bestimmung der Leistungsmenge x_b

Möchte man mehr als 480 Stück produzieren, so ist zunächst die erste Maschine intensitätsmäßig anzupassen. Als Nächstes wird diejenige der beiden anderen Maschinen zugeschaltet, welche die geringeren Stückkosten verursacht. In vorliegendem Fall ist das Maschine 3. Diese wird anschließend maximal zeitlich ausgelastet. Ihre Grenzkosten sind in der Ausbringungsmenge konstant und entsprechen den Stückkosten. Die Grenzkosten der intensitätsmäßig anzupassenden Maschine 1 hingegen steigen in der Ausbringungsmenge. Die Kostenfunktion muss daher zunächst in Abhängigkeit von der Ausbringungsmenge x geschrieben werden. Anschließend können die Grenzkosten durch Ableiten nach x errechnet werden.

Grenzkosten auf Maschine 3:

$$k_3 = 24 \rightarrow K_3(x) = 24x \rightarrow GK_3 = 24$$

Grenzkosten auf Maschine 1:

Zusammenhang zwischen d_1 und x:

$$d = \frac{a_1 x}{t_{max}} = \frac{3x}{12 \cdot 60} = \frac{x}{240}$$

Stückkosten in Abhängigkeit von x bestimmen:

$$k_1(x) = 6\left(\frac{x}{240}\right)^2 - 24\left(\frac{x}{240}\right) + 38$$

Kostenfunktion durch Multiplikation mit der Ausbringungsmenge x ermitteln:

$$K_1(x) = 6\left(\frac{x}{240}\right)^2 x - 24\left(\frac{x}{240}\right)x + 38x = \frac{x^3}{9600} - \frac{x^2}{10} + 38x$$

Grenzkosten durch Ableiten nach x bestimmen:

$$\frac{\partial K_1(x)}{\partial x} = \frac{x^2}{3200} - \frac{x}{5} + 38$$

Die kostengünstigere erste Maschine wird optimalerweise solange intensitätsmäßig angepasst, bis ihre in der Ausbringungsmenge steigenden Grenzkosten gleich den in der Ausbringungsmenge konstanten (wegen zeitlicher Anpassung) Grenzkosten der Anlage 3 sind. Man ermittelt die Leistungsmenge x_b folglich durch Gleichsetzen der Grenzkosten beider Anlagen und Auflösen nach x.

Gleichsetzen der Grenzkosten:

$$GK_1 = GK_3 \rightarrow \frac{x^2}{3200} - \frac{1}{5}x + 38 = 24 \rightarrow \frac{x^2}{3200} - \frac{1}{5}x + 14 = 0$$

Die quadratische Lösungsformel liefert zunächst den Ausdruck

$$x_{1,2} = \frac{\frac{1}{5} \pm \sqrt{\frac{1}{25} - \frac{7}{400}}}{\frac{1}{1600}}$$

und schließlich die Lösungen $x_1 = 560$ und $x_2 = 80$.

Auf Maschine 1 können allein durch zeitliche Anpassung bereits 480 Einheiten des Endproduktes hergestellt werden. Die 2. Lösung scheidet daher aus und die Leistungsmenge x_b beträgt 560 Einheiten.

c) Bestimmung der Leistungsmenge x_c

Die 3. Maschine kann maximal 8 Stunden am Tag zeitlich angepasst werden. In dieser Zeit kann maximal eine Leistungsmenge von $x_3^* = 2 \cdot 8 \cdot d_3^* = 16 \cdot 4 = 64$ Einheiten hergestellt werden. Die Leistungsmenge x_c beträgt folglich $560 + 64 = 624$.

d) Verhalten bei Erhöhung der Menge über x_c hinaus

Zeitlich nicht voll ausgelastet ist nur das teuerste Aggregat 2. Es verursacht Grenzkosten der Höhe 32. Die beiden anderen Aggregate verursachen beide Grenzkosten der Höhe 24. Diese steigen jedoch auf beiden Anlagen mit zusätzlicher Ausbringungsmenge unterschiedlich stark an. Folglich muss man in jedem Zeitpunkt (mit jeder zusätzlichen Einheit, die produziert werden soll) aufs Neue entscheiden, auf welcher der beiden Maschinen diese hergestellt werden soll und wie stark die Intensität zu diesem Zweck jeweils anzupassen ist.

Erst wenn beide Maschinen Grenzkosten verursachen, die größer oder gleich denen von Anlage 2 sind, wird auch diese zugeschaltet und dann zunächst zeitlich voll angepasst. Ist auch Maschine 2 zeitlich voll ausgelastet, wiederholt sich obige Vorgehensweise bis ins Unendliche, wobei in diesem Fall die Grenzkosten aller drei Anlagen dynamisch abgeglichen und alle drei Anlagen im Wechsel intensitätsmäßig angepasst werden müssen.

In der Praxis ist es möglich, einen derartigen Prozess mittels geeigneter Software zu steuern. Denkbar wäre es zum Beispiel die Implementierung eines dynamischen Entscheidungsmodells, das die genannte Situation formal beschreibt.

e) Produktionsplan in Abhängigkeit von der zu befriedigenden Nachfrage

Produktionsmenge	$x \leq 480$	$480 \leq x \leq 560$	$560 \leq x \leq 624$	$624 \leq x$		
				Phase I	Phase II	Phase III
Maschine 1	Zeitliche Anpassung zwischen 0 und 12 Stunden	Intensitätsmäßige Anpassung bei 12-stündigem Betrieb	12 Std Betrieb am Tag mit Intensität $d_1 = \frac{3 \cdot 560}{720} = 2{,}33$	Intensitätsmäßige Anpassung in Abgleich mit Maschine 3	12 Std Betrieb am Tag bei Stückkosten k_2^* von Maschine 2	Intensitätsmäßige Anpassung in Abgleich mit Maschine 2 und 3
Maschine 2	Nicht in Betrieb	Nicht in Betrieb	Nicht in Betrieb	Nicht in Betrieb	Zeitliche Anpassung zwischen 0 und 10 Stunden	Intensitätsmäßige Anpassung in Abgleich mit Maschine 1 und 3
Maschine 3	Nicht in Betrieb	Nicht in Betrieb	Zeitliche Anpassung zwischen 0 und 8 Stunden	Intensitätsmäßige Anpassung in Abgleich mit Maschine 1	8 Std Betrieb am Tag bei Stückkosten k_2^* von Maschine 2	Intensitätsmäßige Anpassung in Abgleich mit Maschine 1 und 2

2. Kennzeichnung industrieller Fertigungsprozesse

2.1 Produktionstypen der Fertigung

Lösung 2.1.1: Organisationstypen der Fertigung

a) Aussagen

a.1) *richtig*

a.2) *falsch.* In der Regel führt eine ‚Fließfertigung' im Vergleich zur ‚Werkstattfertigung' zu niedrigeren Transportkosten und einer höheren Arbeitsproduktivität.

b) Vergleich Werkstattfertigung / Fließfertigung

Merkmale	Werkstattfertigung	Fließfertigung
Beschreibung	Maschinen und Arbeitsplätze mit gleichartigen Arbeitsverrichtungen sind in einer Werkstatt zusammengefasst. **(Verrichtungsprinzip)**	Anordnung der Betriebsmittel / Arbeitsplätze nach dem Produktionsablauf. **(Objekt-/Fließprinzip)**
Vorteile	– Flexibilität bei Nachfrageschwankungen – Flexibilität in Bezug auf Produktvarianten – Vielseitige Einsatzmöglichkeiten der Arbeitskräfte	– Verkürzung der Durchlaufzeiten – Min. Zwischenlagerung – Geringe Lagerhaltungskosten – Niedrige Qualifikationsanforderungen an die Arbeitnehmer – Überschaubarer Fertigungsprozess
Nachteile	– Lange Durchlaufzeiten – Hohe Bestände an Halbfabrikaten – Hohe Lagerhaltungskosten	– Geringe Flexibilität der Fertigung – Hohe Investitionen / Kapitalbedarf

c) Gruppenfertigung

Bei der Gruppenfertigung werden die Produktionsmittel, die für bestimmte Fertigungsvorgänge erforderlich sind, zu Gruppen vereinigt. Innerhalb der Gruppen sind die Produktionsmittel nach dem Objekt- / Fließprinzip angeordnet.

Durch die Gruppenfertigung lassen sich insbesondere die langen Durchlaufzeiten und die hohen Bestände der Werkstattfertigung reduzieren.

Lösung 2.1.2: Formen der Produktion

a) Formen der Produktion

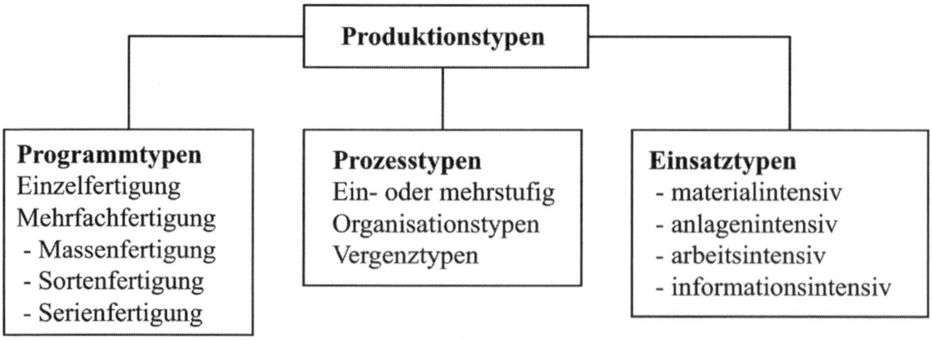

b) Zuordnung von Produkten und Programmtypen

Produkt	Programmtyp
Fertigbeton mit unterschiedl. Zementgehalt	Sortenfertigung
Einfamilienhäuser	Einzelfertigung
Elektrizität	Massenfertigung
Münzen	Serienfertigung
Bücher	Serienfertigung
Teppiche	Sortenfertigung
Teppichauslegware	Massenfertigung
Großtanker	Einzelfertigung
Benzin	Massenfertigung
Stahlblech mit unterschiedlicher Stärke	Sortenfertigung
Brücken	Einzelfertigung
Autos	Serienfertigung

Lösung 2.1.3: Voraussetzung Organisationstyp

Grundsätzliche Voraussetzung ist, dass die einzelnen Arbeitsgänge zeitlich aufeinander abgestimmt sind. Die zeitliche Abstimmung kann durch den technologischen Prozess bedingt sein (Zwangslauffertigung), oder sie wird durch eine Zerlegung des Herstellungsprozesses in zeitlich gleiche Arbeitstakte (Taktzeit) erreicht. Der Organisationstyp der Fließfertigung bedarf eines Fördersystems (z. B. Fließband), das einen gleichmäßigen Produktionsfluss ermöglicht.

2.2 Entlohnungsformen

Lösung 2.2.1: Verfahren der Arbeitsplatzbewertung und Lohnformen

a) *richtig*

b) *falsch*. Nur das Rangreihenverfahren ist ein analytisches Verfahren.

c) *richtig*

Lösung 2.2.2: Grundformen der Arbeitsbewertung

	als Ganzes	differenzierend
Reihung (ordinal)	Rangfolgeverfahren	Rangreihenverfahren
Stufung (kardinal)	Lohngruppenverfahren	Stufenwertverfahren

Lösung 2.2.3: Lohnformen

Bemessungs-grundlage	Lohnform	Anwendung	Beispiel	Vor-/Nachteile
Zeit	Zeitlohn	Proportionalität Zeit und Leistung	Beamter, Pförtner, Fließfertigung	bei Qualität kein Anreiz
Vorgabezeit	Stücklohn (Zeitakkord)	Lohn = Vorgabe · € · Anzahl	Fabrik	keine Qualität
Vorgabegeld	Stücklohn (Geldakkord)	Lohn = Stückgeld · Anzahl	Fabrik	keine Qualität
Mehrleistung	Prämienlohn	Z. Grundlohn zusätzliches Entgeld	Verwaltung	für verschie-dene Ziele

Lösung 2.2.4: Entlohnung

a) Wochenlohn des Arbeiters

$$600[\text{Euro/Woche}] = 40[\text{Min/AE}] \cdot 0{,}25[\text{Euro/Min}] \cdot 60[\text{AE/Woche}]$$

b) Lohnform

Stücklohn, Zeitakkord

c) Verlauf des Wochenlohns

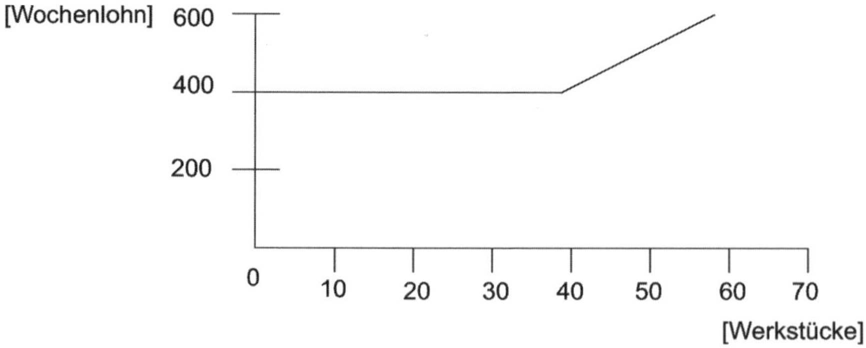

3. Programm- und Verfahrensplanung

3.1 Operative Produktionsprogrammplanung

Lösung 3.1.1: Programmplanung bei Kapazitätsengpass

a) Optimales Produktionsprogramm ohne Zusatzauftrag

Sowohl Produkt A als auch Produkt B weisen einen positiven Deckungsbeitrag auf, sodass sie bei hinreichender Kapazität grundsätzlich produziert werden. Für die maximalen Absatzmengen der Produkte sind folgende Kapazitäten erforderlich:

Produkt	max. Absatz	Produktions-koeffizient	Kapazitätsbelastung
A	100	3	300
B	100	2	200
			$\sum = 500$

Da kein Produktionsengpass vorliegt, werden beide Produkte mit ihren Höchstabsatzmengen produziert. Der Gesamtdeckungsbeitrag ist $DB = 4.000$.

b) Optimales Produktionsprogramm bei Vorliegen eines Zusatzauftrags

Die Zusatzprodukte erzielen positive Deckungsbeiträge, sie verursachen folgende Kapazitätsbelastung:

Produkt	max. Absatz	Produktions-koeffizient	Kapazitätsbelastung
C	150	2	300
D	200	1,5	300
			$\sum = 600$

Da ein Engpass vorliegt (gesamte Kapazitätsbelastung 1.100 Stunden), sind die relativen Deckungsbeiträge zu bestimmen:

Produkt	Preis	variable Kosten	absoluter DB	Produktions-koeffizient	relativer DB	Rang
A	80	60	20	3	6,67	3
B	60	40	20	2	10	2
C	90	80	10	2	5	4
D	100	82	18	1,5	12	1

Produktionsmengen:

Produkt	max. Absatz	Produktions-menge	Produktions-koeffizient	Kapazitätsbelastung
D	200	200	1,5	300
B	100	100	2	200
A	100	33,3	3	100
				$\Sigma = 600$

Der Zusatzauftrag für Produkt D wird in vollem Umfang angenommen, dafür wird die Produktionsmenge von Produkt A reduziert. Diese Umstellung erhöht den Gesamtdeckungsbeitrag, da Produkt A einen geringeren relativen Deckungsbeitrag aufweist, d. h. pro Einheit der begrenzten Kapazität einen geringeren Deckungsbeitrag erzielt. Der Gesamtdeckungsbeitrag ist: $DB = 6.266$.

Lösung 3.1.2: Programmplanung bei mehreren Beschränkungen

a) Formulierung des linearen Programms

Zielfunktion:

$$Max\ F(x_1, x_2) = 2x_1 + 1{,}4x_2$$

Nebenbedingungen:

$$2x_1 + 2x_2 \leq 190 \quad (1)$$

$$3x_1 + 1{,}5x_2 \leq 210 \quad (2)$$

$$2{,}5x_2 \leq 200 \quad (3)$$

$$x_1, x_2 \geq 0$$

b) Grafische Lösung

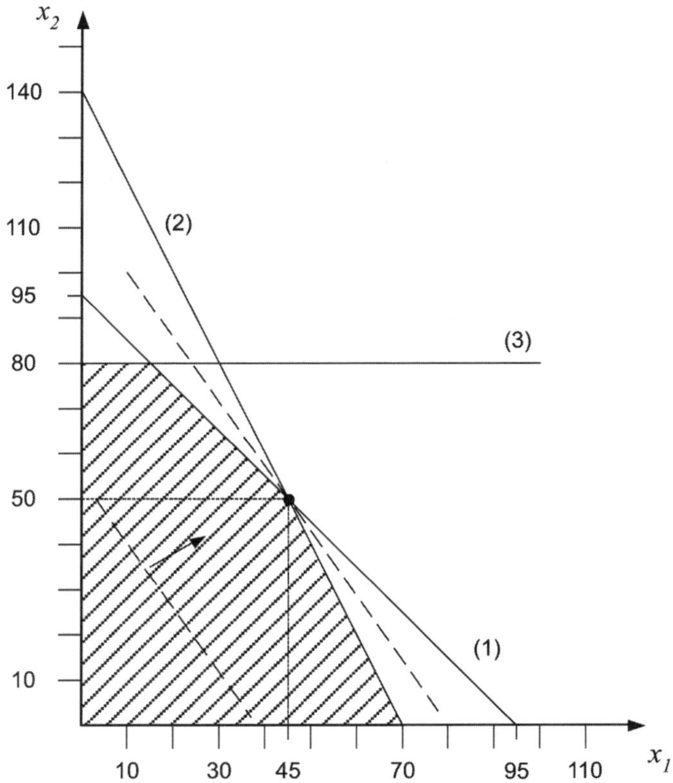

c) Grundlegende Annahmen

- Die Zielfunktion ist linear, d. h. die Preise sind konstant und es liegt eine linear limitationale Produktionsfunktion vor (lineare Kostenfunktion). Es exstieren keinerlei Zielinterdependenzen.
- Die Nebenbedingungen sind ebenfalls linear. Es liegen lediglich Mittelinterdependenzen vor.

Lösung 3.1.3: Programmplanung bei mehreren Kapazitätsengpässen

a) Optimales Produktionsprogramm

	relativer DB [€/Stück]	Rang	Produktionsmenge [Stück]	Kapazitätsbelastung
A	$(50-20)/0{,}5=60$	2	200	100
B	$(90-40)/1=50$	3	200	200
C	$(200-50)/2=75$	1	100	200
				$\sum = 500$

b) Optimales Produktionsprogramm mit Endkontrolle

Produkt *A* wird weiter voll produziert, da es ja bereits nach Teilaufgabe a) bis zur Höchstmenge hergestellt wird und keine Kontrollzeit benötigt. Damit bleibt eine Fertigungszeit von $500-(200\cdot 0{,}5)=400$ Stunden auf *B* und *C* zu verteilen.

Die Deckungsbeitragsfunktion für beide Produkte ist: $DB = 50\cdot x_b + 150\cdot x_c$.

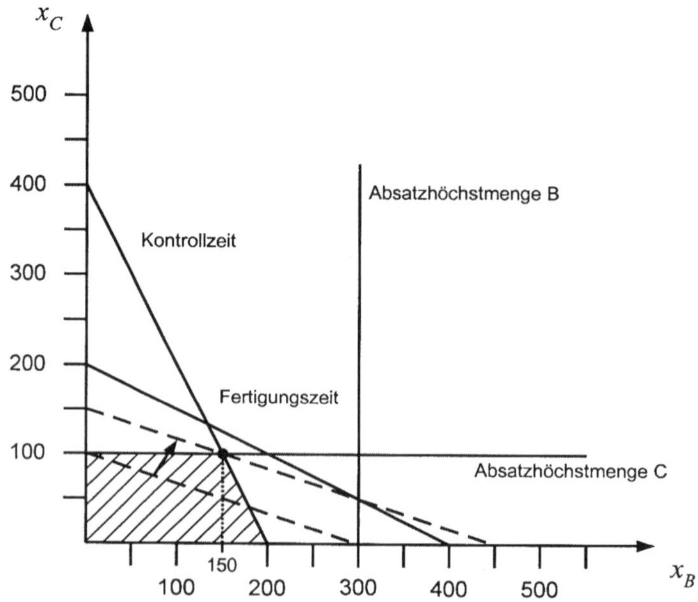

Es sollten somit 200 Stück von Produkt *A*, 150 Stück von Produkt *B* und 100 Stück von Produkt *C* produziert werden.

Lösung 3.1.4: Standplanung eines Messeausstellers

a) Entscheidungsmodell

Entscheidungsvariablen:

x_1 : die für Drucker reservierte Fläche $[m^2]$

x_2 : die für Scanner reservierte Fläche $[m^2]$

Zielfunktion:

$$\text{Max } F(x_1, x_2) = x_1 + 2x_2$$

Nebenbedingungen:

$$x_1 + x_2 \le 120 \qquad (1)$$

$$6x_1 + 9x_2 \le 780 \qquad (2)$$

$$x_2 \le 40 \qquad (3)$$

$$x_1, x_2 \ge 0$$

b) Grafische Bestimmung der optimalen Lösung

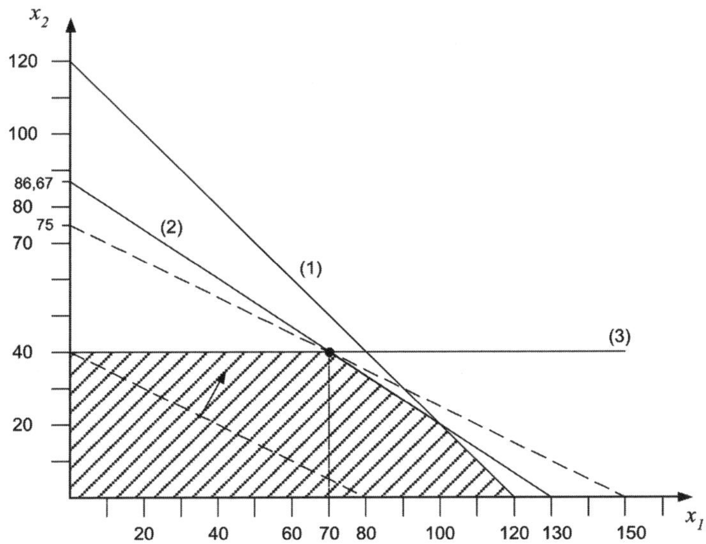

c) Simplex-Algorithmus

Endtableau nach zwei Iterationen (primaler Simplex-Algorithmus):

BV	x_1	x_2	x_3	x_4	x_5	b_i
x_3	0	0	1	–1/6	1/2	10
x_1	1	0	0	1/6	–3/2	70
x_2	0	1	0	0	1	40
F	0	0	0	1/6	1/2	150

Es ist optimal, 70 m^2 für Drucker und 40 m^2 für Scanner zu reservieren. Der maximale Deckungsbeitrag beträgt 150.000 €.

Lösung 3.1.5: Programmplanung einer Brauerei

a) Anwendung der linearen Programmierung

- Wenn im Produktionsbereich mehrere Engpässe vorliegen, kann die lineare Programmierung zur Bestimmung des optimalen Produktionsprogramms angewandt werden.
- Prämissen:
  - – Prozessparameter vorgegeben (Lose, Reihenfolgen, ...)
  - – gegebene und konstante Kapazitäten (keine Anpassungsformen)
  - – gegebene und konstante Produktionskoeffizienten
  - – gegebene und konstante Absatzpreise (horizontale Preis-Absatz-Funktion)
  - – gegebene und konstante stückvariable Kosten (konstante Stückdeckungsbeiträge)

b) Gleichungssystem

Zielfunktion:

$$\text{Max } G(x_1, x_2) = 300x_1 + 500x_2 - 36.000$$

Die Fixkosten sind nicht entscheidungsrelevant. Für die Bestimmung des optimalen Produktionsprogramms kann daher folgende Zielfunktion zugrunde gelegt werden:

$$\text{Max } F(x_1, x_2) = 300x_1 + 500x_2$$

Nebenbedingungen:

$$x_1 + 2x_2 \leq 170 \quad \text{(A)}$$
$$x_1 + x_2 \leq 150 \quad \text{(B)}$$
$$3x_2 \leq 180 \quad \text{(C)}$$
$$x_1, x_2 \geq 0$$

c) Grafische Lösung

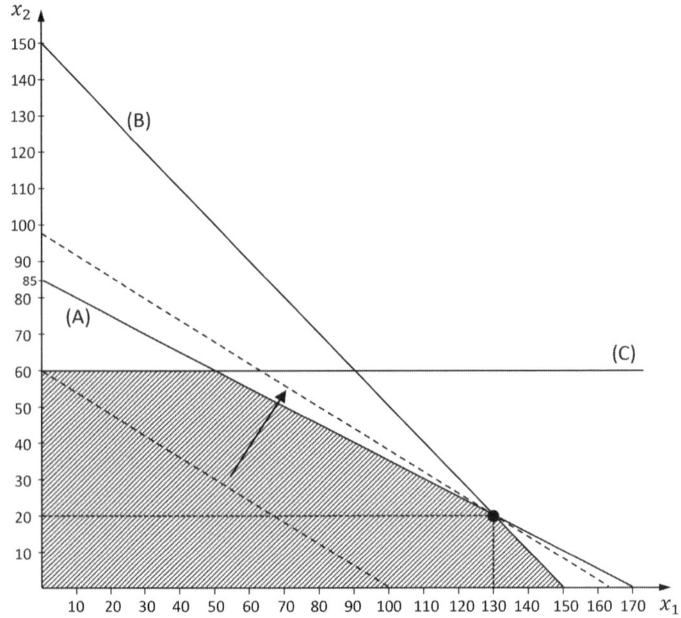

d) Simplex-Methode

Endtableau nach drei Iterationen (primaler Simplex-Algorithmus):

BV	x_1	x_2	x_3	x_4	x_5	b_i
x_1	1	0	–1	2	0	130
x_5	0	0	–3	3	1	120
x_2	0	1	1	–1	0	20
F	0	0	200	100	0	49.000

Der optimale Gewinn beträgt 49.000 € – 36.000 € = 13.000 €.

Lösung 3.1.6: Programmplanung bei mehrstufigem Produktionsprozess

a) Lineares Programm und Simplex-Algorithmus

Zielfunktion:

$$\text{Max } F(x_1, x_2, x_3) = 60x_1 + 30x_2 + 20x_3$$

Nebenbedingungen:

$$\begin{aligned} x_1 + 3x_2 \quad\quad &\leq 110 \quad \text{(Bohrerei)} \\ x_2 + 3x_3 &\leq 90 \quad \text{(Lackiererei)} \\ x_1 + \quad 2x_3 &\leq 80 \quad \text{(Montagewerkstatt} \\ x_1, x_2, x_3 &\geq 0 \end{aligned}$$

Endtableau nach zwei Iterationen (primaler Simplex-Algorithmus):

BV	x_1	x_2	x_3	x_4	x_5	x_6	b_i
x_2	0	1	–2/3	1/3	0	–1/3	10
x_5	0	0	11/3	–1/3	1	1/3	80
x_1	1	0	2	0	0	1	80
F	0	0	80	10	0	50	5.100

b) Auslastung der Werkstätten

Die Werte der Schlupfvariablen betragen $x_4^* = 0$, $x_5^* = 80$ und $x_6^* = 0$. Damit sind die Bohrerei und die Montage voll ausgelastet, die Lackiererei hat eine freie Kapazität in Höhe von 80 Stunden je Woche.

c) Preisobergrenze für Kapazitätserweiterung

Aus der Zielfunktionszeile des Endtableaus entnehmen wir für die Bohrerei einen Schattenpreis von 10 €. Bei Erhöhung der Kapazität der Bohrerei um eine Stunde je Woche steigt der Gesamtdeckungsbeitrag um 10 € abzüglich der zusätzlichen Kosten für die Kapazitätserweiterung. Für eine zusätzliche Stunde Arbeitszeit in der Bohrerei zahlt die Unternehmensleitung daher höchstens 10 €.

Für die Lackiererei ist der Schattenpreis 0 €. Da die Lackiererei nicht vollständig ausgelastet ist, kann eine Kapazitätserweiterung ökonomisch nicht sinnvoll sein.

Bei dem Montageprozess schließlich ist der Schattenpreis 50 €. Eine Erhöhung der Wochenarbeitszeit um eine Stunde steigert den Gesamtdeckungsbeitrag um 50 € abzüglich der zusätzlichen Kosten für die Kapazitätserweiterung. Die Unternehmensleitung ist daher nur bereit, maximal 50 € für eine zusätzliche Stunde Arbeitszeit in der Montagewerkstatt zu zahlen.

Lösung 3.1.7: Lineare Programmierung

a) Simplex-Algorithmus

Endtableau nach zwei Iterationen (primaler Simplex-Algorithmus):

BV	x_1	x_2	x_3	x_4	x_5	b_i
x_3	0	0	1	–3/2	–5/4	2
x_2	0	1	0	1/4	1/8	1
x_1	1	0	0	1/2	3/4	6
F	0	0	0	30	40	320

b) Auslastung der Nebenbedingungen

Die Nebenbedingungen 2 und 3 sind vollkommen ausgeschöpft; die Nebenbedingung 1 weist dagegen einen Schlupf in Höhe von 2 auf.

c) Vergrößerung von x_4

Eine Vergrößerung von x_4 um eine Einheit bewirkt eine Verringerung von F um 30 € sowie eine Verringerung der Mengen x_1 um 1/2 Einheit und x_2 um 1/4 Einheit.

d) Vergrößerung von x_5

Eine Vergrößerung von x_5 um eine Einheit bewirkt eine Verringerung von F um 40 € sowie eine Verringerung der Mengen x_1 um 3/4 Einheiten und x_2 um 1/8 Einheit.

e) Vergrößerung von x_2

Eine Vergrößerung von x_2 um eine Einheit kann nicht durchgeführt werden, da für $x_2 = 2$ keine Konstellation denkbar ist, bei der die Nebenbedingungen 1 und 2 gleichzeitig erfüllt sind.

**Lösung 3.1.8: Produktionsprogrammplanung*

a) Optimale Lösung

Endtableau nach einer Iteration mit dem dualen und einer Iteration mit dem primalen Simplex-Algorithmus:

BV	x_1	x_2	x_3	x_4	x_5	b_i
x_3	3/2	0	1	–1/2	0	40
x_5	–1/2	0	0	1/2	1	40
x_2	1/2	1	0	1/2	0	60
F	1	0	0	2	0	240

b.1) Kapazität Maschine 1

Bei Maschine 1 sind 40 Kapazitätseinheiten ungenutzt ($x_3^* = 40$). Die Kapazität von Maschine 1 darf daher maximal bis auf 100 – 40 = 60 absinken, ohne dass sich die optimale Lösung verändert.

b.2) Kapazität Maschine 2

Maschine 2 ist voll ausgelastet ($x_4^* = 0$). Bei einem Absinken der Kapazität ändert sich daher die optimale Lösung.

b.3) Mindestproduktionsmenge

Wegen $x_5^* = 40$ könnte die geforderte Mindestproduktions- und Absatzmenge bis auf 20 + 40 = 60 ansteigen, ohne dass sich die optimale Lösung verändert. *m* darf also maximal den Wert 60 annehmen.

b.4) Kapazitätserweiterung

Erhöht man die Kapazität von Maschine 1 um eine Einheit, so steigt *F* um null Einheiten, da der Schattenpreis von Maschine 1 gleich null ist. Die Kapazitätserhöhung lohnt sich daher nicht. Erhöht man die Kapazität von Maschine 2 um eine Einheit, so steigt *F* um 2 Einheiten, da der Schattenpreis von Maschine 2 den Wert 2 hat. Die Kapazitätserhöhung lohnt sich, falls die zusätzlichen Kosten der Erweiterung um eine Kapazitätseinheit weniger als 2 Geldeinheiten betragen.

c) Relative Deckungsbeitragsrechnung

Produkt	Stück-Deckungs-beitrag	Produktions-koeffizient Maschine 1	Produktions-koeffizient Maschine 2	Engpass-bezogener DB Maschine 1	Engpass-bezogener DB Maschine 2	Rang
1	1	2	1	1/2	1	2
2	4	1	2	4	2	1

Die engpassbezogenen Deckungsbeiträge führen in Bezug auf beide Maschinen zur gleichen Rangfolge der Produkte 1 und 2. Daher wird nur Produkt 2 hergestellt. Die Betrachtung der Nebenbedingungen für Maschine 1 und 2 liefert $x_2^* = 60$ (Nebenbedingung Maschine 2 bindend). Mit $x_2^* = 60$ ist auch die dritte Nebenbedingung eingehalten.

**Lösung 3.1.9: Lineare Programmierung*

a) Grafische Lösung

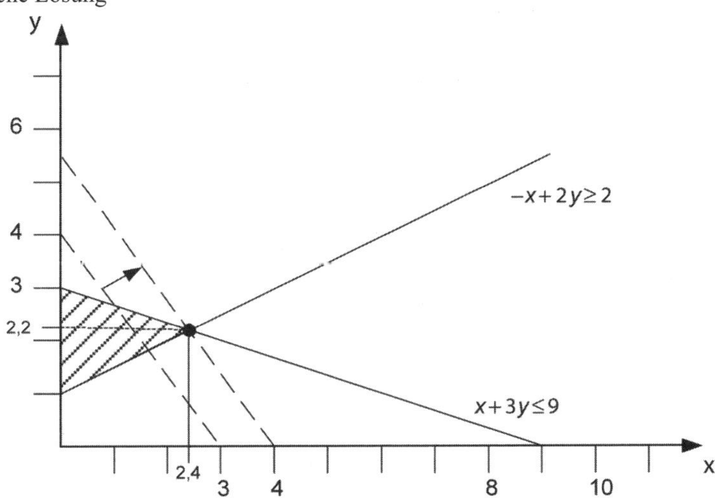

b) Dualer Simplex-Algorithmus

Endtableau nach einer Iteration mit dem dualen und einer Iteration mit dem primalen Simplex-Algorithmus:

BV	x	y	z_1	z_2	b_i
x	1	0	2/5	3/5	12/5
y	0	1	1/5	–1/5	11/5
F	0	0	11/5	9/5	81/5

*Lösung 3.1.10: Operative Programmplanung

a) Entscheidungsmodell

Entscheidungsvariable:

x_i : Produzierte und abgesetzte Menge von Produkt i

Herleitung der Zielfunktionskoeffizienten:

$$d_1 = 500 - 300 = 200$$
$$G = d_1 \cdot x_1 + d_2 \cdot x_2 - K_f$$
$$0 = 200 \cdot 30 + d_2 \cdot 40 - 10.000 \Rightarrow d_2 = 100$$

Zielfunktion:

$$Max\ G(x_1, x_2) = 200x_1 + 100x_2 - 10.000$$

Die Fixkosten sind nicht entscheidungsrelevant. Für die Bestimmung des optimalen Produktionsprogramms kann daher folgende Zielfunktion zugrunde gelegt werden:

$$Max\ F(x_1, x_2) = 200x_1 + 100x_2$$

Nebenbedingungen:

$x_1 + 2x_2 \leq 120$	Fertigungsmaschine	(1)
$x_1 + x_2 \leq 80$	Filteranlage	(2)
$x_1 \leq 60$	Absatzobergrenze	(3)
$x_1 + x_2 \geq 70$	Mindestproduktions- und Absatzmenge	(4)
$x_1, x_2 \geq 0$		

b) Grafische Lösung

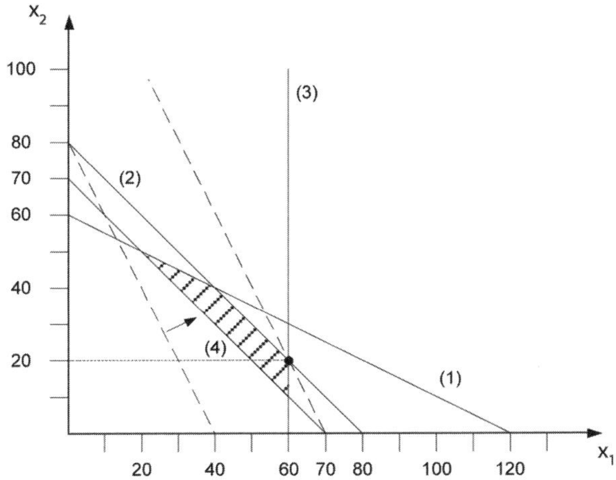

Optimum: $x_1^* = 60$, $x_2^* = 20$; Deckungsbeitrag = 14.000 €, Gewinn = 4.000 €

c.1) Änderung des Entscheidungsmodells

Neue Zielfunktion: $Max\, H(x_1, x_2) = 150x_1 + 200x_2\,[-10.000]$. Die Nebenbedingungen bleiben unverändert.

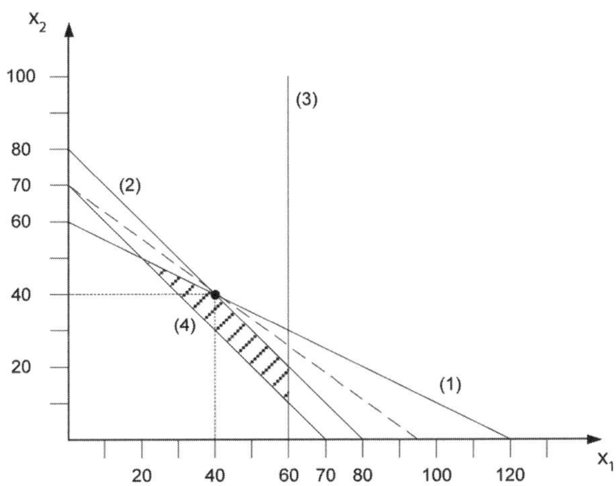

Optimum: $x_1^* = 40, x_2^* = 40$; Deckungsbeitrag = 14.000 €, Gewinn = 4.000 €

c.2) Losgrößen- und Reihenfolgeplanung

- Losgrößenplanung:

  Größere (kleinere) Lose verringern (erhöhen) die Anzahl an Rüstvorgängen und senken (erhöhen) damit die Gesamtrüstzeit. Die effektiv verfügbare Kapazität steigt (sinkt) demnach.

- Reihenfolgeplanung:

  Bei reihenfolgeabhängigen Rüstzeiten lässt sich mit günstiger Reihenfolge der Bedarf an Umrüstzeit senken.

*Lösung 3.1.11: Lineare Optimierung

a) Duales Optimierungsproblem

Zielfunktion:

$$\text{Max } FD = 5w_1 + 3w_2$$

Nebenbedingungen:

$$w_1 \quad \leq 2 \qquad \text{(redundant)}$$

$$w_1 + w_2 \leq 3$$

$$w_1 \quad \leq 1$$

$$w_1, w_2 \geq 0$$

b) Variable und Schlupfvariablen

Es gilt der Satz vom komplementären Schlupf:

$$x_1^* \cdot w_3^* = 0$$

$$x_2^* \cdot w_4^* = 0$$

$$x_3^* \cdot w_5^* = 0$$

$$x_4^* \cdot w_1^* = 0$$

$$x_5^* \cdot w_2^* = 0$$

Die optimalen Zielfunktionswerte stimmen überein: $F^* = FD^*$

c) Duales Entscheidungsproblem

Hinweis: Die redundante Nebenbedingung könnte zwar weggelassen werden, wird im Folgenden jedoch mitgeführt.

Endtableau nach zwei Iterationen mit dem primalen Simplex-Algorithmus:

BV	w_1	w_2	w_3	w_4	w_5	b_j
w_3	0	0	1	0	–1	1
w_2	0	1	0	1	–1	2
w_1	1	0	0	0	1	1
FD	0	0	0	3	2	11
	$= x_4^*$	$= x_5^*$	$= x_1^*$	$= x_2^*$	$= x_3^*$	$= F^*$

Anwendung des Satzes vom komplementären Schlupf:

$$x_1^* \cdot 1 = 0 \Rightarrow x_1^* = 0$$
$$x_2^* \cdot 0 = 0 \Rightarrow x_2^* \geq 0$$
$$x_3^* \cdot 0 = 0 \Rightarrow x_3^* \geq 0$$
$$x_4^* \cdot 1 = 0 \Rightarrow x_4^* = 0$$
$$x_5^* \cdot 2 = 0 \Rightarrow x_5^* = 0$$

Einsetzen in die Normalform des Primals:

$$2 \cdot 0 + 3x_2^* + x_3^* = 11$$
$$0 + x_2^* + x_3^* + 0 = 5 \qquad (1)$$
$$x_2^* + 0 = 3 \qquad (2)$$

aus (2) folgt: $x_2^* = 3$; Einsetzen in (1) liefert: $x_3^* = 2$.

d) Ökonomische Interpretation

Zu jedem (primalen) Mengenproblem der Bestimmung des optimalen Produktions- und Absatzprogramms unter knappen Kapazitäten kann man ein duales Wertproblem angeben, das Verrechnungspreise für knappe und voll ausgelastete Kapazitäten bestimmt. Der Lenkungspreis je Kapazitätseinheit ergibt sich aus der Summe aus Dualwert und Grenzkosten. Die Höhe der Dualwerte ist jedoch auch aus der Lösung des primalen Mengenproblems ersichtlich, sodass eine dezentrale Planung in den Abteilungen überflüssig wird (Dilemma der pretialen Lenkung).

*Lösung 3.1.12: Programmplanung mit dem Transportmodell

a) Graph des Transportmodells

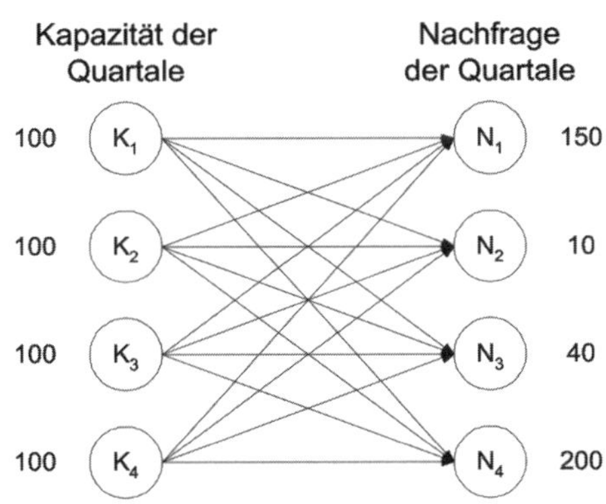

Pfeilbewertung z. B.: $c_{21} = 50, c_{22} = 0, c_{23} = 1, c_{24} = 2$

b) Kostenmatrix

$$c = \begin{bmatrix} 0 & 1 & 2 & 3 \\ 50 & 0 & 1 & 2 \\ 100 & 50 & 0 & 1 \\ 150 & 100 & 50 & 0 \end{bmatrix}$$

c) Klassisches Transportmodell

Zielfunktion:

$$Min\ K = \sum_i \sum_j c_{ij} x_{ij}$$

Nebenbedingungen:

$$\sum_j x_{ij} = A_i \quad \forall i$$

$$\sum_i x_{ij} = N_j \quad \forall j$$

$$x_{ij} \geq 0 \quad \forall i, j$$

Gleichung für die Produktion im 2. Quartal: $x_{21} + x_{22} + x_{23} + x_{24} = 100$

d) Zulässige Lösung mit der Nord-West-Ecken-Regel

	N_1	N_2	N_3	N_4	A_i
K_1	100	–	–	–	100
K_2	50	10	40	–	100
K_3	–	–	–	100	100
K_4	–	–	–	100	100
N_j	150	10	40	200	

Kosten: $100 \cdot 0 + 50 \cdot 50 + 10 \cdot 0 + 40 \cdot 1 + 100 \cdot 1 + 100 \cdot 0 = 2.640$

Quartal	Bedarf	Produziert in Quartal	
1	150	1	100
		2	50
2	10	2	10
3	40	2	40
4	200	3	100
		4	100

e) Vogel'sche Approximationsmethode

						A_i in Iteration						Kostendifferenz in Iteration					
		N_1	N_2	N_3	N_4	1	2	3	4	5	6	1	2	3	4	5	6
	K_1	100				100	0	0	0	0	0	1					
	K_2	50	10	40		100	100	50	50	40	0	1	1	1	1	1	
	K_3				100	100	100	100	100	100	100	1	1	1	1	1	1
	K_4				100	100	100	100	0	0	0	50	50	50			
N_j in Iteration	1	150	10	40	200												
	2	50	10	40	200												
	3	0	10	40	200												
	4	0	10	40	100												
	5	0	0	40	100												
	6	0	0	0	100												
Kostendifferenz in Iteration	1	50	1	1	1												
	2	50	50	1	1												
	3		50	1	1												
	4		50	1	1												
	5			1	1												
	6				1												

Verzugsmenge Periode 1 : 50; Lagerbestand Periode 3 : 100; Kosten: 2.640.

**Lösung 3.1.13: Programmplanung mit linearer Programmierung*

a) Zielfunktion und Nebenbedingungen

Entscheidungsvariablen:

x_i : produzierte und abgesetzte Menge Produkt i

Zielfunktion:

$$\text{Max } F(x_1, x_2) = x_1 + 2x_2$$

Nebenbedingungen:

$$\begin{array}{rll} x_1 + x_2 \leq 100 & & \text{Maschine A} \\ 6x_1 + 9x_2 \leq 720 & & \text{Maschine B} \\ x_2 \leq 60 & & \text{Absatz} \\ x_1, x_2 \geq 0 & & \end{array}$$

b) Lösung des Optimierungsproblems

Endtableau nach zwei Iterationen mit dem primalen Simplex-Algorithmus:

BV	x_1	x_2	x_3	x_4	x_5	b_i
x_3	0	0	1	–1/6	1/2	10
x_1	1	0	0	1/6	–3/2	30
x_2	0	1	0	0	1	60
F	0	0	0	1/6	1/2	150

**Lösung 3.1.14: Programmplanung*

a) Entscheidungsmodell

Entscheidungsvariablen:

x_1 : Produktionsmenge Asinol [kg]

x_2: Produktionsmenge Bephal [kg]

Zielfunktion:

$$\text{Max } F(x_1, x_2) = 2.000x_1 + 1.000x_2$$

Nebenbedingungen:

$$x_1 + x_2 \leq 80 \quad (1)$$
$$x_1 + 2x_2 \geq 100 \quad (2)$$
$$4x_1 + x_2 \geq 100 \quad (3)$$
$$x_1, x_2 \geq 0$$

b) Grafische Lösung

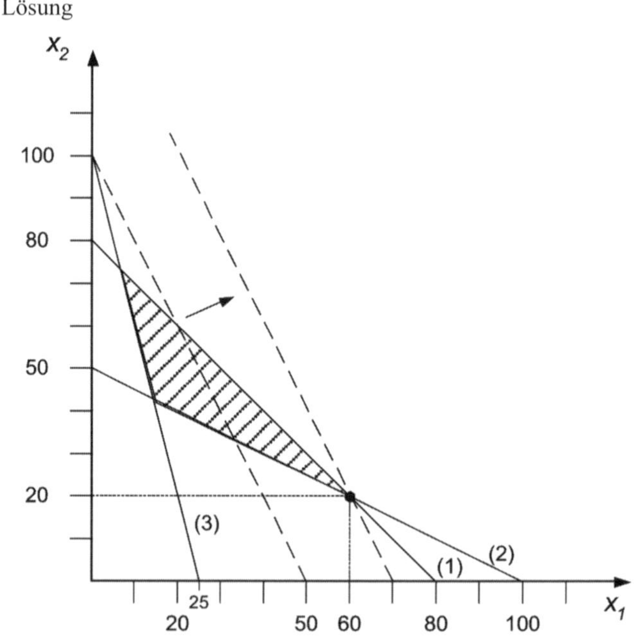

c) Optimale Lösung

Endtableau nach zwei Iterationen mit dem dualen Simplex-Algorithmus:

BV	x_1	x_2	x_3	x_4	x_5	b_i
x_2	0	1	–1	–1	0	20
x_1	1	0	2	1	0	60
x_5	0	0	7	3	1	160
F	0	0	3.000	1.000	0	140.000

d) Schattenpreis der Ressourcen

Sakata wäre bereit, maximal 3.000 € für eine zusätzliche Einheit Rotabol zu zahlen, da der Schattenpreis von Rotabol den Wert 3.000 hat.

e) Änderung des Entscheidungsmodells

Sakata kann seine Einschätzung im Entscheidungsmodell z. B. mithilfe des Chance Constrained Programming berücksichtigen.

$$x_1 \leq \tilde{h} \qquad \text{mit} \qquad \tilde{h} \in [40;60]$$

Fordert man $P\left(x_1 \leq \tilde{h}\right) = \alpha$, so kann man z. B. unter Annahme einer Gleichverteilung für jedes Sicherheitsniveau α ein bestimmtes h_α ermitteln.

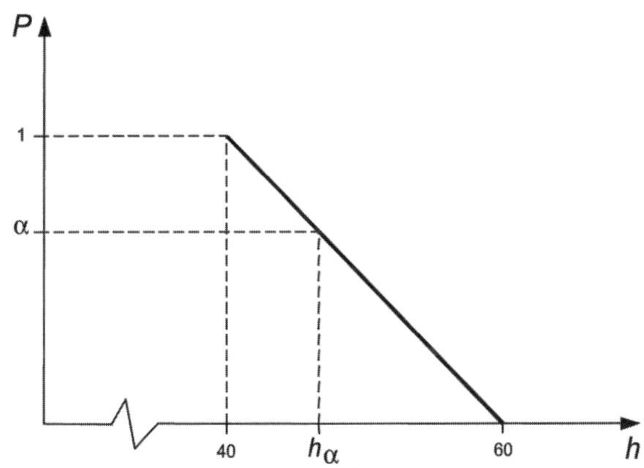

Es gilt: $P = m \cdot h + t$

hier:

$$1 = m \cdot 40 + t$$

$$0 = m \cdot 60 + t$$

$$\Rightarrow m = -\frac{1}{20} \text{ und } t = 3$$

Fordert man z. B. $P(x_1 \leq \tilde{h}) = 0{,}9$, so folgt: $0{,}9 = -1/20 \cdot h_{0,9} + 3$, $h_{0,9} = 42$ und somit $x_1 \leq 42$.

In der Grafik aus Teilaufgabe b) kann die Wirkung alternativer Werte für h_α auf den Lösungsraum und die optimale Lösung veranschaulicht werden. Fordert man z. B.: $x_1 \leq 40$ (100 % Sicherheit), so folgt: $x_1^* = 40, x_2^* = 40, F^* = 120.000$.

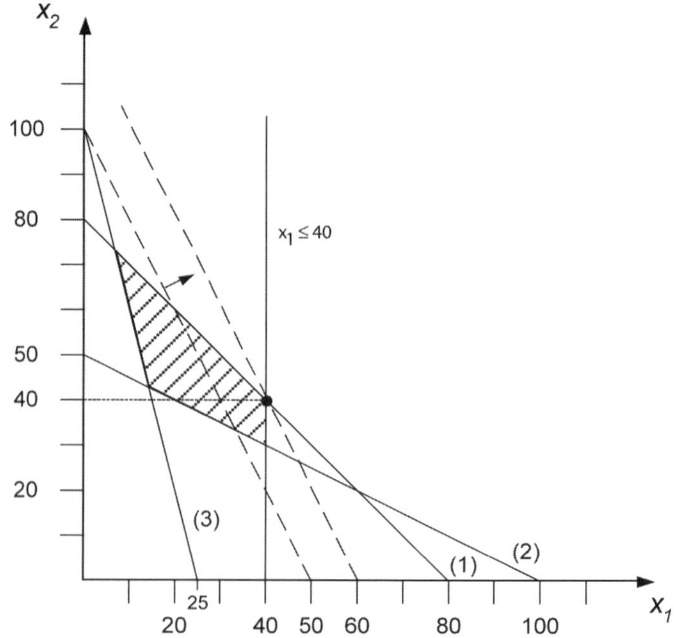

*Lösung 3.1.15: Mischproblem und lineare Optimierung

a) Entscheidungsmodell

Entscheidungsvariablen:

x_i : Menge Einsatzgut i $[t]$

Zielfunktion:

Min $K(x_1, x_2, x_3) = 15x_1 + 24x_2 + 6x_3$

Nebenbedingungen:

$$3x_1 + 4x_2 \geq 2$$
$$x_1 + 3x_2 + x_3 \geq 4$$
$$x_1, x_2, x_3 \geq 0$$

b) Duales Entscheidungsproblem

Zielfunktion:

Max $FD(w_1, w_2) = 2w_1 + 4w_2$

Nebenbedingungen:

$$\begin{aligned} 3w_1 + \ \ w_2 &\leq 15 \\ 4w_1 + 3w_2 &\leq 24 \\ w_2 &\leq 6 \\ w_1, w_2 &\geq 0 \end{aligned}$$

c) Lösung des dualen Problems

Endtableau nach zwei Iterationen mit dem primalen Simplex-Algorithmus

BV	w_1	w_2	w_3	w_4	w_5	b_i
w_3	0	0	1	–3/4	5/4	9/2
w_1	1	0	0	1/4	–3/4	3/2
w_2	0	1	0	0	1	6
FD	0	0	0	1/2	5/2	27
	$= x_4^*$	$= x_5^*$	$= x_1^*$	$= x_2^*$	$= x_3^*$	$= K^*$

d) Lösungsverfahren

Eine zu minimierende Zielfunktion lässt sich durch Multiplikation mit -1 in eine zu maximierende Zielfunktion überführen. Anschließend Anwendung des (dualen) Simplex-Algorithmus.

*Lösung 3.1.16: Lineare Optimierung

a) Entscheidungsmodell

Entscheidungsvariable:

x_i: Produzierte und abgesetzte Menge von Produkt i

Zielfunktion:

$$\text{Max } G(x_1, x_2) = 100x_1 + 200x_2 - 10.000$$

Die Fixkosten sind nicht entscheidungsrelevant. Für die Bestimmung des optimalen Produktionsprogramms kann daher folgende Zielfunktion zugrunde gelegt werden:

$$\text{Max } F(x_1, x_2) = 100x_1 + 200x_2$$

Nebenbedingungen:

$$\begin{aligned} x_1 + \ \ x_2 &\leq 100 \quad \text{(Maschine I)} \quad (1) \\ 6x_1 + 9x_2 &\leq 720 \quad \text{(Maschine II)} \quad (2) \\ x_2 &\leq \ \ 60 \quad \text{(Absatz)} \quad (3) \\ x_1, x_2 &\geq \ \ \ 0 \end{aligned}$$

b) Grafische Lösung

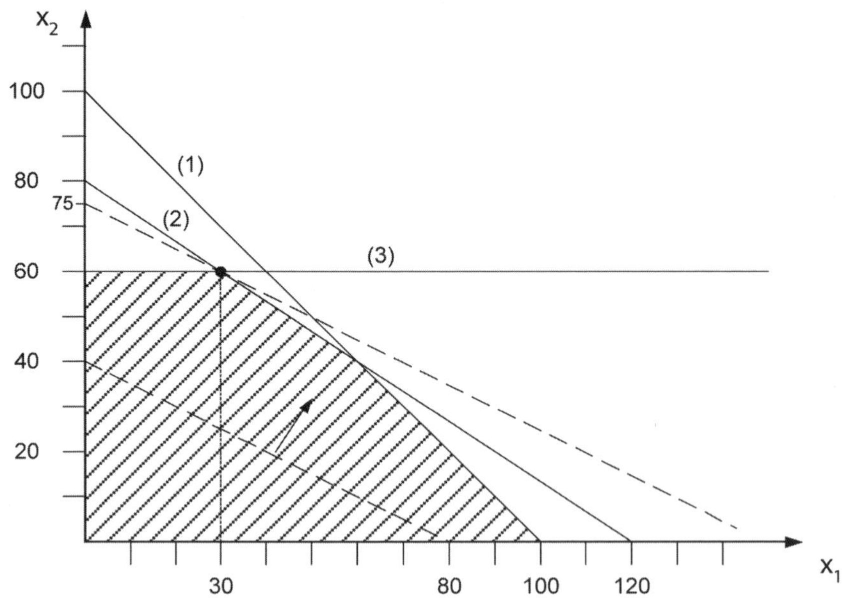

c) Primaler Simplex-Algorithmus

Endtableau nach zwei Iterationen mit dem primalen Simplex-Algorithmus:

BV	x_1	x_2	x_3	x_4	x_5	b_i
x_3	0	0	1	–1/6	1/2	10
x_1	1	0	0	1/6	–3/2	30
x_2	0	1	0	0	1	60
F	0	0	0	100/6	50	15.000

Die zu den Schlupfvariablen gehörenden Werte in der F-Zeile (Schattenpreise) geben jeweils an, um welchen Betrag der Zielfunktionswert steigt, wenn die rechte Seite der korrespondierenden Nebenbedingung um eine Einheit erhöht wird. Dabei sind ggf. zusätzliche Kosten für die Ausweitung der Restriktion in Abzug zu bringen.

d.1) Modifiziertes Entscheidungsmodell

Die neue Zielfunktion lautet:

$$Max\ H(x_1, x_2) = 120x_1 + 100x_2$$

Die Nebenbedingungen bleiben unverändert.

d.2) Grafische Lösung

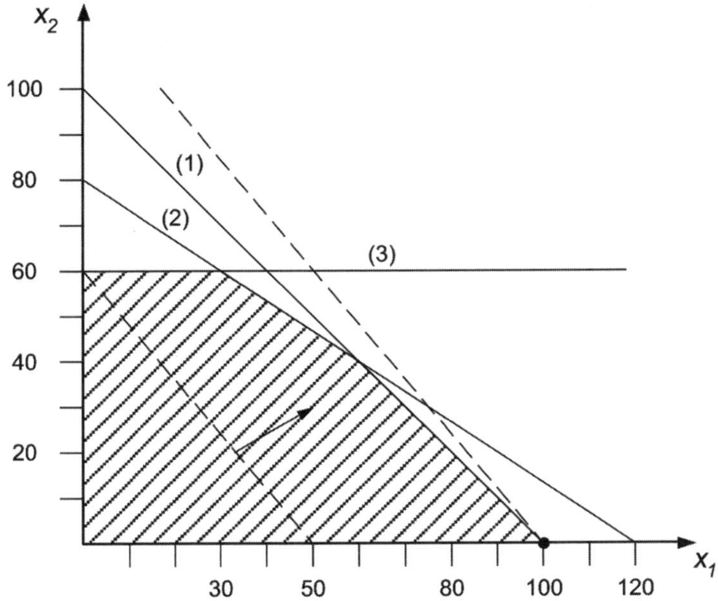

e.1) Modifiziertes Entscheidungsmodell

Es kommen folgende beiden Nebenbedingungen hinzu:

$x_1 \geq 20$ (4)

$x_1 + x_2 \geq 40$ (5)

e.2) Veränderung des Lösungsraumes

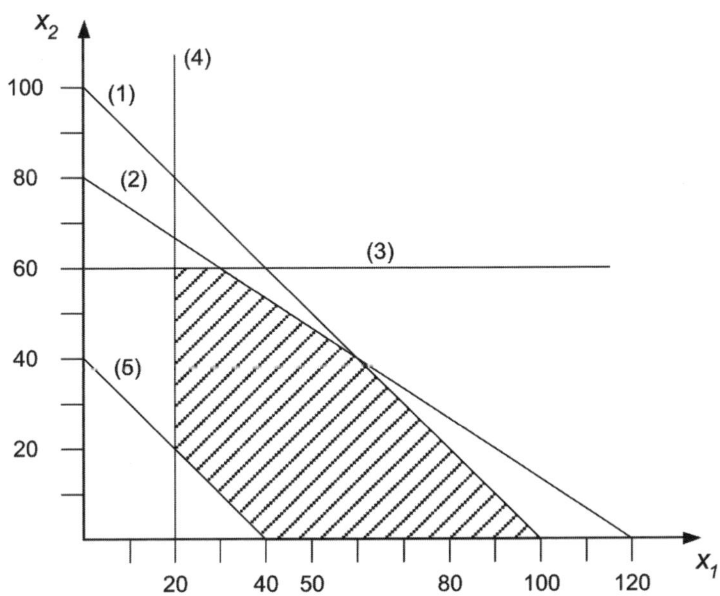

e.3) Dualer Simplex-Algorithmus

Zulässige Basislösung nach zwei Iterationen mit dem dualen Simplex-Algorithmus:

BV	x_1	x_2	x_3	x_4	x_5	x_6	x_7	b_i
x_3	0	0	1	0	0	0	1	60
x_4	0	0	0	1	0	–3	9	420
x_5	0	0	0	0	1	–1	1	40
x_1	1	0	0	0	0	–1	0	20
x_2	0	1	0	0	0	1	–1	20
F	0	0	0	0	0	100	–200	6.000

f) Dualproblem

Zielfunktion:

$$\text{Min } FD(w_1, w_2, w_3) = 100\,w_1 + 720\,w_2 + 60\,w_3$$

Nebenbedingungen:

$$\begin{aligned} w_1 + 6\,w_2 \quad &\geq 100 \\ w_1 + 9\,w_2 + w_3 &\geq 200 \\ w_1, w_2, w_3 &\geq 0 \end{aligned}$$

g) Interpretation des Dualproblems

Zu dem (primalen) Mengenproblem der Bestimmung des optimalen Produktions- und Absatzprogramms unter knappen Kapazitäten gemäß Teilaufgabe a) kann man ein duales Wertproblem gemäß Teilaufgabe f) angeben, das Verrechnungspreise für knappe und voll ausgelastete Kapazitäten bestimmt. Der Lenkungspreis je Kapazitätseinheit ergibt sich aus der Summe aus Dualwert und Grenzkosten. Die Höhe der Dualwerte ist jedoch auch aus der Lösung des primalen Mengenproblems ersichtlich (Schattenpreise, vgl. Teilaufgabe c)), sodass eine dezentrale Planung in den Abteilungen überflüssig wird (Dilemma der pretialen Lenkung).

3.2 Berücksichtigung von Ganzzahligkeitsbedingungen

**Lösung 3.2.1: Lineare Optimierung bei einem Bekleidungshersteller*

a) Mathematischer Ansatz

Zielfunktion:

$$x_H + x_D \rightarrow \max$$

Nebenbedingungen:

$4x_H + 2{,}5x_D \leq 100$ (Größe einer Rolle Schurwolle)

$x_H = 2x_D$ (Produktion von doppelt so viel Herrenanzügen)

$x_D \geq 5$ (Minimale Produktion von Damenkostüme je Rolle Schurwolle)

Nichtnegativitätsbedingung und Ganzzahligkeit:

$x_H, x_D \geq 0$ und ganzzahlig

b) Grafische Darstellung

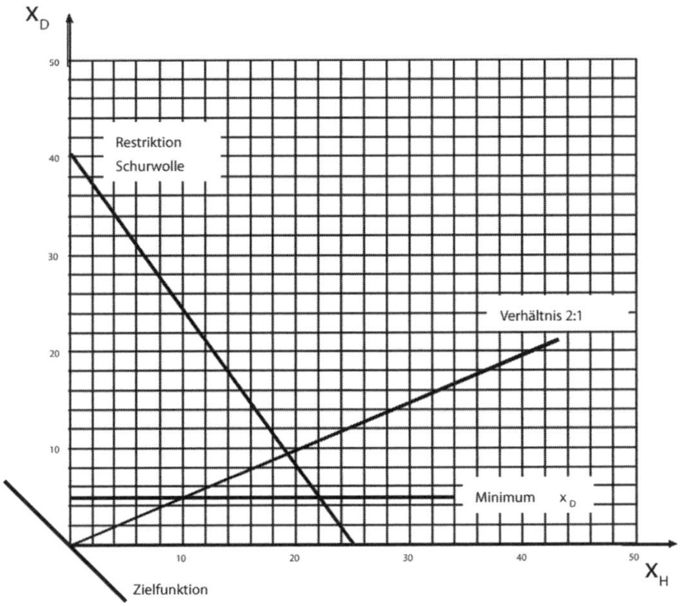

c) Grafische Lösung

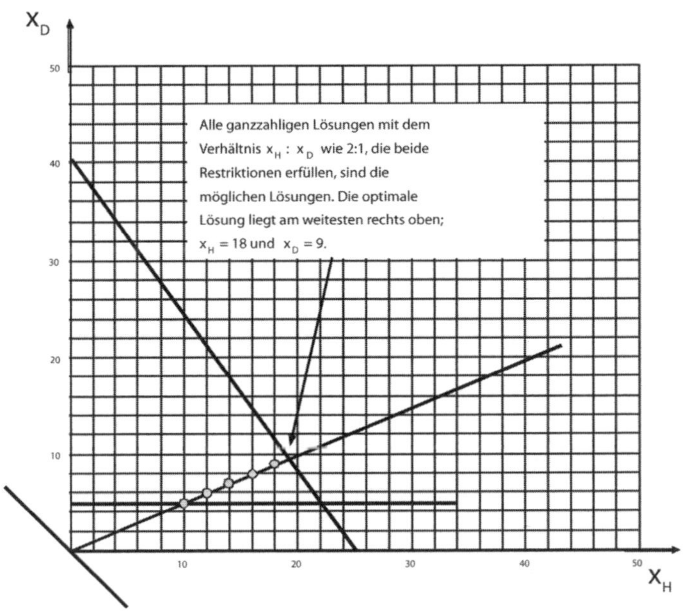

**Lösung 3.2.2: Produktionsprogrammplanung bei einem Spielzeughersteller*

a) Formulierung des Optimierungsproblems

Zielfunktion:

$$G = 15q_1 + 10q_2 - 100 \rightarrow \max$$

Nebenbedingungen:

Zurechtschneiden (I)	$q_1 + q_2 \leq 10$
Lackierung (II)	$2q_1 + q_2 \leq 16$
Montage (III)	$q_1 + 2q_2 \leq 16$
Absatzrestriktion (IV)	$q_1 \leq 7$
Nichtnegativität & Ganzzahligkeit	$q_1, q_2 \geq 0$ und ganzzahlig

b) Grafische Lösung

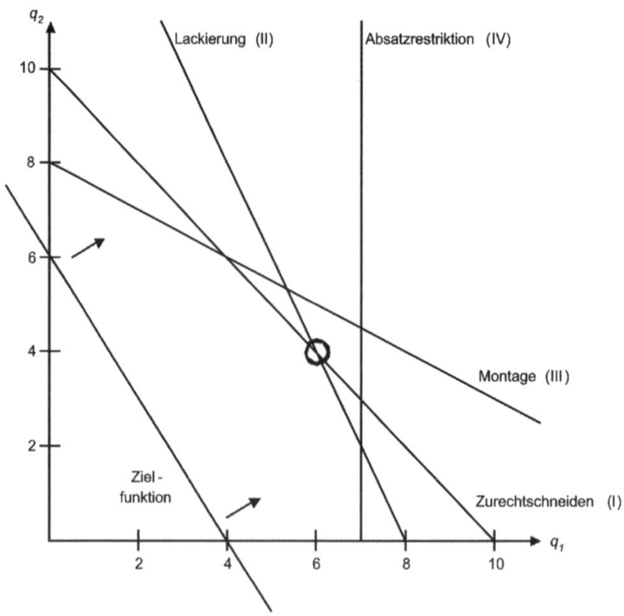

In diesem Zahlenbeispiel verletzt die grafisch ermittelte optimale Lösung $(q_1^*, q_2^*) = (6{,}4)$ nicht die Ganzzahligkeitsbedingung.

c) Lösung des Optimierungsproblems mittels Simplex-Algorithmus

Schritt 1: Einführung von Schlupfvariablen bei den Nebenbedingungen und Formulierung des Kalküls als Gleichungssystem.

$$\begin{array}{rcrcccccccccc}
q_1 & + & q_2 & + & w_1 & & & & & & & = & 10 \\
2q_1 & + & q_2 & & & + & w_2 & & & & & = & 16 \\
q_1 & + & 2q_2 & & & & & + & w_3 & & & = & 16 \\
q_1 & & & & & & & & & + & w_4 & = & 7 \\
-15q_1 & - & 10q_2 & & & & & & & & + \; G & = & -100
\end{array}$$

Schritt 2: Aufstellen des Simplex-Tableaus

BV	q_1	q_2	w_1	w_2	w_3	w_4	G	RS
w_1	1	1	1	0	0	0	0	10
w_2	2	1	0	1	0	0	0	16
w_3	1	2	0	0	1	0	0	16
w_4	1	0	0	0	0	1	0	7
	–15	–10	0	0	0	0	1	–100

Die Basislösung entspricht dem Punkt $(q_1, q_2) = (0,0)$, welcher die Ganzzahligkeitsbedingung nicht verletzt.

Schritt 3: 1. Iteration des Simplex-Algorithmus

BV	q_1	q_2	w_1	w_2	w_3	w_4	G	RS
w_1	0	1	1	0	0	–1	0	3
w_2	0	1	0	1	0	–2	0	2
w_3	0	2	0	0	1	–1	0	9
q_1	1	0	0	0	0	1	0	7
	0	–10	0	0	0	0	1	5

Die Zwischenlösung entspricht dem Punkt $(q_1, q_2) = (7,0)$.

Schritt 4: 2. Iteration des Simplex-Algorithmus

BV	q_1	q_2	w_1	w_2	w_3	w_4	G	RS
w_1	0	0	1	–1	0	1	0	1
q_2	0	1	0	1	0	–2	0	2
w_3	0	0	0	–2	1	3	0	5
q_1	1	0	0	0	0	1	0	7
	0	0	0	10	0	–5	1	25

Die Zwischenlösung entspricht dem Punkt $(q_1, q_2) = (7,2)$.

Schritt 5: 3. Iteration des Simplex-Algorithmus

BV	q_1	q_2	w_1	w_2	w_3	w_4	G	RS
w_4	0	0	1	–1	0	1	0	1
q_2	0	1	2	–1	0	0	0	4
w_3	0	0	–3	1	1	0	0	2
q_1	1	0	–1	1	0	0	0	6
	0	0	5	5	0	0	1	30

Die optimale Lösung entspricht dem Punkt $(q_1^*, q_2^*) = (6{,}4)$. Der Periodenerfolg beträgt 30 €.

In diesem Zahlenbeispiel liefert der Simplex-Algorithmus also eine ganzzahlige Lösung. Im Allgemeinen muss dies nicht der Fall sein.

3.3 Einbeziehung von Verfahrens- und Make or Buy-Entscheidungen

**Lösung 3.3.1: Produktionsprogramm- und Verfahrensplanung*

a) Optimales Produktionsprogramm

Arbeitsgang	1		2	
Prozess	1	2	3	4
Prozesskosten C_{im1}	14	**12**	**30**	35
Prozesskosten C_{im2}	28	**20**	30	**28**
Prozesskosten C_{im3}	56	**24**	**50**	63
Prozesskosten C_{im4}	28	**24**	15	**14**

Die fett hervorgehobenen Beträge kennzeichnen den optimalen Prozess je Arbeitsgang.

Produkt	Stückerlös	Materialkosten	Minimale Prozesskosten	Stückdeckungsbeitrag	Rang
$i = 1$	300	195	42	63	4
$i = 2$	500	300	48	152	1
$i = 3$	1.200	980	74	146	2
$i = 4$	480	300	38	142	3

Produkt	Fertigungsmenge	Kapazitätsbedarf			
		$j = 1$	$j = 2$	$j = 3$	$j = 4$
$i = 1$	200	0	600	1.200	0
$i = 2$	250	0	1.250	0	1.000
$i = 3$	150	0	900	1.500	0
$i = 4$	300	0	1.800	0	600
		0	4.550	2.700	1.600

Es zeigt sich, dass alle Produkte bis zur Absatzgrenze unter Nutzung der kostenminimalen Prozesse gefertigt werden können. Der Gesamtdeckungsbeitrag beträgt 115.100 €.

b) Eine wirksame Mehrproduktrestriktion

Kriterium: spezifischer Verfahrensdeckungsbeitrag dbv_{ij} für Produkt i und Prozess j:

$$dbv_{31} = \frac{35-30}{6} = 0{,}833 \qquad dbv_{33} = \frac{63-50}{10} = 1{,}3$$

Es wird daher zunächst Produkt 3 bis zur Absatzhöchstgrenze mit Prozess 3 gefertigt. Eine etwaige Restkapazität von Prozess 3 wird anschließend für Produkt 1 verwendet.

Produkt	Fertigungs-menge	Kapazitätsbedarf			
		$j = 1$	$j = 2$	$j = 3$	$j = 4$
$i = 1$	200	0	600	900	250
$i = 2$	250	0	1.250	0	1.000
$i = 3$	150	0	900	1.500	0
$i = 4$	300	0	1.800	0	600
		0	4.550	2.400	1.850

Der Gesamtdeckungsbeitrag beträgt hierbei 114.850 €.

*Lösung 3.3.2: Produktionsprogrammplanung und Make or Buy-Entscheidung

a) Bestimmung des optimalen Produktionsprogramms der Endprodukte

Unter der Voraussetzung, dass die Bauteile zu den günstigsten Konditionen erstellt bzw. bezogen werden können, ergeben sich folgende Stückdeckungsbeiträge.

Produkt	$i = 1$	$i = 2$	$i = 3$	$i = 4$
Stückerlös p_i [€/Stk]	450	400	650	440
Fertigungskosten k_i [€/Stk]	130	100	340	250
– Bauteil a [€/Stk]	30	30	30	30
– Bauteil b [€/Stk]	80	80	80	80
– Bauteil c [€/Stk]	50	50	50	50
– Bauteil d [€/Stk]	40	40	40	40
Stückdeckungsbeitrag [€/Stk]	120	100	110	–10

Produkt $i = 4$ wird folglich nicht gefertigt und Bauteil d fremdbezogen. Für die Eigenfertigung der Bauteile a, b, c werden

$$(100 + 240 + 130) \cdot 5 + 470 \cdot 2 + 470 \cdot 1 = 3.760 \text{ Kapazitätseinheiten}$$

benötigt. Da nur 3.000 Einheiten zur Verfügung stehen, ist als Entscheidungskriterium der spezifische „Verfahrensdeckungsbeitrag“ zu betrachten:

$$\text{Bauteil } a\text{: } \frac{40-30}{5}=2$$

$$\text{Bauteil } b\text{: } \frac{100-80}{2}=10$$

$$\text{Bauteil } c\text{: } \frac{65-50}{1}=15$$

Somit ergibt sich die Rangfolge der Bauteile für die Kapazitätszuweisung: *c* / *b* / *a*

Von Bauteil *c* werden 470 Einheiten benötigt, daraus folgt ein Kapazitätsbedarf von 470 Einheiten (Rest 2.530). Von Bauteil *b* werden ebenfalls 470 Einheiten benötigt, daraus folgt ein Kapazitätsbedarf von insgesamt 940 Einheiten (Rest 1.590). Die restliche Kapazität wird für die Produktion des Bauteils *a* verwendet: 1.590/5 = 318. Somit werden 152 Einheiten des Bauteils *a* fremdbezogen. Der Gesamtdeckungsbeitrag beläuft sich auf

$$120 \cdot 100 + 240 \cdot 100 + 130 \cdot 110 - 152 \cdot 10 = 48.780\ €.$$

4. Materialwirtschaft und Beschaffungsplanung

4.1 Klassifikation von Material und Bedarfsarten

Lösung 4.1.1: ABC-Analyse

a) Tabellarische Darstellung

Mat.-Nr.	Verbrauch pro Jahr [ME]	Preis [€/ME]	Verbrauchswert [€]	Anteil am Gesamtwert [%]
1	120	280,00	33.600	40,0
2	15.000	1,70	25.500	30,4
3	1.000	2,70	2.700	3,2
4	4.000	1,80	7.200	8,6
5	600	5,80	3.480	4,1
6	30.000	0,08	2.400	2,9
7	18.000	0,05	900	1,1
8	20.000	0,08	1.600	1,9
9	500	8,50	4.250	5,1
10	100	23,00	2.300	2,7

Rang	Mat.-Nr.	Anteil am Gesamtwert [%]	Kumulierte Anteile [%]	Kategorie
1	1	40,0	40,0	*A*
2	2	30,4	70,4	*A*
3	4	8,6	79,0	*B*
4	9	5,1	84,1	*B*
5	5	4,1	88,2	*B*
6	3	3,2	91,4	*C*
7	6	2,9	94,3	*C*
8	10	2,7	97,0	*C*
9	8	1,9	98,9	*C*
10	7	1,1	100,0	*C*

b) Grafische Darstellung

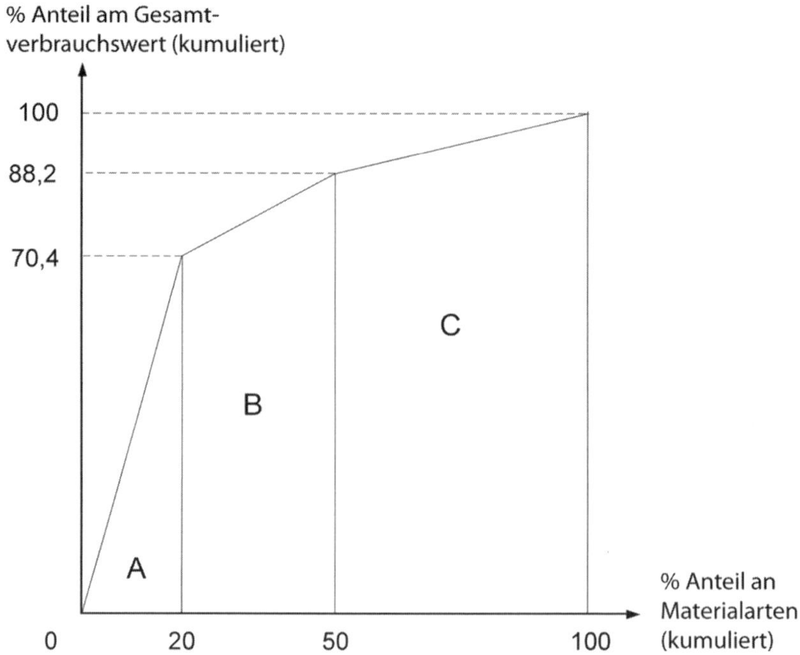

c) Handlungsempfehlungen

A-Teile	C-Teile
Genaue Ermittlung der Materialbedarfe auf Basis des geplanten Produktions- bzw. Absatzprogramms ⇨ Einsatz von programmgebundenen (programmorientierten) Verfahren der Materialbedarfsermittlung	Prognose der Materialbedarfe auf Basis des bisherigen Verbrauches ⇨ Einsatz von verbrauchsgebundenen (verbrauchsorientierten) Verfahren der Materialbedarfsermittlung
Sorgfältige Planung von Bestellmengen und Sicherheitsbeständen mithilfe von Optimierungsmodellen	Vereinfachte Bestellabwicklung ohne exakte Optimierungsverfahren
Sorgfältige und laufende Überwachung der Lagerbestände	Grobe Überwachung der Bestandshöhen, ggf. höhere Sicherheitsbestände
Sorgfältige Lieferantenauswahl	Beschränkung auf wenige Informationsquellen, keine intensive Lieferantenanalyse

Lösung 4.1.2: Bedarfsarten

Die Unterscheidung in Primär-, Sekundär- und Tertiärbedarf folgt dem Kriterium der Verwendung des Materials:

- Als Primärbedarf bezeichnet man den Bedarf an direkt für den Absatz bestimmten Gütern (Fertig- und Zwischenprodukte, ggf. auch Rohstoffe).
- Als Sekundärbedarf bezeichnet man den Bedarf an Rohstoffen, Einzelteilen und Baugruppen, die für den Einsatz in der Produktion bestimmt sind. Die Ermittlung ihrer Bedarfsmengen bildet die zentrale Aufgabe der Materialbedarfsvorhersage bzw. -planung.
- Unter den Tertiärbedarf fällt der Bedarf an Hilfsstoffen (z. B. Schrauben, Leim), Betriebsstoffen (z. B. Schmierstoffe) und Verschleißwerkzeugen (z. B. Drehstähle).

Die Unterscheidung in Brutto-, Zusatz- und Nettobedarf folgt dem Kriterium der Ausrichtung der beschaffungswirtschaftlichen Aktivitäten:

- Als Bruttobedarf bezeichnet man den gesamten Bedarf einer Materialart in einer Periode; er gibt diejenige Gütermenge an, die insgesamt bereitzustellen ist.
- Unter Zusatzbedarf versteht man die Materialmengen, die wegen Ausschuss, Schwund oder Ungenauigkeiten bzw. Ungewissheit der Vorhersage zusätzlich benötigt werden.
- Der Nettobedarf ist die Materialmenge, die bezogen bzw. hergestellt werden muss. Er berechnet sich wie folgt:

  Bruttobedarf (inkl. Zusatzbedarf)

  – verfügbarer Lagerbestand

  – Bestellbestand (bestellt, noch nicht geliefert)

  = Nettobedarf

4.2 Verbrauchsorientierte Materialbedarfsvorhersage

Lösung 4.2.1: Gleitende Mittelwerte und exponentielle Glättung erster Ordnung

a) Aussagen

   a.1) richtig

   a.2) richtig

b) Gleitende Mittelwerte

Allgemein gilt für den gleitenden Mittelwert:

$$V_{t+1} = \frac{1}{n}\sum_{k=0}^{n-1} r_{t-k}$$

Für die Jahre 2014 und 2015 folgt:

$$V_{2014} = \frac{1}{3}\cdot(r_{2013} + r_{2012} + r_{2011}) = \frac{1}{3}\cdot(22 + 26 + 21) = 23$$

$$V_{2015} = \frac{1}{3}\cdot(r_{2014} + r_{2013} + r_{2012}) = \frac{1}{3}\cdot(24 + 22 + 26) = 24$$

c) Exponentielle Glättung erster Ordnung

Für die Prognosegleichung gilt:

$$V_{t+1} = \alpha \cdot r_t + (1-\alpha)\cdot V_t \quad \text{mit} \quad 0 \le \alpha \le 1$$

In der vorliegenden Aufgabenstellung ist zudem:

$$V_{2012} = r_{2012} = 26.$$

Um die Vorhersagewerte für 2014 und 2015 zu bestimmen, kann man daher mit der Berechnung des Vorhersagewertes für 2013 beginnen:

$$V_{2013} = \alpha \cdot r_{2012} + (1-\alpha) \cdot V_{2012} = 0{,}5 \cdot 26 + 0{,}5 \cdot 26 = 26$$

$$V_{2014} = \alpha \cdot r_{2013} + (1-\alpha) \cdot V_{2013} = 0{,}5 \cdot 22 + 0{,}5 \cdot 26 = 24$$

$$V_{2015} = \alpha \cdot r_{2014} + (1-\alpha) \cdot V_{2014} = 0{,}5 \cdot 24 + 0{,}5 \cdot 24 = 24$$

d) Einfluss des Glättungskoeffizienten α

Je größer der Glättungskoeffizient α (Reaktionsparameter) gewählt wird, desto stärker ist der Einfluss des aktuellen Istwertes auf den Vorhersagewert, d. h. um so schneller passt sich die exponentielle Glättung erster Ordnung an die Veränderung der Istwerte an. Daher sollte bei großen zufälligen Schwankungen eher ein kleiner Wert für α verwendet werden.

Lösung 4.2.2: Exponentielle Glättung erster Ordnung

a) Bedarfsprognose

$$V_{2010} = 0{,}3 \cdot 2.450 + 0{,}7 \cdot 2.450 = 2.450 \qquad \text{(Es gilt: } V_{2009} = r_{2009}\text{)}$$

$$V_{2011} = 0{,}3 \cdot 2.600 + 0{,}7 \cdot 2.450 = 2.495$$

$$V_{2012} = 0{,}3 \cdot 2.600 + 0{,}7 \cdot 2.495 = 2.526{,}5$$

$$V_{2013} = 0{,}3 \cdot 2.800 + 0{,}7 \cdot 2.526{,}5 = 2.608{,}55$$

$$V_{2014} = 0{,}3 \cdot 2.700 + 0{,}7 \cdot 2.608{,}55 = 2.635{,}99$$

$$V_{2015} = 0{,}3 \cdot 2.500 + 0{,}7 \cdot 2.635{,}99 = 2.595{,}19$$

$$V_{2016} = 0{,}3 \cdot 2.300 + 0{,}7 \cdot 2.595{,}19 = 2.506{,}63$$

b) Anwendungsvoraussetzungen

Die exponentielle Glättung erster Ordnung ist nur bei konstantem Bedarfsverlauf sinnvoll. Weist die Bedarfsentwicklung dagegen einen Trend auf, so hinkt die exponentielle Glättung erster Ordnung in ihrer Prognose dem trendförmigen Bedarfsverlauf stets hinterher. In diesem Fall kann u. a. die exponentielle Glättung zweiter Ordnung verwendet werden.

**Lösung 4.2.3: Verbrauchsgebundene Materialbedarfsprognose*

a) Bestimmung der Prognosewerte bis $t-3$

- gleitender Mittelwert:

$$V_{t+1} = \frac{1}{n} \sum_{k=0}^{n-1} r_{t-k}$$

$$v_{t-3} = 139{,}2$$

- Exponentielle Glättung erster Ordnung:

  Mittelwert erster Ordnung:

  $V_{t+1} = \alpha \cdot r_t + (1-\alpha) \cdot V_t$

  $V_{t-8} = r_{t-8} = 126$ (Initialwert)

  $V_{t-7} = 0{,}4 \cdot 126 + 0{,}6 \cdot 126 = 126$

  $V_{t-6} = 0{,}4 \cdot 120 + 0{,}6 \cdot 126 = 123{,}6$

  $V_{t-5} = 0{,}4 \cdot 139 + 0{,}6 \cdot 123{,}6 = 129{,}76$

  $V_{t-4} = 142{,}26$

  $V_{t-3} = 145{,}35$

- Exponentielle Glättung zweiter Ordnung:

  $V_{t+\tau} = g_t + m_t \cdot \tau$

  g_t = Grundwert

  m_t = Steigung je Periodeneinheit

  Mittelwert zweiter Ordnung:

  $\bar{r}_t^{(2)} = \alpha \cdot \bar{r}_t^{(1)} + (1-\alpha) \cdot \bar{r}_{t-1}^{(2)}$

  Für $\tau = 1$ ergibt sich als Vorhersagefunktion:

  $V_{t+1} = 2 \cdot \bar{r}_t^{(1)} - \bar{r}_{t-1}^{(2)}$

  $\bar{r}_{t-8}^{(1)} = \bar{r}_{t-8}^{(2)} = 126$ (Initialwert)

  Mittelwerte zweiter Ordnung:

  $\bar{r}_{t-7}^{(2)} = 0{,}4 \cdot 123{,}6 + 0{,}6 \cdot 126 = 125{,}04$

  $\bar{r}_{t-6}^{(2)} = 126{,}93$

  $\bar{r}_{t-5}^{(2)} = 133{,}06$

  Vorhersagewert für $t-3$:

  $V_{t-3} = 2 \cdot \bar{r}_{t-4}^{(1)} - \bar{r}_{t-5}^{(2)} = 2 \cdot 145{,}35 - 133{,}06 = 157{,}64$

b) Verbrauch der Perioden $t-2$ und $t-1$

- Gleitender 5-er Mittelwert:

  $V_{t-2} = 146{,}6$

  $V_{t-1} = 155{,}4$

- Exponentielle Glättung erster Ordnung:

  $V_{t-2} = 152{,}41$

  $V_{t-1} = 157{,}05$

- Exponentielle Glättung zweiter Ordnung:

  $V_{t-2} = 166{,}84$

  $V_{t-1} = 170{,}35$

c) Bestimmung mittlere absolute Abweichung

Mittlere absolute Abweichung (MAD), d. h. mittlerer absoluter Prognosefehler:

$$\text{MAD} = \frac{1}{3} \cdot \sum_{k=1}^{3} |V_{t-k} - r_{t-k}|$$

Gleitender 5-er Mittelwert:

$$\text{MAD} = 18{,}6$$

Exponentielle Glättung erster Ordnung:

$$\text{MAD} = 14{,}06$$

Exponentielle Glättung zweiter Ordnung:

$$\text{MAD} = 2{,}85$$

Die exponentielle Glättung zweiter Ordnung weist die geringste MAD auf, da dieses Prognoseverfahren den trendförmigen Verlauf der Testdaten abbilden kann.

*Lösung 4.2.4: Prognoseverfahren für Nachfrage

a) formale Darstellung

Einfacher Mittelwert:

$$N_t^\tau = \frac{\sum_{t=1}^{\tau-1} N_t}{\tau - 1}$$

Gleitender Durchschnitt:

$$N_t^\tau = \frac{\sum_{t=\tau-3}^{\tau-1} N_t}{3}$$

Exponentielle Glättung erster Ordnung:

$$N_t^\tau = \alpha \cdot N_t + (1-\alpha) \cdot N_{t-1}$$

$$N_t^\tau = 0{,}1 \cdot N_t + 0{,}9 \cdot N_{t-1}$$

b) Berechnung für die Perioden 4 bis 8

- Gleitender Durchschnitt:

$$N_3^1 = \frac{200 + 250 + 175}{3} = 208{,}\bar{3} = 208$$

$$N_4^1 = \frac{250 + 175 + 180}{3} = 203{,}7 = 204$$

$$N_5^1 = \frac{175 + 186 + 225}{3} = 195{,}\bar{3} = 195$$

$$N_6^1 = \frac{186 + 225 + 285}{3} = 232 = 232$$

$$N_7^1 = \frac{225 + 285 + 305}{3} = 271{,}7 = 272$$

- Exponentielle Glättung 1. Ordnung:

$$N_2^1 = 205$$

$$N_3^1 = 0{,}1 \cdot 175 + 0{,}9 \cdot 205 = 202$$

$$N_4^1 = 0{,}1 \cdot 186 + 0{,}9 \cdot 202 = 200{,}4$$

$$N_5^1 = 0{,}1 \cdot 225 + 0{,}9 \cdot 200{,}4 = 202{,}86$$

$$N_6^1 = 0{,}1 \cdot 285 + 0{,}9 \cdot 202{,}86 = 211{,}074$$

$$N_7^1 = 0{,}1 \cdot 305 + 0{,}9 \cdot 211{,}074 = 220{,}47$$

Absolute Abweichungen und MAD:

t	4	5	6	7	8	Summe	MAD
Abweichung GD	22	21	90	73	82	288	57,6
Abweichung EG	16	25	82	94	30	247	49,4

c) Einfluss des Glättungsparameters α

Je größer α gewählt wird, desto schneller passen sich die Prognosewerte an die Ist-Werte an.

d) Vergleich der Prognosefunktionen

Einfacher Mittelwert: Es werden alle Vergangenheitsdaten mit dem gleichen Gewichtungsfaktor $1/n$ (n = Anzahl der Vergangenheitsdaten) einbezogen.

Gleitender Mittelwert: Es werden jeweils nur die letzten m Werte mit dem gleichen Gewichtungsfaktor $1/m$ einbezogen.

Exponentielle Glättung 1. Ordnung: Es werden alle Vergangenheitsdaten mit abnehmenden Gewichtungsfaktoren einbezogen.

e) Voraussetzung der zu prognostizierenden Zeitreihe

- kein trendförmiger Verlauf
- keine saisonalen Einflüsse

4.3 Programmorientierte Materialbedarfsvorhersage

Lösung 4.3.1: Stücklisten

- Strukturstückliste für Produkt X

Produkt X	
Baugruppe/Teil	Menge
A	2
$\leftarrow b$	2
$\leftarrow c$	3
B	1
$\leftarrow a$	1
$\leftarrow b$	3
$\leftarrow c$	4

- Baukastenstückliste für Produkt *Y*

Produkt *Y*	
Baugruppe	Menge
A	1
B	2
C	4

Baugruppe *A*	
Teil	Menge
b	2
c	3

Baugruppe *B*	
Teil	Menge
a	1
b	3
c	4

Baugruppe *C*	
Teil	Menge
c	3
d	2

- Mengenübersichtsstückliste für Produkt *Z*

Produkt *Z*	
Baugruppe/Teil	Menge
A	6
C	1
D	3
b	12
c	21
d	17

Lösung 4.3.2: Gozintograph

a) Bedarfsauflösung

Die Gesamtbedarfe der Einsatzgüter werden durch eine retrograde Berechnung bestimmt. Dabei sind r_i der Gesamtbedarf des Produktes i und x_i der Primärbedarf nach i. Damit erhält man:

$$r_X = x_X = 100$$

$$r_Y = x_Y = 200$$

$$r_A = 1 \cdot r_X + x_A = 120$$

$$r_B = 2 \cdot r_Y + x_B = 450$$

$$r_a = 2 \cdot r_X + 3 \cdot r_A + x_a = 560$$

$$r_b = 4 \cdot r_A + 5 \cdot r_Y + x_b = 1.480$$

$$r_c = 2 \cdot r_X + 3 \cdot r_B + x_c = 1.550$$

$$r_d = 4 \cdot r_B + x_d = 1.810$$

Lösung 4.3.3: Gozintograph, Direkt- und Gesamtbedarfsmatrix

a) Gozintograph

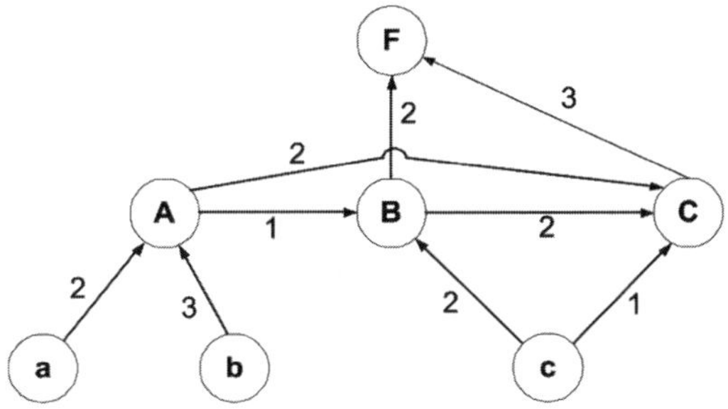

b) Direktbedarfsmatrix

	a	*b*	*c*	*A*	*B*	*C*	*F*
a	0	0	0	2	0	0	0
b	0	0	0	3	0	0	0
c	0	0	0	0	2	1	0
A	0	0	0	0	1	2	0
B	0	0	0	0	0	2	2
C	0	0	0	0	0	0	3
F	0	0	0	0	0	0	0

Die Direktbedarfsmatrix spiegelt die direkten funktionalen Beziehungen zwischen den einzelnen Stellen bzw. Produkten wieder. Sie enthält die Produktionskoeffizienten, die sich an den Pfeilen des Gozintographen befinden und gibt somit an, wie viele Mengeneinheiten eines Gutes jeweils direkt (unmittelbar) in ein anderes Gut eingehen.

c) Gesamtbedarfsmatrix

	a	*b*	*c*	*A*	*B*	*C*	*F*
a	1	0	0	2	2	8	28
b	0	1	0	3	3	12	42
c	0	0	1	0	2	5	19
A	0	0	0	1	1	4	14
B	0	0	0	0	1	2	8
C	0	0	0	0	0	1	3
F	0	0	0	0	0	0	1

Die Gesamtbedarfsmatrix gibt den Gesamtbedarf nach Rohstoffen, Zwischen- und Endprodukten für eine Einheit des Primärbedarfs jeder Zwischen- oder Endproduktart an. Spaltenweise entspricht die Gesamtbedarfsmatrix einer Stückliste (Mengenübersichtsstückliste). Zeilenweise entspricht sie einem Teileverwendungsnachweis.

d) Zusammenstellung der erforderlichen Teile

$r_a = 88;\ r_b = 132;\ r_c = 61;\ r_A = 44;\ r_B = 24;\ r_C = 9;\ r_F = 3$

Lösung 4.3.4: Direkt- und Gesamtbedarfsmatrix

a) Gesamtbedarfsmatrix

	c	d	e	A	B	F
c	1	0	0	4	4	31
d	0	1	0	2	6	37
e	0	0	1	0	3	15
A	0	0	0	1	1	7
B	0	0	0	0	1	5
F	0	0	0	0	0	1

b) Anzahl der Einzelteile

Für die Fertigung von drei Einheiten von F sind 93 Einheiten von c, 111 Einheiten von d und 45 Einheiten von e erforderlich.

c) Bestimmung der Gesamtbedarfs- aus der Direktbedarfsmatrix

Ausgangspunkt Matrixschreibweise:

$$\boldsymbol{r} = \boldsymbol{A} \cdot \boldsymbol{r} + \boldsymbol{x}$$

$$\boldsymbol{r} - \boldsymbol{A} \cdot \boldsymbol{r} = \boldsymbol{x}$$

mit

$\boldsymbol{r}$ Vektor der Gesamtbedarfsmengen

$\boldsymbol{x}$ Vektor der Primärbedarfsmengen

$\boldsymbol{A}$ Direktbedarfsmatrix

Ausklammern von $\boldsymbol{r}$:

$$(\boldsymbol{E} - \boldsymbol{A}) \cdot \boldsymbol{r} = \boldsymbol{x}$$

Multiplikation mit der Inversen:

$$\underbrace{(\boldsymbol{E} - \boldsymbol{A})^{-1} \cdot (\boldsymbol{E} - \boldsymbol{A})}_{\boldsymbol{E}} \cdot \boldsymbol{r} = (\boldsymbol{E} - \boldsymbol{A})^{-1} \cdot \boldsymbol{x}$$

$$\boldsymbol{r} = (\boldsymbol{E} - \boldsymbol{A})^{-1} \cdot \boldsymbol{x}$$

wobei $(\boldsymbol{E} - \boldsymbol{A})^{-1}$ die Gesamtbedarfsmatrix darstellt.

d) Produktionsfunktion

Dem Prozess liegt eine Leontief-Produktionsfunktion zugrunde. Deren charakteristische Merkmale sind die Limitationalität und die Linearität (konstante Produtionskoeffizienten).

Lösung 4.3.5: Gozintograph und statisches Input-Output-Modell

a) Bedarfsauflösung

$$r_Y = x_Y = 20$$

$$r_X = 3 \cdot r_Y + x_X = 70$$

$$r_B = 1 \cdot r_Y + 4 \cdot r_X + x_B = 330$$

$$r_A = 2 \cdot r_X + 5 \cdot r_B + x_A = 1.840$$

$$r_b = 1 \cdot r_X + 2 \cdot r_B + x_b = 750$$

$$r_a = 3 \cdot r_A + x_a = 5.520$$

b) Allgemeines Statisches Input-Output-Modell

$$\boldsymbol{r} = \boldsymbol{A} \cdot \boldsymbol{r} + \boldsymbol{x} \text{ bzw.}$$

$$\boldsymbol{r} = (\boldsymbol{E} - \boldsymbol{A})^{-1} \cdot \boldsymbol{x}$$

c) Spezifikation des Input-Output-Modells

$$\underbrace{\begin{bmatrix} r_a \\ r_b \\ r_A \\ r_B \\ r_X \\ r_Y \end{bmatrix}}_{r} = \underbrace{\begin{bmatrix} 1 & 0 & 3 & 15 & 66 & 213 \\ 0 & 1 & 0 & 2 & 9 & 29 \\ 0 & 0 & 1 & 5 & 22 & 71 \\ 0 & 0 & 0 & 1 & 4 & 13 \\ 0 & 0 & 0 & 0 & 1 & 3 \\ 0 & 0 & 0 & 0 & 0 & 1 \end{bmatrix}}_{(E-A)^{-1}} \cdot \underbrace{\begin{bmatrix} 0 \\ 20 \\ 50 \\ 30 \\ 10 \\ 20 \end{bmatrix}}_{x} = \begin{bmatrix} 5.520 \\ 750 \\ 1.840 \\ 330 \\ 70 \\ 20 \end{bmatrix}$$

Lösung 4.3.6: Erzeugnisbaum, Direkt- und Gesamtbedarfsmatrix

a) Erzeugnisbaum

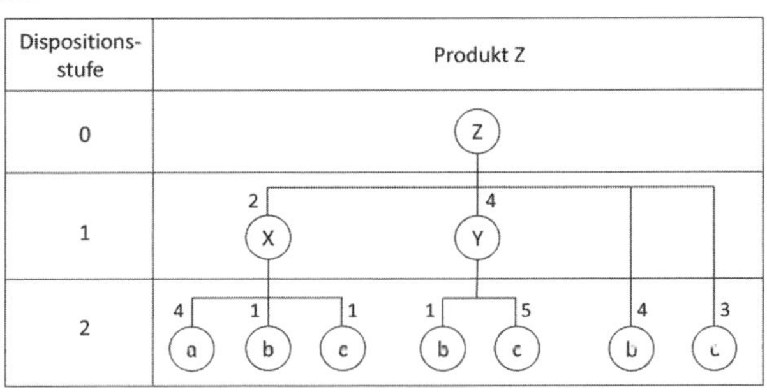

b) Direkt- und Gesamtbedarfsmatrix

Direktbedarfsmatrix:

	a	b	c	X	Y	Z
a	0	0	0	4	0	0
b	0	0	0	1	1	4
c	0	0	0	1	5	3
X	0	0	0	0	0	2
Y	0	0	0	0	0	4
Z	0	0	0	0	0	0

Gesamtbedarfsmatrix:

	a	b	c	X	Y	Z
a	1	0	0	4	0	8
b	0	1	0	1	1	10
c	0	0	1	1	5	25
X	0	0	0	1	0	2
Y	0	0	0	0	1	4
Z	0	0	0	0	0	1

c) Bedarf der Teile b und c für die Produktion von vier Einheiten von Z

Menge Teil b: $r_b = 10 \cdot 4 = 40$

Menge Teil c: $r_c = 25 \cdot 4 = 100$

d) Aussagen

d.1) falsch. Die Gesamtbedarfsmatrix ist die Inverse der Differenz aus Einheitsmatrix $\boldsymbol{E}$ und Direktbedarfsmatrix $\boldsymbol{A}$: $(\boldsymbol{E} - \boldsymbol{A})^{-1}$.

d.2) richtig

d.3) falsch. Der Teileverwendungsnachweis gibt an, in welche Zwischen- oder Endprodukte und mit welcher Menge ein Produkt eingeht.

Lösung 4.3.7: Direkt- und Gesamtbedarfsmatrix

a) Direktbedarfsmatrix

	c	d	A	B	F
c	0	0	4	0	3
d	0	0	1	4	3
A	0	0	0	1	2
B	0	0	0	0	5
F	0	0	0	0	0

b) Gesamtbedarfsmatrix

	c	d	A	B	F
c	1	0	4	4	31
d	0	1	1	5	30
A	0	0	1	1	7
B	0	0	0	1	5
F	0	0	0	0	1

c) Aussagen

c.1) falsch. Für die Fertigung von zwei Einheiten von F sind 60 Einheiten von d erforderlich.

c.2) falsch. In der Direktbedarfsmatrix sind alle Werte der Hauptdiagonalen null.

c.3) richtig

Lösung 4.3.8: Baukastenstücklisten und Gesamtbedarfsmatrix

a) Gesamtbedarfsmatrix

	c	d	e	A	B	Y	Z
c	1	0	0	4	13	12	42
d	0	1	0	3	6	9	24
e	0	0	1	0	1	0	5
A	0	0	0	1	2	3	8
B	0	0	0	0	1	0	2
Y	0	0	0	0	0	1	0
Z	0	0	0	0	0	0	1

b) Berechnung der Einsatzmengen

Die benötigten Einsatzmengen lassen sich durch Multiplikation der Gesamtbedarfsmatrix mit dem Vektor der Primärbedarfsmengen ermitteln:

$$\begin{bmatrix} 1 & 0 & 0 & 4 & 13 & 12 & 42 \\ 0 & 1 & 0 & 3 & 6 & 9 & 24 \\ 0 & 0 & 1 & 0 & 1 & 0 & 5 \\ 0 & 0 & 0 & 1 & 2 & 3 & 8 \\ 0 & 0 & 0 & 0 & 1 & 0 & 2 \\ 0 & 0 & 0 & 0 & 0 & 1 & 0 \\ 0 & 0 & 0 & 0 & 0 & 0 & 1 \end{bmatrix} \cdot \begin{bmatrix} 0 \\ 0 \\ 0 \\ 0 \\ 10 \\ 30 \\ 20 \end{bmatrix} = \begin{bmatrix} 1.330 \\ 810 \\ 110 \\ 270 \\ 50 \\ 30 \\ 20 \end{bmatrix}$$

Von Einsatzgut c werden also 1.330 Einheiten benötigt, von d 810 Einheiten und von e 110 Einheiten.

Lösung 4.3.9: Programmgebundene Materialbedarfsermittlung bei Lagerbeständen

Die Nettogesamtbedarfe der Teile und Baugruppen werden ausgehend von den Endprodukten durch retrograde Berechnung entlang des Gozintographen unter sofortigem Abzug der jeweiligen Lagerbestände bestimmt.

Symbole:

r_i^n Nettogesamtbedarf von Gut i

x_i Primärbedarf von Gut i

l_i Lagerbestand von Gut i

Berechnung:

$$r_{\mathrm{P1}}^n = x_{\mathrm{P1}} - l_{\mathrm{P1}} = 100 - 20 = 80$$

$$r_{\mathrm{P2}}^n = x_{\mathrm{P2}} - l_{\mathrm{P2}} = 200 - 20 = 180$$

$$r_{\mathrm{D}}^n = 2r_{\mathrm{P1}}^n + r_{\mathrm{P2}}^n + x_{\mathrm{D}} - l_{\mathrm{D}} = 2 \cdot 80 + 180 + 30 - 200 = 170$$

$$r_{\mathrm{E}}^n = 2r_{\mathrm{P2}}^n + x_{\mathrm{E}} - l_{\mathrm{E}} = 2 \cdot 180 + 0 - 200 = 160$$

$$r_{\mathrm{a}}^n = 4r_{\mathrm{P1}}^n + r_{\mathrm{D}}^n + 3r_{\mathrm{E}}^n + x_{\mathrm{a}} - l_{\mathrm{a}} = 4 \cdot 80 + 170 + 3 \cdot 160 + 0 - 500 = 470$$

$$r_{\mathrm{b}}^n = 3r_{\mathrm{D}}^n + 2r_{\mathrm{E}}^n + x_{\mathrm{b}} - l_{\mathrm{b}} = 3 \cdot 170 + 2 \cdot 160 + 0 - 1000 = -170 \Rightarrow 0$$

$$r_{\mathrm{c}}^n = r_{\mathrm{E}}^n + x_{\mathrm{c}} - l_{\mathrm{c}} = 160 + 20 - 500 = -320 \Rightarrow 0$$

Interpretation der Ergebnisse für die Teile b und c:

Bei den Teilen b und c sind die anfangs vorhandenen Lagerbestände jeweils größer als die Bruttobedarfe. Die Nettobedarfe sind daher jeweils null. Bei Teil b verbleibt ein Restlagerbestand in Höhe von 170, bei Teil c in Höhe von 320.

Alternative Darstellung der Berechnung:

Alternativ zu obiger Darstellungsform kann man die konkreten Berechnungen bzw. Zahlenwerte auch direkt an den Gozintographen schreiben:

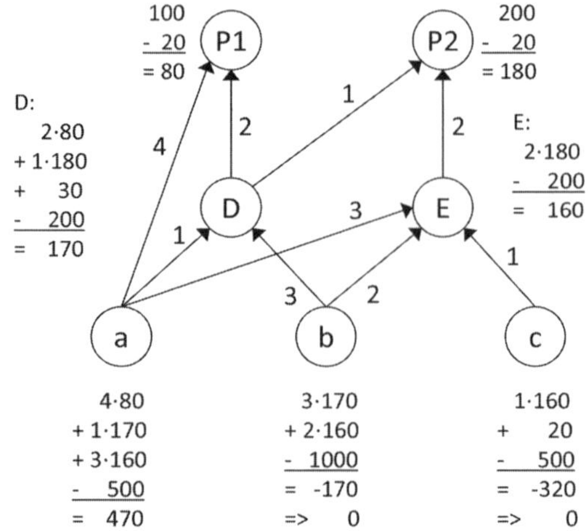

*Lösung 4.3.10: Programmgebundene Materialbedarfsvorhersage

a) Direkt- und Gesamtbedarfsmatrix; Input-Output-Modell

Direktbedarfsmatrix:

	1	2	3	4	5	6	7
1	0	0	0	**1**	0	**1**	0
2	0	0	0	**2**	**1**	0	**1**
3	0	0	0	0	**3**	0	0
4	0	0	0	0	0	**1**	0
5	0	0	0	0	0	**1**	**2**
6	0	0	0	0	0	0	0
7	0	0	0	0	0	0	0

Die Direktbedarfsmatrix spiegelt die direkten funktionalen Beziehungen zwischen den einzelnen Stellen wider. Sie enthält die Produktionskoeffizienten und gibt somit an, wie viele Mengeneinheiten eines Gutes direkt (unmittelbar) in ein anderes Gut eingehen.

$$r_7 = x_7$$

$$r_6 = x_6$$

$$r_5 = r_6 + 2r_7 + x_5 = x_6 + 2x_7 + x_5$$

$$r_4 = r_6 + x_4 = x_6 + x_4$$

$$r_3 = 3r_5 + x_3 = 3x_6 + 6x_7 + 3x_5 + x_3$$

$$r_2 = 2r_4 + r_5 + r_7 + x_2 = 3x_6 + 2x_4 + 3x_7 + x_5 + x_2$$

$$r_1 = r_4 + r_6 + x_1 = 2x_6 + x_4 + x_1$$

Input-Output-Modell:

$$\boldsymbol{r} = \underbrace{\begin{bmatrix} 1 & 0 & 0 & 1 & 0 & 2 & 0 \\ 0 & 1 & 0 & 2 & 1 & 3 & 3 \\ 0 & 0 & 1 & 0 & 3 & 3 & 6 \\ 0 & 0 & 0 & 1 & 0 & 1 & 0 \\ 0 & 0 & 0 & 0 & 1 & 1 & 2 \\ 0 & 0 & 0 & 0 & 0 & 1 & 0 \\ 0 & 0 & 0 & 0 & 0 & 0 & 1 \end{bmatrix}}_{\text{Gesamtbedarfsmatrix}} \cdot \boldsymbol{x}$$

Die Gesamtbedarfsmatrix gibt den Gesamtbedarf jeder Teile-, Baugruppen- und Enderzeugnisart für eine Einheit des Primärbedarfs jeder Teile-, Zwischen- oder Endproduktart an.

b) Übergang vom statischen zum dynamischen Input-Output-Ansatz

Statischer I-O-Ansatz: Ermittlung der Bedarfsmengen ohne zeitliche Zuordnung zu Perioden; Grundgleichung des statischen I-O-Ansatzes:

$$r_i = \sum_j r_{ij} + x_i \qquad \forall\, i = 1, \ldots, n$$

Dynamischer I-O-Ansatz: Bestimmung, in welchen Perioden Gütermengen zur Erzeugung eines zeitlich differenzierten Absatzprogramms bereitzustellen sind (d. h. Bestimmung terminierter Gesamtbedarfe) ⇒ Berücksichtigung von Verweilzeiten

Struktur des dynamischen I-O-Ansatzes:

- diskrete Zeitführung (d. h. Intervall-/Periodenbildung)
- dynamische Elemente:
  (1) Lagerbestände (Verknüpfung zwischen Perioden)
  (2) Dauer der einzelnen Prozesse (Verweilzeit = Fertigungszeit + Transportzeit) ⇒ dynamische Transformationsfunktion

Übergang vom statischen auf den dynamischen I-O-Ansatz:

1. Einführung der Lagerbestände:

$$r_i^t = \sum_j r_{ij}^t + x_i^t + \underbrace{l_i^t - l_i^{t-1}}_{\Delta l_i} \qquad \forall i = 1,...,n \quad (t = 1,...,T)$$

2. Dynamische Transformationsfunktionen:

Allgemeine dynamische Transformationsfunktion: $r_{ij}^t = f_{ij}^\tau(...) \cdot r_j^{t+\tau}$

mit τ=Verweilzeit (Hinweis: für $\tau = 0$ ergibt sich die statische Transformationsfunktion (Typ I)).

- Dynamische Transformationsfunktion mit $\tau = 1$ (Typ II): $r_{ij}^t = f_{ij}^1(...) \cdot r_j^{t+1}$. Konstante Verweilzeit von einer Periode für alle Teilprozesse, intervallweise Weitergabe (Bsp.: getakteter Fertigungsprozess bei Fließfertigung mit Zwischenlagern). Bei Leontief-Transformationsfunktion gilt: $f_{ij}^1(...) = a_{ij}^1$.
- Dynamische Produktionsfunktion bei intervallweiser Weitergabe:

  $$r_i^t = \sum_j f_{ij}^1(...) \cdot r_j^{t+1} + x_i^t + \underbrace{l_i^t - l_i^{t-1}}_{\Delta l_i} \qquad \forall i \quad (\Rightarrow \text{Gleichungssystem})$$

- Dynamische Transformationsfunktion mit $0 \le \tau \le \Omega$ (Typ III):

  $r_{ij}^t = \sum_{\tau=0}^{\Omega} f_{ij}^\tau(...) \cdot r_j^{t+\tau}$. Teilprozesse mit unterschiedlichen Verweilzeiten (Bsp.: Werkstattfertigung). Bei Leontief-Transformationsfunktion gilt: $f_{ij}^\tau(...) = a_{ij}^\tau$.

- Dynamische Produktionsfunktion bei Verweilzeiten unterschiedlicher Dauer:

  $$r_i^t = \sum_{\tau=0}^{\Omega} \sum_{j=1}^{J} f_{ij}^\tau(...) \cdot r_j^{t+\tau} + x_i^t + \underbrace{l_i^t - l_i^{t-1}}_{\Delta l_i} \quad (\Rightarrow \text{Gleichungssystem})$$

c) Dispositionsstufenverfahren

Gliederung der Erzeugnisstruktur nach Dispositionsstufen

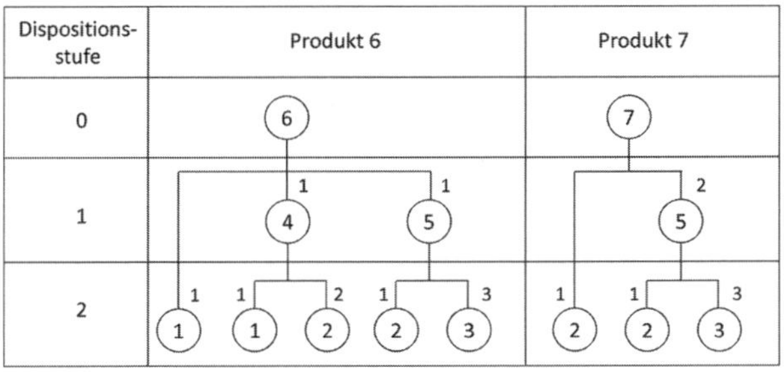

Berechnung der terminierten Gesamtbedarfe:

Dispositions-stufe	Bedarfsart	Einsatz-gut	Ausbringungs-gut	a_{ij}^{τ}	τ	Perioden					
						–2	–1	0	1	2	3
0	Primärbedarf		6						2	6	4
	Primärbedarf		7						1	5	8
1	Sekundärbedarf	4	6	1	1			2	6	4	
	Sekundärbedarf	5	6	1	1			2	6	4	
	Sekundärbedarf	5	7	2	1			2	10	16	
	Gesamtbedarf	5						4	16	20	
2	Sekundärbedarf	1	6	1	0				2	6	4
	Sekundärbedarf	1	4	1	2	2	6	4			
	Gesamtbedarf	1				2	6	4	2	6	4
	Sekundärbedarf	2	4	2	2	4	12	8			
	Sekundärbedarf	2	5	1	1		4	16	20		
	Sekundärbedarf	2	7	1	1			1	5	8	
	Gesamtbedarf	2				4	16	25	25	8	
	Sekundärbedarf	3	5	3	0			12	48	60	

Lösung 4.3.11: Mehrstufige Materialbedarfsrechnung

a) Dispositionsstufenverfahren

Gliederung der Erzeugnisstruktur nach Dispositionsstufen:

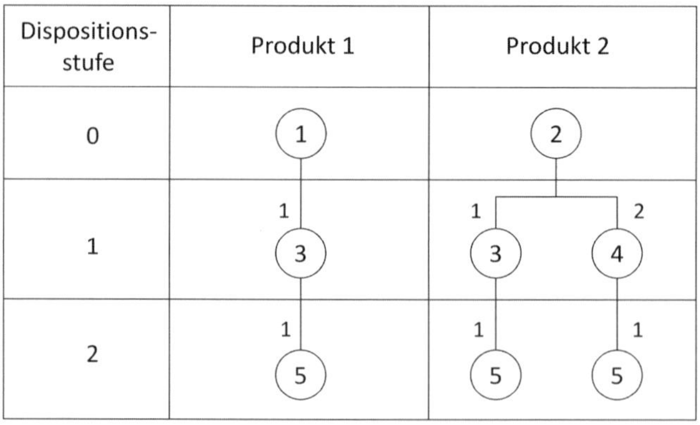

Berechnung der terminierten Gesamtbedarfe:

Dispositions-stufe	Bedarfsart	Einsatz-gut	Ausbrin-gungsgut	a_{ij}^{τ}	τ	Perioden					
						1	2	3	4	5	6
0	Primärbedarf (= BGB)		1						15	5	30
	Lagerbestand*		1			5	5	5	5		
	Nettogesamtbedarf		1						10	5	30
	Primärbedarf (= BGB)		2						10	35	20
	Lagerbestand*		2			15	15	15	15	5	
	Nettogesamtbedarf		2							30	20
1	Sekundärbedarf	3	1	1	1			10	5	30	
	Sekundärbedarf	3	2	1	1				30	20	
	Bruttogesamtbedarf	3						10	35	50	
	Lagerbestand*	3				10	10	10			
	Nettogesamtbedarf	3							35	50	
	Sekundärbedarf (= BGB)	4	2	2	2			60	40		
	Lagerbestand*	4				20	20	20			
	Nettogesamtbedarf	4						40	40		
2	Sekundärbedarf	5	3	1	1			35	50		
	Sekundärbedarf	5	4	1	1		40	40			
	Bruttogesamtbedarf	5					40	75	50		
	Lagerbestand*	5				10	10				
	Nettogesamtbedarf	5					30	75	50		

* Lagerbestände jeweils zu Beginn der Periode
BGB: Bruttogesamtbedarf

b) Dynamische Produktionsfunktion

Dynamische Transformationsfunktion mit $0 \leq \tau \leq \Omega$ (Typ III):

$$r_{ij}^{t} = \sum_{\tau=0}^{\Omega} f_{ij}^{\tau}(\ldots) \cdot r_{j}^{t+\tau}$$

Bei Leontief-Transformationsfunktion gilt: $f_{ij}^{\tau}(\ldots) = a_{ij}^{\tau}$.

Dynamische Produktionsfunktion bei Verweilzeiten unterschiedlicher Dauer:

$$r_{i}^{t} = \sum_{\tau=0}^{\Omega}\sum_{j=1}^{J} f_{ij}^{\tau}(\ldots) \cdot r_{j}^{t+\tau} + x_{i}^{t} + \underbrace{l_{i}^{t} - l_{i}^{t-1}}_{\Delta l_i} \quad (\Rightarrow \text{Gleichungssystem})$$

*Lösung 4.3.12: Materialbedarfsvorhersage mit dem Dispositionsstufenverfahren

a) Dispositionsstufenverfahren

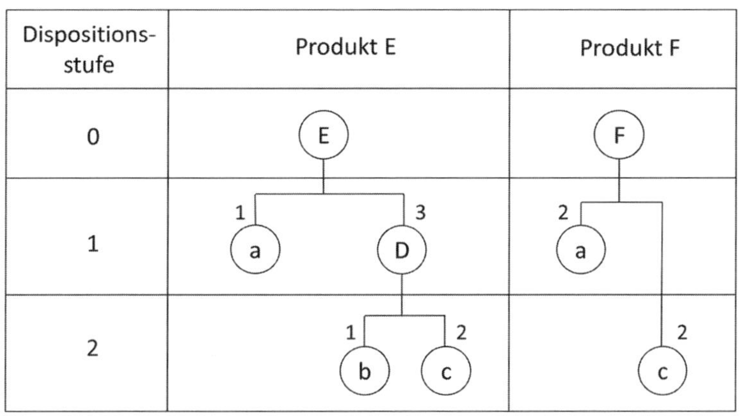

						Perioden						
Dispositionsstufe	Bedarfsart	Einsatzgut	Ausbringungsgut	Prod.-Koeff.	Verweilzeit	–2	–1	0	1	2	3	4
0	Primärbedarf (= BGB)		E						12	5	5	1
	Lagerbestand*		E			10	10	10	10			
	Nettogesamtbedarf		E						2	5	5	1
	Primärbedarf (= BGB)		F						10	7	5	4
	Lagerbestand*		F			12	12	12	12	2		
	Nettogesamtbedarf		F							5	5	4
1	Primärbedarf		D						10	10	10	10
	Sekundärbedarf	D	E	3	1			6	15	15	3	
	Bruttogesamtbedarf	D						6	25	25	13	10
	Lagerbestand* (MLB: 15)	D				23	23	23	17	15	15	15
	Nettogesamtbedarf	D							23	25	13	10
	Sekundärbedarf	a	E	1	0				2	5	5	1
	Sekundärbedarf	a	F	2	1				10	10	8	
	Gesamtbedarf	a							12	15	13	1
2	Sekundärbedarf **(= Gesamtbedarf)**	b	D	1	1			23	25	13	10	
	Sekundärbedarf	c	D	2	2		46	50	26	20		
	Sekundärbedarf	c	F	2	0					10	10	8
	Gesamtbedarf	c					46	50	26	30	10	8

* Lagerbestände jeweils zu Beginn der Periode
BGB: Bruttogesamtbedarf
MLB: Mindestlagerbestand

b) Produktionsplan

Produktionsbeginn mit Bauteil c im 2. Quartal 2015.

Lösung 4.3.13: Dynamische Bedarfsauflösung

a) Dispositionsstufenverfahren

Gliederung der Erzeugnisstruktur nach Dispositionsstufen:

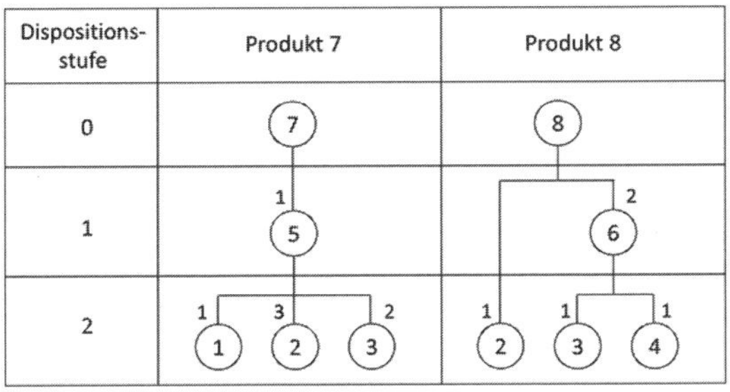

Berechnung der terminierten Gesamtbedarfe:

Dispo-sitions-stufe	Bedarfsart	Ein-satz-gut	Aus-bringungs-gut	a_{ij}^{τ}	τ	Perioden −3	−2	−1	0	1	2
0	Primärbedarf		8						5	10	8
	Primärbedarf		7						20	60	30
1	Primärbedarf		6						50	70	80
	Sekundärbedarf	6	8	2	1			10	20	16	
	Gesamtbedarf	6						10	70	86	80
	Sekundärbedarf	5	7	1	2		20	60	30		
2	Sekundärbedarf	3	6	1	2	10	70	86	80		
	Sekundärbedarf	3	5	2	1	40	120	60			
	Gesamtbedarf	3				50	190	146	80		
	Sekundärbedarf	2	5	3	1	60	180	90			
	Sekundärbedarf	2	8	1	3	5	10	8			
	Gesamtbedarf	2				65	190	98			
	Sekundärbedarf	1	5	1	1	20	60	30			

b) Verbindung mit der Losgrößenplanung

Die dynamische Bedarfsauflösung liefert terminierte Gesamtbedarfe, die im Rahmen einer dynamischen Losgrößenplanung zu Losen gruppiert werden können. Der dynamischen Produktionsfunktion bzw. der dynamischen Bedarfsauflösung liegt dabei die Prämisse konstanter, d. h. losgrößenunabhängiger (für die einzelnen Prozesse jedoch nicht notwendigerweise gleicher) Verweilzeiten zugrunde; beschränkte Kapazitäten werden nicht berücksichtigt. Tatsächlich hängen die Verweilzeiten jedoch von der gewählten Losgröße und der verfügbaren Kapazität ab.

**Lösung 4.3.14: Materialbedarfsvorhersage und Bestellmengenplanung*

a) Dispositionsstufenverfahren

Gliederung der Erzeugnisstruktur nach Dispositionsstufen:

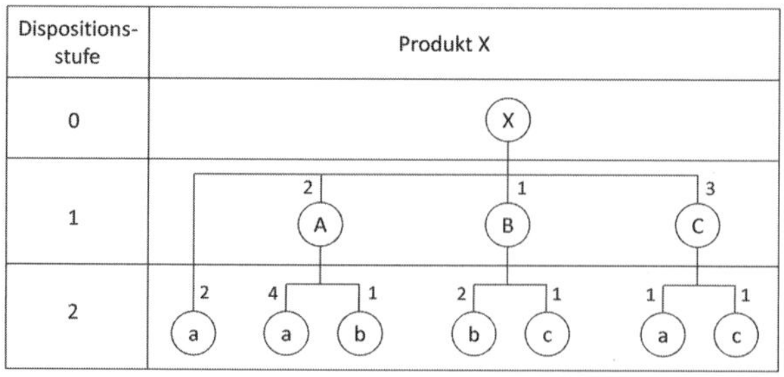

Berechnung der terminierten Gesamtbedarfe:

Dispo-sitions-stufe	Bedarfsart	Ein-satz-gut	Aus-brin-gungs-gut	a_{ij}^{τ}	τ	Perioden					
						1	2	3	4	5	6
0	Primärbedarf		X						100	90	80
1	Sekundärbedarf	A	X	2	1			200	180	160	
	Sekundärbedarf	B	X	1	1			100	90	80	
	Sekundärbedarf	C	X	3	1			300	270	240	
2	Sekundärbedarf	a	A	4	1		800	720	640		
	Sekundärbedarf	a	C	1	1		300	270	240		
	Sekundärbedarf	a	X	2	1		200	180	160		
	Gesamtbedarf	a					1300	1170	1040		
	Sekundärbedarf	b	A	1	1		200	180	160		
	Sekundärbedarf	b	B	2	2	200	180	160			
	Gesamtbedarf	b				200	380	340	160		
	Sekundärbedarf	c	B	1	2	100	90	80			
	Sekundärbedarf	c	C	1	1		300	270	240		
	Gesamtbedarf	c				100	390	350	240		

b) Verfahren von Silver/Meal

Bedarfsreihe für Rohstoff c:

t	1	2	3	4	5	6
r_t	100	390	350	240	140	110

$$\tau = 1 \quad j = 1 \quad k_{11}^{Per} = \frac{100}{1} = 100$$

$$j = 2 \quad k_{12}^{Per} = \frac{100 + 390 \cdot 0,2}{2} = 89 \text{ (min)}$$

$$j = 3 \quad k_{13}^{Per} = \frac{100 + 390 \cdot 0,2 + 350 \cdot 2 \cdot 0,2}{3} = 106$$

$$\tau = 3 \quad j = 3 \quad k_{33}^{Per} = \frac{100}{1} = 100$$

$$j = 4 \quad k_{34}^{Per} = \frac{100 + 240 \cdot 0,2}{2} = 74$$

$$j = 5 \quad k_{35}^{Per} = \frac{100 + 240 \cdot 0,2 + 140 \cdot 2 \cdot 0,2}{3} = 68$$

$$j = 6 \quad k_{36}^{Per} = \frac{100 + 240 \cdot 0,2 + 140 \cdot 2 \cdot 0,2 + 110 \cdot 3 \cdot 0,2}{4} = 67,5 \text{ (min)}$$

Bestellmengenplan: $q = (490, 0, 840, 0, 0, 0)$

Gesamtkosten: 448 €

*Aufgabe 4.3.15: Materialbedarfs- und Programmplanung

a) Leontief-Funktionen

$$r_{E4} = x_{E4}$$
$$r_{E3} = x_{E3}$$
$$r_{E2} = x_{E2}$$
$$r_{E1} = x_{E1}$$
$$r_{Z3} = 2r_{E4} + x_{Z3} = 2x_{E4} + x_{Z3}$$
$$r_{Z2} = 2r_{E1} + r_{E2} + r_{E4} + x_{Z2} = 2x_{E1} + x_{E2} + x_{E4} + x_{Z2}$$
$$r_{Z1} = r_{E1} + 2r_{E2} + 3r_{E3} + x_{Z1} = x_{E1} + 2x_{E2} + 3x_{E3} + x_{Z1}$$
$$r_{R4} = 2r_{Z3} + x_{R4} = 4x_{E4} + 2x_{Z3} + x_{R4}$$
$$r_{R3} = 3r_{Z2} + 2r_{E3} + 4r_{Z3} + x_{R3} = 6x_{E1} + 3x_{E2} + 2x_{E3} + 11x_{E4} + 4x_{Z3} + 3x_{Z2} + x_{R3}$$
$$r_{R2} = r_{Z1} + 2r_{Z2} + x_{R2} = 5x_{E1} + 4x_{E2} + 3x_{E3} + 2x_{E4} + x_{Z1} + 2x_{Z2}$$
$$r_{R1} = 2r_{Z1} + x_{R1} = 2x_{E1} + 4x_{E2} + 6x_{E3} + 2x_{Z1} + x_{R1}$$

b) Produktionsmengen der Endprodukte

Da Rohstoff R_3 hinsichtlich der maximalen Absatzmengen den einzigen Engpass darstellt, kann die Bestimmung des umsatzmaximalen Produktionsprogramms anhand der engpassbezogenen Umsätze der Endprodukte erfolgen.

Endprodukt	Umsatz je Stück	Produktions-koeffizient (R_3)	Umsatz je Engpasseinheit	Rang
E_1	6	6	1	4
E_2	4	3	4/3	2
E_3	5	2	5/2	1
E_4	12	11	12/11	3

Rang	Endprodukt	Produktionsmenge	Rohstoffverbrauch (R_3)	Restbestand (R_3)
1	E_3	80	160	840
2	E_2	20	60	780
3	E_4	70	770	10
4	E_1	10/6 bzw. 1	6	4

c) Maximaler Deckungsbeitrag

Die Lagerkosten der End- und Zwischenprodukte sind jeweils größer als die Lagerkosten der Zwischenprodukte und Rohstoffe, aus denen sie bestehen. Daher werden am Ende der Periode nur Rohstoffe gelagert; es kann nicht optimal sein, die zur Realisation des Produktionsprogramms aus Teilaufgabe b) nicht benötigten Rohstoffmengen zu Zwischen- oder Endprodukten weiterzuverarbeiten. Ferner sind die Lagerkostensätze der Rohstoffe identisch, sodass das umsatzmaximale Produktionsprogramm aus Teilaufgabe b) mit dem deckungsbeitragsmaximalen Produktionsprogramm identisch ist.

Umsatz: $U = 1 \cdot 6 + 20 \cdot 4 + 80 \cdot 5 + 70 \cdot 12 = 1.326$ €

Lagerkosten:

Rohstoff	Lagerbestand am Anfang der Periode	Verbrauch	Lagerbestand am Ende der Periode	Lagerkosten
R_1	780	$2 \cdot 1 + 4 \cdot 20 + 480 = 562$	218	218
R_2	1.000	$5 \cdot 1 + 4 \cdot 20 + 3 \cdot 80 + 2 \cdot 70 = 465$	535	535
R_3	1.000	$6 \cdot 1 + 3 \cdot 20 + 2 \cdot 80 + 11 \cdot 70 = 996$	4	4
R_4	280	$4 \cdot 70 = 280$	0	0

Deckungsbeitrag:

DB = 1.326 – 757 = 569 €

d) Änderung

Die Lagerung einer Einheit des Zwischenproduktes Z_1 kostet zwei GE je Stück und Periode, während die Lagerung der für dieses Stück erforderlichen Rohstoffe R_1 und R_2 insgesamt drei GE je Periode kostet. Daher können durch Ausweitung der Produktion und Lagerung des Zwischenproduktes Z_1 Kosten eingespart und der Deckungsbeitrag erhöht werden.

*Lösung 4.3.16: Materialbedarfsplanung

a) Gesamtbedarf des Zwischenproduktes 5

$$
\begin{aligned}
r_5 &= 10 r_6 + 0{,}8 r_9 \\
&= 10 \cdot 2 \cdot r_8 + 0{,}8 \cdot (0{,}4 r_7 + x_9) \\
&= 20 x_8 + 0{,}64 r_5 + 0{,}8 x_9
\end{aligned}
$$

$$
r_5 = \frac{20 x_8 + 0{,}8 x_9}{0{,}36}
$$

Für $x_8 = 150$ und $x_9 = 750$ ergibt sich: $r_5 = 10.000$.

b) Dispositionsstufenverfahren

Gliederung der Erzeugnisstruktur nach Dispositionsstufen:

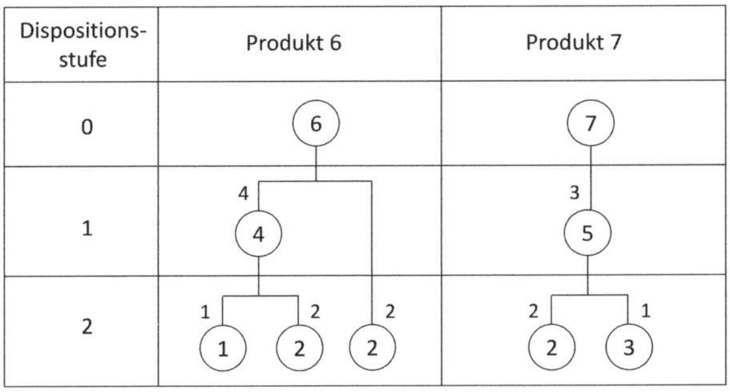

Berechnung der terminierten Gesamtbedarfe:

Dispo-sitions-stufe	Bedarfsart	Ein-satz-gut	Aus-bringungs-gut	a_{ij}^{τ}	τ	Perioden					
						–1	0	1	2	3	4
0	Primärbedarf		7					1	6	8	2
	Primärbedarf		6					1	6	4	2
1	Sekundärbedarf	4	6	4	0			4	24	16	8
	Sekundärbedarf	5	7	3	1		3	18	24	6	
2	Sekundärbedarf	1	4	1	2	4	24	16	8		
	Sekundärbedarf	2	4	2	2	8	48	32	16		
	Sekundärbedarf	2	6	2	0			2	12	8	4
	Sekundärbedarf	2	5	2	0		6	36	48	12	
	Gesamtbedarf	2				8	54	70	76	20	4
	Sekundärbedarf	3	5	1	0		3	18	24	6	

c) Fremdbezug

Nimmt man an, dass man sich gegenwärtig in der Periode 0 befindet, so können die Bedarfe der Periode –1 nicht mehr produziert werden. Daher müssen in Periode 1 vier Mengeneinheiten des Zwischenproduktes 4 fremdbezogen werden.

**Lösung 4.3.17: Statische und dynamische Materialbedarfsvorhersage*

a) Art der Fertigung und zugrundeliegende Produktionsfunktion

Es liegt eine zweistufige Zwei-Produkt-Fertigung mit mehrteiligen Endprodukten vor. Hinsichtlich der Vergenzstruktur treten sowohl divergierende als auch konvergierende Prozesse auf. Die zugrundeliegende Leontief-Produktionsfunktion ist durch Limitationalität und Linearität gekennzeichnet.

b) Allgemeines statisches Input-Output-Modell

Ausgangspunkt Matrixschreibweise:

$$\boldsymbol{r} = \boldsymbol{A} \cdot \boldsymbol{r} + \boldsymbol{x}$$

$$\boldsymbol{r} - \boldsymbol{A} \cdot \boldsymbol{r} = \boldsymbol{x}$$

mit

$\boldsymbol{r}$ Vektor der Gesamtbedarfsmengen

$\boldsymbol{x}$ Vektor der Primärbedarfsmengen

$\boldsymbol{A}$ Direktbedarfsmatrix

Ausklammern von $\boldsymbol{r}$:

$$(\boldsymbol{E} - \boldsymbol{A}) \cdot \boldsymbol{r} = \boldsymbol{x}$$

Multiplikation mit der Inversen:

$$\underbrace{(\boldsymbol{E} - \boldsymbol{A})^{-1} \cdot (\boldsymbol{E} - \boldsymbol{A})}_{\boldsymbol{E}} \cdot \boldsymbol{r} = (\boldsymbol{E} - \boldsymbol{A})^{-1} \cdot \boldsymbol{x}$$

$$\boldsymbol{r} = (\boldsymbol{E} - \boldsymbol{A})^{-1} \cdot \boldsymbol{x}$$

wobei $(\boldsymbol{E} - \boldsymbol{A})^{-1}$ die Gesamtbedarfsmatrix darstellt.

c) Statisches Input-Output-Modell für den dargestellten Produktionprozess

Direktbedarfsmatrix:

	1	2	3	4	5	6
1	0	0	0	**1**	**1**	**2**
2	0	0	0	**1**	0	0
3	0	0	0	0	**1**	**1**
4	0	0	0	0	**1**	0
5	0	0	0	0	0	0
6	0	0	0	0	0	0

Input-Output-Modell:

$$\boldsymbol{r} = \underbrace{\begin{bmatrix} 1 & 0 & 0 & 1 & 2 & 2 \\ 0 & 1 & 0 & 1 & 1 & 0 \\ 0 & 0 & 1 & 0 & 1 & 1 \\ 0 & 0 & 0 & 1 & 1 & 0 \\ 0 & 0 & 0 & 0 & 1 & 0 \\ 0 & 0 & 0 & 0 & 0 & 1 \end{bmatrix}}_{\text{Gesamtbedarfsmatrix}} \cdot \boldsymbol{x}$$

d) Stücklisten

Strukturstückliste Produkt 5	
Baugruppe/Teil	**Menge**
4	1
← 2	1
← 1	1
1	1
3	1

Mengenübersichtsstückliste Produkt 6	
Teil	**Menge**
1	2
3	1

Baukastenstückliste Produkt 5

Produkt 5	
Baugruppe/Teil	**Menge**
4	1
1	1
3	1

Baugruppe 4	
Teil	**Menge**
1	1
2	1

e) Nettogesamtbedarfe

$r_6 = 10; r_5 = 23; r_4 = 22; r_3 = 28; r_2 = 18; r_1 = 54$

f) Dispositionsstufenverfahren

Gliederung der Erzeugnisstruktur nach Dispositionsstufen:

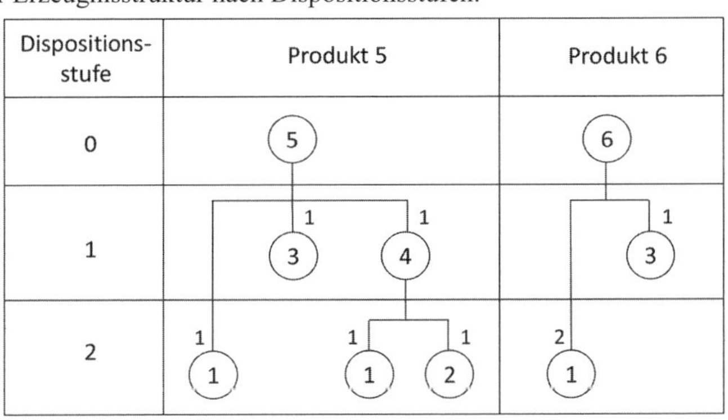

Berechnung der terminierten Gesamtbedarfe:

Dispositionsstufe	Bedarfsart	Einsatzgut	Ausbringungsgut	a_{ij}^{τ}	τ	Perioden					
						–1	0	1	2	3	4
0	Primärbedarf		5						5	2	4
	Primärbedarf		6					1	5	8	2
1	Sekundärbedarf	3	5	1	0				5	2	4
	Sekundärbedarf	3	6	1	0			1	5	8	2
	Gesamtbedarf	3						1	10	10	6
	Sekundärbedarf	4	5	1	1			5	2	4	
2	Sekundärbedarf	1	5	1	0				5	2	4
	Sekundärbedarf	1	4	1	2	5	2	4			
	Sekundärbedarf	1	6	2	0			2	10	16	4
	Gesamtbedarf	1				5	2	6	15	18	8
	Sekundärbedarf	2	4	1	2	5	2	4			

4.4 Bestellmengenplanung

Lösung 4.4.1: Grundmodell der optimalen Bestellmenge und Rabattstaffelung der Einkaufspreise

a) Kostenfunktionen und bisherige Kosten

$$K = K_B + K_L$$

$$K = \frac{\bar{r}}{q} \cdot F + \frac{q}{2} \cdot p \cdot \frac{(l+c)}{100} \cdot D$$

wobei

$\bar{r}$	Gesamtbedarf in der Planperiode [ME/ZE]
F	bestellmengenunabhängige Kosten je Bestellung [€]
p	Einstandspreis [€/ME]
$(l+c)$	prozentualer Lager- und Zinskostensatz p.a. [1/ZE]
D	Dauer der Planungsperiode (Lagerdauer)
q	Bestellmenge [ME]
$n = \bar{r}/q$	Anzahl der Bestellungen in der Planungsperiode [1/ZE]
K_B	Bestellkosten [€/ZE]
K_L	Lagerhaltungskosten [€/ZE]
K	Gesamtkosten [€/ZE]

Für die angegebenen Zahlenwerte ergibt sich:

- Bestellkosten
  - Bestellmengenunabhängige Kosten je Bestellung

    Grundgebühr LKW: $157{,}65$ €

    Kilometergeld: $2 \cdot 480 \cdot 0{,}71 = 681{,}60$ €

    Kraftstoff: $2 \cdot 480 \cdot 0{,}15 \cdot 1{,}20 = 172{,}80$ €

    Insgesamt: $F = 1.012{,}05$ €
  - Bestellkostenfunktion: $K_B = 1.012{,}05 \cdot \frac{\overline{r}}{q}$
  - Bisherige Bestellkosten bei 8 Monaten: $\frac{\overline{r}}{q} = 1$. Daraus folgt: $K_B = 1.012{,}05$€
- Lagerhaltungskosten
  - Entwicklung des Lagerbestands

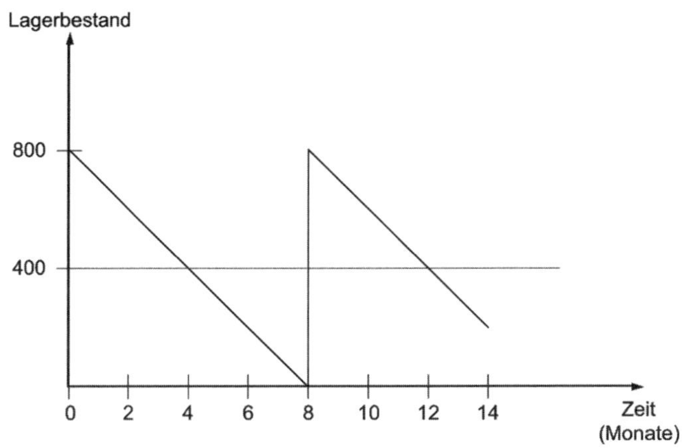

    Aufgrund des kontinuierlichen Lagerabgangs beträgt der durchschnittliche Lagerbestand $q/2 = 400$ Kartons.
  - Bestimmung des prozentualen Lagerkostensatzes p. a.:

$$l = \frac{Lagerkosten\ eines\ Kartons\ für\ ein\ Jahr}{Wert\ eines\ Kartons} \cdot 100$$

$$= \frac{5}{6 \cdot 6} \cdot 100 = 13{,}89\%\ p.\ a.$$

  - Lagerhaltungskostenfunktion: $K_L = \frac{q}{2} \cdot 6 \cdot 6 \cdot \frac{(13{,}89 + 14)}{100} \cdot \frac{8}{12}$

    Da sich die Lager- und Zinskostensätze auf ein Jahr beziehen, sind ihre Werte durch Multiplikation mit $8/12$ auf die Planungsperiode von 8 Monaten anzupassen.
  - Bisherige Lagerhaltungskosten: Aufgrund der bislang gewählten Bestellmenge von $q = 800$ Kartons betragen die bisherigen Lagerhaltungskosten $K_L = 2.677{,}44$ €.

- Bisherige Gesamtkosten in der Planungsperiode und Kosten pro Karton

  $K = 3.689{,}49\ €$

  $$k = \frac{K}{\overline{r}} = \frac{3.689{,}49}{800} = 4{,}61 €/\text{Karton}$$

b) Optimale Bestellmenge

Die Bedingung für die optimale Bestellmenge erhält man durch Nullsetzen der ersten Ableitung der Gesamtkostenfunktion nach q:

$$\frac{dK}{dq} = -\frac{\overline{r}}{q^2} \cdot F + \frac{1}{2} \cdot p \cdot \frac{(l+c)}{100} \cdot D = 0$$

Im Optimum sind Bestellkosten und Lagerhaltungskosten gleich hoch. Die optimale Bestellmenge erhält man durch Auflösen nach q:

$$q^* = \sqrt{\frac{200 \cdot F \cdot \overline{r}}{p \cdot (l+c) \cdot D}}$$

Wegen $\frac{d^2K}{dq^2} = \frac{2 \cdot F \cdot \overline{r}}{q^3} > 0$ liegt ein Minimum vor. Für den Weinhändler ergibt sich daher folgende optimale Bestellmenge:

$$q^* = \sqrt{\frac{200 \cdot 1.012{,}05 \cdot 800}{36 \cdot (13{,}89 + 14) \cdot \frac{8}{12}}} = 491{,}85 \approx 492 \text{ Kartons}$$

Gesamtkosten in der Planungsperiode und Kosten pro Karton:

$K = 3.292{,}24\ €$

$$k = \frac{3.292{,}24}{800} = 4{,}12\ €/\text{Karton}$$

Grafische Darstellung:

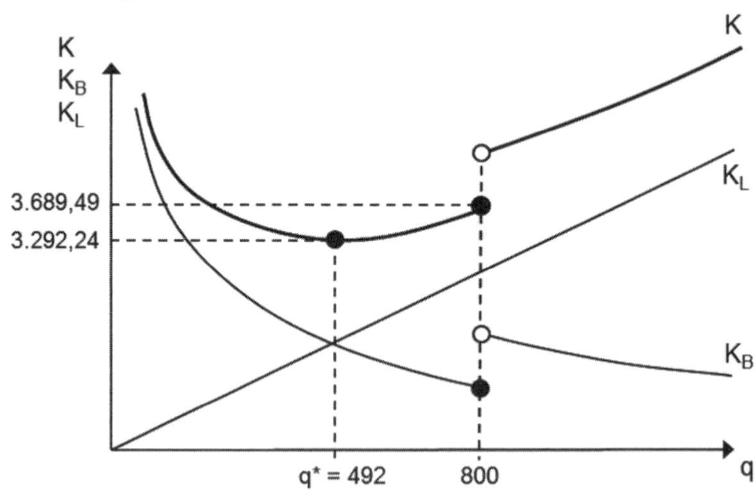

c) Bestimmungsgrößen

- Gesamtbedarf $\bar{r}$: $\bar{r}$ steigt $\rightarrow q^*$ steigt
- Bestellmengenunabhängige Kosten F: F steigt $\rightarrow q^*$ steigt
- Einstandspreis p: p steigt $\rightarrow q^*$ sinkt
- Lager- bzw. Zinskostensatz l bzw. c: l bzw. c steigt $\rightarrow q^*$ sinkt

d) Rabatt

Es bedeuten:

p	Preis pro Karton ohne Gewährung von Rabatt
p_R	Preis pro Karton bei Gewährung des Rabatts
l	Lagerkostensatz ohne Gewährung von Rabatt
l_R	Lagerkostensatz bei Gewährung des Rabatts
q_R	Bestellmenge, ab welcher der Rabatt gewährt wird
q^*	optimale Bestellmenge auf Basis von p
q_R^*	optimale Bestellmenge auf Basis von p_R

Vorgehensweise zur Bestimmung der optimalen Bestellmenge:

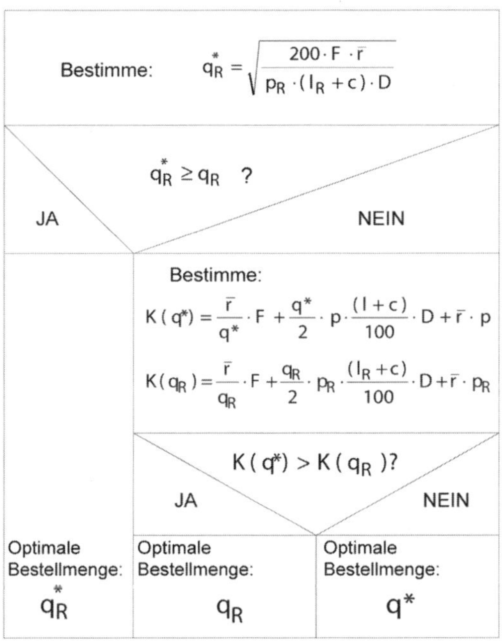

$\bar{r} \cdot p$ bzw. $\bar{r} \cdot p_R$ sind die Anschaffungskosten des Gesamtbedarfes (Anschaffungskosten K_A). Sie sind bei Vorliegen einer Rabattstaffelung der Einkaufspreise entscheidungsrelevant und müssen daher in die Gesamtkostenfunktion aufgenommen werden.

Für die vorliegenden Zahlenwerte ergibt sich:

$$q_R^* = \sqrt{\frac{200 \cdot F \cdot \overline{r}}{p_R \cdot (l_R + c) \cdot D}} \quad \text{mit } l_R = \frac{5}{6 \cdot 5} \cdot 100 = 16{,}67\ \%\text{p.a.}$$

$$= \sqrt{\frac{200 \cdot 1.012{,}05 \cdot 800}{30 \cdot (16{,}67 + 14) \cdot \frac{8}{12}}} = 513{,}79 \approx 514$$

Es gilt also: $q_R^* < q_R = 600$

$$K(q^*) = 3.292{,}24 + 800 \cdot 36 = 32.092{,}24\ €$$

$$K(q_R) = 3.189{,}6 + 800 \cdot 30 = 27.189{,}6\ €$$

Wegen $K(q^*) > K(q_R)$ ist $q_R = 600$ Kartons die optimale Bestellmenge.

Grafische Darstellung:

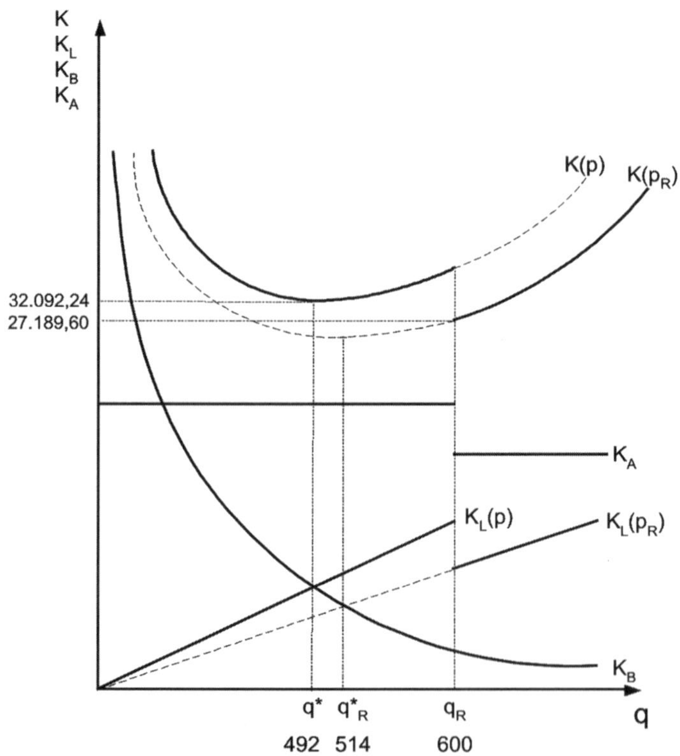

Lösung 4.4.2: Bestellmengenplanung

a) Optimale Bestellmenge

$$q^* = \sqrt{\frac{200 \cdot 15 \cdot 160}{9{,}6 \cdot 20}} = 50\ [\text{Kg}]$$

b) Bestellzyklus

Es gilt: $q = d[\text{Kg/Jahr}] \cdot \tau[\text{Jahre}]$ mit τ = Länge des Bestellzyklus

$$\tau = \frac{q}{d} = \frac{50}{160} = 0{,}3125 \text{ Jahre} = 16{,}25 \text{ Wochen}$$

Alternative Berechnung:

$$n = \frac{d[\text{Kg/Jahr}]}{q[\text{Kg}]} \quad \text{mit } n = \text{Anzahl der Bestellungen pro Jahr}$$

$$n = \frac{160}{50} = 3{,}2 \text{ Bestellungen pro Jahr}$$

Somit erfolgt alle $52/3{,}2 = 16{,}25$ Wochen eine neue Bestellung.

c) Kosten pro Jahr

$$K^* = K_B + K_L = \frac{d}{q^*} \cdot F + \frac{q^*}{2} \cdot p \cdot \frac{(l+c)}{100} = 96 \text{ €/Jahr}$$

d) Lagerbestand zum Bestellzeitpunkt

$$s = d[\text{kg/Jahr}] \cdot l[\text{Jahre}] \quad \text{mit } s = \text{Lagerbestand zum Bestellzeitpunkt}$$

und l = Lieferzeit

$$s = 160 \text{ kg/Jahr} \cdot \frac{3}{52} \text{ Jahre} = 9{,}23 \text{ kg}$$

e) Durchschnittlicher Lagerbestand

Der durchschnittliche Lagerbestand beträgt $q^*/2 = 25$ kg.

f) Bestandsverlauf

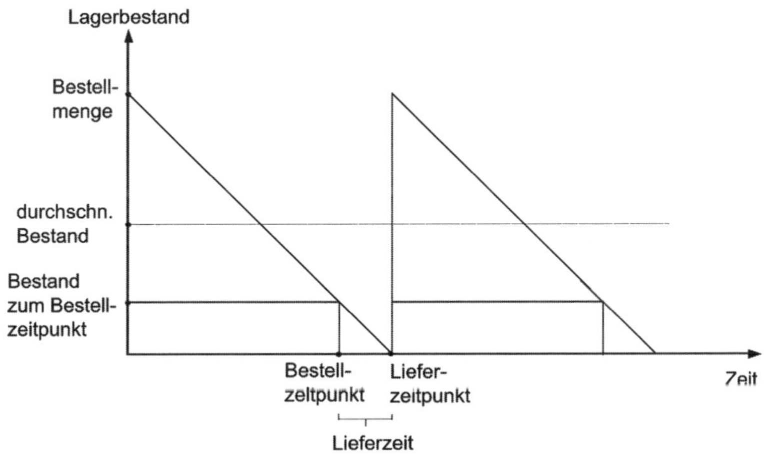

Lösung 4.4.3: Bestellmengenplanung bei abweichenden Parametereinheiten

a) Optimale Bestellmenge

Umrechnung der Parameterwerte auf einheitlichen Zeitraum, z. B. ein Jahr:

Jährlicher Bedarf r: 100 [Stück/Monat] · 12 [Monate/Jahr] = 1.200 [Stück/Jahr]

Jährlicher Lagerhaltungskostensatz $k_L / 100$: 12 % · 2 = 24 % [1/Jahr]

Weitere Symbole:

k_B fixe Kosten pro Bestellvorgang

p Einstandspreis pro Stück

Optimale Bestellmenge q^*:

$$q^* = \sqrt{\frac{200 \cdot r \cdot k_B}{p \cdot k_L}} = \sqrt{\frac{200 \cdot 1.200 \cdot 90}{10 \cdot 24}} = 300 \text{ [Stück]}$$

b) Entscheidungsrelevante Gesamtkosten pro Jahr bei Verfolgung der optimalen Bestellpolitik

K_G Gesamtkosten pro Jahr

K_B gesamte Bestellkosten pro Jahr

K_L gesamte Lagerhaltungskosten pro Jahr

$$\begin{aligned} K_G &= K_B + K_L \\ &= \frac{r}{q^*} \cdot k_B + \frac{q^*}{2} \cdot p \cdot \frac{k_L}{100} \\ &= \frac{1.200}{300} \cdot 90 + \frac{300}{2} \cdot 10 \cdot \frac{24}{100} \\ &= 360 + 360 \\ &= 720 \text{ [EUR/Jahr]} \end{aligned}$$

c) Bei welchem Einstandspreis für das Gut A wäre eine Bestellmenge in Höhe von 250 Stück optimal?

$$q^* = \sqrt{\frac{200 \cdot r \cdot k_B}{p \cdot k_L}}$$

$$q^{*2} = \frac{200 \cdot r \cdot k_B}{p \cdot k_L}$$

$$p = \frac{200 \cdot r \cdot k_B}{q^{*2} \cdot k_L}$$

$$p = \frac{200 \cdot 1.200 \cdot 90}{250^2 \cdot 24} = 14{,}40 \text{ [EUR/Stück]}$$

Lösung 4.4.4: Bestellmengenplanung bei bekannter Bestellhäufigkeit

Verwendete Symbole: Jahresbedarf r, Bestellmenge q, fixe Kosten pro Bestellvorgang k_B, Lagerhaltungskostensatz k_L, Einstandspreis p

Aus den Angaben kann man ein Gleichungssystem mit zwei Gleichungen und zwei Unbekannten (Jahresbedarf r, Bestellmenge q^*) aufstellen

$$\text{I.} \quad \frac{r}{q^*} = 5$$

$$\text{II.} \quad q^* = \sqrt{\frac{200 \cdot r \cdot k_B}{p \cdot k_L}}$$

Auflösen von I. nach r liefert:

$$\text{I.'} \quad r = 5 \cdot q^*$$

Einsetzen in II. liefert:

$$\text{II.'} \quad q^* = \sqrt{\frac{200 \cdot 5 \cdot q^* \cdot k_B}{p \cdot k_L}}$$

Durch Umformung von II.' erhält man:

$$q^{*2} = \frac{200 \cdot 5 \cdot q^* \cdot k_B}{p \cdot k_L}$$

$$q^* = \frac{200 \cdot 5 \cdot k_B}{p \cdot k_L}$$

Einsetzen der gegebenen Daten liefert:

$$q^* = \frac{200 \cdot 5 \cdot 100}{20 \cdot 25} = 200 \text{ [Stück]}$$

Einsetzen in I.' liefert:

$$r = 5 \cdot 200 = 1.000 \text{ [Stück/Jahr]}$$

Lösung 4.4.5: Bestellmengenplanung bei bekannten Lagerhaltungskosten

Verwendete Symbole: Jahresbedarf r, Bestellmenge q, fixe Kosten pro Bestellvorgang k_B, gesamte Bestellkosten pro Periode K_B

Im Grundmodell der optimalen Bestellmenge sind im Optimum die gesamten Lagerhaltungskosten und gesamten Bestellkosten pro Jahr gleich groß. Die gesamten Bestellkosten K_B pro Jahr sind mit

$$K_D = \frac{r}{q} \cdot k_D$$

gegeben. Setzt man die bekannten Informationen ein, so erhält man:

$$1.000 = \frac{1.500}{q^*} \cdot 50$$

Auflösen nach q^* liefert:

$$q^* = 75 \ [\text{Stück}]$$

Die entscheidungsrelevanten Gesamtkosten pro Jahr betragen EUR 2.000.

*Lösung 4.4.6: Dynamische Bestellmengenplanung

a) Entscheidungsmodell

Zielfunktion:

$$Min\ K = \sum_{t=1}^{d} [F \cdot x_t + l \cdot y_t]$$

Nebenbedingungen:

$$\begin{aligned}
&y_{t-1} + q_t - d_t = y_t \quad && t = 1,...,T \\
&q_t \leq M \cdot x_t && t = 1,...,T \\
&q_t \geq 0 \\
&y_t \geq 0 \\
&x_t = \{0,1\} \\
&M \geq \sum d_t
\end{aligned}$$

Optimalitätseigenschaften: Bestellmengenpolitik ist optimal, sofern bei Eingang einer Bestellung der Lagerbestand am Ende der Vorperiode null ist. Demzufolge muss eine Bestellmenge eine ganzzahlige Anzahl von Periodenbedarfen umfassen (Bellmann'sches Optimalitätsprinzip).

Verfahren: Dynamische Optimierung – Wagner/Whitin, Branch & Bound (mit Simplex-Verfahren).

b) Gleitende wirtschaftliche Bestellmenge (Least Unit Cost) und Silver/Meal Verfahren

Gleitende wirtschaftliche Bestellmenge:

Kriterium: Wähle die Reichweite einer Bestellmenge so, dass die Stückkosten ihr lokales Minimum annehmen:

$$k_{\tau j}^{\text{Stück}} = \frac{\left[F + l \cdot \sum\limits_{t=\tau+1}^{j} (t - \tau) \cdot d_t\right]}{\sum\limits_{t=\tau}^{j} d_t}$$

Periode	Bedarf	Kosten	Stückkosten	Eindeckzeit	Bestellmenge	Lagerbestand
1	400	$100+0=100$	100/400 = 0,25	2	900	500
2	500	$100+1\cdot 0{,}1\cdot 500=150$	150/900 = 0,16			0
3	600	$150+2\cdot 0{,}1\cdot 600=270$	270/1500 = 0,18			
3	600	$100+0=100$	100/600 = 0,16	2	900	300
4	300	$100+1\cdot 0{,}1\cdot 300=130$	130/900 = 0,14			0
5	300	$130+2\cdot 0{,}1\cdot 300=190$	0,16			
5	300	$100+0=100$	100/300 = 0,33	2	1.100	800
6	800	$100+1\cdot 0{,}1\cdot 800=180$	180/1.100 = 0,16			0
7	500	$180+2\cdot 0{,}1\cdot 500=280$	280/1.600 = 0,175			
7	500	$100+0=100$	100/500 = 0,2	2	1.100	600
8	600	$100+1\cdot 0{,}1\cdot 600=160$	160/1.100 = 0,15			
				LB gesamt:		2.200

Gesamtkosten: $4\cdot 100+2.200\cdot 0{,}1=620$ €

Verfahren von Silver/Meal:

Kriterium: Wähle die Reichweite einer Bestellmenge so, dass die Kosten je Zeiteinheit minimal werden:

$$k_{\tau j}^{\text{per}}=\frac{\left[F+l\cdot\sum_{t=\tau+1}^{j}(t-\tau)\cdot d_t\right]}{(j-\tau+1)}$$

Periode	Bedarf	Kosten	Kosten je Zeiteinheit	Eindeck-zeit	Bestell-menge	Lager-bestand
1	400	100 + 0 = 100	100/1 = 100	2	900	500
2	500	100 + 1 · 0,1 · 500 = 150	150/2 = 75			0
3	600	150 + 2 · 0,1 · 600 = 270	270/3 = 90			
3	600	100 + 0 = 100	100/1 = 100	3	1.200	600
4	300	100 + 1 · 0,1 · 300 = 130	130/2 = 65			300
5	300	130 + 2 · 0,1 · 300 = 190	190/3 = 63,3			0
6	800	190 + 3 · 0,1 · 800 = 430	430/4 = 107,5			
6	800	100 + 0 = 100	100/1 = 100	2	1.300	500
7	500	100 + 1 · 0,1 · 500 = 150	150/2 = 75			0
8	600	150 + 2 · 0,1 · 600 = 270	270/3 = 90			
8	600	100 + 0 = 100	100/1 = 100	1	600	0
				LB gesamt:		1.900

Gesamtkosten: $4 \cdot 100 + 1.900 \cdot 0{,}1 = 590$ €

Lösung 4.4.7: Statische und dynamische Bestellmengenplanung

a) Annäherung von rechts:

$$q_{\text{opt}}\,(p=13) = \sqrt{\frac{200 \cdot 50 \cdot 1.200}{13 \cdot 20}} = 214{,}834 \notin [300;\infty[$$

$$q_{\text{opt}}\,(p=15) = \sqrt{\frac{200 \cdot 50 \cdot 1.200}{15 \cdot 20}} = 200 \quad \in [150;300[$$

Vergleich der Gesamtkosten von $q_{\text{opt}}\,(p=15) = 200$ mit den Gesamtkosten an der rechts davon liegenden Intervallgrenze:

$$K(q=200) = \frac{1.200}{200} \cdot 50 + \frac{200}{2} \cdot 15 \cdot 0{,}2 + 1200 \cdot 15 = 18.600$$

$$K(q=300) = \frac{1.200}{300} \cdot 50 + \frac{300}{2} \cdot 13 \cdot 0{,}2 + 1200 \cdot 13 = 16.190$$

$$q_{\text{opt}} = 300$$

$$K_{\text{opt}} = 16.190$$

b.1) Kostenminimaler Bestellmengenplan nach Wagner/Whitin

$$K_1^* = \min\{K_1(1) \quad = F \qquad = 250$$

$$K_2^* = \min\begin{cases} K_2(1) & = K_1(1) + 90 \cdot 2 & = 430 \\ K_2(2) & = F + K_1^* & = 500 \end{cases}$$

$$K_3^* = \min\begin{cases} K_3(1) & = K_2(1) + 120 \cdot 2 \cdot 2 & = 910 \\ K_3(2) & = K_2(2) + 120 \cdot 2 & = 740 \\ K_3(3) & = F + K_2^* & = 680 \end{cases}$$

$$K_4^* = \min\begin{cases} K_4(3) & = K_3(3) + 80 \cdot 2 & = 840 \\ K_4(4) & = F + K_3^* & = 930 \end{cases}$$

$$K_5^* = \min\begin{cases} K_5(3) & = K_4(3) + 110 \cdot 2 \cdot 2 & = 1.280 \\ K_5(4) & = K_4(4) + 110 \cdot 2 & = 1.150 \\ K_5(5) & = F + K_4^* & = 1.090 \end{cases}$$

$$q = (\overset{q_1}{190}, \overset{q_2}{0}, \overset{q_3}{200}, \overset{q_4}{0}, \overset{q_5}{110});\ K = 1.090$$

b.2) Eigenschaften des optimalen Bestellmengenplans

Optimal kann nur eine solche Bestellmengenpolitik sein, bei der nur dann eine Bestellung (bzw. Anlieferung) erfolgt, wenn der Lagerbestand am Ende der Vorperiode null ist.

Formal: $y_{t-1} \cdot q_t = 0$

y_{t-1} = Lagerbestand am Ende von Periode $t-1$

q_t = Bestell- bzw. Anliefermenge zu Beginn von t

Daher muss sich eine Bestellmenge immer genau aus vollständigen Bedarfen einer oder mehrerer benachbarter Perioden zusammensetzen.

b.3) Auswirkungen von Prognoseänderungen auf die optimale Lösung

Nein. Hier gilt: $K_3^* = K_3(3)$. Es ist optimal, wenn zu Beginn von Periode 3 eine neue Bestellung/Anlieferung erfolgt. Aus dem Separationstheorem folgt, dass die optimale Politik vor Periode 3 feststeht. Das Optimierungsproblem wird separiert in ein Problem für die Perioden 1 bis 2 und ein Problem für die Perioden 3 bis 5. Periode 3 bezeichnet man als Entscheidungshorizont.

c) Auswirkungen

Bei Wagner/Whitin werden die Bestellmengen der Teilperioden retrograd vom Ende des Planungshorizonts her bestimmt. Damit hängt die optimale Lösung u. U. von den Bedarfswerten zeitlich weiter entfernter Perioden ab. Die Prognose zeitlich weit entfernter Bedarfswerte ist oft mit hoher Unsicherheit verbunden. Die formal optimale Lösung steht damit u. U. auf einer höchst unsicheren Datengrundlage.

Damit folgt bei rollierender Planung:

Bedarfsprognosen für zeitlich weit entfernte Perioden werden fortlaufend korrigiert. Wenn die Bestellung der ersten Periode Bedarfe späterer Perioden umfasst, und ändern sich nach Ablauf der ersten Periode deren Bedarfswerte, dann kann es sein, dass für die erste Periode eigentlich eine andere Bestellmenge optimal gewesen wäre. Das Aneinanderreihen von optimalen Entscheidungen für jeweils erste Perioden im Rahmen von aufeinanderfolgenden Planungsrunden einer rollierenden Planung muss keineswegs zum Gesamtoptimum führen.

5. Planung betrieblicher Fertigungsprozesse

5.1 Produktionsplanung und -steuerung bei Einzelfertigung

**Lösung 5.1.1: Zeitplanung in Vorgangsknotennetzplänen*

a) MPM-Netzplan

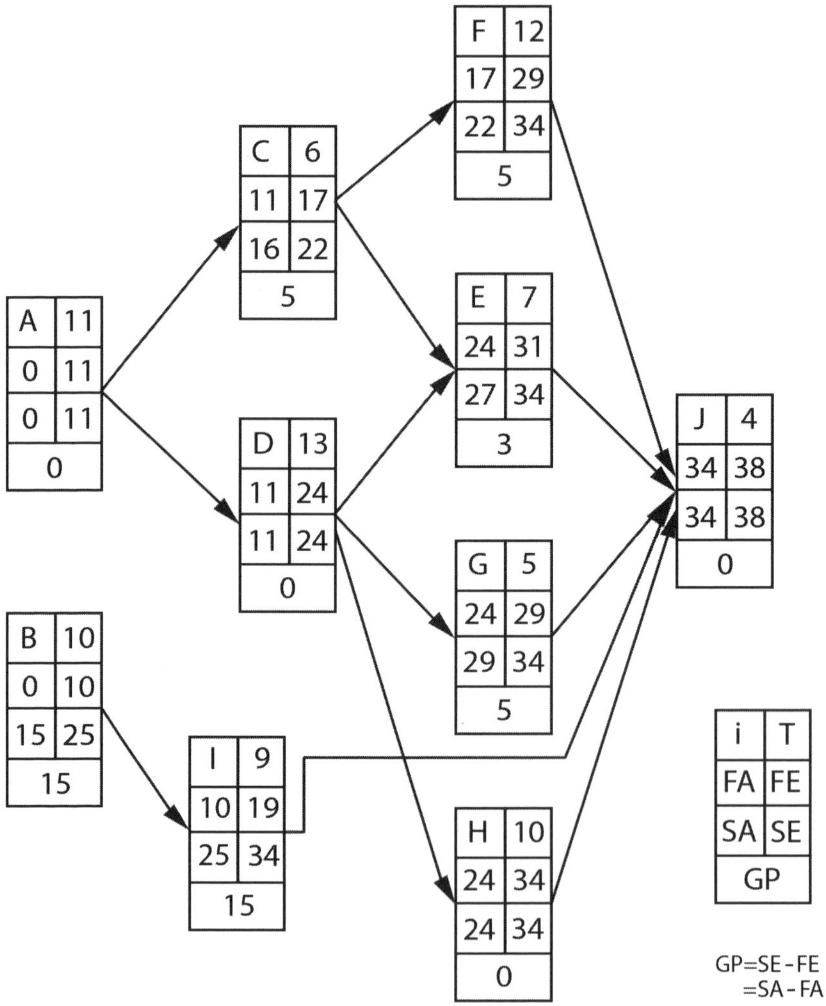

b) Kritischer Pfad

Kritischer Pfad: A, D, H, J

- Diese Vorgänge müssen in dem vorgegebenen Zeitraum erfüllt werden, sonst verlängert sich die Projektdauer.
- Alle Vorgänge auf dem kritischen Pfad haben keine Pufferzeiten (daraus lässt sich als Kriterium für den kritischen Pfad ableiten: FA = SA , FE = SE).

c) Gantt-Diagramm

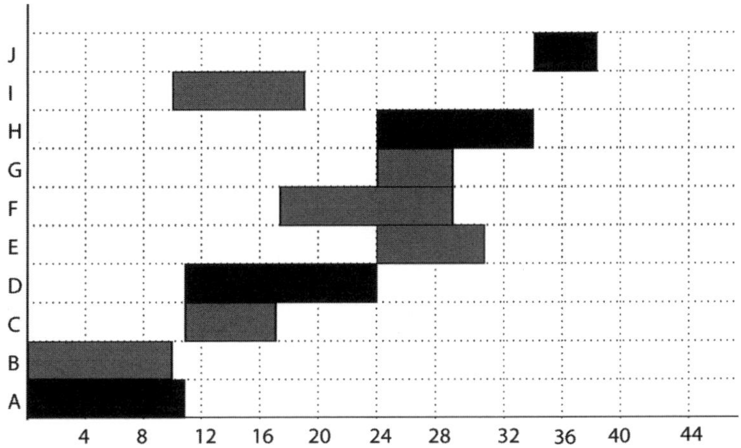

d) Pufferzeiten

i	A	B	C	D	E	F	G	H	I	J
GP_i	0	15	5	0	3	5	5	0	15	0
FP_i	0	0	0	0	3	5	5	0	15	0
UP_i	0	0	0	0	3	0	5	0	0	0

**Lösung 5.1.2: Kapazitätsplanung in Vorgangsknotennetzplänen*

a) MPM-Netzplan und Kapazitätsbelastung

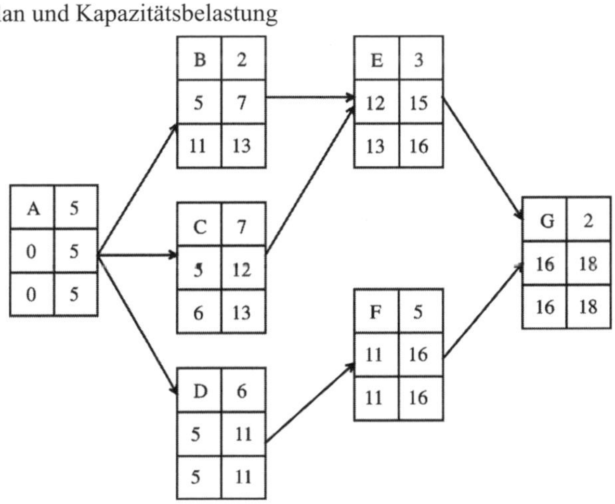

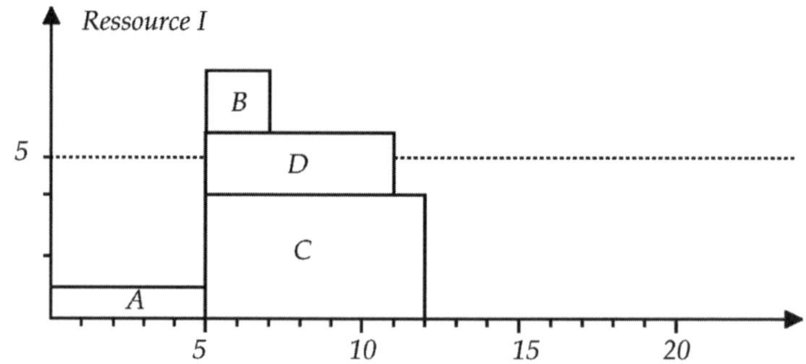

Belastungsprofil (auf Basis frühestmöglicher Starttermine) für Ressource I

Hinweis: Ressource II analog.

[Gestrichelte Linie: Kapazitätsgrenze ⇒ es liegt keine zulässige Lösung vor].

b) Ermittlung einer zulässigen Lösung mithilfe der KOZ-Regel

Vorgang	A	B	C	D	E	F	G
Start	0	5	16	5	23	11	26
Ende	5	7	23	11	26	16	28

Kapazitätsbelastung:

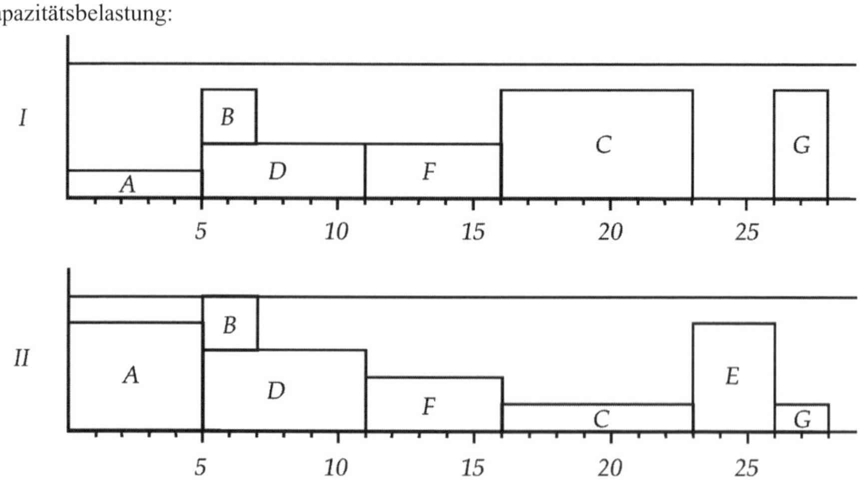

*Lösung 5.1.3: Zeitplanung bei Einzelfertigung

a) Produktionstyp

Bei Einzelfertigung ist die Netzplantechnik ein geeignetes Instrument zur Produktplanung und -steuerung, da keine Standardisierbarkeit in diesem Fall möglich. Das einmalige Gesamtprojekt muss, um Komplexität zu reduzieren, in einzelne Teilvorgänge zerlegt werden, zwischen denen verschiedene zeitliche Beziehungen bestehen. Die Netzplantechnik ist ein Instrument, das es ermöglicht die Vielzahl an Beziehungen transparent darzustellen. Auf dieser Basis ist eine exaktere zeitliche Planung des gesamten Ablaufs möglich.

b) MPM-Netzplan

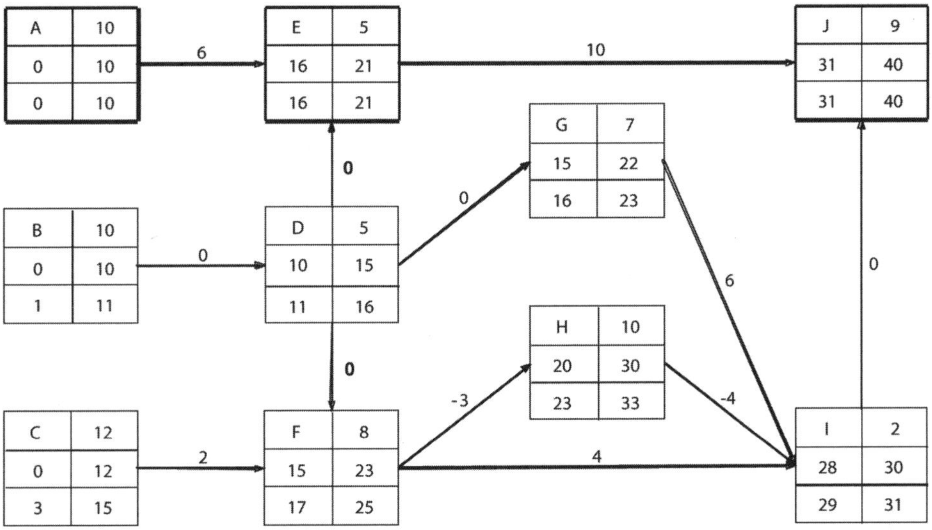

Kritischer Pfad: A, E, J

c) Pufferzeiten

- Gesamte Pufferzeit: Zeitspanne, um welcher der Vorgang *i* maximal verschoben werden kann, ohne dass sich die Projektdauer verlängert.
- Freie Pufferzeit: Zeitlicher Spielraum von Vorgang *i*, wenn Vorgang *i* und alle seine Nachfolger frühestmöglich beginnen. Oder: Wie weit kann ein Vorgang zeitlich nach hinten (zum Ende des Projektes hin) verschoben werden.
- Unabhängige Pufferzeit: Zeitlicher Spielraum von Vorgang *i*, wenn alle Nachfolger von *i* frühestmöglich und alle Vorgänger spätestmöglich beginnen. Von der Verschiebung werden weder die Vorgänger noch die Nachfolger berührt.

i	D	H	I
GP_i	1	3	1
FP_i	0	2	1
UP_i	0	0	0

d) Beraterengagement

- Lösungsvorschlag 1: Die Verringerung der Verweilzeit zwischen den Vorgängen A und E reduziert die Projektdauer um eine Zeiteinheit. Die Umsetzung dieses Vorschlages kostet 300 Euro, die Ersparnis beträgt 250 Euro. Lösungsvorschlag 1 ist nicht durchzuführen, da dieser einen Verlust von 50 Euro verursacht.
- Lösungsvorschlag 2: Durch Einführung einer Verweilzeit zwischen den Vorgängen D und G können 1.400 Euro gespart werden. Die Verlängerung der Projektdauer um 4 Zeiteinheiten hat aber 1.000 Euro zusätzliche Kosten zur Folge. Insgesamt ergibt sich eine Kostenreduktion in Höhe von 400 Euro.

- Lösungsvorschlag 3: Durch diese Maßnahme verringert sich die Projektdauer um 2 Zeiteinheiten. Kosten in Höhe von 200 Euro stehen Einsparungen in Höhe von 500 Euro gegenüber. Das Ergebnis kann durch Lösungsvorschlag 3 um 300 Euro gesteigert werden.

Da eine Auswahlentscheidung zu treffen ist, ist Alternative 2 vorzuziehen. Der Berater ist sein Geld trotzdem nicht wert, da die aus seinen Vorschlägen bestmöglich erzielbare Ersparnis in Höhe von 400 Euro sein Honorar von 500 Euro nicht decken kann.

*Lösung 5.1.4: Netzplantechnik

a) Vorgangsknotennetzplan und kritischer Pfad

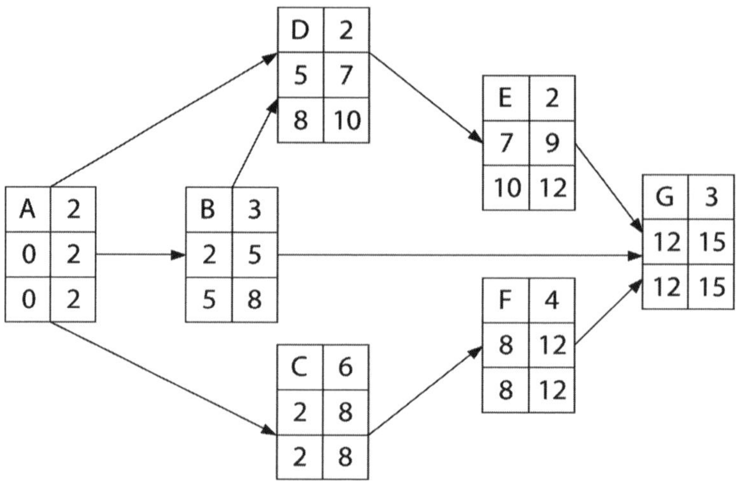

Kritischer Pfad: A, C, F, G

b) Pufferzeiten

	A	B	C	D	E	F	G
GP_i	0	3	0	3	3	0	0
UP_i	0	0	0	0	0	0	0

- Gesamte Pufferzeit: Zeitspanne, um die ein Vorgang maximal verschoben werden kann, ohne dass sich die Projektdauer verlängert (ohne Berücksichtigung der Wirkung auf andere Vorgänge).
- Unabhängige Pufferzeit: Zeitspanne, um die ein Vorgang verschoben werden kann, ohne dass seine unmittelbaren Vorgänger und Nachfolger berührt werden.

c) Einbeziehung des Subunternehmers

Selbst für die Vergabe des Auftrags an den Subunternehmer kann ein Projektende zum Zeitpunkt 12 nicht eingehalten werden, da die gesamte Fertigungsdauer immer noch 13 ZE betragen würde.

**Lösung 5.1.5: Produktionsplanung bei Einzelfertigung mit NPT*

a) Vorgangsknotennetzplan

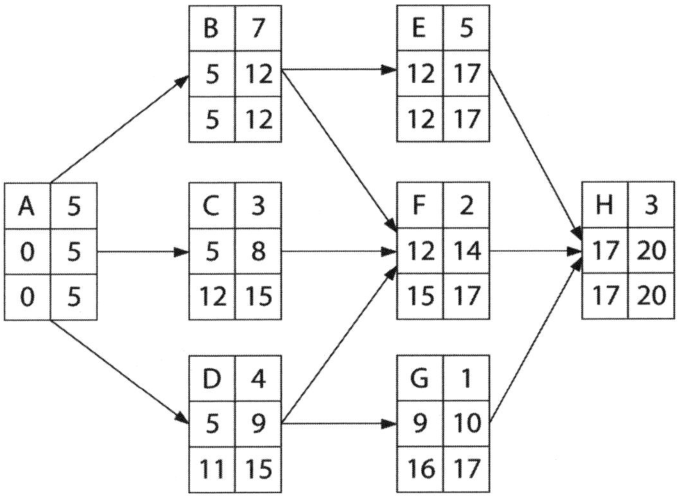

Frühester Fertigstellungstermin: 20

b) Kritischer Pfad und Pufferzeiten

Kritischer Pfad: A, B, E, H

Pufferzeiten:

	A	B	C	D	E	F	G	H
GP_i	0	0	7	6	0	3	7	0
FP_i	0	0	4	0	0	3	7	0
UP_i	0	0	4	0	0	0	1	0

c) Personalkapazitäten und frühester Endzeitpunkt

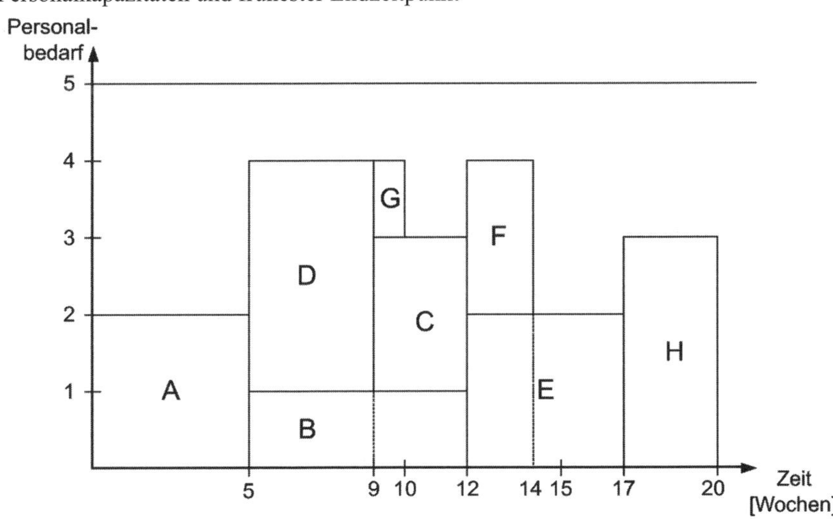

d) Unterschied Lösung a) und c)

Vorgang C findet aufgrund der Personalrestriktion zu einem späteren Zeitpunkt statt (9–12 statt 5–8).

Lösung 5.1.6: Zeitplanung in Vorgangsknotennetzplänen

a) Vorgangsknotennetzplan, kritischer Pfad und Pufferzeiten

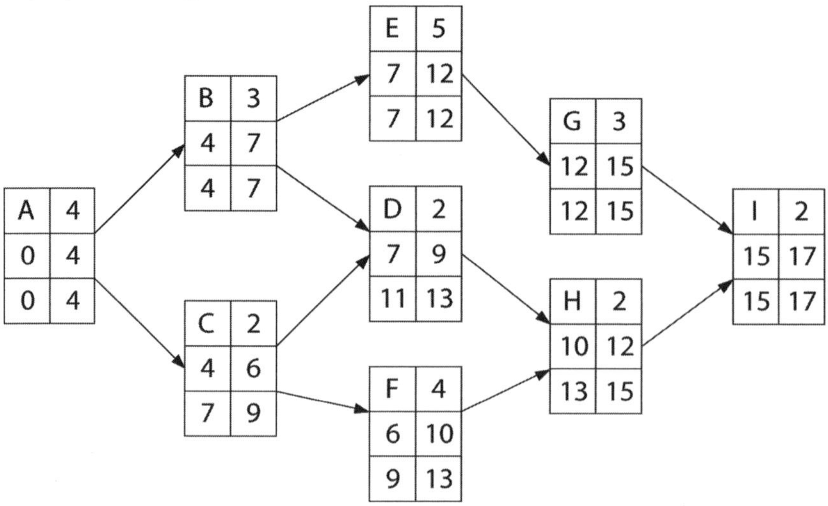

kritischer Pfad: A, B, E, G, I

Pufferzeiten:

	A	B	C	D	E	F	G	H	I
GP_i	0	0	3	4	0	3	0	3	0
FP_i	0	0	0	1	0	0	0	3	0
UP_i	0	0	0	0	0	0	0	0	0

b) Gantt-Diagramm

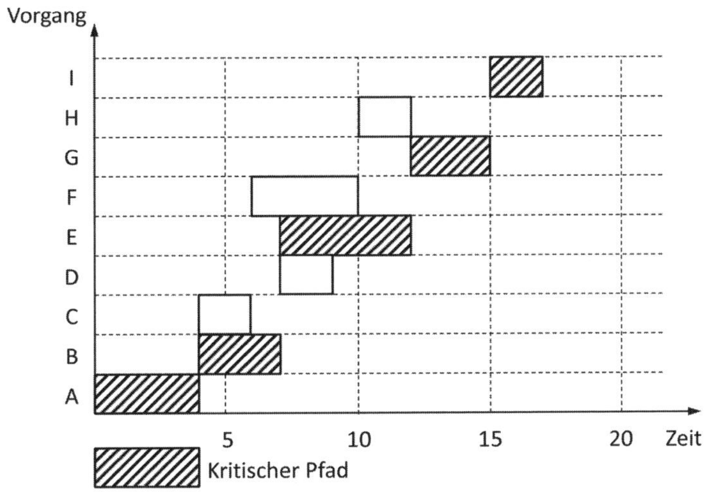

c) Gantt-Diagramm bei zwei Mitarbeitern

**Lösung 5.1.7: Kapazitätsplanung in Vorgangsknotennetzplänen*

a) Vorgangsknotennetzplan

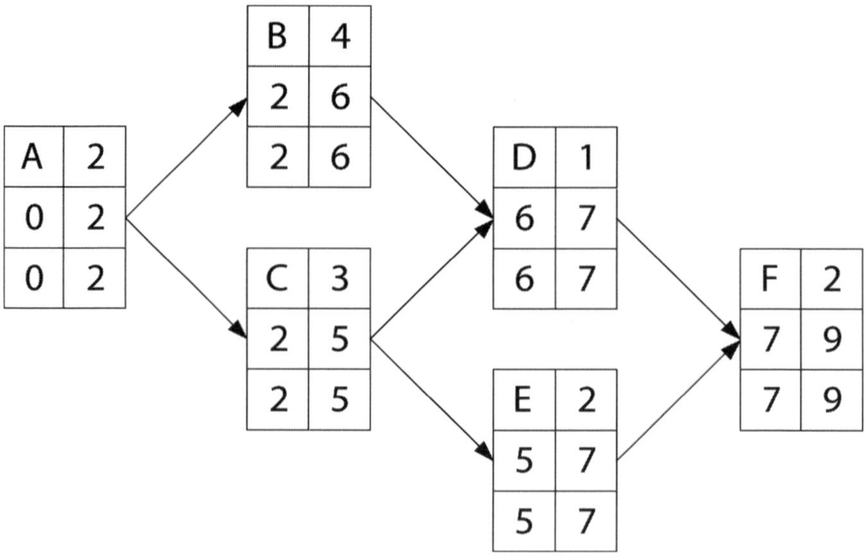

Alle Vorgänge auf dem kritischen Pfad; keine Pufferzeiten.

b) Gantt-Diagramme

Abteilung I

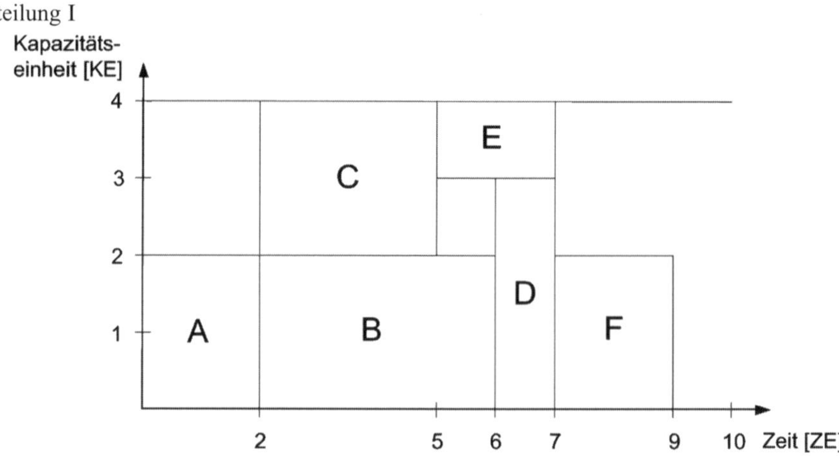

Abteilung II

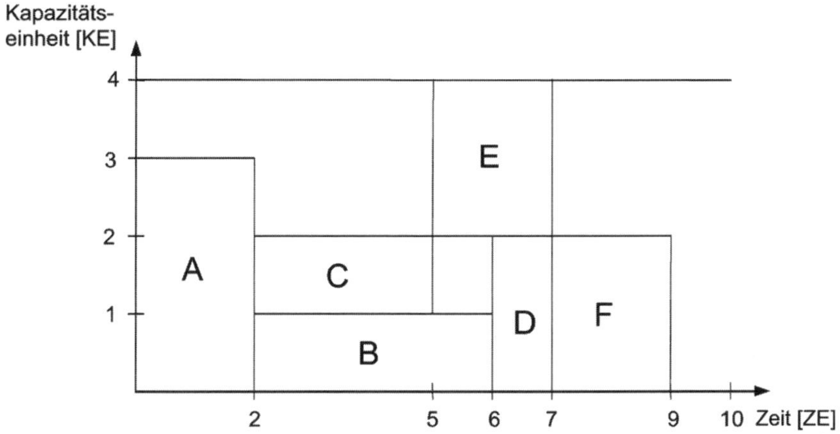

Es entstehen keine Engpässe.

5.2 Produktionsplanung und -steuerung bei Werkstattfertigung

5.2.1 Losgrößenplanung bei Ein- und Mehrproduktfertigung

Lösung 5.2.1.1: Bestimmung der optimalen Losgröße

a) Modellprämissen

- einstufige Einproduktfertigung
- ständige Lieferbereitschaft
- kein Sicherheitsbestand
- unendliche Fertigungsgeschwindigkeit, unbegrenzte Kapazität
- gleichbleibende Absatzgeschwindigkeit
- vollkommene Information
- keine Beschränkung des Lagerraums und der finanziellen Mittel
- konstante Kosten

Dieses Modell gilt nur für einstufige Einproduktfertigungen, da sich bei allen anderen Produktionsverfahren die Entscheidungsparameter erhöhen, sodass wesentlich mehr Annahmen bezüglich der einzelnen Teilprozesse getroffen werden müssen.

b) Zielsetzung

Die Zielsetzung liegt in der Minimierung der Kosten je Periode bzw. Kosten je Stück. Die Gesamtkosten setzen sich aus losgrößenfixen und losgrößenabhängigen (variablen) Kosten zusammen. Erstere sind die Umrüstkosten s, letztere die Lager- und Zinskosten h. Die losfixen Stückkosten nehmen mit zunehmender Losgröße ab und die Lager- und Zinskosten je Stück steigen mit zunehmender Losgröße. Die Summe der beiden Stückkostenkurven gilt es zu minimieren.

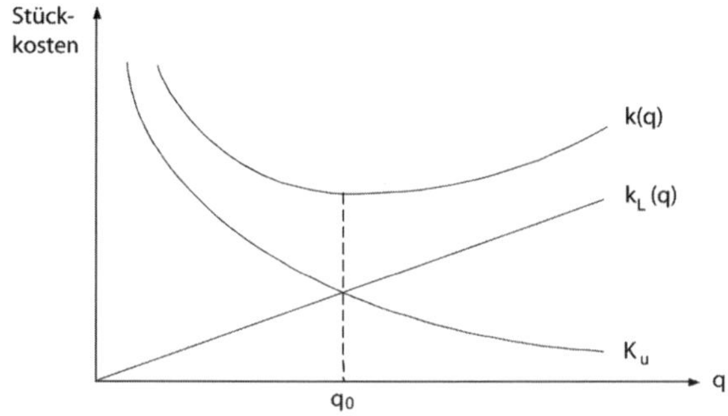

c) Formel der optimalen Losgröße

k_f variable Fertigungsstückkosten (€/ME)

s Kostensatz je Umrüstung

T Dauer des Planungszeitraums (wird hier als 1 angenommen)

D Herstellmenge im Planungszeitraum

L_B Lagerbestandsmenge

q Losgröße

h Lager- und Zinskostensatz

Kosten des Planungszeitraums: $K(q) = s \cdot \frac{D}{q} + \frac{q}{2} \cdot k_f \cdot \frac{h}{100}$

Stückkosten: $k(q) = K(q)/D = \frac{s}{q} + \frac{q \cdot k_f \cdot h}{200 \cdot D}$

$$\frac{dk}{dq} = -\frac{s}{q^2} + \frac{k_f \cdot h}{200 \cdot D} \overset{!}{=} 0$$

$$q^* = \sqrt{\frac{200 \cdot s \cdot D}{k_f \cdot h}}$$

d) Optimale Losgröße in der Sägerei

$$q^* = \sqrt{\frac{200 \cdot 40 \cdot 10.000}{25 \cdot (12+8)}} = 400 \text{ Stück}$$

Berechnung der Stückkosten:

Gesamtkosten: $K(400) = 40 \cdot \frac{10.000}{400} + \frac{400}{2} \cdot 25 \cdot \frac{20}{100} = 2.000$ €

Stückkosten: $\frac{K(q)}{D} = 0{,}2$ €/Stück

e) Erweiterungsmöglichkeiten

- endliche Fertigungsgeschwindigkeit: Bei der Annahme endlicher Fertigungsgeschwindigkeiten ist zudem zu unterscheiden, ob es sich um offene oder geschlossene Modelle der Produktion handelt.

- dynamische Modelle
- Mehrprodukt- und mehrstufige Fertigung
- Kapazitätsschranken

*Lösung 5.2.1.2: Verfahren von Wagner/Whitin

a) Dynamisches Losgrößenproblem

Prämissen:

- periodisch vorgegebene Bedarfsmengen
- Lagerzugang zeitpunktgeballt, nicht kontinuierlich

b) Bedingung des Algorithmus von Wagner/Whitin

Bedingung: $K_t^* = K_t\ (i)$ mit $i = t$

c) Berechnung mit dem Verfahren von Wagner/Whitin

1. Zu Beginn von $a = 1$:

$$K_1^* = \min\{K_1(1) \quad = F \quad = 100$$

$$K_2^* = \min\begin{cases} K_2(1) & = K_1(1) + 35 \cdot 2 & = 170 \\ K_2(2) & = F + K_1^* & = 200 \end{cases}$$

$$K_3^* = \min\begin{cases} K_3(1) & = K_2(1) + 70 \cdot 2 \cdot 2 & = 450 \\ K_3(2) & = K_2(2) + 70 \cdot 2 & = 340 \\ K_3(3) & = F + K_2^* & = 270 \end{cases}$$

K_4^* nicht nötig $\Rightarrow q_1 = 95$, Grund: Entscheidungshorizonttheorem

2. Zu Beginn von $a = 2$:

effektive Bedarfsreihe unter Berücksichtigung des Lageranfangsbestands von $y_1 = 35$

	$t=2$	$t=3$	$t=4$	$t=5$	$t=6$
r_t	0	70	60	30	

$\Rightarrow$ keine Planung nötig, da eine Losauflage zu Beginn von $t = 2$ unnötige Lagerkosten verursachen würde. Neuplanung zu Beginn von $a = 3$ mit der aktuellsten Prognose.

3. Zu Beginn von $a = 3$:

effektive Bedarfsreihe:

	$t=3$	$t=4$	$t=5$	$t=6$
r_t	70	45	30	30

$$K_3^* = \min\{K_3(3) \quad = F + K_2^* \quad = 270 \quad |100$$

$$K_4^* = \min\begin{cases} K_4(3) & = K_3(3) + 45 \cdot 2 & = 360 & |190 \\ K_4(4) & = F + K_3^* & = 370 & |200 \end{cases}$$

$$K_5^* = \min\begin{cases} K_4(3) & = K_4(3) + 30 \cdot 2 \cdot 2 & = 480 & |310 \\ K_5(4) & = K_4(4) + 30 \cdot 2 & = 430 & |260 \\ K_5(5) & = F + K_4^* & = 460 & |290 \end{cases}$$

$$K_6^* = \min\begin{cases} K_6(4) & = K_5(4) + 30 \cdot 2 \cdot 2 & = 550 & |380 \\ K_6(5) & = K_5(5) + 30 \cdot 2 & = 520 & |350 \\ K_6(6) & = F + K_5^* & = 530 & |360 \end{cases}$$

$q_3 = 70 + 45 = 115$; $q_4 = 0$; $q_5 = 30 + 30 = 60$; $q_6 = 0$

*Lösung 5.2.1.3: Dynamische Losgrößenplanung

a) Kostenminimaler Produktionsplan nach dem Algorithmus von Wagner/Whitin

$$K_1^* = \min\{K_1(1) \quad = \quad F \quad = \quad 250$$

$$K_2^* = \min\begin{cases} K_2(1) & = & K_1(1) + 1 \cdot 20 \cdot 7 & = & 390 \\ K_2(2) & = & F + K_1^* & = & 500 \end{cases}$$

$$K_3^* = \min\begin{cases} K_3(1) & = & K_2(1) + 2 \cdot 20 \cdot 13 & = & 910 \\ K_3(2) & = & K_2(2) + 1 \cdot 20 \cdot 13 & = & 760 \\ K_3(3) & = & F + K_2^* & = & 640 \end{cases}$$

$$K_4^* = \min\begin{cases} K_4(3) & = & K_3(3) + 1 \cdot 20 \cdot 11 & = & 860 \\ K_4(4) & = & F + K_3^* & = & 890 \end{cases}$$

$$K_5^* = \min\begin{cases} K_5(3) & = & K_4(3) + 2 \cdot 20 \cdot 6 & = & 1.100 \\ K_5(4) & = & K_4(4) + 1 \cdot 20 \cdot 6 & = & 1.010 \\ K_5(5) & = & F + K_4^* & = & 1.110 \end{cases}$$

$$K_6^* = \min\begin{cases} K_6(4) & = & K_5(4) + 2 \cdot 20 \cdot 15 & = & 1.610 \\ K_6(5) & = & K_5(5) + 1 \cdot 20 \cdot 15 & = & 1.410 \\ K_6(6) & = & F + K_5^* & = & 1.260 \end{cases}$$

$q = (12,0,13,17,0,15)$; $K = 1.260$ €

b) Bestimmung des Produktionsplans nach Stück-Perioden-Verfahren

Entscheidungskriterium:

$$\text{Max}\left\{ j \,\middle|\, \frac{F}{\sum_{t=\tau+1}^{j} (t-\tau) \cdot r_t} \geq h \right\} \text{ bzw. } \max\left\{ j \,\middle|\, \sum_{t=\tau+1}^{j} (t-\tau) \cdot \overline{r}_t \leq \frac{F}{h} = 12{,}5 \right\}$$

$\tau = 3$:	$j = 3$:	$0 < 12{,}5$
	$j = 4$:	$11 < 12{,}5$
	$j = 5$:	$11 + 2 \cdot 6 > 12{,}5$
$\tau = 5$:	$j = 5$:	$0 < 12{,}5$
	$j = 6$:	$15 > 12{,}5$
$\tau = 6$:	$j = 6$:	$0 < 12{,}5$

$$q = (12, 0, 24, 0, 6, 15)\,;\; K = 4 \cdot 250 + 1 \cdot 20 \cdot 7 + 1 \cdot 20 \cdot 11 = 1.360\ €$$

c) Optimaler Produktionsplan

Der Bedarf einer Periode wird entweder geballt am Beginn der Periode oder gemeinsam mit Bedarfsmengen anderer Perioden zu Beginn einer früheren Periode gedeckt.

d) Problematik bei Wagner/Whitin

Bei rollierendem Einsatz ist das Verfahren von Wagner/Whitin ebenfalls eine Heuristik. Hier kann das Stück-Perioden-Verfahren ggf. bessere Ergebnisse ergeben.

*Lösung 5.2.1.4: Produktionsprozessplanung

a) Kostenminimaler Produktionsplan

$$K_1^* = \min\{K_1(1) \quad = F \quad = 100$$

$$K_2^* = \min\begin{cases} K_2(1) & = K_1(1) + 1 \cdot 1 \cdot 120 & = 220 \\ K_2(2) & = F + K_1^* & = 200 \end{cases}$$

$$K_3^* = \min\begin{cases} K_3(2) & = K_2(2) + 1 \cdot 1 \cdot 30 & = 230 \\ K_3(3) & = F + K_2^* & = 300 \end{cases}$$

$$K_4^* = \min\begin{cases} K_4(2) & = K_3(2) + 1 \cdot 2 \cdot 40 & = 310 \\ K_4(3) & = K_3(3) + 1 \cdot 1 \cdot 40 & = 340 \\ K_4(4) & = F + K_3^* & = 330 \end{cases}$$

$$q = (80, 190, 0, 0)\,;\; y = (0, 0, 70, 40)\,;\; K = 310\ €$$

b) Vorteilhaftigkeit von Heuristiken bei rollierender Planung

Die Lösung nach Wagner/Whitin ergibt sich erst aus der Rückwärtsrechnung, d. h. sämtliche Perioden des Planungszeitraums sind miteinbezogen. Bei rollierendem Einsatz ist eine Rückwärtsrechnung nicht möglich.

c) Problematik der Kapazitätsrestriktionen und Ermittlung der Rüstkosten

- Vernachlässigung von Kapazitätsrestriktionen $\Rightarrow$ Durchlaufzeitensyndrom, unzulässige Belegungspläne;
- Ermittlung Rüstkosten $\Rightarrow$ reihenfolgeabhängige Rüstkosten.

Lösung 5.2.1.5: Prozessplanung

a) Voraussetzungen

- Zeitlich veränderlicher Bedarf in Form von vorgegebenen Bedarfen je Teilperiode
- Bedarf einer Periode kann nur geballt entweder am Beginn der Periode oder gemeinsam mit Bedarfsmengen anderer Perioden zu Beginn einer früheren Periode gedeckt werden.

b) Struktur der Lösung

- $y_{t-1} \cdot q_t \overset{!}{=} 0$

  mit

  y_{t-1} = Lagerbestand am Ende von Periode $t-1$

  q_t = Größe des Loses, das zu Beginn von t aufgelegt wird

  Optimal kann nur eine solche Losgrößenpolitik sein, bei der eine Losauflage erfolgt, wenn der Lagerbestand am Ende der Vorperiode null ist.
- Immer nur ganze Bedarfe werden befriedigt.

b) Nettonachfrage

Monat	1	2	3	4	5	6
Nettonachfrage	0	42	30	22	12	30

$$K_2^* = \min\{K_2(2) \quad = F + K_1^* \quad = 240$$

$$K_3^* = \min\begin{cases} K_3(2) & = K_2(2) + 1 \cdot 5 \cdot 30 & = 390 \\ K_3(3) & = F + K_2^* & = 440 \end{cases}$$

$$K_4^* = \min\begin{cases} K_4(2) & = K_3(2) + 2 \cdot 5 \cdot 22 & = 610 \\ K_4(3) & = K_3(3) + 1 \cdot 5 \cdot 22 & = 550 \\ K_4(4) & = F + K_3^* & = 590 \end{cases}$$

$$K_5^* = \min\begin{cases} K_5(3) & = K_4(3) + 2 \cdot 5 \cdot 12 & = 670 \\ K_5(4) & = K_4(4) + 1 \cdot 5 \cdot 12 & = 650 \\ K_5(5) & = K_4^* + F & = 750 \end{cases}$$

$$K_6^* = \min\begin{cases} K_6(4) & = K_5(4) + 2 \cdot 5 \cdot 30 & = 950 \\ K_6(5) & = K_5(5) + 1 \cdot 5 \cdot 30 & = 900 \\ K_6(6) & = K_5^* + F & = 850 \end{cases}$$

$q = (0,72,0,34,0,30)$

*Lösung 5.2.1.6: Losgrößenplanung

a) Lagerbestandsverlauf bei unendlicher Fertigungs- und konstanter Absatzgeschwindigkeit

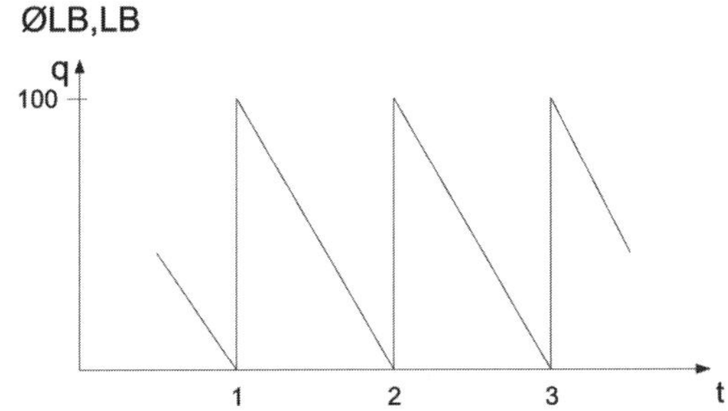

$$\varnothing LB = \frac{q}{2} = 50 \text{ Stück}$$

$$K_D = s \cdot \frac{d}{q} + \frac{q}{2} \cdot k_f \cdot h \cdot D = 3.600 \text{ €}$$

$$q^* = \sqrt{\frac{2 \cdot s \cdot d}{k_f \cdot h \cdot D}} = 141{,}42 \approx 141 \text{ Stück}$$

b) Lagerbestandsverlauf bei geschlossener Produktion sowie endlicher Fertigungs- und konstanter Absatzgeschwindigkeit

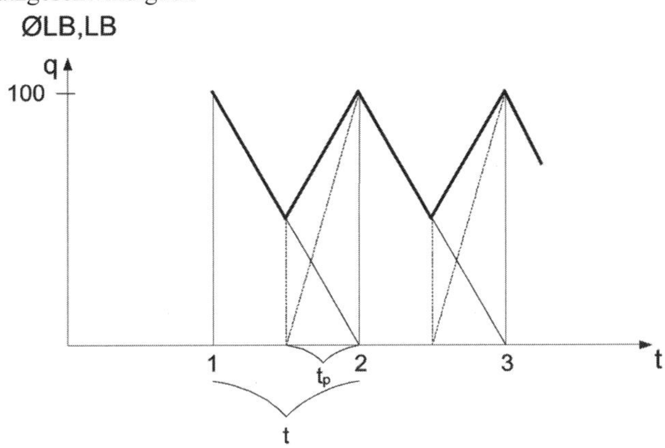

$$\varnothing LB = \frac{q}{2}\left(1 + \frac{d}{i}\right) = 62{,}5 \text{ Stück}$$

$$q^* = \sqrt{\frac{2 \cdot s \cdot d}{k_f \cdot h \cdot D \cdot \left(1 + \frac{d}{i}\right)}} = 126{,}49 \approx 126 \text{ Stück}$$

c) Lagerbestandsverlauf bei offener Produktion für $q = 100$

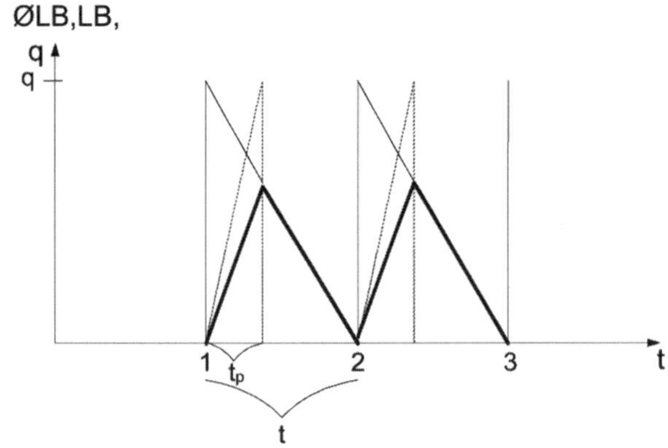

d) Problematik bei Mehrproduktfertigung auf einer Maschine

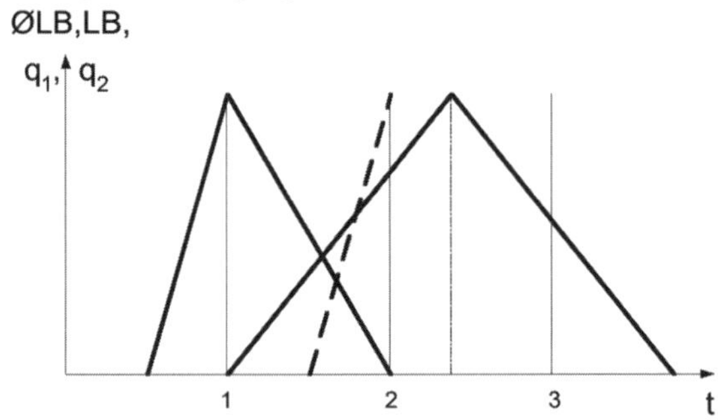

Lösung 5.2.1.7: Dynamische Losgrößenplanung

a) Kostenminimaler Produktionsplan

$$K_1^* = \min\{K_1(1) \qquad = 100$$

$$K_2^* = \min\begin{cases} K_2(1) & = K_1(1) + 1\cdot 1\cdot 60 & = 160 \\ K_2(2) & = K_1^* + 100 & = 200 \end{cases}$$

$$K_3^* = \min\begin{cases} K_3(1) & = K_2(1) + 2\cdot 1\cdot 60 & = 280 \\ K_3(2) & = K_2(2) + 1\cdot 1\cdot 60 & = 260 \\ K_3(3) & = K_2{}^* + 100 & = 260 \end{cases}$$

$$K_4^* = \min\begin{cases} K_4(2) & = K_3(2) + 2\cdot 1\cdot 30 & = 320 \\ K_4(3) & = K_3(3) + 1\cdot 1\cdot 30 & = 290 \\ K_4(4) & = K_3^* + 100 & = 360 \end{cases}$$

$$K_5^* = \min\begin{cases} K_5(3) & = K_4(3) + 2\cdot 1\cdot 40 & = 370 \\ K_5(4) & = K_4(4) + 1\cdot 1\cdot 40 & = 400 \\ K_5(5) & = K_4^* + 100 & = 390 \end{cases}$$

$q_t = (80,0,130,0,0)$; $K = 370$ €

b) Entscheidungsmodell

Zielfunktion:

$$\text{Min } K = \sum_{t=1}^{d} [F \cdot x_t + h \cdot y_t]$$

Nebenbedingungen:

$$y_{t-1} + q_t - d_t = y_t \qquad t = 1, ..., T$$
$$q_t \leq M \cdot x_t \qquad t = 1, ..., T$$
$$q_t, x_t \geq 0$$
$$x_t = \{0,1\}$$
$$M \geq \sum d_t$$

c) heuristische Lösungsverfahren

- Silver-Meal Heuristik
- Stückperiodenverfahren

Gemeinsamkeiten:

- Jeweils ganze Periodenbedarfe werden produziert
- Kriterium folgt aus einer Eigenschaft des Optimums des Klassischen Losgrößenmodells
- Heuristik

*Lösung 5.2.1.8: Optimale Fertigungslosgröße

a) Verlauf der Lagerbestandsmenge

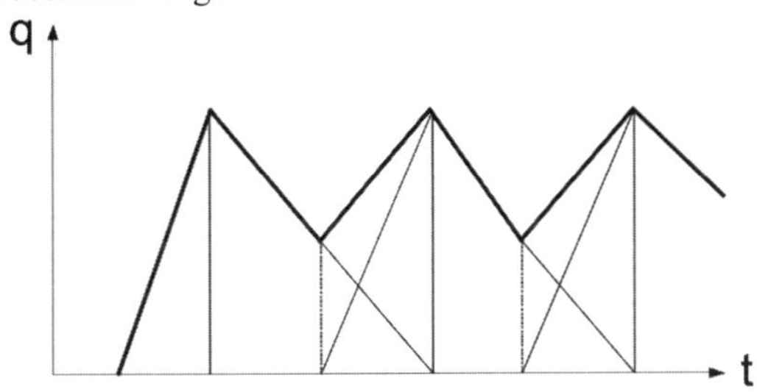

$$q^* = \sqrt{\frac{2 \cdot s \cdot D}{h \cdot \left(1 + \frac{d}{i}\right)}} = 848{,}528 \approx 849 \text{ ME}$$

$$K^* = 12.727{,}92 \text{ GE}$$

Wobei $D = 360 \cdot d = 90.000$

b) Optimale Produktionslosgröße und resultierende Kosten

$$q^* = \sqrt{\frac{2 \cdot s \cdot D}{h \cdot \left(1 - \frac{d}{i}\right)}} = 1.469{,}69 \approx 1.470 \text{ME}$$

$$K^* = 7.348{,}47 \text{ GE}$$

c) Ursachen für Unterschiede zwischen a) und b)

- offene vs. geschlossene Produktion haben unterschiedliche Auswirkungen auf den Lagerbestand.
- offene Produktion: Fließproduktion mit automatischem Transportsystem
- geschlossene Produktion: Transport des gesamten Loses, Werkstattfertigung
- zusätzliche Einflüsse: Engpass, Maschinenschaden, Personalunfall

Lösung 5.2.1.9: Losgrößenplanung bei offener Produktweitergabe

a) Optimale Fertigungslosgröße:

$$K = s \cdot \frac{d}{q} + h \cdot \frac{1}{2} \cdot (i-d) \cdot \frac{q}{i}$$

nach q ableiten ergibt:

$$q_{\text{opt}} = \sqrt{\frac{2 \cdot s \cdot d}{h \cdot (1 - d/i)}}$$

$$s = 50$$

$$h = \frac{2}{12} = \frac{1}{6}$$

$$d = \frac{300\,[\text{Stück}]}{2\,[\text{Wochen}]} \cdot 4 \frac{[\text{Wochen}]}{[\text{Monat}]} = 600 \frac{[\text{Stück}]}{[\text{Monat}]}$$

$$i = \frac{2400 \left[\frac{\text{Stück}}{\text{Quartal}}\right]}{3 \left[\frac{\text{Monate}}{\text{Quartal}}\right]} = 800 \frac{[\text{Stück}]}{[\text{Monat}]}$$

$$q^* = \sqrt{\frac{2 \cdot 50 \cdot 600}{\frac{1}{6} \cdot (1 - 0{,}75)}} = \sqrt{1.440.000} = 1200\,[\text{Stück}]$$

b) Absatz- und Fertigungszeit, maximaler und durchschnittlicher Lagerbestand

Dauer zum Absatz (t) und zur Fertigung (t_p) eines Loses:

Mit $q = i \cdot t_p = d \cdot \tau$ gilt:

$$t_p = \frac{q}{i} = \frac{1200}{800} = 1{,}5\,[\text{Monat}]$$

$$\tau = \frac{q}{d} = \frac{1200}{600} = 2\,[\text{Monat}]$$

maximaler Lagerbestand:

$$LB_{\max} = (i-d) \cdot t_P = (800 - 600) \cdot 1{,}5 = 300$$

durchschnittlicher Lagerbestand:

$$LB_{\text{DS}} = \frac{LB_{\max}}{2} = 150$$

c) Lagerbestandentwicklung

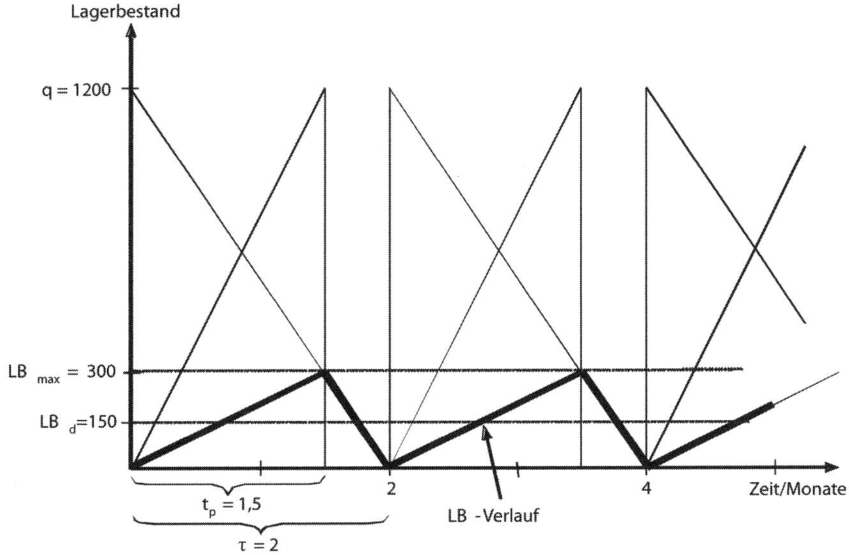

d) Produktionsverlauf bei offener und geschlossener Produktweitergabe

- Offene Produktweitergabe:

  Die Produktion beginnt bei offener Produktweitergabe mit Anfang der Zyklusphase bzw. jedes gefertigte Stück wird sofort in den Absatz weitergegeben. Zu Beginn des Zyklus ist der Lagerbestand null; dieser wird während der Produktionsphase stetig aufgebaut. Der gleichzeitige Absatz unterschreitet die Produktion. Nach Beendigung der Produktionsphase wird nur noch abgesetzt, sodass der Lagerbestand stetig abnimmt. Am Ende des Zyklus ist der Lagerbestand vollständig abgebaut.

- Geschlossene Produktweitergabe:

  Die Produktion ist zu Beginn der Zyklusphase bereits abgeschlossen bzw. sie beginnt mit einem entsprechenden zeitlichen Vorlauf, sodass das benötigte Los komplett gefertigt ist. Das Los wird anschließend vollständig weitergegeben. Ausgehend von einem vollen Lager nimmt der Lagerbestand am Anfang des Zyklus zunächst ab, da ausschließlich abgesetzt wird. Erst wenn die Produktionsphase eintritt, wird dieser wieder erhöht. Gleichzeitig werden die hergestellten Produkte des vorangegangenen Loses mit einer geringeren Geschwindigkeit abgesetzt, sodass das Lager langsam wieder gefüllt wird. Am Ende des Zyklus ist der Lagerbestand wieder auf dem Anfangsniveau (maximaler Lagerbestand).

  Der durchschnittliche Lagerbestand ist bei der geschlossenen höher als bei der offenen Produktweitergabe.

5.2.2 Reihenfolgeplanung bei Job-Shop-Problemen

Lösung 5.2.2.1: Auftragsfolgen mit dem Verfahren von Akers

a) Wartezeit und Durchlaufzeit der Aufträge

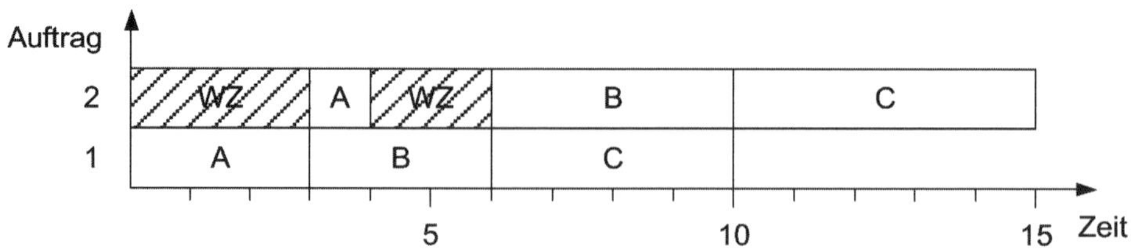

Die Wartezeiten (WZ) sind $WZ_1 = 0$ und $WZ_2 = 5$. Die Durchlaufzeiten (DLZ) sind $DLZ_1 = 10$ und $DLZ_2 = 15$.

b) Zyklusminimale Auftragsfolgealternativen

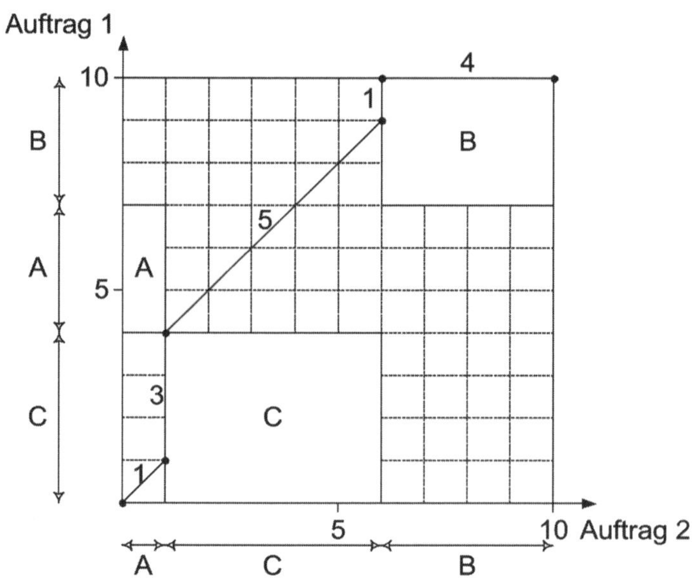

Die zyklusminimalen Auftragsfolgealternativen sind für Maschine $A < 2,1]$, für Maschine $B < 1,2]$ und für Maschine $C < 1,2]$. Die Zykluszeit beträgt 14 ZE.

c) Gantt-Diagramm

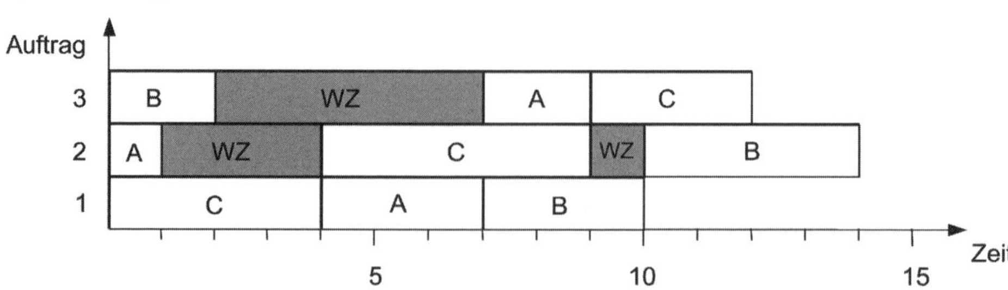

Im Vergleich zur Lösung aus Teilaufgabe b) beträgt die Zykluszeit weiterhin 14 ZE. Die zusätzliche Einplanung von Auftrag 3 verlängert daher nicht die Bearbeitung. Wegen der Optimalität der Lösung aus Teilaufgabe b) ist somit die angegebene Auftragsfolge die zyklusminimale.

d) Gesamtbelegungszeit

Die Gesamtbelegungszeit der Arbeitsträger beträgt 35 ZE.

Lösung 5.2.2.2: Auftragsfolgen mit dem Verfahren von Akers

a) Minimale Zykluszeit

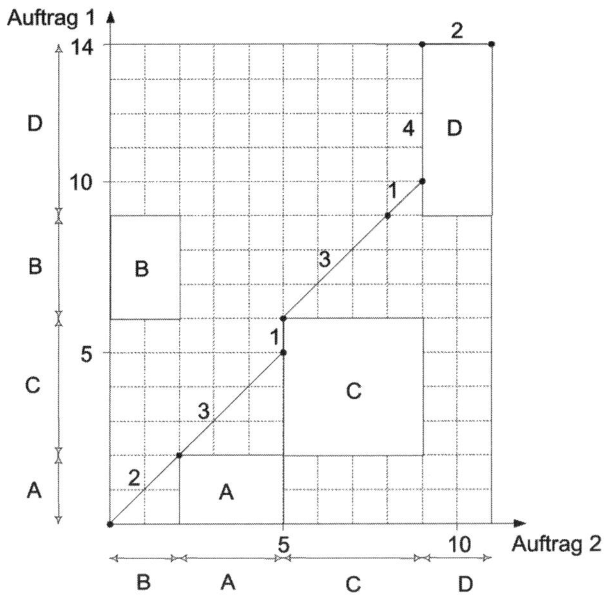

Die minimale Zykluszeit beträgt 16 Zeiteinheiten.

b) Zykluszeitminimale Auftragsfolgen

Die zykluszeitminimalen Auftragsfolgen sind bei Maschine $A < 1,2]$, bei Maschine $B < 2,1]$, bei Maschine $C < 1,2]$ und bei Maschine $D < 1,2]$.

c) Durchlauf- und Wartezeiten

$\sum$ Durchlaufzeiten: $14 + 16 = 30$

$\sum$ Wartezeiten: $0 + 5 = 5$

d) Änderungen der Bearbeitungszeit Auftrag 1

Nach der Änderung beträgt die Zykluszeit weiterhin 16 Zeiteinheiten. Es gilt:

$\sum$ Durchlaufzeiten: $16 + 14 = 30$

$\sum$ Wartezeiten: $0 + 5 = 5$

e) Aussage

Die Aussage ist falsch.

Lösung 5.2.2.3: Prozessplanung in einer Schreinerei

a) Minimale Zykluszeit

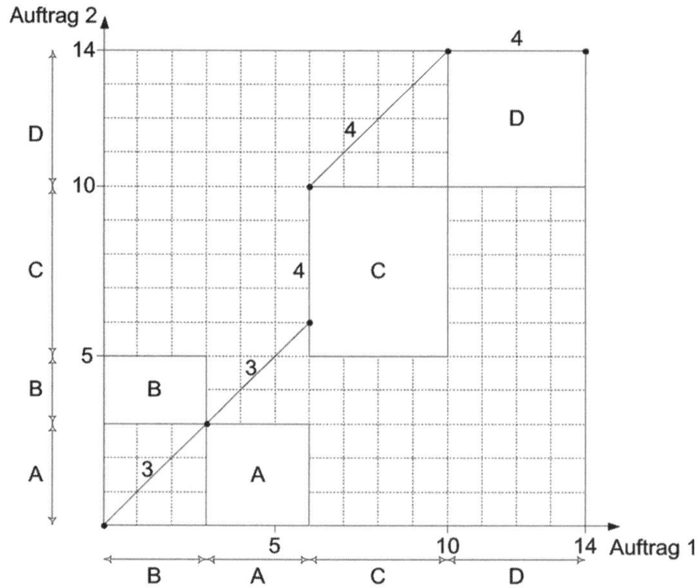

Die Auftragsfolge lautet an Maschine $A < 2,1]$, an $B < 1,2]$, an $C < 2,1]$ und an $D < 2,1]$. Die minimale Zykluszeit beträgt 18 Zeiteinheiten.

b) Durchlauf-, Warte- und Leerzeiten

$\sum$ Durchlaufzeiten: $14 + 18 = 32$

$\sum$ *Wartezeiten:* $0 + 4 = 4$

$\sum$ *Leerzeiten:* $0 + 0 + 5 + 10 = 15$

c) Mindestwert der Zykluszeit

Die Maschinenfolge der Maschinen C und D müsste bei Auftrag 1 vertauscht werden. Die neue Maschinenfolge wäre nun $< B, A, D, C]$. Die minimale Zykluszeit beträgt dann 14 Zeiteinheiten.

d) Weiterer Auftrag

Das unter Teilaufgabe a) verwendete Verfahren nach Akers lässt sich nur bei zwei Aufträgen anwenden (entsprechend den beiden Achsen in der Grafik). Allerdings wäre es denkbar, das Verfahren so zu erweitern, dass der dritte Auftrag als weitere räumliche Achse in das Verfahren integriert wird. Damit wäre eine Lösung für die zyklusminimale Auftragsfolge auch bei drei Aufträgen möglich.

Lösung 5.2.2.4: Reihenfolgeplanung

a) Auftragsfolge

a.1) Reihenfolgebestimmung mittels Verfahren von Akers

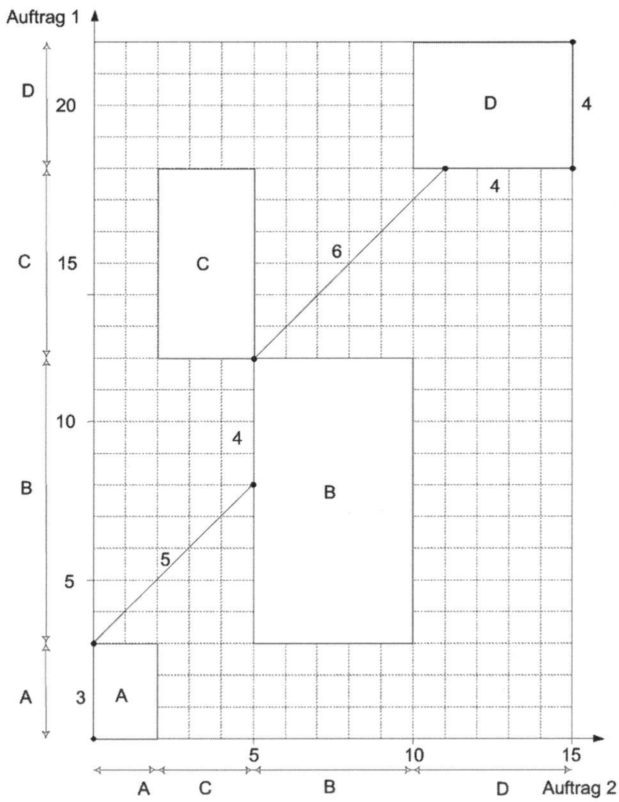

Die Auftragsfolge lautet für Maschine $A<1,2]$, für $B<1,2]$, für $C<2,1]$ und für $D<2,1]$. Alle anderen Wege beinhalten mehr Wartezeiten, gekennzeichnet durch horizontale (Auftrag 1) und vertikale (Auftrag 2) Linien. Die minimale Zykluszeit beträgt hier 26.

a.2) Auftragsbezogenes Gantt-Diagramm

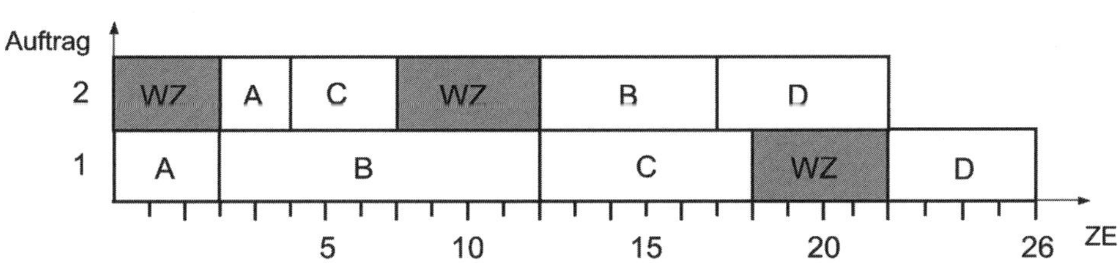

b) Auftragsfolge

b.1) Maschinenbezogenes Gantt-Diagramm

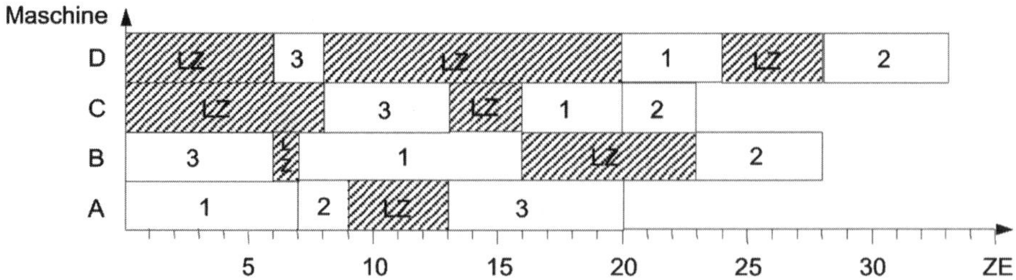

b.2) Durchlaufzeiten, Gesamtbelegungszeit und Leerzeiten

- Summe der Durchlaufzeiten: 77
- Summe der Gesamtbelegungszeit der Arbeitsträger: 104
- Summe der Leerzeiten: 45

c) Prioritätsregeln

Die Prioritätsregeln der Reihenfolgeplanung gehören zu den heuristischen Entscheidungsverfahren. Heuristiken werden in der Regel bei schlecht quantifizierbaren Problemen mit unvollständiger Informationslage angewendet, also bei hochkomplexen Entscheidungssituationen. Innerhalb der Reihenfolgeplanung sind solche komplexen Entscheidungssituationen insbesondere bei großer Auftrags- und Maschinenzahl gegeben. Kriterien zur Bildung solcher Prioritätsregeln können beispielsweise Termine, Fertigungszeiten, die Auftragszahl oder die Arbeitsgangzahl sein. Zu unterscheiden sind Basisregeln, die sich nur auf eine Größe beziehen und kombinierte Regeln, die sich auf mehrere Größen beziehen. Eine geeignete Operationalisierung von Prioritätsregeln der Reihenfolgeplanung könnte sinnvollerweise an den Optimierungszielen der Ablauforganisation ansetzen. Dazu gehören insbesondere Kapazitätsauslastung, Minimierung der Durchlaufzeiten, Minimierung der Zwischenlagerkosten, geringe Terminabweichungen.

Lösung 5.2.2.5: Ablaufplanung

a) Zulässige Auftragsfolge

Auftragsfolge 1 ist realisierbar. Auftragsfolge 2 ist nicht realisierbar, da mit Auftrag 1 erst begonnen werden kann, wenn Auftrag 2 fertig produziert wurde (vgl. Auftragsfolge für Maschine *A*). Dies widerspricht aber der Auftragsfolge von Maschine *B*, da hier verlangt wird, dass erst Auftrag 1 von Maschine *B* produziert wird.

b) Auftragsbezogenes Gantt-Diagramm

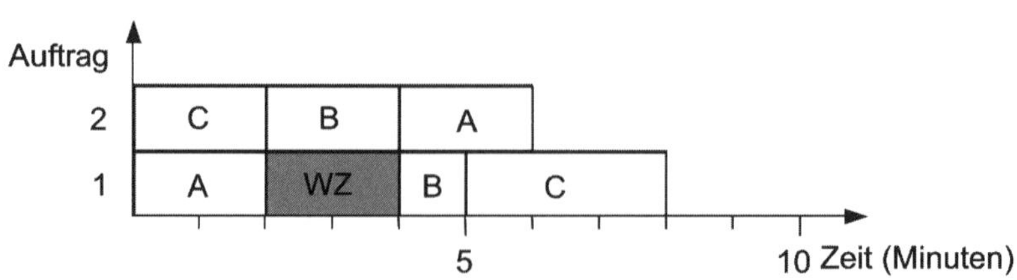

- Wartezeit: 2 Min
- Durchlaufzeit Auftrag 1: 8 Min

- Durchlaufzeit Auftrag 2: 6 Min
- Leerzeit: 7 Min
- Belegungszeit: 19 Min
- Zykluszeit: 8 Min

c) Maschinenbezogenes Gantt-Diagramm mit der KOZ-Regel

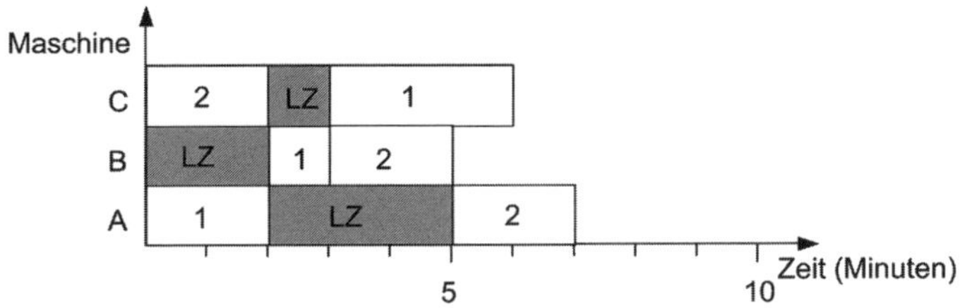

d) Vorteile der KOZ-Regel

- KOZ-Regel ist einfach anzuwenden.
- KOZ-Regel hat positive Wirkung auf die max. Kapazitätsauslastung sowie auf eine minimale Durchlaufzeit.

*Lösung 5.2.2.6: Maschinenbelegungsplanung

a) Verfahren nach Akers

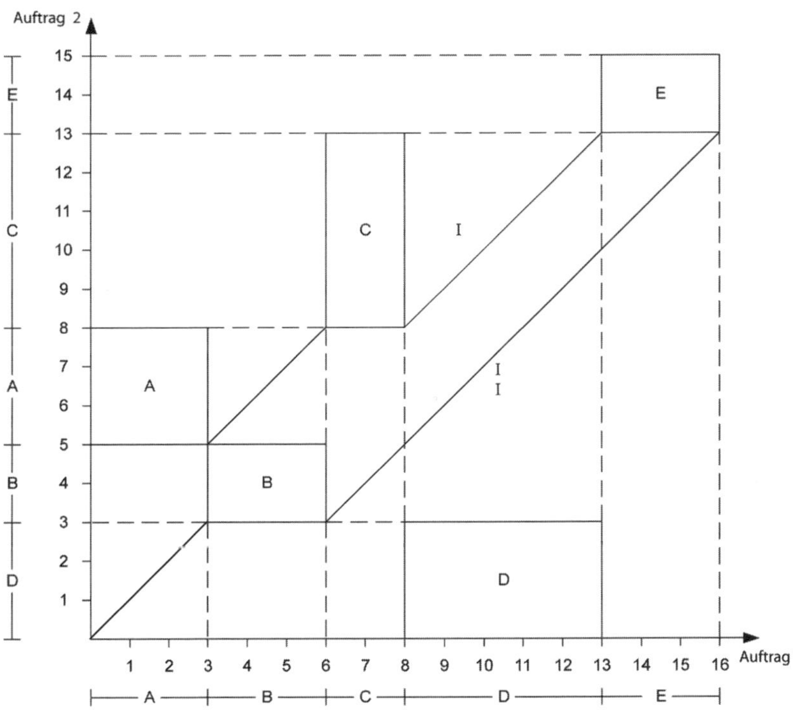

Zykluszeit Lösung I: 20 ZE, Zykluszeit Lösung II: 18 ZE

b) Maschinen- und auftragsbezogenes Gantt-Diagramm

Maschinenbezogenes Gantt-Diagramm

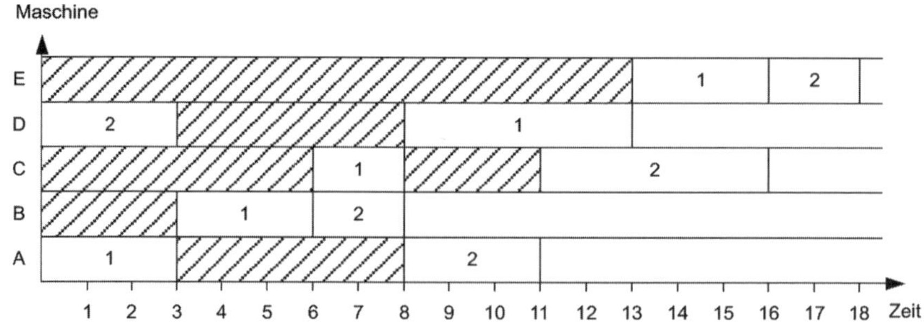

Auftragsbezogenes Gantt-Diagramm

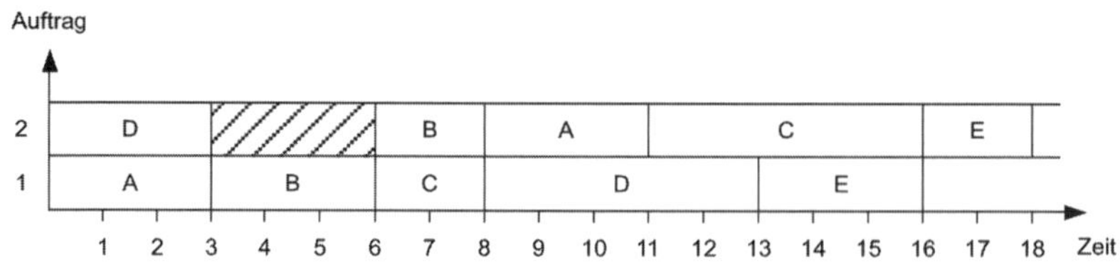

c) Leer- und Wartezeiten

Leerzeiten: $LZ_A = 5, LZ_B = 3, LZ_C = 9, LZ_D = 5, LZ_E = 13$

Wartezeiten: $WZ_1 = 0, WZ_2 = 3$

*Lösung 5.2.2.7: Reihenfolge- und Maschinenbelegungsplanung

a) Verfahren nach Akers

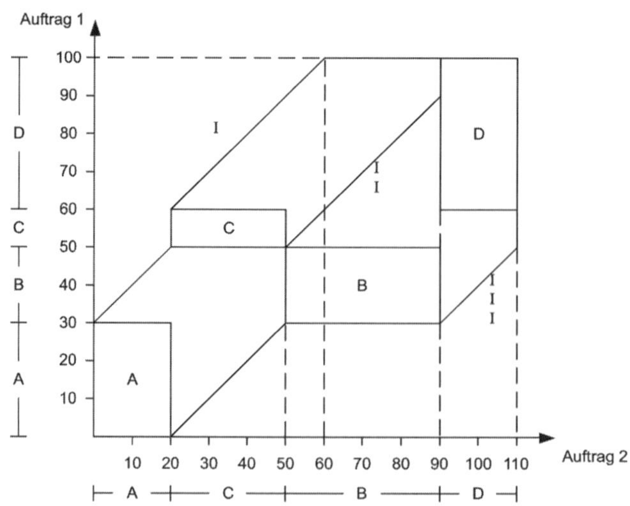

Zykluszeiten: $Z_I = 150$ ZE, $Z_{II} = 140$ ZE, $Z_{III} = 160$ ZE

Die minimale Zykluszeit ist 140 ZE mit den Auftragsfolgen $< 2,1]$, $< 1,2]$, $< 2,1]$ und $< 1,2]$ an den Maschinen A bis D.

b) Maschinen- und auftragsbezogenes Gantt-Diagramm

Maschinenbezogenes Gantt-Diagramm

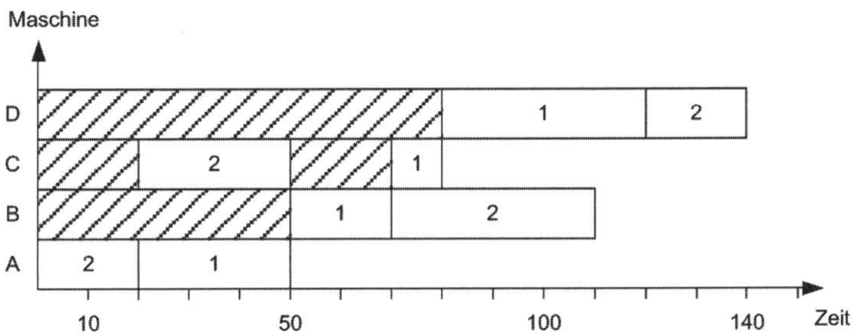

Auftragsbezogenes Gantt-Diagramm

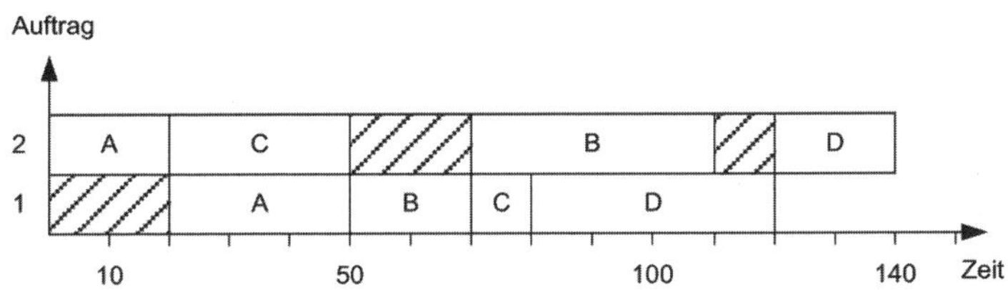

Leerzeiten: $LZ_A = 0,\ LZ_B = 50,\ LZ_C = 40,\ LZ_D = 80;$

Wartezeiten: $WZ_1 = 20, WZ_2 = 30$

c) Ziele der Ablaufplanung

A_m Auslastung der Maschinen m

Z Zykluszeit (Fertigstellung des letzten Auftrags)

t_{jm} Dauer von Job j auf Maschine m

L_m Leerzeit von Maschine m

Minimierung der Zykluszeit führt bei konstanten Bearbeitungsdauern zur Minimierung der Leerzeiten: $L_m = Z - \sum_j t_{jm}$

Minimierung der Zykluszeit führt zu maximaler Auslastung: $A_m = \sum_j t_{jm} / Z$

*Lösung 5.2.2.8: Mehrprodukterzeugung auf einer Anlage

a) Modellkennzeichnung

Zur Lösung der Problemstellung lässt sich das Rundreisemodell heranziehen. Dabei bezeichnen $x_{ij} \in \{0,1\}$ die Reihenfolge der Losauflage und c_{ij} die Rüstzeiten.

Zielfunktion:

$$ZF = \sum_{i,j} c_{ij} \cdot x_{ij} \longrightarrow Min!$$

Nebenbedingungen:

$$\sum_i x_{ij} = 1 \qquad \forall j$$

$$\sum_j x_{ij} = 1 \qquad \forall i$$

Hinzu kommen Nebenbedingungen zur Vermeidung von Kurzzyklen

b) Verfahren der sukzessiven Einbeziehung

Nr.	Zahl der Produkte	Zyklus	Zeitzuwachs
1	2	*A-B-A*	1,2 + 1,2 = 2,4
2	3	*A-C-B-A*	2,7 + 2,3 – 1,2 = 3,8
3		*A-B-C-A*	2,3 + 2,7 – 1,2 = 3,8
4	4	*A-D-C-B-A*	3,5 + 2,6 – 2,7 = 3,4
		A-C-D-B-A	2,6 + 3,6 – 2,3 = 3,9
		A-C-B-D-A	3,6 + 3,5 – 1,2 = 5,9

Produktionszyklus: *A-D-C-B-A*, Rüstzeiten: 9,6 Std.

c) Gantt-Diagramm

Produkt	Vorgänger im Zyklus	Rüstzeit	Bearbeitungs-zeit	$\sum$
A	B	1,2	5	6,2
B	C	2,3	20	22,3
C	D	2,6	15	17,6
D	A	3,5	25	28,5
				$\sum 74{,}6$

Überstunden sind für die Instandhaltung nicht erforderlich, da die verfügbare Anlagenzeit von 80 Stunden mit 74,6 + 5 = 79,6 Stunden nicht überschritten wird.

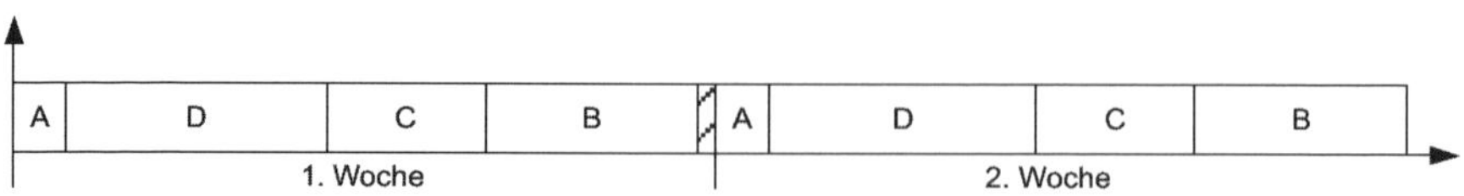

**Lösung 5.2.2.9: Reihenfolgeplanung*

a) Zulässige Auftragsfolgen

Die erste Auftragsfolge ist mit der Maschinenfolge der Aufträge nicht realisierbar, da hier zirkuläre Beziehungen bestehen. Solche zirkulären Beziehungen bestehen nicht bei Auftragsfolge 2, sodass diese umsetzbar ist.

b) Maschinenbezogene Gantt-Diagramme

KOZ-Regel:

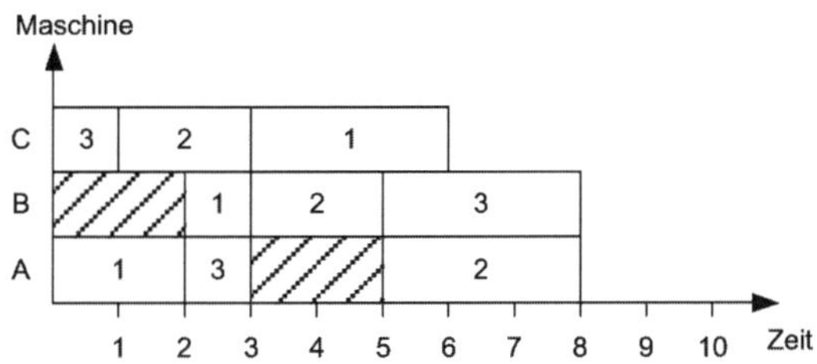

LT-Regel:

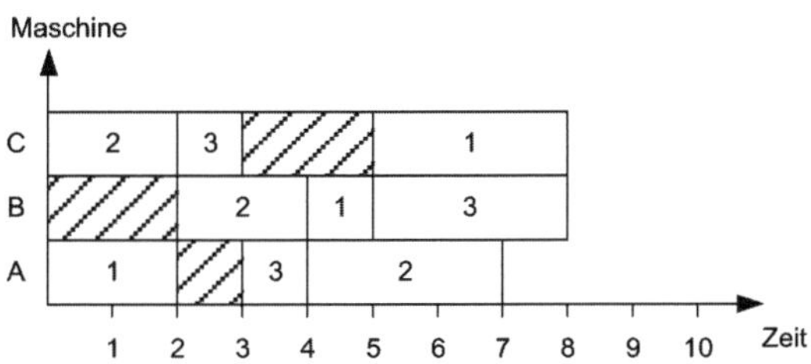

	Auftragsfolge KOZ-Regel			Auftragsfolge LT-Regel		
Maschine A	1	3	2	1	3	2
Maschine B	1	2	3	2	1	3
Maschine C	3	2	1	2	3	1

c) Auswahl einer Prioritätsregel

Die Auswahl hängt von dem Grad ab, zu dem die Liefertermine einzuhalten sind. Sind diese zu 100 % einzuhalten, so ist die LT-Regel zu befolgen. Dann werden alle Liefertermine eingehalten. Demgegenüber steigt bei der KOZ-Regel die Auslastung der Maschinen.

d) Verfahren von Johnson

Menge nicht eingelasteter Aufträge	Min t_{ij}	Maschine	Auftragsfolge
{1,2,3,4}	$j = 2$	A	<2, ...]
{1,3,4}	$j = 3$	A	<2, 3, ...]
{1,4}	$j = 1$	B	<2, 3, ..., 1]
{4}	$j = 4$	B	<2, 3, 4, 1]

**Lösung 5.2.2.10: Maschinenbelegungsplanung*

a) Verfahren nach Akers

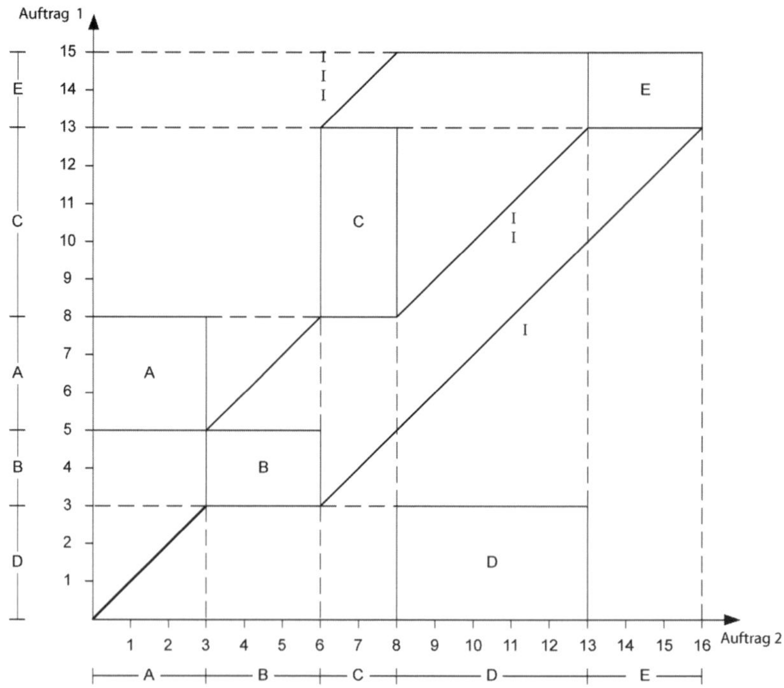

Zykluszeiten: $Z_{\text{I}} = 18$, $Z_{\text{II}} = 20$, $Z_{\text{III}} = 23$

b) Maschinen- und auftragsbezogenes Gantt-Diagramm

Auftragsbezogenes Gantt-Diagramm

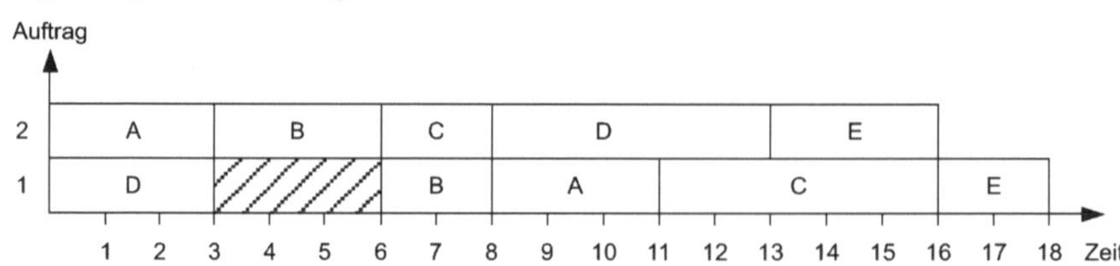

Maschinenbezogenes Gantt-Diagramm

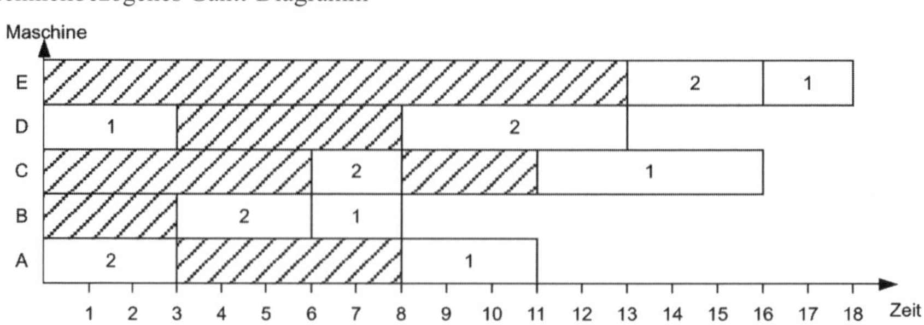

c) Leerzeiten und Wartezeiten

Wartezeiten: $WZ_1 = 3$, $WZ_2 = 0$; Leerzeiten: $LZ_A = 5$, $LZ_B = 3$, $LZ_C = 9$, $LZ_D = 5$, $LZ_E = 13$

Lösung 5.2.2.11: Gantt-Diagramme

a) Auftragsbezogenes Gantt-Diagramm

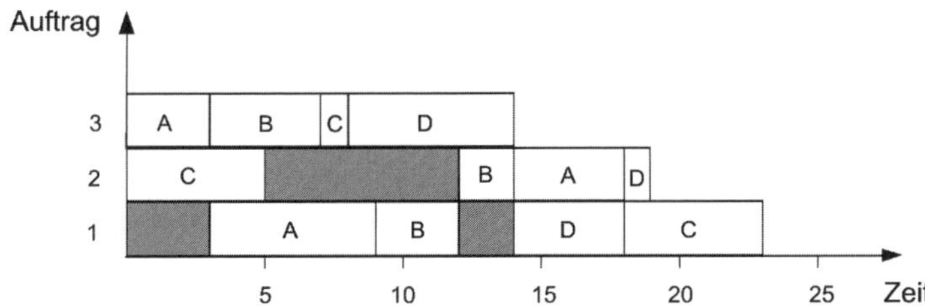

Zykluszeit: $Z = 23$; Wartezeit: $WZ = 12$; Leerzeit: $LZ = 30$; Bearbeitungszeiten: $BZ = 44$; Kapazitätsauslastung: $44/(44+30) = 59{,}46\ \%$

b) Maschinenbezogenes Gantt-Diagramm

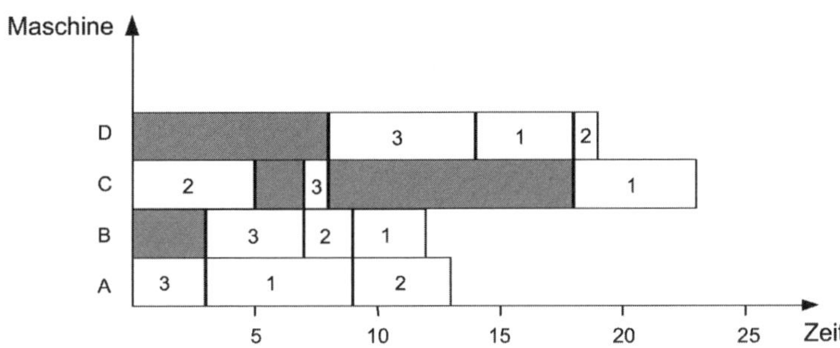

Zykluszeit: $Z = 23$; Wartezeit: $WZ = 12$; Leerzeit: $LZ = 23$; Bearbeitungszeiten: $BZ = 44$; Kapazitätsauslastung: $44/(44+23) = 65{,}67\ \%$

**Lösung 5.2.2.12: Reihenfolgeplanung für ein Job-Shop-Problem*

a) Maschinenbelegung mit der kürzesten Operationszeit

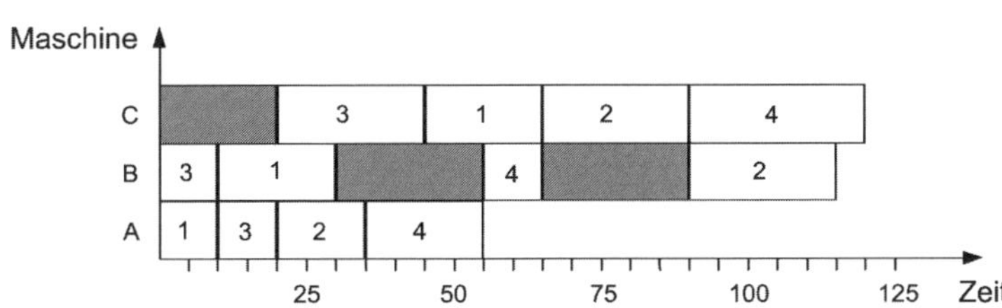

Zykluszeit: $Z = 120$

Verspätung der Aufträge:

	Liefertermin	Fertigstellung	Verspätung
1	110	65	0
2	100	115	15
3	140	45	0
4	70	120	50
			$\sum$ 65

b) Maschinenbelegung mit der LT-Regel

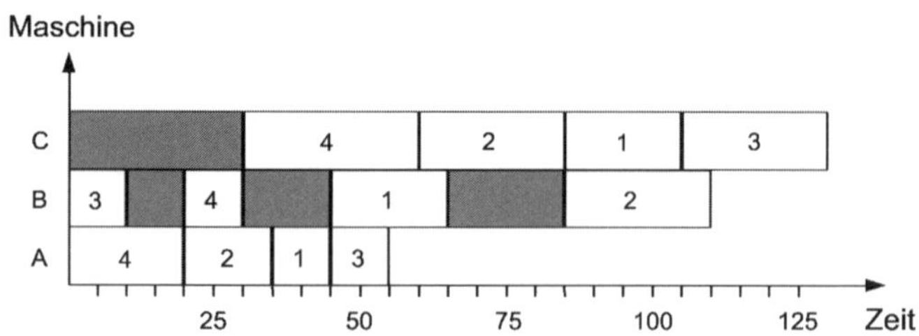

Zykluszeit: $Z = 130$

Verspätung der Aufträge:

	Liefertermin	Fertigstellung	Verspätung
1	110	105	0
2	100	110	10
3	140	130	0
4	70	60	0
			$\sum$ 10

5.3 Produktionsplanung und -steuerung bei Fließfertigung

5.3.1 Fließbandabstimmung

**Lösung 5.3.1.1: Fließbandabstimmung*

a) Vorranggraph

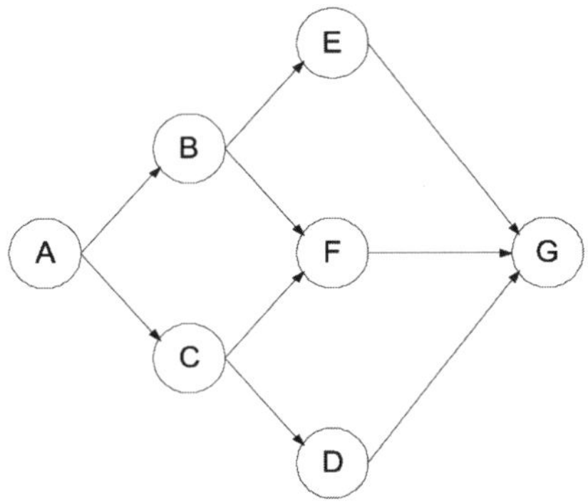

b) Positionswertverfahren von Helgeson/Birnie

i	A	B	C	D	E	F	G
P_i (ZE)	80	54	49	14	20	28	8
Rang	1	2	3	6	5	4	7

Station	Arbeitselement	Bearbeitungszeit (ZE)	verfügbare Zeit (ZE)	Belegungszeit (ZE)
1	A	5	15	
	B	14	1	19
2	C	15	5	15
3	F	20	0	20
4	E	12	8	
	D	6	2	18
5	G	8	12	8

Bandwirkungsgrad $= 80/(5 \cdot 20) = 80\,\%$

c) Zuordnung zu Stationen für τ = 21 ZE

Station	Arbeitselement	Bearbeitungszeit (ZE)	verfügbare Zeit (ZE)	Belegungszeit (ZE)
1	*A*	5	16	
	B	14	2	19
2	*C*	15	6	
	D	6	0	21
3	*F*	20	1	20
4	*E*	12	9	
	G	8	1	20

Bandwirkungsgrad $= 80/(4 \cdot 21) = 95{,}24\ \%$

d) Umkehrung des Vorranggraphen

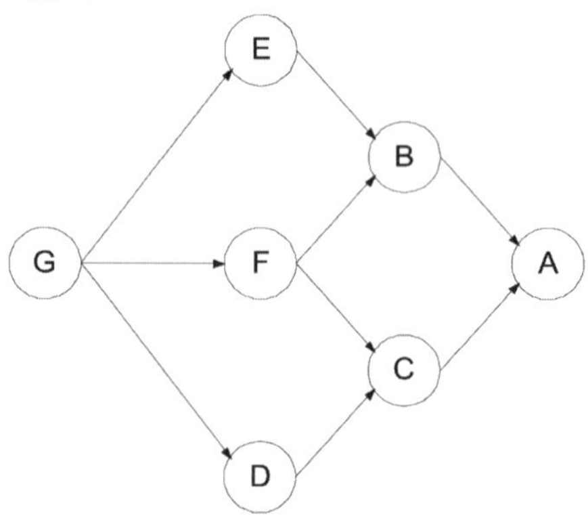

i	*A*	*B*	*C*	*D*	*E*	*F*	*G*
P_i (ZE)	5	19	20	26	31	54	80
Rang	7	6	5	4	3	2	1

Station	Arbeitselement	Bearbeitungszeit (ZE)	verfügbare Zeit (ZE)	Belegungszeit (ZE)
1	*G*	8	12	
	E	12	0	20
2	*F*	20	0	20
3	*D*	6	14	
	B	14	0	20
4	*C*	15	5	
	A	5	0	20

Bandwirkungsgrad = 100 %

e) Unterschiede der Ergebnisse

Der Unterschied resultiert aus dem Tatbestand, dass das Positionswertverfahren von Helgeson/Birnie eine Heuristik ist, die durch ein sukzessives Vorgehen Arbeitselemente den Stationen zuordnet. Ein nachträglicher Austausch zugeordneter Elemente ist dabei nicht vorgesehen.

*Lösung 5.3.1.2: Fließbandabstimmung

i	1	2	3	4	5	6	7	8	9	10
P_i (ZE)	81	64	12	12	26	19	8	9	11	4
Rang	1	2	5	6	3	4	9	8	7	10

maximale Taktzeit: $\tau_{max} = 8 \cdot 60/32 = 15$ Min/Stück

minimale Taktzeit: $\tau_{min} = 8$ Min/Stück

1. Zuordnung zu Stationen für $\tau = 15$ Min/Stück

Station	Arbeitselement	Bearbeitungszeit (Min)	verfügbare Zeit (Min)	Belegungszeit (Min)
1	1	5	10	
	2	7	3	
	4	3	0	15
2	5	6	9	
	6	8	1	14
3	3	4	11	
	9	7	4	
	7	4	0	15
4	8	5	10	
	10	4	6	9

Bandwirkungsgrad $= 53/(4 \cdot 15) = 88{,}3\,\%$

2. Zuordnung zu Stationen für $\tau = 14$ Min/Stück

Station	Arbeitselement	Bearbeitungszeit (Min)	verfügbare Zeit (Min)	Belegungszeit (Min)
1	1	5	9	
	2	7	2	12
2	5	6	8	
	6	8	0	14
3	3	4	10	
	4	3	7	
	9	7	0	14
4	8	5	9	
	7	4	5	
	10	4	1	13

Bandwirkungsgrad $= 53/(4 \cdot 14) = 94{,}64\ \%$

3. Zuordnung zu Stationen für $\tau = 13$ Min/Stück

Station	Arbeitselement	Bearbeitungszeit (Min)	verfügbare Zeit (Min)	Belegungszeit (Min)
1	1	5	8	
	2	7	1	12
2	5	6	7	
	3	4	3	
	4	3	0	13
3	6	8	5	
	8	5	0	13
4	9	7	6	
	7	4	2	11
5	10	4	9	4

Bandwirkungsgrad $= 53/(5 \cdot 13) = 81{,}54\ \%$

Die Taktzeit von 14 Min/Stück mit vier Stationen ergibt den höchsten Bandwirkungsgrad.

Lösung 5.3.1.3: Produktionsplanung bei Massenfertigung

a) Verteilung der Arbeitselemente

i	1	2	3	4	5	6	7	8	9	10
P_i (ZE)	17	14	24	15	12	9	13	7	8	5
Rang	2	4	1	3	6	7	5	9	8	10

Tägliche Fertigungszeit: $2 \cdot 7{,}5$ Std $\cdot$ 60 Min/Std – $2 \cdot 36$ Min = 836 Min

maximale Taktzeit: $\tau_{\max} = 836$ Min/76 Stück = 11 Min/Stück

minimale Taktzeit: $\tau_{\min} = 8$ Min/Stück

Zuordnung zu Stationen für $\tau = 10$ Min/Stück

Stationen	Arbeitselement	Bearbeitungszeit (Min)	verfügbare Zeit (Min)	Belegungszeit (Min)
1	3	3	7	
	1	5	2	
	2	2	0	10
2	4	2	8	
	7	8	0	10
3	5	5	5	
	6	1	4	
	9	3	1	9
4	8	2	8	
	10	5	3	7

Bandwirkungsgrad $= 36/(3 \cdot 10) = 90\ \%$

Die Taktzeit von 10 Min/Stück mit vier Stationen ergibt den höheren Bandwirkungsgrad im Vergleich zur Taktzeit von 11 Min/Stück (BWG = 81,82 %) und zur Taktzeit von 9 Min/Stück (BWG = 80 %).

b) Einfügen von Puffern

Kleine Puffer können die Kopplung zwischen den Stationen lockern, was insbesondere bei stochastischen Bearbeitungszeiten von Bedeutung ist. Das gilt insbesondere für die Stationen 1 und 2 bei einer Taktzeit von $\tau = 10$ Min/Stück, da beide die verfügbare Zeit vollkommen ausschöpfen.

*Lösung 5.3.1.4: Fließbandabgleich

i	1	2	3	4	5	6	7	8	9	10
RW_i	78	41	32	11	23	27	8	9	12	4
Rang	1	2	3	7	4	5	9	8	6	10

maximale Taktzeit: $16 \cdot 60/64 = 15$ Min/Stück

Zuordnung zu Stationen für $\tau = 15$ Min/Stück

Station	Arbeitselement	Bearbeitungszeit (Min)	verfügbare Zeit	Belegungszeit (Min)
1	1	5	10	
	2	7	3	
	3	3	0	15
2	5	6	9	
	6	8	1	14
3	3	8	7	
	4	3	4	
	7	4	0	15
4	8	5	10	
	10	4	6	9

Bandwirkungsgrad = $53/60 = 88,\overline{3}$ %

Die Ausgangslösung mit $\tau = 15$ Min/Stück und vier Stationen ergibt den höchsten Bandwirkungsgrad, da für $\tau = 14$ Min/Stück der Bandwirkungsgrad auf 75,71 % absinkt.

*Lösung 5.3.1.5: Fließbandabstimmung

a) Taktzeiten und Produktionsmengen

maximale Taktzeit: $\tau_{\max} = 468/36 = 13$ Min/Stück

minimale Taktzeit: $\tau_{\min} = 8$ Min/Stück

Produktionsmenge bei minimaler Taktzeit: ≈ 58 Stück

b) Verfahren von Helgeson/Birnie

i	1	2	3	4	5	6	7	8	9	10
P_i [Min]	41	17	13	23	14	9	9	6	7	1
Rang	1	3	5	2	4	6	7	9	8	10

1. Zuordnung zu Stationen für $\tau = 13$ Min/Stück

Station	Arbeitselement	Bearbeitungszeit (Min)	Belegungszeit (Min)
1	1	3	
	4	6	
	2	3	12
2	5	8	
	3	4	12
3	6	3	
	7	2	
	9	6	11
4	8	5	
	10	1	6

Bandwirkungsgrad = $41/(4 \cdot 13) = 78{,}85\ \%$

Da die maximale Belegungszeit 12 Min je Station beträgt, kann man bei gleicher Zuordnung die Taktzeit um 1 Minute reduzieren. Der Bandwirkungsgrad ist dann: $41/(4 \cdot 12) = 85{,}42\ \%$.

2. Zuordnung zu Stationen für $\tau = 11$ Min/Stück

Station	Arbeitselement	Bearbeitungszeit (Min)	Belegungszeit (Min)
1	1	3	
	4	6	
	7	2	11
2	2	3	
	5	8	11
3	3	4	
	6	3	7
4	9	6	
	8	5	11
5	10	1	1

Bandwirkungsgrad = $41/(5 \cdot 11) = 74{,}55\ \%$

Der maximale Bandwirkungsgrad ist 85,42 % mit einer maximalen Produktionsmenge von 39 Stück/Tag.

Lösung 5.3.1.6: Fließbandabgleich

a) Vorranggraph

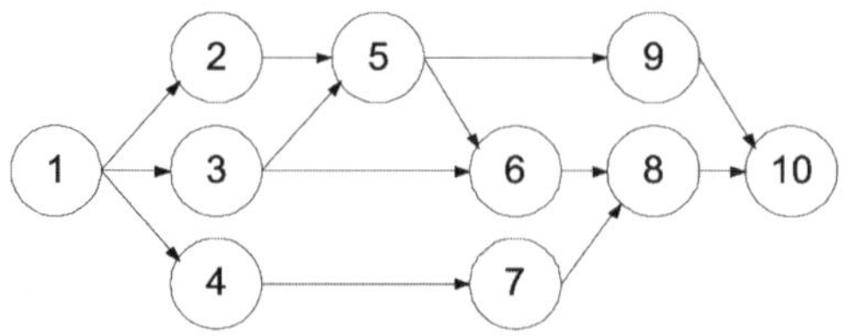

b) Verfahren von Helgeson/Birnie

Tätigkeit	1	2	3	4	5	6	7	8	9	10
Positionsgewicht	51	29	27	30	24	21	23	17	9	8
Rangfolge	1	3	4	2	5	7	6	8	9	10

maximale Taktzeit: $24 \cdot 60/120 = 12$ Min/Stück

Taktzeit t	Station	Arbeitselement	Bearbeitungszeit [Min]	Belegungszeit [Min]	Bandwirkungsgrad
12	1	1	6	11	$51/(5 \cdot 12)$ $= 85\%$
		2	5		
	2	4	7	12	
		3	3		
		5	2		
	3	7	6	11	
		6	4		
		9	1		
	4	8	9	9	
	5	10	8	8	
11	1	1	6	11	$51/(6 \cdot 11)$ $= 77\%$
		2	5		
	2	4	7	10	
		3	3		
	3	5	2	9	
		7	6		
		9	1		
	4	6	4	4	
	5	8	9	9	
	6	10	8	8	
10	1	1	6	9	$51/(6 \cdot 10)$ $= 85\%$
		3	3		
	2	4	7	7	
	3	2	5	8	
		5	2		
		9	1		
	4	7	6	10	
		6	4		
	5	8	9	9	
	6	10	8	8	
9	1	1	6	9	$51/(7 \cdot 9)$ $= 80{,}95\%$
		3	3		
	2	4	7	7	
	3	2	5	8	
		5	2		
		9	1		
	4	7	6	6	
	5	6	4	4	
	6	8	9	9	
	7	10	8	8	

c) Taktzeiten

Eine Taktzeit von 10 Min/Stück ist sinnvoll, weil bei ihr ebenfalls eine Auslastung von 85 % erzielt wird. Eine Taktzeit von 8 Min/Stück ist nicht möglich, weil die minimale Taktzeit über die Bearbeitungszeit der Tätigkeit 8 (9 Min/Stück) gegeben ist.

5.3.2 Reihenfolgeplanung bei Flow-Shop-Problemen

**Lösung 5.3.2.1: Reihenfolgeplanung*

a) Optimale Auftragsfolge

i	J	t_{jm}	j	m	Reihenfolge
1	$\{1, 2, 3, 4, 5\}$	$t_{2A} = 1$	2	A	$<2,...]$
2	$\{1, 3, 4, 5\}$	$t_{1B} = 2$	1	B	$<2,...,1]$
3	$\{3, 4, 5\}$	$t_{4A} = 3$	4	A	$<2,4,...,1]$
4	$\{3, 5\}$	$t_{5B} = 4$	5	B	$<2,4,...,5,1]$
5	$\{3\}$	$t_{3B} = 7$	3	B	$<2,4,3,5,1]$

Auftragsfolge: $<2,4,3,5,1]$

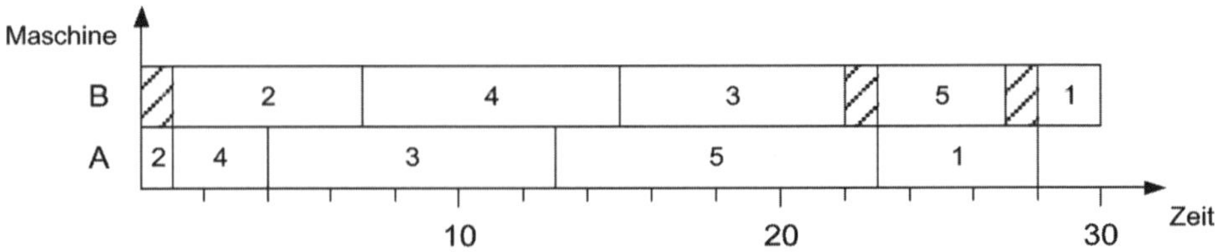

Zykluszeit: 30

Leerzeiten: $LZ_A = 0$; $LZ_B = 3$

b) Eigenschaften des Verfahrens von Johnson

- Zielsetzung: Minimierung der Zykluszeit.
- Die optimale Lösung wird garantiert.
- Grundgedanke: Alle Aufträge besitzen die gleiche Maschinenfolge; Lösung von ‚außen nach innen'. Auf der zweiten Maschine sollte zum einem möglichst rasch mit der Bearbeitung begonnen werden; zum anderen darf auf ihr nach Abschluss der Bearbeitung auf der ersten Maschine nur noch eine möglichst kurze Bearbeitungsdauer anfallen.

*Lösung 5.3.2.2: Verfahren von Johnson und NEH-Heuristik

a) Verfahren von Johnson

i	J	t_{jm}	j	m	Reihenfolge
1	$\{1, 2, 3, 4\}$	$t_{1B} = 2$	1	B	$<..., 1]$
2	$\{2, 3, 4\}$	$t_{2A} = 2$	2	A	$<2,...,1]$
3	$\{2, 3\}$	$t_{4B} = 3$	4	B	$<2,...,4,1]$
4	$\{3\}$	$t_{3A} = 5$	3	A	$<2,3,4,1]$

Auftragsfolge auf beiden Maschinen: $<2,3,4,1]$

Gantt-Diagramm (maschinenbezogen):

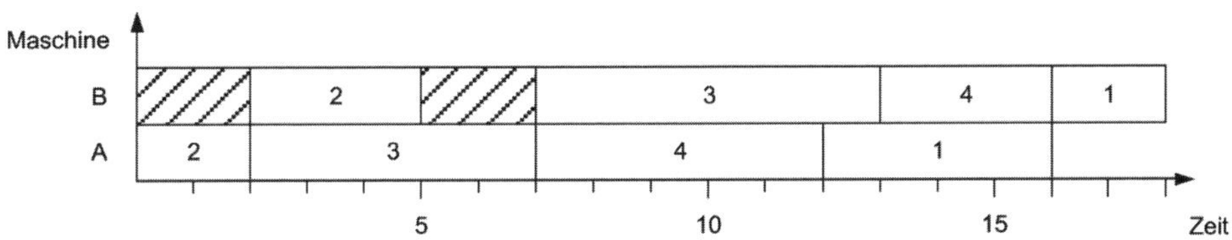

b) NEH-Heuristik

J	t_{jA}	t_{jB}	$\sum d_{ij}$	Rang
1	4	2	6	3
2	2	3	5	4
3	5	6	11	1
4	5	3	8	2

1. Auftragsfolge von $J = \{3,4\}$

	3	4
A	5/5	5/10
B	6/11	3/<u>14</u>

	4	3
A	5/5	5/10
B	3/8	6/16

$<3,4]$

2. Auftragsfolge von $J = \{1,3,4\}$

	1	3	4
A	4/4	5/9	5/14
B	2/6	6/15	3/18

	3	1	4
A	5/5	4/9	5/14
B	6/11	2/13	3/17

	3	4	1
A	5/5	5/10	4/14
B	6/11	3/14	2/<u>16</u>

$<3,4,1]$

3. Auftragsfolge von $J = \{1,2,3,4\}$

	2	3	4	1
A	2/2	5/7	5/12	4/16
B	3/5	6/13	3/16	2/<u>18</u>

	3	2	4	1
A	5/5	2/7	5/12	4/16
B	6/11	3/14	3/17	2/19

	3	4	2	1
A	5/5	5/10	2/12	4/16
B	6/11	3/14	3/17	2/19

	3	4	1	2
A	5/5	5/10	4/14	2/16
B	6/11	3/14	2/16	3/19

$<2,3,4,1]$

**Lösung 5.3.2.3: Reihenfolgeplanung*

a) NEH Heuristik

j	A	B	C	$\sum d_{ij}$	Position
1	5	2	7	14	2
2	8	3	2	13	3
3	6	5	9	20	1

1. Auftragsfolge von $J = \{1,3\}$

	1	3
A	5/5	6/11
B	2/7	5/16
C	7/14	9/<u>25</u>

	3	1
A	6/6	5/11
B	5/11	2/13
C	9/20	7/27

$<1,3]$

2. Auftragsfolge von $J = \{1,2,3\}$

	2	1	3
A	8/8	5/13	6/19
B	3/11	2/15	5/24
C	2/13	7/22	9/33

	1	2	3
A	5/5	8/13	6/19
B	2/7	3/16	5/24
C	7/14	2/18	9/33

	1	3	2
A	5/5	6/11	8/19
B	2/7	5/16	3/22
C	7/14	9/25	2/<u>27</u>

b) Gantt-Diagramme

Auftragsbezogenes Gantt-Diagramm:

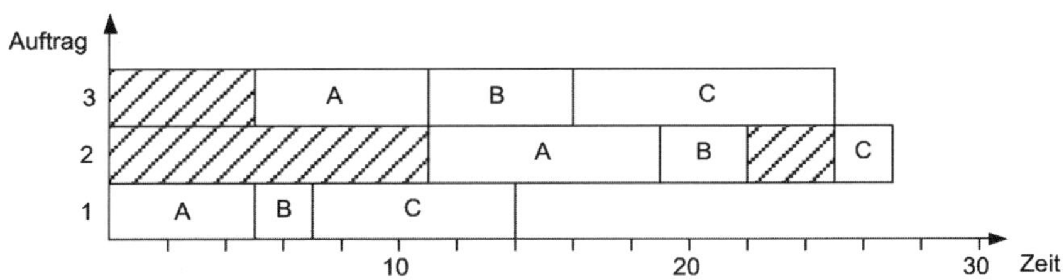

Maschinenbezogenes Gantt-Diagramm:

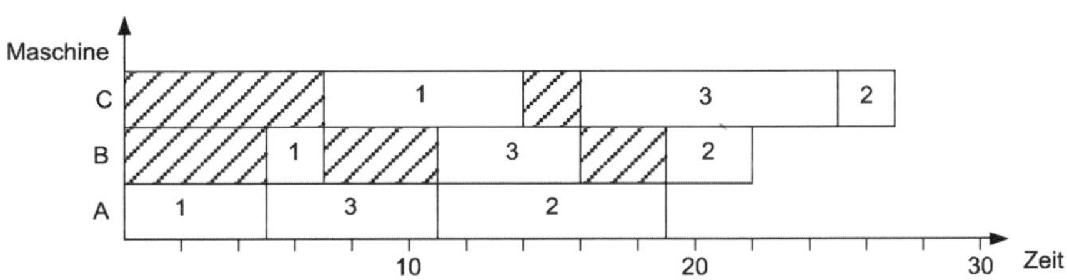

Wartezeiten: $WZ_1 = 0$, $WZ_2 = 14$, $WZ_3 = 5$

Leerzeiten: $LZ_A = 0$, $LZ_B = 12$, $LZ_C = 9$

Kapazitätsauslastung: $47/(47+21) = 69{,}12\ \%$

Lösung 5.3.2.4: Reihenfolgeplanung für ein Flow-Shop-Problem

a) Verfahren von Johnson

Menge nicht eingelasteter Aufträge	min t_{ij}	an Maschine	Auftragsfolge
$J = \{1,2,3,4\}$	$j = 2$	A	$AF =< 2...]$
$J = \{1,3,4\}$	$j = 4$	A	$AF =< 2,4,...]$
$J = \{1,4\}$	$j = 3$	B	$AF =< 2,4,...,3]$
$J = \{4\}$	$j = 1$	A	$AF =< 2,4,1,3]$

Zykluszeit = 24 ZE

b) NEH-Heuristik

i/j	1	2	3	4
A	5	1	4	2
B	7	3	3	9
$\sum d_{ij}$	12	4	7	11
Position	1	4	3	2

1. Auftragsfolge von $J = \{1,4\}$

i/j	1	4
A	5/5	2/7
B	7/12	9/21

i/j	4	1
A	2/2	5/7
B	9/11	7/18

< 4,1]

2. Auftragsfolge von $J = \{1,3,4\}$

i/j	3	4	1
A	4/4	2/6	5/11
B	3/7	9/16	7/23

i/j	4	3	1
A	2/2	4/6	5/11
B	9/11	3/14	7/21

i/j	4	1	3
A	2/2	5/7	4/11
B	9/11	7/18	3/21

< 4,3,1] oder < 4,1,3]

3. Auftragsfolge von $J = \{1,2,3,4\}$

für $< 4,3,1]$:

i/j	2	4	3	1
A	1/1	2/3	4/7	5/12
B	3/4	9/13	3/16	7/23

i/j	4	2	3	1
A	2/2	1/3	4/7	5/12
B	9/11	3/14	3/17	7/24

i/j	4	3	2	1
A	2/2	4/6	1/7	5/12
B	9/11	3/14	3/17	7/24

i/j	4	3	1	2
A	2/2	4/6	5/11	1/12
B	9/11	3/14	7/21	3/24

für $< 4,1,3]$:

i/j	2	4	1	3
A	1/1	2/3	5/8	4/12
B	3/4	9/13	7/20	3/23

i/j	4	2	1	3
A	2/2	1/3	5/8	4/12
B	9/11	3/14	7/21	3/24

i/j	4	1	2	3
A	2/2	5/7	1/8	4/12
B	9/11	7/18	3/21	3/24

i/j	4	1	3	2
A	2/2	5/7	4/11	1/12
B	9/11	7/18	3/21	3/24

Die Auftragsfolgen $< 2,4,3,1]$ und $< 2,4,1,3]$ führen zur minimalen Zykluszeit von 24.

c) Unterschiede der Verfahren

Johnson:

- Verfahren liefert für Flow-Shop-Probleme mit zwei Maschinen und dem Ziel Minimierung der Zykluszeit optimale Lösungen.
- Für Probleme mit mehr als zwei Maschinen kann man es als Heuristik verwenden, indem man die Maschinen zu zwei virtuellen Maschinen zusammenfasst und für diese die Auftragsfolge bestimmt.

NEH-Heuristik:

- Liefert bei Flow-Shop-Problemen mit zwei Maschinen nicht unbedingt die optimale Lösung bei einer Minimierung der Zykluszeit.
- Größere Rechendauer im Vergleich zur Johnson Regel.
- Einsetzbar für Probleme mit $m \geq 2$ Maschinen.

6. Planung von Transporten, Touren und Standorten

6.1 Transportplanung

**Lösung 6.1.1: Klassisches Transportproblem*

a) Nord-West-Ecken-Regel

	$j=1$	$j=2$	$j=3$	$j=4$	
$i=1$	15	5	–	–	20
$i=2$	–	12	13	–	25
$i=3$	–	–	9	12	21
	15	17	22	12	

Transportkosten: 354 €.

b) Spaltenminimum-Methode

Variante 1:

Vor dem Übergang auf eine neue Spalte wird eine etwaige Restnachfrage in der aktuellen Spalte bedient, bevor auf die nächste Spalte übergegangen wird.

	$j=1$	$j=2$	$j=3$	$j=4$	
$i=1$	–	17	–	3	20
$i=2$	15	–	1	9	25
$i=3$	–	–	21	–	21
	15	17	22	12	

Transportkosten: 168 €.

Variante 2:

Es werden zunächst alle Spalten durchlaufen und erst im Nachgang etwaige, in den Spalten noch vorhandene Restnachfragen bedient (sog. modifizierten Spaltenminimum-Methode nach Domschke)

	$j=1$	$j=2$	$j=3$	$j=4$	
$i=1$	–	17	1	2	20
$i=2$	15	–	–	10	25
$i=3$	–	–	21	–	21
	15	17	22	12	

Transportkosten: 165 €.

c) Matrixminimum-Methode

	$j = 1$	$j = 2$	$j = 3$	$j = 4$	
$i = 1$	2	17	1	–	20
$i = 2$	13	–	–	12	25
$i = 3$	–	–	21	–	21
	15	17	22	12	

Transportkosten: 161 €.

d) Vogel'sche Approximationsmethode

	$j = 1$	$j = 2$	$j = 3$	$j = 4$	A_i					d_{zi}			
$i = 1$	2	17	1		20	3	3	3	3	4	1	1	0
$i = 2$	13			12	25	25	25	13	0	1	1	1	1
$i = 3$			21		21	21	0			5	5		
B_j	15	17	22	12									
	15	0	22	12									
	15		1	12									
	15		1	0									
	2		1										
d_{sj}	2	6	4	3									
	2		4	3									
	2		1	4									
	2		1										

Transportkosten: 161 €.

e) Beurteilung der Güte der Lösungen

Bei der Nordwest-Ecken-Regel handelt es sich um ein sehr einfaches Eröffnungsverfahren mit geringem Rechenaufwand. Die Transportkostensätze werden im Verfahrensablauf, d. h. bei der Ermittlung der Lösung, nicht berücksichtigt (→ kein ökonomisches Kalkül). Man erhält zwar eine zulässige, aber i. d. R. unbefriedigende Lösung.

Bei der Spaltenminimum- und Matrixminimum-Methode sowie der Vogel'schen Approximationsmethode wird man in der Regel (aber nicht zwingend) bessere Lösungen erhalten als mit der Nordwest-Ecken-Regel, da bei ihnen die Transportkostensätze berücksichtigt werden. Dennoch liefern auch diese Verfahren nicht zwingend eine optimale Lösung, sondern im Allgemeinen nur suboptimale Lösungen.

Speziell im hier vorliegenden Zahlenbeispiel liefern die Matrixminimum-Methode und die Vogel'sche Approximationsmethode eine optimale Lösung.

Lösung 6.1.2: Transportplanung mit Angebotsüberschuss

a) Zielfunktion und Nebenbedingungen

Zielfunktion:

$$\sum_{ij} c_{ij} \cdot x_{ij} \rightarrow Min!$$

Nebenbedingungen:

$$\sum_{j} x_{ij} \leq A_i \quad \forall i$$

$$\sum_{i} x_{ij} = B_j \quad \forall j$$

$$x_{ij} \geq 0 \quad \forall\, i, j$$

Hierbei bezeichnet x_{ij} die Zahl der überführten Fahrzeuge von i nach j, A_i die nicht benötigten Fahrzeuge in i und B_j die Nachfrage in j. Das Problem lässt sich mit dem Simplex-Algorithmus lösen. Spezifische Transportalgorithmen kann man erst einsetzen, wenn die überschüssigen (d. h. nicht benötigten) den nachgefragten Mengen entsprechen.

b) Ausgangslösung mit der Nord-West-Ecken-Regel

	D	*E*	*F*	
a	6	4	1	11
b	–	–	8	8
c	–	–	5	5
	6	4	14	

Überführungskosten = 1.030 €

c) Optimale Lösung mit der MODI- oder Stepping-Stone-Methode

1. Iteration:

Die Opportunitätskosten der Nichtbasisfelder des vorherigen Transporttableaus lauten:

$$\bar{c}_{bD} = -60; \quad \bar{c}_{bE} = -30; \quad \bar{c}_{cD} = -46; \quad \bar{c}_{cE} = -12$$

Neues Transporttableau nach erfolgter Umverteilung:

	D	*E*	*F*	
a	–	4	7	11
b	6	–	2	8
c	–	–	5	5
	6	4	14	

2. Iteration:

Die Opportunitätskosten der Nichtbasisfelder des vorherigen Transporttableaus lauten:

$$\bar{c}_{aD} = -60; \quad \bar{c}_{bE} = -30; \quad \bar{c}_{cD} = 14; \quad \bar{c}_{cE} = -12$$

Neues Transporttableau nach erfolgter Umverteilung:

	D	E	F	
a	–	2	9	11
b	6	2	–	8
c	–	–	5	5
	6	4	14	

3. Iteration:

Die Opportunitätskosten der Nichtbasisfelder des vorherigen Transporttableaus lauten:

$\bar{c}_{aD} = 30; \quad \bar{c}_{bF} = 30; \quad \bar{c}_{cD} = -16; \quad \bar{c}_{cE} = -12$

Neues Transporttableau nach erfolgter Umverteilung:

	D	E	F	
a	–	–	11	11
b	4	4	–	8
c	2	–	3	5
	6	4	14	

4. Iteration:

Die Opportunitätskosten der Nichtbasisfelder des vorherigen Transporttableaus lauten:

$\bar{c}_{aD} = 46; \quad \bar{c}_{aE} = 16; \quad \bar{c}_{bF} = 14; \quad \bar{c}_{cE} = 4$

Überführungskosten: 578 €. Die Kosteneinsparung ist 452 €. Die Lösung ist zudem zulässig für die Problemformulierung in a).

**Lösung 6.1.3: Transportproblem*

a) Nord-West-Ecken-Regel

	I	II	III	
A	50	–	–	50
B	50	20	–	70
C	–	10	50	60
	100	30	50	

Transportkosten: 1.770 €

b) Spaltenminimum-Methode

	I	II	III	
A	–	30	20	50
B	70	–	–	70
C	30	–	30	60
	100	30	50	

Transportkosten: 1.030 €.

c) Matrixminimum-Methode

	I	II	III	
A	20	30	–	50
B	20	–	50	70
C	60	–	–	60
	100	30	50	

Transportkosten: 890 €.

d) Vogel'sche Approximationsmethode

	I	II	III	A_i			d_{zi}	
A	20	30		50	50	20	6	13
B	20		50	70	20	20	2	2
C	60			60	60	60	5	5
B_j	100	30	50					
	100	30	0					
	100	0						
d_{sj}	4	3	7					
	4	3						

Transportkosten: 890 €

**Lösung 6.1.4: Klassisches Transportproblem*

a) Lineares Transportmodell

Zielfunktion:

$$8 \cdot x_{A1} + 10 \cdot x_{A2} + 3 \cdot x_{A3} + 4 \cdot x_{B1} + 2 \cdot x_{B2} + 6 \cdot x_{B3} \rightarrow \text{Min!}$$

Nebenbedingungen:

$$x_{A1} + x_{A2} + x_{A3} = 22$$
$$x_{B1} + x_{B2} + x_{B3} = 33$$

$$x_{A1} + x_{B1} = 15$$
$$x_{A2} + x_{B2} = 17$$
$$x_{A3} + x_{B3} = 23$$
$$x_{ij} \geq 0 \qquad \forall i, j$$

b) Nord-West-Ecken-Regel

	1	2	3	
A	15	7	–	22
B	–	10	23	33
	15	17	23	

Transportkosten: 348 €

c) Matrixminimum-Methode

	1	2	3	
A	–	–	22	22
B	15	17	1	33
	15	17	23	

Transportkosten: 166 €.

d) Vogel'sche Approximationsmethode

	1	2	3	A_i			d_{zi}	
A			22	22	22	0	5	5
B	15	17	1	33	16	16	2	2
B_j	15	17	23					
	15	0	23					
	15		1					
d_{sj}	4	8	3					
	4		3					

Transportkosten: 166 €

e) Modelländerung

$$x_{A1} + x_{A2} + x_{A3} \leq 25$$

$$x_{B1} + x_{B2} + x_{B3} \leq 33$$

**Lösung 6.1.5: Transportplanung*

a) Nord-West-Ecken-Regel

Hinweis: Angabe in 1.000 Paar

	S(1)	L(2)	B(3)	
M(1)	100	15	–	115
W(2)	–	65	25	90
Z(3)	–	–	70	70
	100	80	90	

Zulässige, aber schlechte Ausgangslösung, weil die Zielfunktion nicht beachtet wird.

Transportkosten: 1.645 Geldeinheiten.

b) MODI- oder Stepping-Stone-Methode

1. Iteration:

Die Opportunitätskosten der Nichtbasisfelder des vorherigen Transporttableaus lauten:

$$\bar{c}_{21} = 2; \quad \bar{c}_{31} = 10; \quad \bar{c}_{32} = 2; \quad \bar{c}_{13} = -5$$

Neues Transporttableau nach erfolgter Umverteilung:

	S(1)	L(2)	B(3)	
M(1)	100	–	15	115
W(2)	–	80	10	90
Z(3)	–	–	70	70
	100	80	95	

2. Iteration:

Die Opportunitätskosten der Nichtbasisfelder des vorherigen Transporttableaus lauten:

$$\bar{c}_{21} = -3; \quad \bar{c}_{31} = 5; \quad \bar{c}_{32} = 2; \quad \bar{c}_{12} = 5$$

Neues Transporttableau nach erfolgter Umverteilung:

	S(1)	L(2)	B(3)	
M(1)	90	–	25	115
W(2)	10	80	–	90
Z(3)	–	–	70	70
	100	80	95	

3. Iteration:

Die Opportunitätskosten der Nichtbasisfelder des vorherigen Transporttableaus lauten:

$$\bar{c}_{31} = 5; \quad \bar{c}_{12} = 2; \quad \bar{c}_{32} = -1; \quad \bar{c}_{23} = 3$$

Neues Transporttableau nach erfolgter Umverteilung:

	S(1)	L(2)	B(3)	
M(1)	20	–	95	115
W(2)	80	10	–	90
Z(3)	–	70	–	70
	100	80	95	

4. Iteration:

Die Opportunitätskosten der Nichtbasisfelder des vorherigen Transporttableaus lauten:

$$\bar{c}_{31} = 6; \quad \bar{c}_{12} = 2; \quad \bar{c}_{23} = 3; \quad \bar{c}_{33} = 1$$

Die minimalen Transportkosten sind 1.470 Geldeinheiten.

Lösung 6.1.6: Transportmodell

a) Entscheidungsmodell

Zielfunktion:

$$1 \cdot x_{11} + 4 \cdot x_{12} + 31 \cdot x_{13} + 50 \cdot x_{14} + 20 \cdot x_{21} + 14 \cdot x_{22} + 15 \cdot x_{23} + 46 \cdot x_{24}$$
$$+30 \cdot x_{31} + 35 \cdot x_{32} + 23 \cdot x_{33} + 25 \cdot x_{34} + 7 \cdot x_{41} + 40 \cdot x_{42} + 45 \cdot x_{43} + 37 \cdot x_{44}$$

Nebenbedingungen:

$$B_1 : x_{11} + x_{12} + x_{13} + x_{14} = 100$$
$$B_2 : x_{21} + x_{22} + x_{23} + x_{24} = 250$$

b) Nord-West-Ecken-Regel

	K_1	K_2	K_3	K_4	
B_1	100	–	–	–	100
B_2	50	50	100	50	250
B_3	–	–	–	200	200
B_4	–	–	–	50	50
	150	50	100	300	

Transportkosten: 12.450 €

c) Spaltenminimum-Methode

	K_1	K_2	K_3	K_4	
B_1	100	–	–	–	100
B_2	–	50	100	100	250
B_3	–	–	–	200	200
B_4	50	–	–	–	50
	150	50	100	300	

Transportkosten: 12.250 €.

Hinweis zur Lösung :

Die Anzahl der Basisvariablen bzw. Basisfelder bestimmt sich allgemein gemäß $m + n - 1$ (wobei m die Zahl der Anbieter und n die Zahl der Nachfrager bezeichnet). Bei vier Anbietern und vier Nachfragern beträgt die Anzahl der Basisfelder also $4 + 4 - 1 = 7$. In diesem Zahlenbeispiel weisen jedoch nur sechs Felder eine positive Transportmenge auf, sodass eines von den sieben Basisfeldern eine Transportmenge von null aufweist; damit liegt der Sonderfall der primalen Degeneration vor.

d) Matrixminimum-Methode

	K_1	K_2	K_3	K_4	
B_1	100	–	–	–	100
B_2	–	50	100	100	250
B_3	–	–	–	200	200
B_4	50	–	–	–	50
	150	50	100	300	

Transportkosten: 12.250 €.

Hinweis: es liegt der Sonderfall der primalen Degeneration vor, siehe Hinweis in der Lösung zu Teilaufgabe c)

e) Vogel'sche Approximationsmethode

	K_1	K_2	K_3	K_4	A_i				d_{zi}			
B_1	100				100	100	100	100	3	3	3	3
B_2		50	100	100	250	250	250	250	1	1	1	1
B_3				200	200	200	0		2	2		
B_4	50				50	0			30			
B_j	150	50	100	300								
	100	50	100	300								
	100	50	100	100								
	100	50	100	0								
d_{sj}	6	10	8	12								
	19	10	8	21								
	19	10	16	24								
	19	10	16									

Transportkosten: 12.250 €

Hinweis: es liegt der Sonderfall der primalen Degeneration vor, siehe Hinweis in der Lösung zu Teilaufgabe c)

Die Optimalität der Lösung lässt sich über die Opportunitätskosten feststellen. Sind keine negativen Opportunitätskosten mehr vorhanden, so liegt eine optimale Lösung vor.

**Lösung 6.1.7: Klassisches Transportproblem*

a) Entscheidungsmodell

Zielfunktion:

$$6 \cdot x_{11} + 11 \cdot x_{12} + 10 \cdot x_{13} + 7 \cdot x_{21} + 3 \cdot x_{22} + 4 \cdot x_{23}$$
$$+5 \cdot x_{31} + 4 \cdot x_{32} + 8 \cdot x_{33} + 10 \cdot x_{41} + 5 \cdot x_{42} + 12 \cdot x_{43} \rightarrow Min!$$

Nebenbedingungen:

Kiesgrubenkapazitäten:

$$K_1 : x_{11} + x_{12} + x_{13} = 450$$
$$K_2 : x_{21} + x_{22} + x_{23} = 200$$
$$K_3 : x_{31} + x_{32} + x_{33} = 200$$
$$K_4 : x_{41} + x_{42} + x_{43} = 50$$

Baustellenbedarfe:

$$B_1 : x_{11} + x_{21} + x_{31} + x_{41} = 500$$
$$B_2 : x_{12} + x_{22} + x_{32} + x_{42} = 100$$
$$B_3 : x_{13} + x_{23} + x_{33} + x_{43} = 300$$

$$x_{ij} \geq 0 \qquad \forall i, j$$

b) Ausgangslösung und optimale Lösung

Nord-West-Ecken-Regel

	1	2	3	Σ
1	450	–	–	450
2	50	100	50	200
3	–	–	200	200
4	–	–	50	50
Σ	500	100	300	

Kosten: 5.750 €

MODI- oder Stepping-Stone-Methode

1. Iteration:

Die Opportunitätskosten der Nichtbasisfelder des vorherigen Transporttableaus lauten:

$\overline{c}_{31} = -6;\quad \overline{c}_{41} = -5;\quad \overline{c}_{12} = 9;\quad \overline{c}_{32} = -3;\quad \overline{c}_{42} = -6;\quad \overline{c}_{13} = 7$

Neues Transporttableau nach erfolgter Umverteilung:

	1	2	3	Σ
1	450	–	–	450
2	–	100	100	200
3	50	–	150	200
4	–	–	50	50
Σ	500	100	300	

2. Iteration:

Die Opportunitätskosten der Nichtbasisfelder des vorherigen Transporttableaus lauten:

$\bar{c}_{21} = 6; \quad \bar{c}_{41} = 1; \quad \bar{c}_{12} = 3; \quad \bar{c}_{32} = -3; \quad \bar{c}_{42} = -6; \quad \bar{c}_{13} = 1$

Neues Transporttableau nach erfolgter Umverteilung:

	1	2	3	Σ
1	450	–	–	450
2	–	50	150	200
3	50	–	150	200
4	–	50	–	50
Σ	500	100	300	

3. Iteration:

Die Opportunitätskosten der Nichtbasisfelder des vorherigen Transporttableaus lauten:

$\bar{c}_{21} = 6; \quad \bar{c}_{41} = 7; \quad \bar{c}_{12} = 3; \quad \bar{c}_{32} = -3; \quad \bar{c}_{13} = 1; \quad \bar{c}_{43} = 6$

Neues Transporttableau nach erfolgter Umverteilung:

	1	2	3	Σ
1	450	–	–	450
2	–	–	200	200
3	50	50	100	200
4	–	50	–	50
Σ	500	100	300	

4. Iteration:

Die Opportunitätskosten der Nichtbasisfelder des vorherigen Transporttableaus lauten:

$\bar{c}_{21} = 6; \quad \bar{c}_{41} = 4; \quad \bar{c}_{12} = 6; \quad \bar{c}_{22} = 3; \quad \bar{c}_{13} = 1; \quad \bar{c}_{43} = 3$

Kosten: 5.000 €

*Lösung 6.1.8: Transportplanung mit Fehlmengen

a) Fehlmengenkosten

Fehlmenge = Gesamtnachfrage – Gesamtangebot = 50

$$x_{F,B1} + x_{F,B2} + x_{F,B3} + x_{F,B4} = 50$$

Fehlmengenkosten $= 20x_{F,B1} + 25x_{F,B2} + 22x_{F,B3} + 16x_{F,B4}$

b) Spaltenminimum-Methode

	B_1	B_2	B_3	B_4	
A_1	–	90	–	30	120
A_2	–	–	160	20	180
A_3	130	120	–	–	250
F	–	–	–	50	50
	130	210	160	100	

Das Auslieferungslager B_4 trägt die gesamten Fehlmengen. Die Gesamtkosten sind 7.870 €.

c) Matrixminimum-Methode

	B_1	B_2	B_3	B_4	
A_1	120	–	–	–	120
A_2	10	70	–	100	180
A_3	–	90	160	–	250
F	–	50	–	–	50
	130	210	160	100	

Das Auslieferungslager B_2 trägt die gesamten Fehlmengen. Die Gesamtkosten sind 7.460 €.

d) Vogel'sche Approximationsmethode

	B_1	B_2	B_3	B_4	A_i					d_{zi}				
A_1		120			120	120	120	120	0	3	3	2	2	2
A_2	80			100	180	180	80	80		5	9	3	3	3
A_3		90	160		250	90	90	0		4	2	2		
F	50				50	50	50	50	0	4	4	5	5	
B_j	130	210	160	100										
	130	210	0	100										
	130	210		0										
	130	120												
	80	0												
d_{sj}	3	7	8	3										
	3	7		3										
	3	7												
	3	4												
	3	4												

Das Auslieferungslager B_1 trägt die gesamten Fehlmengen. Die Gesamtkosten sind 7.240 €.

Lösung 6.1.9: Transport- und Materialbedarfsplanung

a) Lineares Entscheidungsmodell

Zielfunktion:

$$3 \cdot x_{1A} + 8 \cdot x_{1B} + 2 \cdot x_{1C} + 5 \cdot x_{1L} + 9 \cdot x_{2A} + 7 \cdot x_{2B}$$
$$+7 \cdot x_{2C} + 5 \cdot x_{2L} + 4 \cdot x_{3A} + 9 \cdot x_{3B} + 5 \cdot x_{3C} + 4 \cdot x_{3L} \rightarrow Min!$$

Nebenbedingungen:

Erzbergwerkkapazitäten:

$$E1: x_{1A} + x_{1B} + x_{1C} + x_{1L} = 100$$
$$E2: x_{2A} + x_{2B} + x_{2C} + x_{2L} = 120$$
$$E3: x_{3A} + x_{3B} + x_{3C} + x_{3L} = 60$$

Unternehmensbedarfe und Lagerbedingung:

$$A: x_{1A} + x_{2A} + x_{3A} = 80$$
$$B: x_{1B} + x_{2B} + x_{3B} = 50$$
$$C: x_{1C} + x_{2C} + x_{3C} = 115$$
$$L: x_{1L} + x_{2L} + x_{3L} = 35$$

Nichtnegativitätsbedingung:

$$x_{ij} \geq 0 \quad \forall i, j$$

b) MODI- oder Stepping-Stone-Methode:

Opportunitätskostentableau:

Werk/Unternehmen bzw. Lager	A	B	C	L
E_1		6		2
E_2	1			-3
E_3		6	2	

Neues Transporttableau:

Werk/Unternehmen bzw. Lager	A	B	C	L	Σ
E_1	20		80		100
E_2		50	20	50	120
E_3	60				60
Σ	80	50	100	50	280

Neues Opportunitätskostentableau:

Werk/Unternehmen bzw. Lager	A	B	C	L
E_1		6		5
E_2	1			
E_3		6	2	3

→ keine negativen Opportunitätskosten mehr, Optimum erreicht

Kosten der optimalen Lösung:

$$20 \cdot 3,\!- + 80 \cdot 2,\!- + 50 \cdot 7,\!- + 20 \cdot 7,\!- + 50 \cdot 5,\!- + 60 \cdot 4,\!- = 1200,\!-$$

6.2 Kürzeste Wege in Graphen

Lösung 6.2.1: Kürzeste Wege in ungerichteten Graphen

a) Kürzeste Wege und Fahrzeiten

Die Anwendung des Dijkstra-Algorithmus zur Bestimmung der kürzesten Wege kann unter Verwendung nachfolgender Tabelle erfolgen. Knoten A ist hier der Startknoten.

Iteration	0 (Initialisierung)		1		2		3		4		5		6		7	
Knoten	d_u	p_u	d_u	p_u	d_u	p_u	d_u	p_u	d_u	p_u	d_u	p_u	d_u	p_u	d_u	p_u
A	**0**	-	0	-	0	-	0	-	0	-	0	-	0	-	0	-
B	∞	-	50	A	**50**	A	50	A	50	A	50	A	50	A	50	A
C	∞	-	**40**	A	40	A	40	A	40	A	40	A	40	A	40	A
D	∞	-	90	A	70	C	**70**	C	70	C	70	C	70	C	70	C
E	∞	-	∞	-	75	C	75	C	**75**	C	75	C	75	C	75	C
F	∞	-	∞	-	140	C	130	B	100	D	**95**	E	95	E	95	E
G	∞	-	∞	-	∞	-	125	B	125	B	125	B	**115**	F	115	F
MK	{~~A~~}		{B,~~C~~,D}		{~~B~~,D,E,F}		{~~D~~,E,F,G}		{~~E~~,F,G}		{~~F~~,G}		{~~G~~}		{ }	

Legende:

d_u kürzeste Weglänge vom Startknoten (hier: A) zu Knoten u

p_u unmittelbarer Vorgänger von u auf kürzestem Weg

MK Menge markierter Knoten

Die kürzesten Fahrzeiten vom Startknoten A zu den übrigen Knoten B bis G können in obiger Tabelle in Spalte (Iteration) 7 unter d_u abgelesen werden. Demnach beträgt z. B. die kürzeste Fahrzeit von A nach G 115 Minuten ($d_G = 115$).

Die zugehörigen Wege (Streckenführungen) lassen sich anhand von Spalte 7 mittels p_u rekursiv ermitteln, wobei vom jeweiligen Zielknoten ausgegangen wird. So kann z. B. der kürzeste Weg von A zum Zielknoten G beginnend mit p_G = F wie folgt bestimmt werden:

p_G = F → (…….., F, G)
p_F = E → (….., E, F, G)
p_E = C → (..., C, E, F, G)
p_C = A → (A, C, E, F, G)

Die Streckenführung von A nach G lautet also (A, C, E, F, G).

Mittels analoger Vorgehensweise können die Wege von A zu den übrigen Zielknoten B bis F wie folgt angegeben werden:

Von A nach B: (A, B)
Von A nach C: (A, C)
Von A nach D: (A, C, D)
Von A nach E: (A, C, E)
Von A nach F: (A, C, E, F)

b) Umkehrung von Start- und Zielknoten

In einem symmetrischen Netzwerk – welches hier vorliegt – sind die Wege identisch. In einem asymmetrischen Netzwerk kann sich jedoch ein anderer Weg ergeben.

c) Rolle der Bestimmung kürzester Wege im Rahmen der Transport,- Rundreise- und Tourenplanung

Der Dijkstra-Algorithmus kann im Rahmen der Transportplanung zur Bestimmung der Entfernungen (km) im Verkehrsnetz zwischen den Angebots- und Nachfrageorten herangezogen werden, was eine Grundlage für die Bestimmung der Transportkostensätze bilden kann.

In den Modellen zur Rundreise- und Tourenplanung geben die Zielfunktionskoeffizienten c_{ij} die Bewertungen (im Sinne von Entfernungen, Fahrzeiten oder Geldeinheiten) an, wenn ausgehend von Knoten i der Knoten j aufgesucht wird. Grundlage für die Bestimmung dieser Zielfunktionskoeffizienten kann die Anwendung des Algorithmus von Dijkstra auf das zugrunde liegende Verkehrsnetz sein, wodurch der kürzeste Weg von Knoten i zu Knoten j und dessen Bewertung bestimmt werden können. Ein Rechenbeispiel zu diesem Zusammenhang wird in Aufgabe 6.4.6 betrachtet.

*Lösung 6.2.2: Kürzeste Wege in gerichteten Graphen

a) Knoten A als Startknoten

Die Anwendung des Dijkstra-Algorithmus zur Bestimmung der kürzesten Wege kann unter Verwendung nachfolgender Tabelle erfolgen. Knoten A ist hier der Startknoten.

Iteration	0 (Initialisierung)		1		2		3		4		5		6		7	
Knoten	d_u	p_u	d_u	p_u	d_u	p_u	d_u	p_u	d_u	p_u	d_u	p_u	d_u	p_u	d_u	p_u
A	0	-	0	-	0	-	0	-	0	-	0	-	0	-	0	-
B	∞	-	90	A	90	A	80	D	80	D	80	D	80	D	80	D
C	∞	-	45	A	45	A	45	A	45	A	45	A	45	A	45	A
D	∞	-	∞	-	70	C	70	C	70	C	70	C	70	C	70	C
E	∞	-	∞	-	∞	-	∞	-	∞	-	∞	-	145	F	145	F
F	∞	-	∞	-	150	C	115	D	115	D	110	G	110	G	110	G
G	∞	-	∞	-	∞	-	85	D	85	D	85	D	85	D	85	D
MK	{~~A~~}		{B,~~C~~}		{B,~~D~~,F}		{~~B~~,F,G}		{F,~~G~~}		{~~F~~}		{~~E~~}		{ }	

Legende:

d_u kürzeste Weglänge vom Startknoten (hier: A) zu Knoten u

p_u unmittelbarer Vorgänger von u auf kürzestem Weg

MK Menge markierter Knoten

Die kürzesten Fahrzeiten vom Startknoten A zu den übrigen Knoten B bis G können in obiger Tabelle in Spalte (Iteration) 7 unter d_u abgelesen werden. Demnach beträgt z. B. die kürzeste Fahrzeit von A nach E 145 Minuten ($d_E = 145$).

Die zugehörigen Streckenführungen lassen sich anhand von Spalte 7 mittels p_u rekursiv ermitteln, wobei vom jeweiligen Zielknoten ausgegangen wird. So kann z. B. der kürzeste Weg von A zum Zielknoten E beginnend mit $p_E = F$ wie folgt bestimmt werden:

$p_E = F \rightarrow$ (..........., F, E)

$p_F = G \rightarrow$ (........., G, F, E)

$p_G = D \rightarrow$ (....., D, G, F, E)

$p_D = C \rightarrow$ (.., C, D, G, F, E)

$p_C = A \rightarrow$ (A, C, D, G, F, E)

Die Streckenführung von A nach E lautet also (A, C, D, G, F, E).

Mittels analoger Vorgehensweise können die Wege von A zu den übrigen Zielknoten B, C, D, F und G wie folgt angegeben werden:

Von A nach B: (A, C, D, B)

Von A nach C: (A, C)

Von A nach D: (A, C, D)

Von A nach F: (A, C, D, G, F)

Von A nach G: (A, C, D, G)

b) Knoten E als Startknoten

Die Anwendung des Dijkstra-Algorithmus zur Bestimmung der kürzesten Wege kann unter Verwendung nachfolgender Tabelle erfolgen. Knoten E ist hier der Startknoten.

Iteration	0 (Initialisierung)		1		2		3		4		5		6		7	
Knoten	d_u	p_u	d_u	p_u	d_u	p_u	d_u	p_u	d_u	p_u	d_u	p_u	d_u	p_u	d_u	p_u
A	∞	-	∞	-	75	C	75	C	75	C	**75**	C	75	C	75	C
B	∞	-	∞	-	∞	-	**65**	D	65	D	65	D	65	D	65	D
C	∞	-	**30**	E	30	E	30	E	30	E	30	E	30	E	30	E
D	∞	-	∞	-	**55**	C	55	C	55	C	55	C	55	C	55	C
E	**0**	-	0	-	0	-	0	-	0	-	0	-	0	-	0	-
F	∞	-	∞	-	135	C	100	D	100	D	95	G	**95**	G	95	G
G	∞	-	∞	-	∞	-	70	D	**70**	D	70	D	70	D	70	D
MK	{~~E~~}		{~~C~~}		{A,~~D~~,F}		{A,F,~~B~~,G}		{A,F,~~G~~}		{~~A~~,F}		{~~F~~}		{ }	

Legende:

d_u kürzeste Weglänge vom Startknoten (hier: E) zu Knoten u

p_u unmittelbarer Vorgänger von u auf kürzestem Weg

MK Menge markierter Knoten

Kürzeste Wege von E zu den Zielknoten A, B, C, D, F und G:

Von E nach A: (E, C, A)
Von E nach B: (E, C, D, B)
Von E nach C: (E, C)
Von E nach D: (E, C, D)
Von E nach F: (E, C, D, G, F)
Von E nach G: (E, C, D, G)

c) Vergleich A nach E mit E nach A

Von A nach E: (A, C, D, G, F, E) mit 145 Minuten (Teilaufgabe a))

Von E nach A: (E, C, A) mit 75 Minuten (Teilaufgabe b))

Grund für abweichende Wege: Das Netzwerk ist asymmetrisch.

6.3 Planung von Rundreisen

**Lösung 6.3.1: Rundreiseplanung*

a) Bestimmung der minimalen Gesamtzeit

	Gesamtdauer:
$B-U-B=10+10=20$	20
$B-S-U-B=13-10+12=15$ $B-U-S-B=9-10+15=14$	34
$B-H-U-S-B=17-10+15=22$ $B-U-H-S-B=15-9+12=18$ $B-U-S-H-B=16-15+20=21$	52
$B-U-H-M-S-B=17-12+15=20$ $B-U-M-H-S-B=2-15+19=6$	58

b) Mehrtägige Betrachtung

Problem: Letzte Station des Vortages ist erste Station des nachfolgenden Tages.

Hier: Start nur in S möglich.

Start-Route:

$$B - S - U - B = 13 + 12 + 10 = 35$$

Route Tag 2:

$$B - S - H - U - B = 13 + 16 + 15 + 10 = 54$$

$$B - S - H - M - U - B = 13 + 16 + 17 + 3 + 10 = \underline{\underline{59}}$$

$$B - S - M - H - U - B = 13 + 14 + 19 + 15 + 10 = 71$$

$$Gesamtfahrzeit: Tag\ 1 + Tag\ 2 = 58 + 59 = 117$$

$$Tour: B - U - M - H - S - B - S - H - M - U - B$$

*Lösung 6.3.2: Travelling-Salesman-Problem

a) Rundreisen auf Basis der Nearest Neighbor Heuristik

Startknoten für die Konstruktion der Rundreise	Rundreise	Angabe der (identischen!) Rundreise mit Knoten A am Beginn	Dauer
A	A, B, C, D, A	A, B, C, D, A	84
B	B, A, D, C, B	A, D, C, B, A	94
C	C, A, B, D, C	A, B, D, C, A	95
D	D, A, B, C, D	A, B, C, D, A	84

Bei Wahl von Knoten C als Startknoten für die Konstruktion der Rundreise erhält man zwei Lösungen, da die Fahrzeiten von C nach A und von C nach B identisch sind. In obiger Tabelle wurde ausgehend von C nach A gefahren. Fährt man stattdessen von C nach B, erhält man eine zweite Lösung in Form von C, B, A, D, C (bzw. A, D, C, B, A) mit einer Dauer von 94; diese ist identisch mit derjenigen Rundreise, die sich bei Wahl von B als Startknoten ergibt.

Bei Wahl unterschiedlicher Startknoten für die Konstruktion der Rundreise können sich verschiedene Rundreisen mit unterschiedlichen Dauern ergeben.

Speziell im hier vorliegenden Zahlenbeispiel wurde durch obige Vorgehensweise eine optimale Rundreise mit der Gesamtdauer 84 ermittelt. Im Allgemeinen liefert die Nearest Neighbor Heuristik – auch bei Wahl unterschiedlicher Startknoten – aber nicht zwingend eine optimale Lösung.

b) Ermittlung einer Rundreise nach dem Verfahren der sukzessiven Einbeziehung von Nachfolgern

	Gesamtdauer:
$A - B - A = 10 + 19 = 29$	29
$A - C - B - A = 31 - 10 + 25 = 46$ $A - B - C - A = 24 - 19 + 25 = \underline{\underline{30}}$	$\underline{\underline{59}}$
$A - D - B - C - A = 23 - 10 + 28 = 41$ $A - B - D - C - A = 33 - 24 + 27 = 36$ $A - B - C - D - A = 26 - 25 + 24 = \underline{\underline{25}}$	$\underline{\underline{84}}$

Speziell im hier vorliegenden Zahlenbeispiel wurde mit dem Verfahren der sukzessiven Einbeziehung eine optimale Rundreise mit der Gesamtdauer 84 ermittelt. Im Allgemeinen liefert dieses Verfahren aber nicht zwingend eine optimale Lösung. Bei Wahl unterschiedlicher Ausgangsorte können sich verschiedene Lösungen ergeben.

c) Entscheidungsproblem der Produktionsplanung

Dem Travelling-Salesman-Problem entspricht die Planung der Auftragsfolge auf einer Maschine mit reihenfolgeabhängigen Rüstzeiten.

*Lösung 6.3.3: Travelling-Salesman-Problem: Formales Modell und Überprüfung von Lösungen auf Zulässigkeit

a) Formales Modell

Indizes und Parameter

$i, j = 1, \ldots, n$	Indizes der Knoten
c_{ij}	„Kosten" wenn nach Knoten i unmittelbar Knoten j aufgesucht wird (im Sinne von Entfernungen, Fahrzeiten oder Fahrkosten)

Entscheidungsvariablen

$$x_{ij} = \begin{cases} 1 & \text{falls nach Knoten } i \text{ unmittelbar Knoten } j \text{ aufgesucht wird} \\ 0 & \text{sonst} \end{cases}$$

Zielfunktion	
$\min f(x) = \sum_{i=1}^{n} \sum_{j=1}^{n} c_{ij} x_{ij}$	(1) Minimierung der gesamten Kosten (Entfernung, Dauer, Fahrkosten) der Rundreise
unter den Nebenbedingungen	
$\sum_{j=1}^{n} x_{ij} = 1 \quad \text{für } i = 1, \ldots, n$	(2) Jeder Knoten i wird genau einmal verlassen
$\sum_{i=1}^{n} x_{ij} = 1 \quad \text{für } j = 1, \ldots, n$	(3) Jeder Knoten j wird genau einmal erreicht
$x_{ij} \in \{0; 1\} \quad \text{für alle } i \text{ und } j$	(4) Binärbedingungen
$\sum_{i \in Q} \sum_{j \in Q} x_{ij} \leq \lvert Q \rvert - 1 \quad \text{für alle } Q \subset V \text{ mit } 2 \leq \lvert Q \rvert \leq \left\lfloor \frac{n}{2} \right\rfloor$	(5) Dantzig-Fulkerson-Johnson (DFJ)-Bedingungen zur Verhinderung von Kurzzyklen

Es gilt ferner:

$$c_{ii} = \infty \text{ bzw. } c_{ii} = M \text{ („big } M\text{")} \quad \text{für } i = 1, \ldots, n$$

oder

$$x_{ii} = 0 \quad \text{für } i = 1, \ldots, n$$

Hinweis:

Zur Verhinderung von Kurzzyklen können *anstelle* der Dantzig-Fulkerson-Johnson (DFJ)-Bedingungen auch die Miller-Tucker-Zemlin (MTZ)-Bedingungen formuliert werden:

$$z_i - z_j + n \cdot x_{ij} \leq n - 1 \quad \text{für alle } i, j = 2,\ldots,n \quad \text{mit} \quad i \neq j$$

wobei z_i reellwertige Hilfsvariablen darstellen.

b) Überprüfung von Lösungen auf Zulässigkeit

b.1) Überprüfung der Lösung für ein TSP mit $n = 5$ Knoten

Prüfung der Nebenbedingungen (2) und (3) des TSP: Jeder Knoten muss genau einmal verlassen und genau einmal erreicht werden:

$i \backslash j$	1	2	3	4	5	Σ
1					1	1
2				1		1
3		1				1
4	1					1
5			1			1
Σ	1	1	1	1	1	

Die Randsummen haben alle den Wert eins; daher sind Nebenbedingungen (2) und (3) erfüllt.

Prüfung der Dantzig-Fulkerson-Johnson (DFJ)-Bedingungen (5) zur Verhinderung von Kurzzyklen:

Q	$\sum_{i \in Q} \sum_{j \in Q} x_{ij}$	$\overset{?}{\leq}$	$\lvert Q \rvert - 1$
{1, 2}	0	ok	1
{1, 3}	0	ok	1
{1, 4}	1	ok	1
{1, 5}	1	ok	1
{2, 3}	1	ok	1
{2, 4}	1	ok	1
{2, 5}	0	ok	1
{3, 4}	0	ok	1
{3, 5}	1	ok	1
{4, 5}	0	ok	1

Alle Dantzig-Fulkerson-Johnson (DFJ)-Bedingungen (5) sind erfüllt.

Somit wurde gezeigt, dass alle Nebenbedingungen des TSP erfüllt sind; daher ist die Lösung zulässig.

b.2) Überprüfung der Lösung für ein TSP mit $n = 6$ Knoten

Prüfung der Nebenbedingungen (2) und (3) des TSP: Jeder Knoten muss genau einmal verlassen und genau einmal erreicht werden:

$i \backslash j$	1	2	3	4	5	6	Σ
1						1	1
2	1						1
3					1		1
4			1				1
5	1	1					**2**
6			1				1
Σ	**2**	1	**2**	**0**	1	1	

Nicht alle Randsummen haben den Wert eins; die Lösung ist daher unzulässig.

Prüfung der Dantzig-Fulkerson-Johnson (DFJ)-Bedingungen (5) ist nicht mehr erforderlich, da die Unzulässigkeit der Lösung bereits nachgewiesen ist.

b.3.1) Behauptung des Kommilitonen

In der gezeigten Lösung wird zwar tatsächlich jeder Knoten genau einmal erreicht und genau einmal verlassen. Dennoch handelt es sich um keine zulässige Lösung für das Rundreiseproblem, da die gezeigte Lösung aus zwei Kurzzyklen besteht.

b.3.2) Überprüfung der Dantzig-Fulkerson-Johnson (DFJ)-Bedingungen für ausgewählte Knotenmengen

Q	$\sum_{i \in Q} \sum_{j \in Q} x_{ij}$	$\overset{?}{\leq}$	$\lvert Q \rvert - 1$
{1, 4}	1	ok	1
{4, 5}	0	ok	1
{1, 3, 6}	2	ok	2
{4, 5, 8}	1	ok	2
{1, 2, 6, 7}	1	ok	3
{2, 5, 7, 8}	4	verletzt	3

b.3.3) Geltungsbereich der Dantzig-Fulkerson-Johnson (DFJ)-Bedingungen

Die DFJ-Bedingungen sind auf alle Knotenmengen Q anzuwenden, die mindestens zwei und höchstens $n/2$ (abgerundet) Knoten beinhalten. Im Fall von $n = 8$ Knoten sind also alle möglichen Knotenmengen Q zu betrachten, die mindestens zwei und höchstens $\left\lfloor \frac{8}{2} \right\rfloor = \lfloor 4 \rfloor =$ 4 Knoten beinhalten. Die Dantzig-Fulkerson-Johnson (DFJ)-Bedingung ist nicht auf die Knotenmenge $Q = \{1, 2, 3, 4, 5\}$ anzuwenden, da diese fünf (und somit mehr als vier) Knoten beinhaltet.

Liegt beispielweise ein anderes Rundreiseproblem mit $n = 7$ Knoten vor, so sind die DFJ-Bedingungen auf alle Knotenmengen Q anzuwenden, die mindestens zwei und wegen $\left\lfloor \frac{7}{2} \right\rfloor = \lfloor 3{,}5 \rfloor = 3$ höchstens drei Knoten beinhalten.

6.4 Tourenplanung

Lösung 6.4.1: Tourenplanung

a) Entscheidungsmodell

- Entscheidungsvariablen:

  x_{ijm} gleich 1, falls in Tour m von Ort i zu Ort j gefahren wird, 0 sonst

  y_{im} gleich 1, falls Ort i in Tour m enthalten ist, 0 sonst

  z_i reellwertige Hilfsvariable zur Verhinderung von Kurzzyklen

- Indizes und Parameter:

b	Kapazität des Fahrzeugs
c_{ij}	Entfernung von Ort i zu Ort j
$i, j = 1, ..., N$	Indizes der Orte
$m = 1, ..., M$	Index der Touren
w_i	benötigte Kapazität des Fahrzeugs für die Belieferung des Ortes i

- Zielfunktion: (1) Minimierung der Gesamtfahrzeit
- Nebenbedingungen:

  (2) Kapazitätsrestriktion des LKW; der Kapazitätsbedarf aller in Tour m enthaltenen Orte muss kleiner gleich der Kapazität des LKW sein.

  (3) falls in der Tour m der Ort i enthalten ist, so muss von dort aus genau ein Ort j angesteuert werden.

  (4) ein Ort j in Tour m muss von genau einem Ort i aus erreicht werden.

  (5) jeder Ort außer dem Lager muss genau einer Tour zugeordnet werden.

  (6) das Lager muss allen Touren zugeordnet werden; deren Gesamtzahl ergibt sich erst aus der Lösung des Modells; es dürfen keine Zyklen gebildet werden, die das Lager nicht enthalten.

  (7) ein Ort darf nicht von sich selbst aus angesteuert werden.

b) Saving-Verfahren

$R_1 = \{D, 1, D\} \rightarrow L_1 = 6 + 6 = 12$

$R_2 = \{D, 2, D\} \rightarrow L_2 = 10$

$R_3 = \{D, 3, D\} \rightarrow L_3 = 8$

$R_4 = \{D, 4, D\} \rightarrow L_4 = 4$

$R_5 = \{D, 5, D\} \rightarrow L_5 = 8$

$R_6 = \{D, 6, D\} \rightarrow L_6 = 2$

$\Sigma 44$

Saving	Wert	Rang / Iteration	Überprüfung
S_{12}	6 + 5 – 3 = 8	1	R
S_{13}	6 + 4 – 2 = 8	2	R
S_{14}	6 + 2 – 8 = 0	–	–
S_{15}	6 + 4 – 7 = 3	5	KAP
S_{16}	6 + 1 – 7 = 0	–	–
S_{23}	5 + 4 – 4 = 5	3	KE
S_{24}	5 + 2 – 7 = 0	–	–
S_{25}	5+ 4 – 9 = 0	–	–
S_{26}	5 + 1 – 6 = 0	–	–
S_{34}	4 + 2 – 6 = 0	–	–
S_{35}	4 + 4 – 5 = 3	6	KE (KAP)
S_{36}	4 + 1 – 5 = 0	–	–
S_{45}	2 + 4 – 2 = 4	4	R
S_{46}	2 + 1 – 2 = 1	8	KE
S_{56}	4 + 1 – 3 = 2	7	R

R: Realisierung des Saving-Wertes

KE: keine „Endkunden" von zwei verschiedenen Routen

KAP: Kapazität reicht nicht aus

Tour 1: {D, 2, 1, 3 ,D}		Tour 2: {D, 4 ,5 ,6 ,D}	
{D, 2}	5	{D, 4}	2
{2, 1}	3	{4, 5}	2
{1, 3}	2	{5, 6}	3
{3, D}	4	{6, D}	1
Fahrzeit Tour 1:	14	Fahrzeit Tour 2:	8
Fahrzeit gesamt:	14 + 8 = 22		

Startlösung:

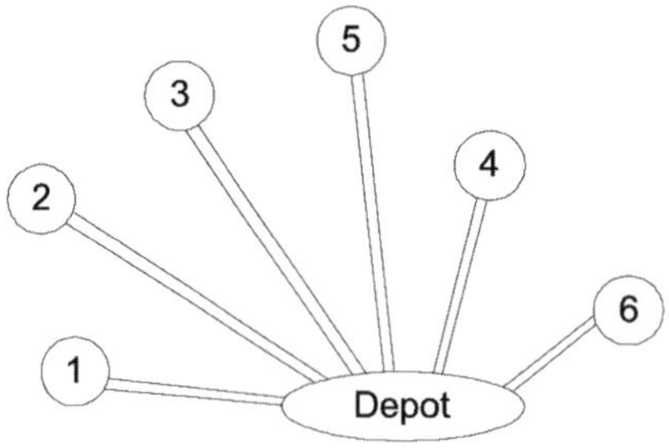

1. Iteration:

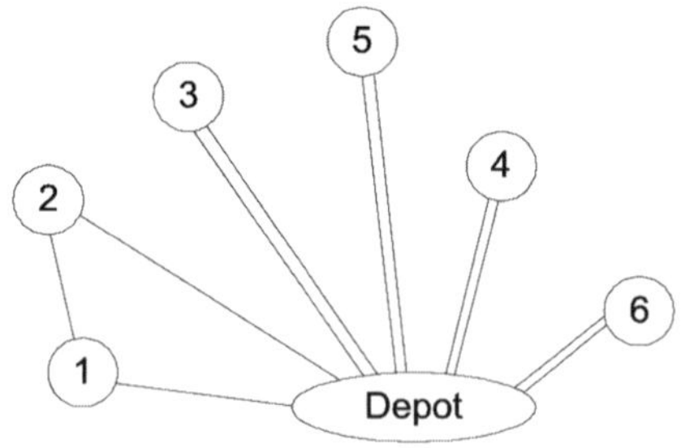

2. Iteration:

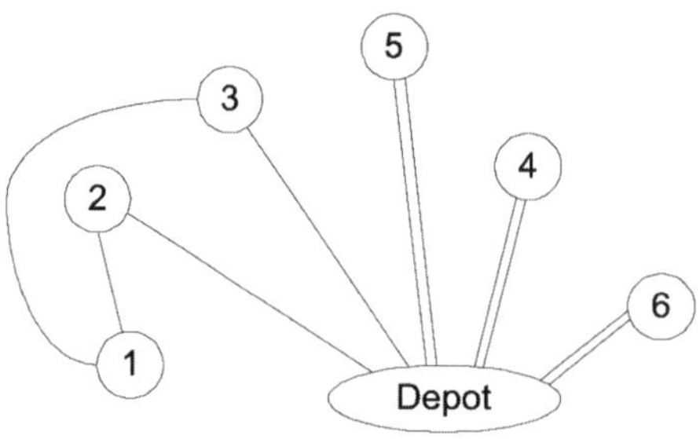

4. Iteration:

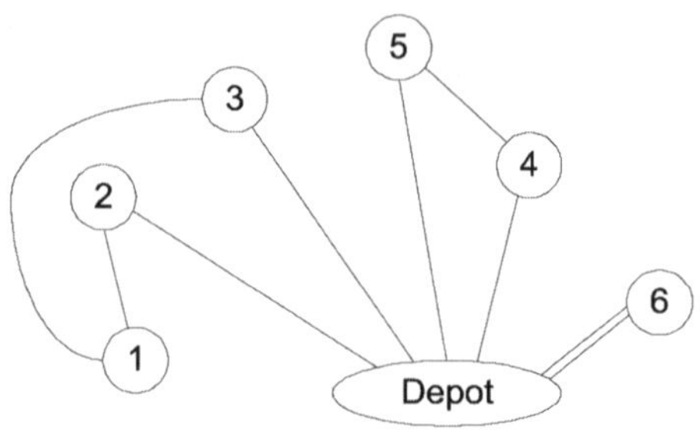

7. Iteration:

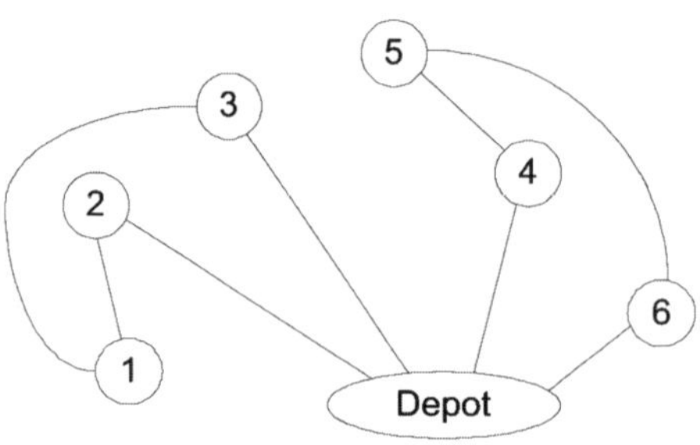

*Lösung 6.4.2: Tourenplanung

a) Fahrtkosten der separaten Touren

$$30 + 24 + 18 + 12 + 6 = 90$$

b) Saving-Verfahren

Saving	Wert	Rang/Iteration	Überprüfung
S_{23}	15 + 12 – 4 = 23	1	R
S_{24}	15 + 9 – 8 = 16	2	R
S_{25}	15 + 6 – 12 = 9	4	KE (KAP)
S_{26}	15 + 3 – 16 = 2	7	KE (KAP)
S_{34}	12 + 9 – 5 = 16	3	KE
S_{35}	12 + 6 – 10 = 8	5	KAP
S_{36}	12 + 3 – 15 = 0	–	–
S_{45}	9 + 6 – 7 = 8	6	KAP
S_{46}	9 + 3 – 10 = 2	8	KAP
S_{56}	6 + 3 – 8 = 1	9	R

R: Realisierung des Saving-Wertes

KE: keine „Endkunden" von zwei verschiedenen Routen

KAP: Kapazität reicht nicht aus (hier: maximal 3 Clubs)

erste Tour: {1, 3, 2, 4, 1}; zweite Tour: {1, 5, 6, 1}

Fahrtkosten: 90 – 23 – 16 – 1 = 50

c) Saving-Verfahren

Saving	Wert	Rang/Iteration	Überprüfung
S_{23}	15 + 12 – 4 = 23	1	KAP
S_{24}	15 + 9 – 8 = 16	2	R
S_{25}	15 + 6 – 12 = 9	4	KAP
S_{26}	15 + 3 – 16 = 2	7	KAP
S_{34}	12 + 9 – 5 = 16	3	KAP
S_{35}	12 + 6 – 10 = 8	5	R
S_{36}	12 + 3 – 15 = 0	–	–
S_{45}	9 + 6 – 7 = 8	6	KAP
S_{46}	9 + 3 – 10 = 2	8	KAP
S_{56}	6 + 3 – 8 = 1	9	R

R: Realisierung des Saving-Wertes

KE: keine „Endkunden" von zwei verschiedenen Routen

KAP: Kapazität reicht nicht aus (hier: maximal 3 Clubs und maximal 4 Cocktails) erste Tour: {1, 2, 4, 1}

zweite Tour: {1, 3, 5, 6, 1}

Fahrtkosten: 90 – 16 – 8 – 1 = 65

**Lösung 6.4.3: Tourenplanung*

a) Saving-Verfahren

Saving	Wert	Rang/Iteration	Überprüfung
S_{AB}	1,5 + 2 – 1 = 2,5	6	R
S_{AC}	1,5 + 2 – 3 = 0,5	15	KAP
S_{AD}	1,5 + 2,5 – 2 = 2	8	KAP
S_{AE}	1,5 + 2,5 – 2,5 = 1,5	11	KE (KAP)
S_{AF}	1,5 + 2 – 1 = 2,5	7	KAP
S_{BC}	2 + 2 – 2 = 2	9	KAP
S_{BD}	2 + 2,5 – 3 = 1,5	12	KAP
S_{BE}	2 + 2,5 – 3 = 1,5	13	KE (KAP)
S_{BF}	2 + 2 – 2 = 2	10	KAP
S_{CD}	2 + 2,5 – 1,5 = 3	4	KE
S_{CE}	2 + 2,5 – 1 = 3,5	2	R
S_{CF}	2 + 2 – 2,5 = 1,5	14	KAP
S_{DE}	2,5 + 2,5 – 0,5 = 4,5	1	R
S_{DF}	2,5 + 2 – 1 = 3,5	3	KAP
S_{EF}	2,5 + 2 – 1,5 = 3	5	KE (KAP)

R: Realisierung des Saving-Wertes

KE: keine „Endkunden" von zwei verschiedenen Routen

KAP: Kapazität reicht nicht aus

erste Tour: {L, C, E, D, L}; 58,6 kg; 6 ZE; zweite Tour: {L, A, B, L}; 90,3 kg; 4,5 ZE; dritte Tour: {L, F, L}; 85,0 kg; 4 ZE

b) Lösungsverfahren

Heuristisches Verfahren mit nicht zwangsläufig optimalen Lösungen.

Lösung 6.4.4: Tourenplanung

a) Saving-Verfahren

Pendeltouren:

Nr. der Tour	Tour	Länge	
1	1–2–1	$2 \cdot 33 =$	66
2	1–3–1	$2 \cdot 25 =$	50
3	1–4–1	$2 \cdot 13 =$	26
4	1–5–1	$2 \cdot 16 =$	32
5	1–6–1	$2 \cdot 29 =$	58
		Gesamtlänge:	232

Saving-Werte bei Zusammenfassen der Pendeltouren:

Saving	Wert	Rang/Iteration	Überprüfung
S_{23}	33 + 25 – 15 = 43	1	R
S_{24}	33 + 13 – 42 = 4	7	KAP
S_{25}	33 + 16 – 49 = 0	–	–
S_{26}	33 + 29 – 61 = 1	8	KAP
S_{34}	25 + 13 – 27 = 11	4	KAP
S_{35}	25 + 16 – 36 = 5	6	KE (KAP)
S_{36}	25 + 29 – 54 = 0	–	–
S_{45}	13 + 16 – 9 = 20	3	R
S_{46}	13 + 29 – 31 = 11	5	KE
S_{56}	16 + 29 – 22 = 23	2	R

R: Realisierung des Saving-Wertes

KE: keine „Endkunden“ von zwei verschiedenen Routen

KAP: Kapazität reicht nicht aus

Tour 1: {1, 2, 3, 1} Länge: 73

Tour 2: {1, 4, 5, 6, 1} Länge: 73

Gesamtlänge: 146 (= 232 – 43 – 23 – 20)

b) LKW-Kapazität

Es ergibt sich die gleiche Lösung.

*Lösung 6.4.5: Tourenplanung

a) Pendeltouren

$R_1 = \{6, 1, 6\}$ → $L_1 = 30 + 30 = 60$

$R_2 = \{6, 2, 6\}$ → $L_2 = 35 + 35 = 70$

$R_3 = \{6, 3, 6\}$ → $L_3 = 40 + 40 = 80$

$R_4 = \{6, 4, 6\}$ → $L_4 = 30 + 30 = 60$

$R_5 = \{6, 5, 6\}$ → $L_5 = 60 + 60 = 120$

Σ 390

b) Saving-Verfahren

Saving	Wert	Rang/Iteration	Überprüfung
S_{12}	30 + 35 – 15 = 50	2	R
S_{13}	30 + 40 – 35 = 35	6	KE
S_{14}	30 + 30 – 56 = 4	10	KE
S_{15}	30 + 60 – 52 = 38	5	KAP
S_{23}	35 + 40 – 20 = 55	1	R
S_{24}	35 + 30 – 42 = 23	9	KE
S_{25}	35 + 60 – 67 = 28	8	KE (KAP)
S_{34}	40 + 30 – 21 = 49	3	R
S_{35}	40 + 60 – 66 = 34	7	KE (KAP)
S_{45}	30 + 60 – 45 = 45	4	KAP

R: Realisierung des Saving-Wertes

KE: keine „Endkunden“ von zwei verschiedenen Routen

KAP: Kapazität reicht nicht aus

erste Tour: {6, 1, 2, 3, 4, 6}; zweite Tour: {6, 5, 6}

Gesamtlänge: 390 – 55 – 50 – 49 = 236

**Lösung 6.4.6: Tourenplanung*

a) Ermittlung der kürzesten Fahrzeiten

Die schnellsten Fahrzeiten können mithilfe des Dijkstra-Algorithmus ermittelt werden. Seine Anwendung wird anhand folgender Tabelle exemplarisch gezeigt, indem die kürzesten Fahrzeiten speziell von Knoten 5 (der hier den Startknoten darstellt) zu allen übrigen Knoten ermittelt werden.

Iteration	0 (Initialisierung)		1		2		3		4		5		6	
Knoten	d_u	p_u	d_u	p_u	d_u	p_u	d_u	p_u	d_u	p_u	d_u	p_u	d_u	p_u
1	∞	-	**2**	5	2	5	2	5	2	5	2	5	2	5
2	∞	-	∞	-	5	1	5	1	**5**	1	5	1	5	1
3	∞	-	2	5	**2**	5	2	5	2	5	2	5	2	5
4	∞	-	9	5	9	5	**4**	3	4	3	4	3	4	3
5	**0**	-	0	-	0	-	0	-	0	-	0	-	0	-
6	∞	-	8	5	5	1	5	1	5	1	**5**	1	5	1
MK	{~~5~~}		{~~1~~,3,4,6}		{2,~~3~~,4,6}		{2,~~4~~,6}		{~~2~~,6}		{~~6~~}		{ }	

Legende:

d_u kürzeste Weglänge vom Startknoten (hier: Knoten 5) zu Knoten u

p_u unmittelbarer Vorgänger von u auf kürzestem Weg

MK Menge markierter Knoten

Die kürzesten Fahrzeiten vom Knoten 5 zu den übrigen Knoten können in Spalte (Iteration) 6 der obigen Tabelle unter d_u abgelesen werden. Demnach beträgt z. B. die kürzeste Fahrzeit vom Knoten 5 zum Zielknoten 4 vier Zeiteinheiten ($d_4 = 4$). Diese Werte entsprechen in der Matrix der kürzesten Fahrzeiten (siehe Angabe) der zu Knoten 5 gehörenden Zeile.

Um die kürzesten Fahrzeiten zwischen *allen* Knoten, d. h. die in der Angabe gegebene gesamte Matrix der kürzesten Fahrzeiten zu ermitteln, kann man den Dijkstra-Algorithmus n-mal (n = Anzahl der Knoten) anwenden, wobei jeder Knoten einmal als Startknoten fungiert.

b.1) Pendeltouren

$R_1 = \{6, 1, 6\} \rightarrow 3 + 3 = 6$

$R_2 = \{6, 2, 6\} \rightarrow 2 + 2 = 4$

$R_3 = \{6, 3, 6\} \rightarrow 5 + 5 = 10$

$R_4 = \{6, 4, 6\} \rightarrow 3 + 3 = 6$

$R_5 = \{6, 5, 6\} \rightarrow 5 + 5 = 10$

$\Sigma\ 36$

b.2) Saving-Verfahren

Saving	Wert	Rang/Iteration	Überprüfung
S_{12}	$3 + 2 - 3 = 2$	6	KAP
S_{13}	$3 + 5 - 2 = 6$	2	R
S_{14}	$3 + 3 - 4 = 2$	7	KE
S_{15}	$3 + 5 - 2 = 6$	3	KE
S_{23}	$2 + 5 - 5 = 2$	8	KE (KAP)
S_{24}	$2 + 3 - 5 = 0$	–	–
S_{25}	$2 + 5 - 5 = 2$	9	KE (KAP)
S_{34}	$5 + 3 - 2 = 6$	4	KE
S_{35}	$5 + 5 - 2 = 8$	1	R
S_{45}	$3 + 5 - 4 = 4$	5	R

R: Realisierung des Saving-Wertes

KE: keine „Endkunden“ von zwei verschiedenen Routen

KAP: Kapazität reicht nicht aus

Startlösung:

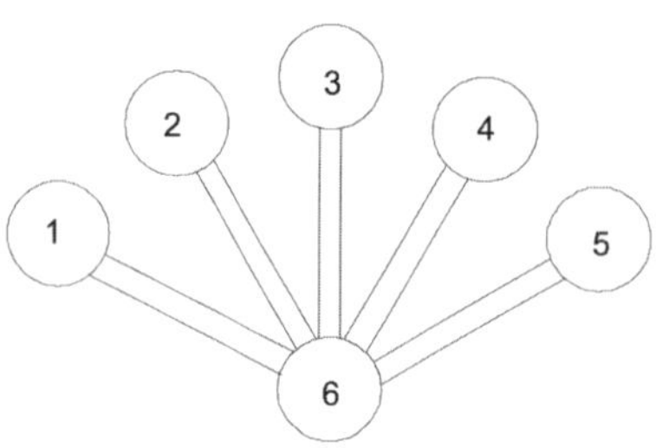

1. Iteration:

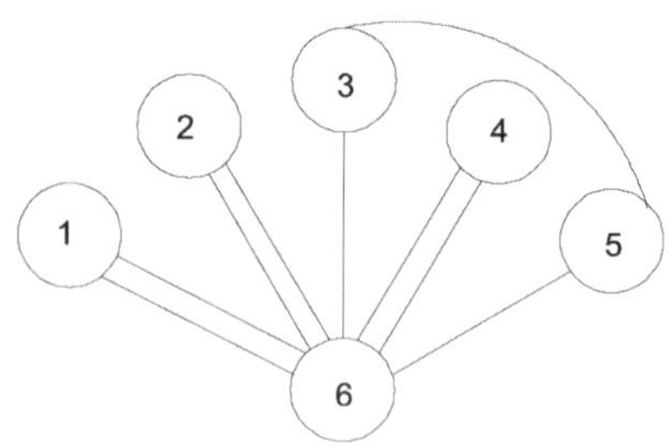

2. Iteration:

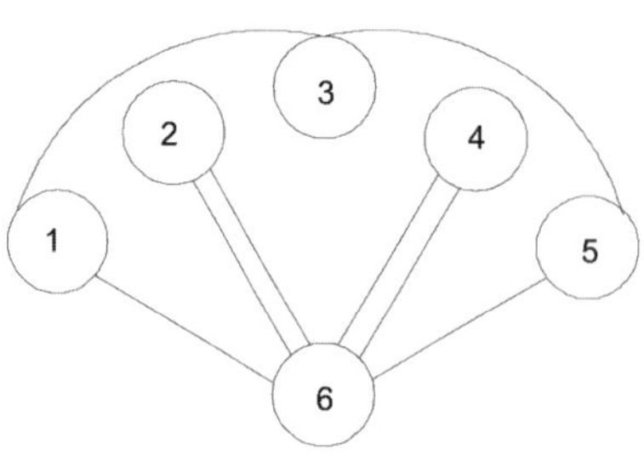

5. Iteration:

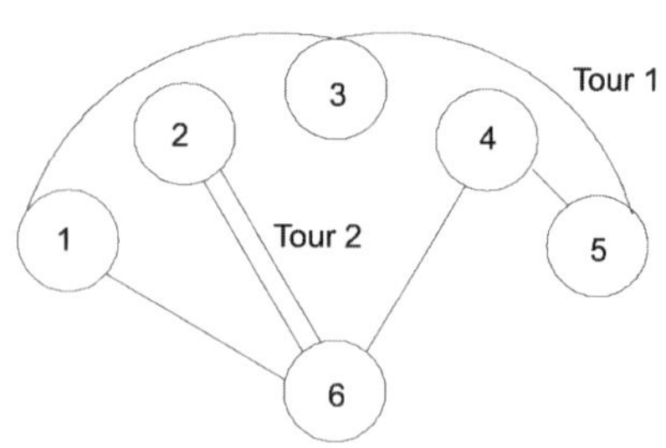

⇒ Tour 1 {6, 1, 3, 5, 4, 6}; Tour 2 {6, 2, 6}

c.1) Ermittlung der Vorgängermatrix

Die Knoten in Spalte (Iteration) 6 der in der Lösung zu Teilaufgabe a) gezeigten Tabelle (Dijkstra-Algorithmus) entsprechen in der Vorgängermatrix der zu Knoten 5 gehörenden Zeile. Demnach ist z. B. auf dem Weg vom Startknoten 5 zum Zielknoten 4 der unmittelbare (letzte) Vorgänger vor dem Zielknoten 4 der Knoten 3: $p_4 = 3$ (siehe Dijkstra-Tabelle in der Lösung zu Teilaufgabe a)) entspricht $VG_{54} = 3$ (siehe Vorgängermatrix in der Angabe).

c.2) Streckenführungen

Tour 1: {6, 1, 3, 5, 4, 6} → rückwärts auflösen

$$\{4,6\} \Rightarrow VG_{46} = 4 \Rightarrow (4,6)$$
$$\{5,4\} \Rightarrow VG_{54} = 3 \Rightarrow (5,...,3,4)$$
$$VG_{53} = 5 \Rightarrow (5,3,4)$$
$$\{3,5\} \Rightarrow VG_{35} = 3 \Rightarrow (3,5)$$
$$\{1,3\} \Rightarrow VG_{13} = 1 \Rightarrow (1,3)$$
$$\{6,1\} \Rightarrow VG_{61} = 6 \Rightarrow (6,1)$$

Streckenführung: (6, 1, 3, 5, 3, 4, 6)

Tour 2: {6, 2, 6}

$$\{2,6\} \Rightarrow VG_{26} = 2 \Rightarrow (2,6)$$
$$\{6,2\} \Rightarrow VG_{62} = 6 \Rightarrow (6,2)$$

Streckenführung: (6, 2, 6)

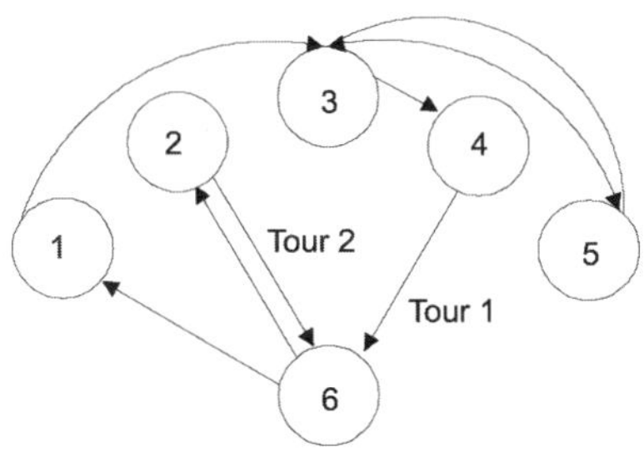

6.5 Standortplanung

Lösung 6.5.1: Kapazitiertes (capacitated) Warehouse Location Problem (cWLP)

a) Formales Modell

Indizes

$i = 1,\ldots,m$	Index der potenziellen Lagerhausstandorte (Angebotsorte)
$j = 1,\ldots,n$	Index der Nachfrager (Nachfrageorte)

Parameter

a_i Kapazität des Lagerhauses am potenziellen Standort i [ME]

b_j Bedarfsmenge des Nachfragers/Ortes j [ME]

Annahme: $\sum_i a_i \geq \sum_j b_j$

c_{ij} Transportkostensatz: Kosten für den Transport einer Einheit von i nach j [GE/ME]

f_i fixe Kosten des Lagerhauses i [GE]

Entscheidungsvariablen

x_{ij} Transportmenge: Anzahl der Einheiten, die von i nach j transportiert werden [ME] (kontinuierliche Variablen)

$$y_i = \begin{cases} 1, & \text{wenn am potenziellen Standort } i \text{ ein Lagerhaus eingerichtet wird} \\ 0, & \text{sonst} \end{cases}$$

(Binärvariablen)

Zielfunktion

$$\min f(\boldsymbol{x}, \boldsymbol{y}) = \sum_{i=1}^{m} \sum_{j=1}^{n} c_{ij} x_{ij} + \sum_{i=1}^{m} f_i y_i$$

(1) Minimiere die Summe aus Transportkosten und Standortkosten der Lagerhäuser!

unter den Nebenbedingungen

$\sum_{j=1}^{n} x_{ij} \leq a_i \cdot y_i$ für $i = 1, \ldots, m$ (2) Beziehung Transportmengen/Binärvariablen und Kapazitätsrestriktion

$\sum_{i=1}^{m} x_{ij} = b_j$ für $j = 1, \ldots, n$ (3) Erfüllung der Bedarfe

$x_{ij} \geq 0$ für alle i und j (4) Nichtnegativitätsbedingungen

$y_i \in \{0;1\}$ für alle i (5) Binärbedingungen

b) Anzahl Entscheidungsvariablen und Nebenbedingungen

Entscheidungsvariablen

Kontinuierliche Variablen:	$23 \cdot 47 =$ 1.081
Binärvariablen:	23
Gesamtzahl Entscheidungsvariablen:	1.104

Nebenbedingungen

Nr. (2): 23

Nr. (3): 47

Summe (2) und (3): 70 Nebenbedingungen

Nr. (4): 1.081

Nr. (5): 23

Gesamtzahl: 1.147

Hinweis: In Softwarepaketen zur Lösung von Optimierungsmodellen wird hinsichtlich der Gesamtzahl der Nebenbedingungen (Constraints) ggf. die Summe aus (2) und (3) ausgewiesen, d. h. insgesamt 70 Nebenbedingungen. Die Nichtnegativitätsbedingungen (4) und Binärbedingungen (5) werden ggf. separat ausgewiesen (z. B. als „Bounds“ und „Integers“).

c) Anzahl der potenziellen Lagerhausstandorte

$$m \cdot n + m = 1.568$$

$$m \cdot (n+1) = 1.568$$

$$m = \frac{1.568}{(n+1)} = \frac{1.568}{55+1} = 28$$

Die Anzahl an potenziellen Lagerhausstandorten beträgt 28.

d) Zusätzliche Bedingungen

d.1) Von den beiden potenziellen Lagerhausstandorten $i = 5$ und $i = 8$ soll mindestens einer eröffnet werden

$$y_5 + y_8 \geq 1$$

d.2) Von den potenziellen Lagerhausstandorten $i = 2,\ldots,6$ sollen höchstens drei eröffnet werden

$$y_2 + y_3 + y_4 + y_5 + y_6 \leq 3$$

Oder kompakter formuliert:

$$\sum_{i=2}^{6} y_i \leq 3$$

*Lösung 6.5.2: Unkapazitiertes (uncapacitated) Warehouse Location Problem (WLP)

a) Anwendung des ADD-Algorithmus

Symbole:

c_{ij} Transportkosten, wenn Kunde j voll (d. h. mit b_j Mengeneinheiten) durch Lager i beliefert wird (Achtung: andere Definition als im klassischen Transportproblem (TPP) und capacitated Warehouse Location Problem (cWLP))

Berechnung im vorliegenden Anwendungsfall:

$$c_{ij} = g_{ij} \cdot b_j$$

$c_i = \sum_j c_{ij}$ Gesamte Transportkosten für die Belieferung aller Kunden durch Lager i

f_i fixe Kosten des Lagers i

F Zielfunktionswert (Gesamtkosten)

Mengenbezeichnungen:

I Menge aller potenziellen Standorte

$I0^{vl}$ Menge der vorläufig verbotenen Standorte

I0 Menge der endgültig verbotenen Standorte

I1 Menge der endgültig einbezogenen Standorte

Zu Beginn des Verfahrens sind alle potenziellen Lagerstandorte vorläufig geschlossen (vorläufig „verboten“):

$I0^{vl}$ = {1, 2, 3, 4, 5}

I0 = { }

I1 = { }

Startschritt:

c_{ij}	1	2	3	4	5	6	7	c_i	f_i	c_i+f_i
1	200	400	2.080	1.920	1.200	1.500	600	7.900	1.000	8.900
2	500	1.800	160	1.280	600	1.250	2.000	7.590	1.850	9.440
3	1.500	1.200	160	960	600	2.000	1.000	7.420	1.000	8.420
4	1.200	1.000	2.080	320	1.200	500	1.200	7.500	1.350	8.850
5	1.200	800	1.280	640	1.400	500	1.200	7.020	1.600	8.620

$I0^{vl}$ = {1, 2, 4, 5}

I0 = { }

I1 = {3}

F = 8.420

2. Iteration:

w_{ij}	1	2	3	4	5	6	7	w_i	f_i	w_i-f_i
1	1.300	800				500	400	3.000	1.000	2.000
2	1.000					750		1.750	1.850	-100
4	300	200		640		1.500		2.640	1.350	1.290
5	300	400		320		1.500		2.520	1.600	920

Wobei

w_{ij} Transportkostenersparnis bei Kunde j durch Einbeziehung von Lager i

$w_i = \sum_j w_{ij}$ Gesamte Transportkostenersparnis durch Einbeziehung von Lager i

$I0^{vl}$ = {4, 5}

I0 = {2}

I1 = {1, 3}

F = 8.420 – 2.000 = 6.420

3. Iteration:

w_{ij}	1	2	3	4	5	6	7	w_i	f_i	w_i-f_i
4				640		1.000		1.640	1.350	290
5				320		1.000		1.320	1.600	-280

$I0^{vl}$ = { }

I0 = {2, 5}

I1 = {1, 3, 4}

F = 6.420 – 290 = 6.130

Das Verfahren ist beendet, da $I0^{vl}$ = { }. Es werden die Lagerstandorte 1, 3 und 4 eröffnet, während die Standorte 2 und 5 geschlossen bleiben. Die Gesamtkosten betragen 6.130 Geldeinheiten.

Der Transportplan, d. h. die Zuordnung von Kunden zu (geöffneten) Lagerstandorten, ergibt sich wie folgt:

c_{ij}	1	2	3	4	5	6	7	f_i	Summe
1	**200**	**400**	2.080	1.920	1.200	1.500	**600**	**1.000**	2.200
2	500	1.800	160	1.280	600	1.250	2.000	1.850	0
3	1.500	1.200	**160**	960	**600**	2.000	1.000	**1.000**	1.760
4	1.200	1.000	2.080	**320**	1.200	**500**	1.200	**1.350**	2.170
5	1.200	800	1.280	640	1.400	500	1.200	1.600	0
									6.130

b) Entwicklung der Transportkostenersparnisse

Beim Übergang von einem auf zwei geöffnete Standorte lassen sich zunächst noch vergleichsweise hohe Einsparungen w_i bei den Transportkosten erzielen; diese Einsparungen sind oft deutlich größer als die hinzukommenden Standortfixkosten. Mit zunehmender Anzahl an geöffneten Standorten werden die erzielbaren zusätzlichen Transportkostenersparnisse jedoch kleiner, sodass die Nettoersparnisse aus eingesparten Transportkosten und hinzukommenden Standortfixkosten ($w_i - f_i$) vergleichsweise kleiner bzw. deutlicher negativ werden. Sind die Nettoersparnisse nur noch negativ, lohnt sich die Einbeziehung eines zusätzlichen Standortes nicht mehr.

c) Güte der Lösung und Optimierungsverfahren

Der ADD-Algorithmus führt *speziell im hier* vorliegenden Zahlenbeispiel auf die optimale Lösung; im Allgemeinen liefert er aber nur suboptimale Lösungen. Eine (garantiert) optimale Lösung wird zum Beispiel durch das Branch&Bound-Verfahren (B&B) ermittelt.

7. PPS-Systeme und Hierarchische Produktionsplanung

7.1 PPS-Systeme

*Lösung 7.1.1: Produktionsplanung und -steuerung

a) Optimale Wartezeit

$$D = 2\rho - W_q = 2\frac{\mu}{\mu + \frac{1}{W_q}} - W_q$$

$$\frac{dD}{dW_q} = -2\mu\left(\mu + \frac{1}{W_q}\right)^{-2} \cdot (-1) \cdot W_q^{-2} - 1 \overset{!}{=} 0$$

$$W_q^* = \frac{\sqrt{2\mu} - 1}{\mu}$$

b) Optimale Auslastung

$$\rho^* = \frac{\mu}{\mu + \frac{1}{W_q}} = 1 - \sqrt{\frac{1}{2\mu}}$$

$d\rho^* / d\mu > 0$, d. h. die optimale Auslastung steigt, falls die Abfertigungsrate erhöht wird. $\rho^* < 1$: Der optimale Auslastungsgrad ist stets kleiner 1.

c) Zusammenhang zur belastungsorientierten Auftragsfreigabe

Die BOA steuert den Auftragsbestand (AB) in einem Produktionssystem. Der Grund liegt darin, dass der Systemdurchsatz (Leistung) konkav (und steigend) im AB ist, während die Durchlaufzeit überproportional steigt. Daraus schließt man, dass es einen optimalen AB gibt, den es herzustellen gilt. Auch hier erkennt man, dass es einen optimalen zeitlichen Auftragsbestand W_q gibt, und dass bei Erhöhung der mittlere zeitliche Bestand unendlich ansteigt und als Konsequenz der Deckungsbeitrag unendlich negativ wird.

*Lösung 7.1.2: Belastungsplanung unter Unsicherheit

a) Optimaler zeitlicher Bestand

$$DB_{NZ} = k_1\rho - k_2E\{B\} = k_1 \cdot \frac{\mu}{\mu + \frac{1}{E\{B\}}} - k_2E\{B\}$$

$$\frac{dDB_{NZ}}{dE\{B\}} = \frac{k_1\mu E\{B\}^{-2}}{\left(\mu + \frac{1}{E\{B\}}\right)^2} - k_2 \overset{!}{=} 0$$

$$\Rightarrow E\{B\} = \frac{1}{\mu} \cdot \left(\sqrt{\frac{k_1 \cdot \mu}{k_2}} - 1 \right)$$

Wegen $\frac{d^2 DB_{NZ}}{dE\{B\}^2} = k_1 \cdot \mu \cdot (-2) \cdot (\mu \cdot E\{B\} + 1)^{-3} \cdot \mu < 0$ liegt ein Maximum vor.

b) Optimaler zeitlicher Bestand und optimale Auslastung

$$E\{B^*\} = \frac{1}{50} \cdot \left(\sqrt{\frac{100 \cdot 50}{200}} - 1 \right) = 0{,}08$$

$$\rho^* = \frac{50}{50 + \frac{1}{0{,}08}} = 80\ \%$$

c) Entwicklung des Deckungsbeitrags (DB)

Für $\rho \to 100\ \%$ $\Rightarrow$ Überfluss des Systems, die Zinsen steigen damit über alle Grenzen.

$$\Rightarrow DB_{NZ} \to -\infty$$

d) Deterministische Prozesse

Die Auslastung ist bei 100 % optimal.

*Lösung 7.1.3: Kapazitätserweiterung von Reparatureinrichtungen

a) Dichte- und Verteilungsfunktion

Dichtefunktion der Exponentialverteilung mit dem Parameter α:

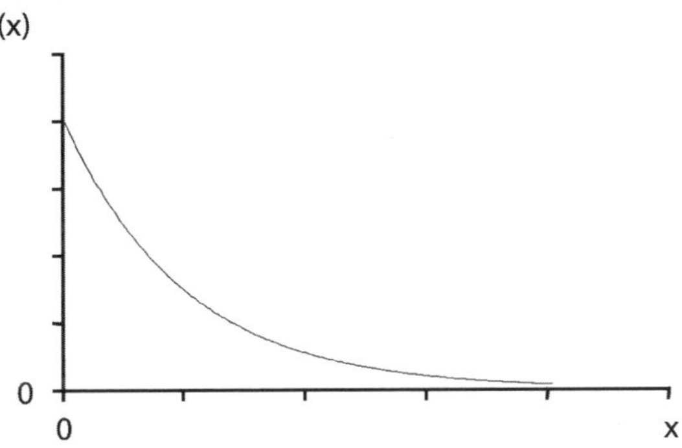

Verteilungsfunktion der Exponentialverteilung:

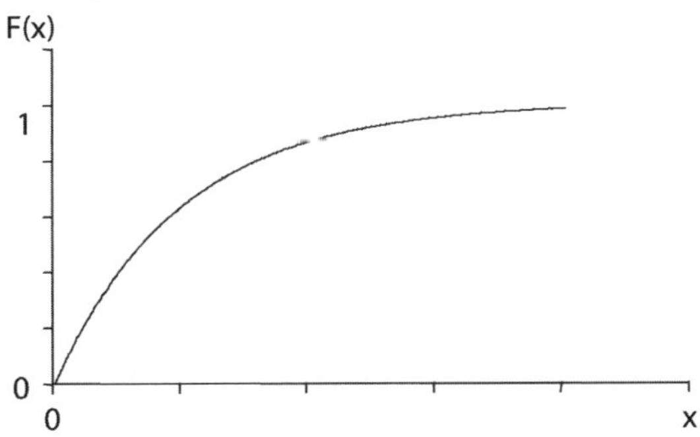

b) Wahrscheinlichkeitsverteilung der Reparaturdauer

Eigenschaften der Exponentialverteilung mit dem Parameter α:

- stetige Verteilung
- Dichtefunktion: $f(x) = \alpha e^{-\alpha x}$ für $x \geq 0$
- Erwartungswert: $1/\alpha$
- Varianz: $1/\alpha^2$

Beurteilung als Verteilung für die Reparaturdauer:

- lässt keine negativen Reparaturzeiten zu $\Rightarrow$ besonders wichtig
- Eine Reparaturdauer von $+\infty$ ist laut Definitionsbereich der Exponentialverteilung möglich $\Rightarrow$ fragwürdig
- erwartete Reparaturdauer = 50 Minuten $\Rightarrow \alpha = \frac{1}{50}$
- Standardabweichung $= \sqrt{1/\alpha^2} = \sqrt{50^2} = 50 \Rightarrow$ sehr starke Streuung

Andere geeignete Verteilungen: Stetige Gleichverteilung oder Dreiecksverteilung. Wichtig: Der Definitionsbereich der verwendeten Verteilung darf sich nicht auf den negativen Bereich erstrecken, da negative Reparaturzeiten unsinnig sind.

Beispiel: Reparaturdauer ist gleichverteilt im Intervall [30 Minuten, 90 Minuten] $\Rightarrow$ damit wird gleichzeitig die Möglichkeit für unendlich lange Reparaturzeiten ausgeschlossen.

c) Kapitalwert der Investitionen

Bei Ermittlung des Kapitalwertes müssen die Investitionsauszahlungen sowie die durch die Investition verringerten Zahlungen an den Autovermieter berücksichtigt werden.

	ohne neue Geräte	mit neuen Geräten
Ankunftsrate	$\lambda = 1/\text{h}$ (ein defektes Fahrzeug pro Stunde)	$\lambda = 1/\text{h}$ (ein defektes Fahrzeug pro Stunde)
Abfertigungsrate	$\mu = 60/50 \cdot 1/\text{h} = 1{,}2/\text{h}$	$\mu = 60/30 \cdot 1/\text{h} = 2/\text{h}$
Auslastung	$\rho = \lambda/\mu = 1/1{,}2 = 5/6$	$\rho = 1/2 = 0{,}5$
Mittlere Anzahl der Fahrzeuge in der Werkstatt (L_S)	$L_S = \rho/(1-\rho) = 5$	$L_S = 1$
Mittlere Wartezeit eines Auftrages	$W_q = 5/(1{,}2\ \text{h}^{-1}) = 4{,}166\ \text{h} =$ 250 min	$W_q = 1/(2\ h^{-1}) = 0{,}5\ \text{h} =$ 30 min

$\Rightarrow \Delta L_S = 5 - 1 = 4$, d. h., zu jedem Zeitpunkt müssen vier Fahrzeuge weniger ausgeliehen werden. Jährliche Verringerung der Zahlungen an den Autovermieter (ΔD):

$$\Delta D = \Delta L_S \cdot 10 \frac{\text{Euro}}{\text{h}} \cdot 24 \frac{\text{h}}{\text{Tag}} \cdot 365\ \text{Tage} = 350.400\ €$$

Kapitalwert der Investition (KW):

$$KW = -500.000 + \frac{\Delta D}{1,1} + \frac{\Delta D}{1,1^2} + \frac{\Delta D}{1,1^3} = 371.393 \text{ €}$$

Da der Kapitalwert positiv ist, ist eine Investition zu befürworten.

7.2 Hierarchische Produktionsplanung

*Lösung 7.2.1: Produkttypenplanung

a) Entscheidungsmodell der Produkttypenplanung

Entscheidungsvariablen:

P_{it}	Produktionsmenge von Produkttyp i in Periode t
J_{it}	Lagerbestand von Produkttyp i am Ende von Periode t
O_t	Anzahl an Überstunden in Periode t

Indizes und Parameter:

b_t	reguläre Arbeitszeit in Periode t
c_t	Kostensatz für Überstunden in Periode t
d_{it}	effektive Nachfrage (Bedarf) für Produkttyp i in Periode t
h_{it}	Lagerkostensatz für Produkttyp i in Periode t
i	Index der Produkttypen
k_i	Stückzeit für Produkttyp i
t	Periodenindex
SS_{it}/OS_{it}	untere bzw. obere Schranken der Lagerbestände

Zielfunktion:

$$Min\ Z_1 = \sum_t (c_t \cdot O_t + \sum_i h_{it} \cdot J_{it})$$

Nebenbedingungen:

$$J_{i,t-1} + P_{it} - d_{it} = J_{it} \qquad \forall i,t$$

$$SS_{it} \leq J_{it} \leq OS_{it} \qquad \forall i,t$$

$$\sum_i k_i \cdot P_{it} \leq b_t + O_t \qquad \forall t$$

$$O_t, P_{it}, J_{it} \geq 0 \qquad \forall i,t$$

Hier liegt ein lineares Optimierungsproblem vor, das sich mit dem Simplex-Algorithmus lösen lässt.

b) Effektiver Bedarf

Produkt-familie	End-produkt	Lager-bestand	Brutto-/Nettobedarfe							
j	k	L_{k0}	$t=1$		$t=2$		$t=3$		$t=4$	
	A	0	5	5	10	10	5	5	10	10
1	B	10	15	5	10	10	10	10	10	10
	C	30	10	0	15	0	10	5	10	10
2	D	5	20	15	20	20	20	20	20	20
		d_{it}		25		40		40		50

*Lösung 7.2.2: Produktfamilienplanung (Losgrößenplanung)

a) Entscheidungsmodell zur Planung der Produktfamilie

Entscheidungsvariablen:

y_j Produktionsmenge von Familie j in der ersten Periode

Indizes und Parameter:

j Index der Produktfamilie

s_j produktfamilienspezifische Rüstkosten

d_j effektive jährliche Nachfrage nach der Produktfamilie j

P_{i1}^* optimale Produktionsmenge des Produkttyps i in der Periode 1

LB_j/OB_j untere/obere Schranken der Produktionsmenge von Produktfamilie j

Zielfunktion:

$$Min\ Z_{2i} = \sum_{j \in J_{(i)}} s_j \cdot \frac{d_j}{y_j}$$

Nebenbedingungen:

$$\sum_{j \in J_{(i)}} y_j = P_{i1}^*$$

$$LB_j \leq y_j \leq OB_j \qquad \forall j \in J(i)$$

b) Produktionsmengen der Produktfamilien

Lagrangeansatz für das Produktfamilienmodell:

$$L = \sum_{j \in J(i)} s_j \cdot \frac{d_j}{y_j} + \lambda \cdot \left(\sum_{j \in J(i)} y_j - P_{i1}^* \right)$$

Notwendige Bedingungen 1. Ordnung:

$$\frac{\partial Z_2}{\partial y_1} = -\frac{s_j \cdot d_j}{y_j^2} + \lambda = 0 \qquad \forall j$$

$$\frac{\partial Z_2}{\partial \lambda} = \sum_j y_j - P_{i1}^* = 0$$

Für zwei beliebige Produktfamilien h und j mit $h, j \in J(i)$ folgt damit:

$$\frac{s_h \cdot d_h}{y_h^2} = \frac{s_j \cdot d_j}{y_j^2} \quad \Rightarrow \quad y_j = \frac{\sqrt{s_j \cdot d_j}}{\sqrt{s_h \cdot d_h}} \cdot y_h$$

und

$$\sum_j \frac{\sqrt{s_j \cdot d_j}}{\sqrt{s_h \cdot d_h}} \cdot y_h - P_{i1}^* = 0$$

Löst man diese Gleichung nach y_h auf, so erhält man die Produktionsmenge der Produktfamilie j:

$$y_j^* = P_{i1}^* \cdot \frac{\sqrt{s_j \cdot d_j}}{\sum\limits_{j \in J(i)} \sqrt{s_j \cdot d_j}} \qquad \forall j \in J(i)$$

Ein iteratives Vorgehen stellt dann sicher, dass die Produktionsmengengrenzen der Produktfamilien eingehalten werden.

Die jährliche effektive Nachfrage beträgt: $d_1 = 80$, $d_2 = 75$. Wegen $P_{11}^* = 40$ folgt damit

für $j = 1$: $\quad y_1^* = 40 \cdot \frac{\sqrt{480 \cdot 80}}{\sqrt{480 \cdot 80} + \sqrt{45 \cdot 75}} = 30{,}853$ und für $j = 2$: $\quad y_2^* = 9{,}147$.

Der Nettoperiodenbedarf für die Produktfamilie 2 ist damit jedoch unterschritten, da die effektive Nachfrage größer als die optimale Lösung ist. Die Mindestproduktionsmenge beträgt: $LB_2 = 15$. Fixiert man deswegen $y_2^* = 15$, so folgt: $y_1^* = 25$.

*Lösung 7.2.3: Planung der Produktionsmengen der Endprodukte

a) Entscheidungsmodell zur Planung der Produktionsmengen

Entscheidungsvariablen:

z_k Produktionsmenge des Endproduktes k

Parameter und Indizes:

d_{k1} Bruttobedarf nach Endprodukt k in Periode 1

UG_k, OG_k untere bzw. obere Grenze der Produktionsmenge von k

l_{k0} Lageranfangsbestand

Zielfunktion:

$$Min \quad Z_{3j} = \sum_{k \in K(j)} \left(\frac{y_j^* + \sum_{k \in K(j)} l_{k0}}{\sum_{k \in K(j)} d_{k1}} - \frac{z_k + l_{k0}}{d_{k1}} \right)^2$$

Nebenbedingungen:

$$\sum_{k\in K(j)} z_k = y_j^*$$

$$UG_k \le z_k \le OG_k \qquad \forall k \in K(j)$$

b) Produktionsmengen und Run Out Time

Das Lösungsverfahren entspricht demjenigen der vorhergehenden Aufgabe 7.2.2. Über einen Lagrange-Ansatz erhält man für die Produktionsmengen:

$$z_m^* = \frac{y_j^* \cdot d_m^2 - \sum_k \left\{ \frac{y_j^* + \sum_k l_k}{\sum_k d_k} \cdot d_k \cdot d_m \cdot (d_m - d_k) + l_m \cdot d_k^2 - l_k \cdot d_m^2 \right\}}{\sum_k d_k^2}$$

Setzt man in die Gleichung die gegebenen Parameterwerte und die Lösung aus 7.2.2 ($y_1^* = 25$) ein, folgt für die optimalen Produktionsmengen: $z_A^* = 8{,}75$ und $z_B^* = 16{,}25$. Die Summe beider Werte ergibt die Produktionsmenge der Produktfamilie 1 ($z_A^* + z_B^* + z_C^* = 8{,}75 + 16{,}25 + 0$ $= 25 = y_1^*$).

In die Bestimmung der ROT (Run Out Time) gehen nur diejenigen Endprodukte (Artikel) ein, deren effektive Nachfrage in der betrachteten Periode größer als null ist. Das heißt für Produkt C wird keine ROT bestimmt und es wird auch nicht bei der ROT der Produktfamilie berücksichtigt. Für die ROT der Produktfamilie und der zugehörenden Endprodukte folgt:

$$ROT_{FAM} = \frac{y_j^* + \sum_k l_{k0}}{\sum_k d_{k1}} = \frac{25+10}{20} = 1{,}75$$

$$ROT_{k=A} = \frac{z_A + l_A}{d_{A1}} = \frac{8{,}75+0}{5} = 1{,}75$$

$$ROT_{k=B} = \frac{z_B + l_{B0}}{d_{B1}} = \frac{16{,}25+10}{15} = 1{,}75$$

Teil III: Ausgewählte Grundlagen zur Implementierung in Excel*

* Die Ausführungen in Teil III beziehen sich auf das Tabellenkalkulationsprogramm Microsoft® Excel® 2013.

1. Implementierung von Optimierungsmodellen

Die Vorgehensweise zur Implementierung von Optimierungsmodellen in Excel wird im Folgenden anhand der **Aufgabe** bzw. **Lösung 3.1.5** („Programmplanung einer Brauerei“) erläutert. Das betrachtete Optimierungsmodell lautet:

$$Max\ F(x_1, x_2) = 300x_1 + 500x_2$$

unter den Nebenbedingungen

$$x_1 + 2x_2 \leq 170 \qquad \text{(Anlage A)}$$

$$x_1 + x_2 \leq 150 \qquad \text{(Anlage B)}$$

$$3x_2 \leq 180 \qquad \text{(Anlage C)}$$

$$x_1, x_2 \geq 0$$

Hierbei bezeichnen die Entscheidungsvariablen x_1 bzw. x_2 die erzeugten Mengen der Biersorte Gilde-Ratskeller bzw. Lütje-Lagen-Bier (jeweils in 1.000 l).

1.1 Grundlegende Vorgehensweise zur Modellentwicklung in Excel

Der Prozess der Entwicklung von Optimierungsmodellen in Excel kann in zwei Phasen unterteilt werden:

- Phase 1: Vorbereitung des Excel-Arbeitsblattes
- Phase 2: Spezifikation der Dialogboxen des Excel-Solvers

1.1.1 Phase 1: Vorbereitung des Excel-Arbeitsblattes

Die Vorbereitung des Excel-Arbeitsblattes in Phase 1 umfasst folgende vier Teilschritte:[1]

1 Erfassung der **Parameterwerte**

2 Reservierung von Zellen bzw. Zellbereichen für die **Entscheidungsvariablen**

3 Erstellung der Formel für die **Zielfunktion**

4 Erstellung von Formeln für die **Nebenbedingungen**

Abbildung 1 zeigt die Vorbereitung des Excel-Arbeitsblattes entsprechend den Schritten 1 bis 4.

[1] Vgl. Ragsdale (2011), S. 47 f.

	A	B	C	D	E	F	G
1		**Lösung 3.1.5: Programmplanung einer Brauerei**					
2							
3			Gilde-Ratskeller	Lütje-Lagen-Bier			
4		Erlös je 1.000 l	1.000	3.000			
5		variable Kosten je 1.000 l	700	2.500			
6		Deckungsbeitrag je 1.000 l	300	500			
7							
8			Belegungszeiten je 1.000 l		KapBedarf		Kapazität
9		Anlage A	1	2	0	<=	170
10		Anlage B	1	1	0	<=	150
11		Anlage C	0	3	0	<=	180
12							
13			Gilde-Ratskeller	Lütje-Lagen-Bier	Gesamtdeckungsbeitrag:		
14		Produktionsmenge	0	0			0

Formeln

Zelle	Zellinhalt	Kopiert nach
C6	=C4-C5	D6
E9	=SUMMENPRODUKT(C9:D9;C$14:D$14)	E10:E11
G14	=SUMMENPRODUKT(C6:D6;C14:D14)	---

Formatierung:
Parameter*
Variablen
Zielfunktion

* Formatierung nur, wenn es sich um originäre Eingabezellen (Inputzellen) handelt

Abbildung 1: Vorbereitung des Excel-Arbeitsblattes

Die Erfassung der **Parameterwerte** gemäß **Schritt 1** umfasst zum einen die Eingabe von *Zahlenwerten* (*originäre* Parameterwerte), was vorliegend die Erlöse, variablen Kosten und Belegungszeiten je 1.000 l sowie die Kapazitäten der Anlagen betrifft. Zum anderen können bestimmte Parameterwerte mittels *Formeln* aus anderen Parameterwerten berechnet werden (abgeleitete bzw. *derivative* Parameterwerte); so werden die Deckungsbeiträge je 1.000 l in den Zellen C6 und D6 mit entsprechenden Formeln als Differenz von Erlösen und variablen Kosten je 1.000 l automatisch ermittelt. Zur leichteren Unterscheidbarkeit von anderen Zelltypen wurden die Parameterzellen im Arbeitsblatt *hellgrau* formatiert (in den online-Dateien: hellblau).[2] Diese Formatierung findet jedoch nur auf diejenigen Parameterzellen Anwendung, bei denen es sich um originäre Eingabezellen bzw. Inputzellen handelt. Die Deckungsbeiträge je 1.000 l in den Zellen C6 und D6 fungieren zwar als Parameter für das Modell; da diese Zellen jedoch keine vom Nutzer mit Werten zu belegende Eingabezellen, sondern Formelzellen darstellen, bleiben sie ohne besondere Formatierung.

Mit der Reservierung von Zellen bzw. Zellbereichen zur Aufnahme der **Entscheidungsvariablen** gemäß **Schritt 2** ist an dieser Stelle nicht die Nutzung einer besonderen Software-Funktion gemeint; es geht vielmehr darum, dass der Nutzer sich darüber im Klaren wird, in welchen Zellen des Arbeitsblattes sich die Variablen befinden sollen, und dies durch geeignete Beschrif-

[2] Vgl. zur Formatierung verschiedener Zelltypen ähnlich Hillier/Hillier (2014), S. 26 ff. und 101.

tung der Kopfzeilen und Kopfspalten sowie Formatierung kenntlich macht. Vorliegend sind für die Variablen die Zellen C14 und D 14 vorgesehen:

Entscheidungsvariablen:	x_1	x_2
	↓	↓
Variablenzellen:	C14	D14

Die Variablenzellen wurden *dunkelgrau* (in den online-Dateien: gelb) formatiert, um sie leichter von anderen Zellen, insbesondere den Parameterzellen, unterscheiden zu können. Da die Werte der Variablen a priori unbekannt sind, wurden die Variablenzellen der Einfachheit halber mit Nullwerten belegt; sie können auch leer gelassen oder mit einer beliebigen Versuchslösung versehen werden. Dies gilt im Wesentlichen für *lineare* Modelle wie dem hier vorliegenden, während bei *nichtlinearen* Modellen die gezielte Wahl geeigneter Startlösungen von Bedeutung sein kann.[3]

Im Anschluss an die Eingabe der Parameterwerte und Reservierung der Variablenzellen sind gemäß Schritt 3 und 4 die Formeln für die Zielfunktion und Nebenbedingungen zu erstellen; diese Formeln sind im unteren Teil von Abbildung 1 dokumentiert.

Die **Zielfunktion** des algebraischen Modells sieht die Multiplikation der Deckungsbeiträge je 1.000 l mit den korrespondierenden Produktionsmengen der Biersorten und die Summation der beiden Produkte zum Gesamtdeckungsbeitrag vor; es handelt sich also um eine Summe von Produkten. Die Erstellung der entsprechenden Formel im Excel-Arbeitsblatt **gemäß Schritt 3** kann in folgender Weise vorgenommen werden:

Zielfunktion:	$300 \cdot x_1 + 500 \cdot x_2$
	↓ ↓ ↓ ↓
Formel in Zelle G14:	=C6*C14 + D6*D14

Mag diese Implementierung bei zwei Biersorten bzw. Produktarten noch akzeptabel sein, würde sie sich bei großer Anzahl an Produktarten als umständlich und in der Eingabe fehleranfällig erweisen. Wesentlich komfortabler ist dagegen die Verwendung der Funktion SUMMENPRODUKT:

Formel in Zelle G14: =SUMMENPRODUKT(C6:D6;C14:D14)

Diese Formel multipliziert die Deckungsbeiträge je 1.000 l aus dem erstgenannten Zellbereich C6:D6 mit den jeweils korrespondierenden Produktionsmengen aus dem zweitgenannten Zellbereich C14:D14 und summiert diese Produkte zum Gesamtdeckungsbeitrag auf. Um die **Zielzelle** im Arbeitsblatt leichter lokalisieren zu können, wurde diese *dunkelgrau* hinterlegt und mit einer *dicken Umrahmung* versehen (in den online-Dateien: ebenfalls grau mit dicker Umrahmung). Die Zielzelle ist die einzige Formelzelle im Arbeitsblatt, die durch besondere Formatierung hervorgehoben wird.

Die **Nebenbedingungen** für die drei Anlagen A, B und C beinhalten auf der linken Seite (Left-Hand-Side, LHS) des Operators (≤) die Multiplikation der Belegungszeiten je 1.000 l mit den jeweiligen Produktionsmengen der Biersorten und die Summation der Produkte zum gesamten Kapazitätsbedarf an der jeweiligen Anlage. Auf der rechten Seite (Right-Hand-Side, RHS)

---

[3] Vgl. zu Leitlinien für die nichtlineare Modellierung im Rahmen einer Excel-basierten Anwendung Gutiérrez (2011), S. 385 f. und 388 f.

werden die insgesamt verfügbaren Kapazitäten ausgewiesen, die als Parameterwerte bereits in Schritt 1 in das Excel-Arbeitsblatt eingegeben wurden. Somit sind gemäß **Schritt 4** für das vorliegende Modell nur für die linken Seiten der Nebenbedingungen geeignete Excel-Formeln zu implementieren; verwendet man hierfür erneut die Funktion SUMMENPRODUKT, so ergibt sich für Anlage A folgende Implementierung:

Anlage A: $\underbrace{x_1 + 2x_2}_{\text{LHS}} \leq \underbrace{170}_{\text{RHS}}$

RHS (Parameter, Schritt 1)

LHS ↓

Formel in Zelle E9: =SUMMENPRODUKT(C9:D9;C$14:D$14)

Die in Zelle E9 befindliche Formel ist anschließend in die Zellen E10 und E11 zu kopieren, wodurch analog die linken Seiten für die Nebenbedingungen B und C generiert werden. Bei den Zellen E9, E10 und E11 handelt es sich um Formelzellen, die ohne Schattierung oder sonstige besondere Formatierung bleiben.

Die in den Zellbereichen F9:F11 sichtbaren Operatoren <= wurden manuell bzw. durch Kopieren eingefügt; diese Eintragungen stellen daher *keine* Excel-Funktionen dar. Sie geben keine Auskunft über die tatsächliche Einhaltung oder Verletzung von Nebenbedingungen und sind für die Lösung des Modells nicht nötig; ihr Zweck liegt allein darin, in leicht erkennbarer Weise aufzuzeigen, wo im Arbeitsblatt sich grundsätzlich Nebenbedingungen befinden, um so die Lesbarkeit des Modells zu verbessern. Zudem können sie als „Merkposten" für die Phase 2 der Implementierung fungieren, indem sie dort auf die zu spezifizierenden Nebenbedingungen aufmerksam machen.

1.1.2 Phase 2: Spezifikation der Dialogboxen des Excel-Solvers

Für Phase 2 des Implementierungsprozesses ist der Excel-Solver aufzurufen, was gemäß Abbildung 2 in der Hauptregisterkarte „DATEN" über die darin rechts außen befindliche Schaltfläche „Solver" erfolgt. (Sollte diese Schaltfläche dort nicht verfügbar sein, so muss der Excel-Solver vor der erstmaligen Verwendung zunächst **aktiviert** werden; eine Anleitung hierzu befindet sich im Anhang).

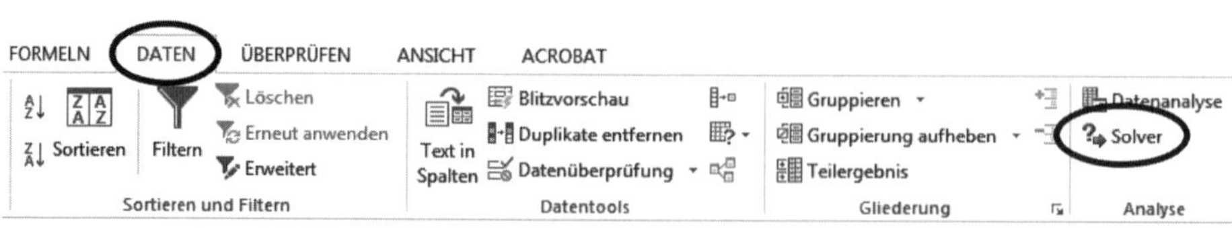

Abbildung 2: Aufruf des Excel-Solvers

Nach Aufrufen des Excel-Solvers erscheint die in Abbildung 3 gezeigte Dialogbox **„Solver Parameter"** (nachfolgend auch: „Hauptdialogbox"); hier „teilt der Nutzer dem Solver mit", in welchen Zellen des Arbeitsblattes sich die Zielfunktion, Variablen und Nebenbedingungen befinden und in welcher Weise diese näher zu spezifizieren sind. Eintragungen in dieser Dialogbox können durch Eintippen der Zellbezüge oder – wesentlich komfortabler – Markieren der

Zellen bzw. Zellbereiche im Arbeitsblatt vorgenommen werden. Beim Aufrufen des Excel-Solvers ist die erste Rubrik („Ziel festlegen") unmittelbar aktiv, sodass mit dem Markieren der Zelle G14 im Arbeitsblatt diese in die Dialogbox übernommen wird und nun als **Zielzelle** deklariert ist. Da es sich vorliegend um ein Maximierungsproblem handelt, ist anschließend die Option Max. zu wählen.

Zur Spezifikation der **Variablenzellen** ist zunächst in das Eingabefeld unterhalb der Rubrik „Durch Ändern von Variablenzellen" hinein zu klicken und anschließend der Zellbereich C14:D14 im Arbeitsblatt zu markieren. Eine Variante in der Vorgehensweise bei der Spezifikation von Variablenzellen (analog für die Zielzelle anwendbar) besteht darin, auf die „Mini-Matrix" rechts außen am Ende des Eingabefeldes zu klicken; nun wird die Dialogbox zugunsten einer besseren Sichtbarkeit des Arbeitsblattes minimiert. Nach Markieren der gewünschten Zellen werden diese durch Anklicken der am Ende des minimierten Eingabefeldes befindlichen Schaltfläche in die Dialogbox übernommen. **Parameter** bedürfen im Unterschied zu den Variablen *keiner* besonderen Spezifikation durch den Nutzer.

Abbildung 3: Dialogbox „Solver-Parameter" (Hauptdialogbox)

Nebenbedingungen werden spezifiziert, indem in der Hauptdialogbox gemäß Abbildung 3 zunächst die Schaltfläche „Hinzufügen" gewählt wird; dadurch öffnet sich gemäß Abbildung 4 die separate Dialogbox „Nebenbedingung hinzufügen". Diese Box dient zur Lokalisierung der linken Seite („Zellbezug") und rechten Seite („Nebenbedingung") jeder Nebenbedingung (bzw. jeder Gruppe von Nebenbedingungen) sowie zur Auswahl des gewünschten Operators (≤, =, ≥ und weitere Optionen). Mit Markieren des Zellbereiches E9:E11 zur Übernahme in das Eingabefeld „Zellbezug", Auswahl des Operators „<=" und Markieren des Zellbereiches G9:G11 zur Übernahme in das Eingabefeld „Nebenbedingung" können die Nebenbedingungen für die drei Anlagen A, B und C auf einmal spezifiziert werden. Durch Anklicken der Schaltfläche „Hinzufügen" wird eine leere Dialogbox gleicher Art geöffnet, sodass bezüglich etwaiger weiterer Nebenbedingungsgruppen analog verfahren werden könnte; vorliegend kehrt man jedoch mit Anklicken der Schaltfläche „OK" zur Hauptdialogbox des Excel Solvers gemäß Abbildung 3 zurück. Dort können schließlich **Nichtnegativitätsbedingungen** in einfacher Weise durch Aktivierung der Option „Nicht eingeschränkte Variablen als nicht-negativ festlegen" gesetzt werden.

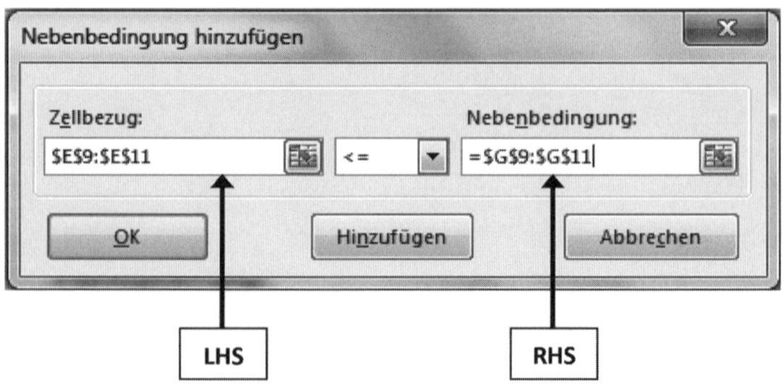

Abbildung 4: Nebenbedingung hinzufügen

Schließlich ist noch die **Lösungsmethode** auszuwählen. Hier liegt ein *lineares* Optimierungsproblem vor, weshalb die Option „Simplex-LP" zu wählen ist; dabei steht LP für Lineare Programmierung. Läge dagegen ein *nichtlineares* Modell vor, wäre die Option „GRG-Nichtlinear" zu markieren.

Nach Abschluss von Phase 2 der Implementierung kann der Lösungsprozess nunmehr durch Anklicken der Schaltfläche **„Lösen"** in der in Abbildung 3 gezeigten Hauptdialogbox des Excel-Solvers initiiert werden. Anschließend öffnet sich die in Abbildung 5 wiedergegebene Box „Solver-Ergebnisse", in welcher über den Status des Lösungsprozesses informiert wird; hier wurde eine Lösung unter Einhaltung aller Nebenbedingungen gefunden. Sollte ein zu lösendes Problem dagegen keine zulässige Lösung aufweisen, erscheint die Meldung „Solver konnte keine machbare Lösung finden". Im unteren Teil der Box wird über die Güteeigenschaft der Lösung in Abhängigkeit vom gewählten Lösungsverfahren informiert; aufgrund der Linearitätseigenschaft des vorliegenden Modells wurde mit dem Simplex-Algorithmus eine global optimale Lösung gefunden. Mit Bestätigung durch den Nutzer mittels der Schaltfläche „OK" wird diese Box geschlossen.

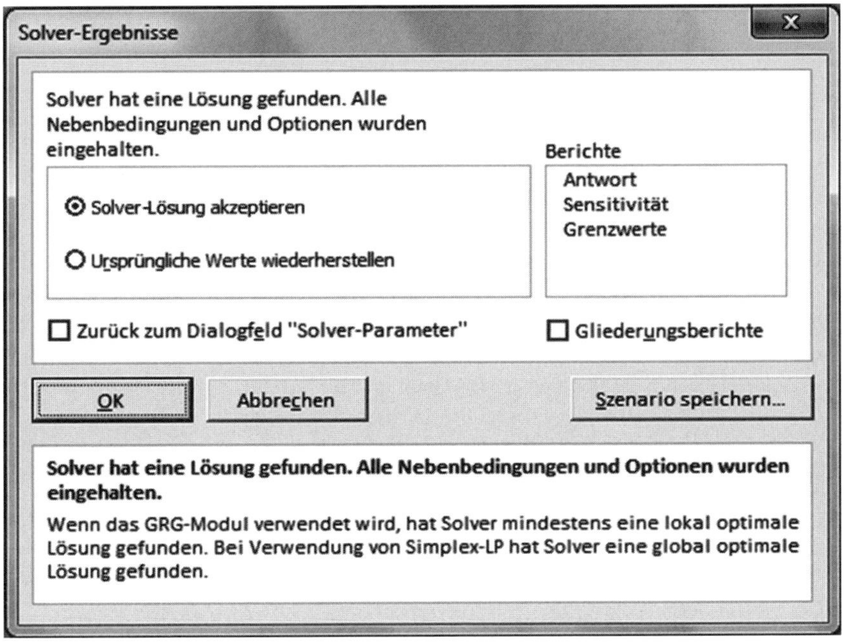

Abbildung 5: Dialogbox „Solver-Ergebnisse“

Abbildung 6 zeigt schließlich die **optimale Lösung** für die operative Produktionsprogrammplanung der Brauerei. Die optimalen Produktionsmengen wurden vom Solver automatisch in den Zellbereich C14:D14 eingetragen; sie korrespondieren mit dem in der grafischen Lösung zu Aufgabe 3.1.5 markierten Eckpunkt und führen zu einem Gesamtdeckungsbeitrag in Höhe von EUR 49.000.

	A	B	C	D	E	F	G
1		**Lösung 3.1.5: Programmplanung einer Brauerei**					
2							
3			Gilde-Ratskeller	Lütje-Lagen-Bier			
4		Erlös je 1.000 l	1.000	3.000			
5		variable Kosten je 1.000 l	700	2.500			
6		Deckungsbeitrag je 1.000 l	300	500			
7							
8			Belegungszeiten je 1.000 l		KapBedarf		Kapazität
9		Anlage A	1	2	170	<=	170
10		Anlage B	1	1	150	<=	150
11		Anlage C	0	3	60	<=	180
12							
13			Gilde-Ratskeller	Lütje-Lagen-Bier	Gesamtdeckungsbeitrag:		
14		Produktionsmenge	130	20			49.000

Abbildung 6: Optimales Produktionsprogramm der Brauerei

1.2 Verwendung von Namen für Zellen bzw. Zellbereiche

In der in Abschnitt 1.1 gezeigten Art der Implementierung erscheinen in der Dialogbox „Solver-Parameter" gemäß Abbildung 3 ausschließlich Zelladressen. Die Lesbar- und Interpretierbarkeit der Einträge in der Dialogbox lässt sich durch Einführung von **Namen** für Zellen bzw. Zellbereiche verbessern, da die Namen einen „sprechenden" Überblick über das Modell und ein schnelles Auffinden seiner Bausteine ermöglichen; dies kann insbesondere bei hoher Anzahl an Nebenbedingungsgruppen vorteilhaft sein. Zur Definition von Namen ist im Arbeitsblatt zunächst der relevante Zellbereich zu markieren und anschließend der gewünschte Name gemäß Abbildung 7 in das Namenfeld einzutragen; hier wurde für den Zellbereich C14:D14, der die Produktionsmengen der Biersorten enthält, der Bereichsname „Produktionsmenge" vergeben. Die Formulierung von Namen sollte im Einklang mit den im Arbeitsblatt für die entsprechenden Zellen bzw. Zellbereiche verwendeten Beschriftungen erfolgen.

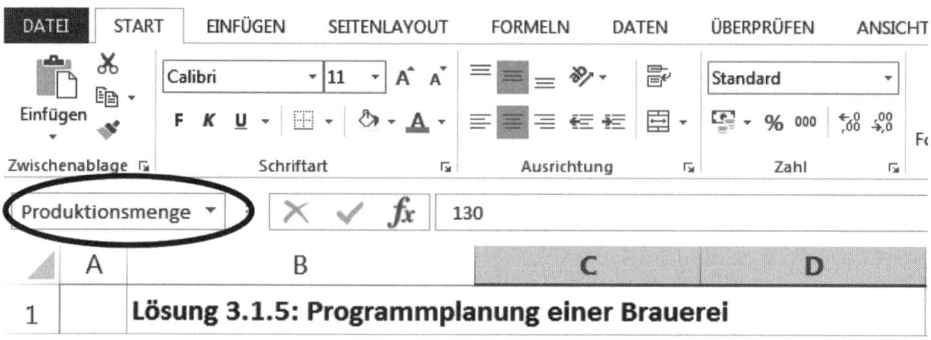

Abbildung 7: Eingabe von Namen in das Namenfeld

Abbildung 8 zeigt die für das vorliegende Programmplanungsmodell vergebenen Namen. Änderungen an bestehenden Namen können in der Hauptregisterkarte „Formeln" über den „Namensmanager" vorgenommen werden.

Name	Zellen
Gesamtdeckungsbeitrag	G14
Kapazität	G9:G11
KapBedarf	E9:E11
Produktionsmenge	C14:D14

Abbildung 8: Verwendete Namen

Die solchermaßen definierten Namen werden gemäß Abbildung 9 automatisch in die Dialogbox des Excel-Solvers – ggf. nach Schließen und erneutem Öffnen der Box – übernommen; dies gilt auch dann, wenn die Namen erst nach Erstellung des Modells eingeführt werden.

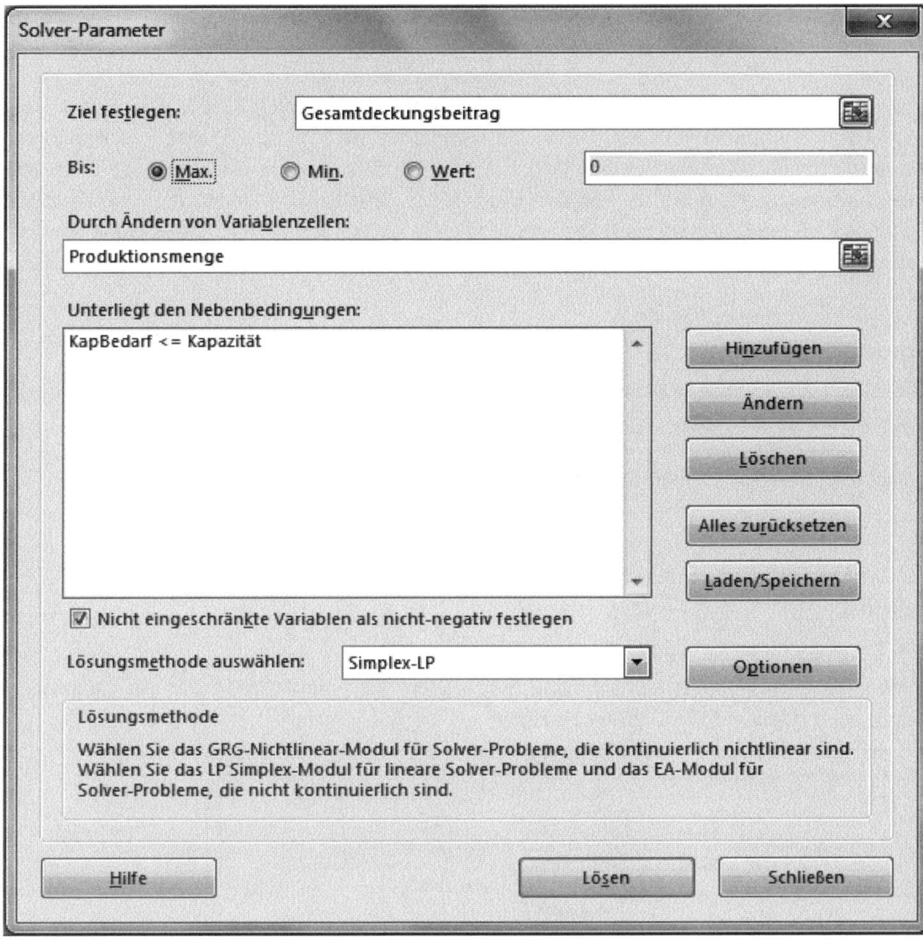

Abbildung 9: Dialogbox „Solver-Parameter" mit Namen

Namen für Zellen bzw. Zellbereiche erscheinen nicht nur in der Dialogbox des Excel-Solvers, sondern können auch die Zelladressen in Formeln ersetzen. Sofern man Namen für *alle* Zellen bzw. Zellbereiche vergibt, auf die die Formeln zurückgreifen, werden folglich auch die Formeln *nur* noch in Abhängigkeit von Namen dargestellt. Jedoch ist der Aufwand für die Einführung einer allzu großen Anzahl von Namen gegen den Nutzen abzuwägen. Aufgrund dieser Abwägung werden in den Modellen dieses Übungsbuches Namen nur mit Blick auf die Rubriken der Dialogbox des Excel-Solvers verwendet. Dies bedeutet, dass Namen für

- die Zielzelle,
- die Variablenzellen und
- die linken und rechten Seiten einer jeden Nebenbedingungsgruppe

eingeführt werden. Auf die Einführung eines Namens beispielsweise für die Deckungsbeiträge je 1.000 l der beiden Biersorten (Zellbereich C6:D6) wird dagegen verzichtet.

1.3 Spezifikation von Ganzzahligkeitsbedingungen

Optimierungsmodelle können (allgemeine) **ganzzahlige Variablen** ({…, –3, –2, –1, 0, 1, 2, 3, …} bzw. in Verbindung mit Nichtnegativitätsbedingung {0, 1, 2, 3, …}) und/oder **Binärvariablen** ({0/1}) als spezielle ganzzahlige Variablen beinhalten. Zur Implementierung von Ganzzahligkeitsbedingungen sei im Folgenden ein Excel-Arbeitsblatt betrachtet, in welchem die Zellen A1:A3 *entweder* als ganzzahlige Variablen (Fall 1) *oder* als Binärvariablen (Fall 2) zu definieren sind. Zum Setzen der gewünschten Ganzzahligkeitsbedingung ist wie folgt vorzugehen:

Schritt 1:

Die Zellen A1:A3 sind in der Hauptdialogbox „Solver-Parameter“ zunächst grundsätzlich als Variablen zu deklarieren:

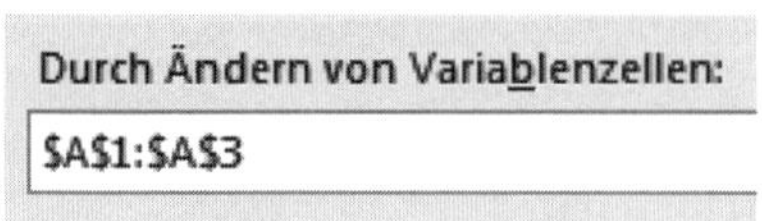

Schritt 2:

Fall 1: Ganzzahlige Variablen

Mittels der Dialogbox „Nebenbedingung hinzufügen“ sind die Zellen A1:A3 als ganzzahlige Variablen (**int**eger variables) zu spezifizieren:

oder

Fall 2: Binärvariablen

Mittels der Dialogbox „Nebenbedingung hinzufügen“ sind die Zellen A1:A3 als Binärvariablen (**bin**ary variables) zu spezifizieren:

Schließlich kann in Modellen mit ganzzahligen bzw. Binärvariablen die Einstellung der Option **„Ganzzahloptimalität (%)"** gemäß Abbildung 10 von Bedeutung sein. Diese Option wird aufgerufen, indem man in der Hauptdialogbox „Solver-Parameter" gemäß Abbildung 3 die Schaltfläche „Optionen" wählt. Die Option „Ganzzahloptimalität (%)" dient der **Abwägung** zwischen **Rechenzeit** und **Lösungsgüte**; sie soll bei sehr großen und damit rechenzeitintensiven ganzzahligen Problemen das Auffinden einer zumindest „nahezu" optimalen Lösung in vertretbarer Rechenzeit ermöglichen. Der standardmäßig voreingestellte Wert von 1 bedeutet *vereinfacht* ausgedrückt, dass zugunsten einer kürzeren Rechenzeit eine Toleranz hinsichtlich der Lösungsgüte von einem Prozent akzeptiert wird („1 % Toleranz bzw. 99 % Lösungsgüte"). Für die durchgehend klein dimensionierten Optimierungsprobleme dieses Übungsbuches, bei welchen Rechenzeiten vernachlässigbar kurz sind, sollte der Wert für die Ganzzahloptimalität gemäß Abbildung 10 dagegen auf null gesetzt werden, um das Auffinden einer optimalen Lösung (zumindest bei linearen Problemen) zu garantierten. Dieser Wert für die Ganzzahloptimalität lässt sich vereinfacht als „0 % Toleranz bzw. 100 % Lösungsgüte" interpretieren.

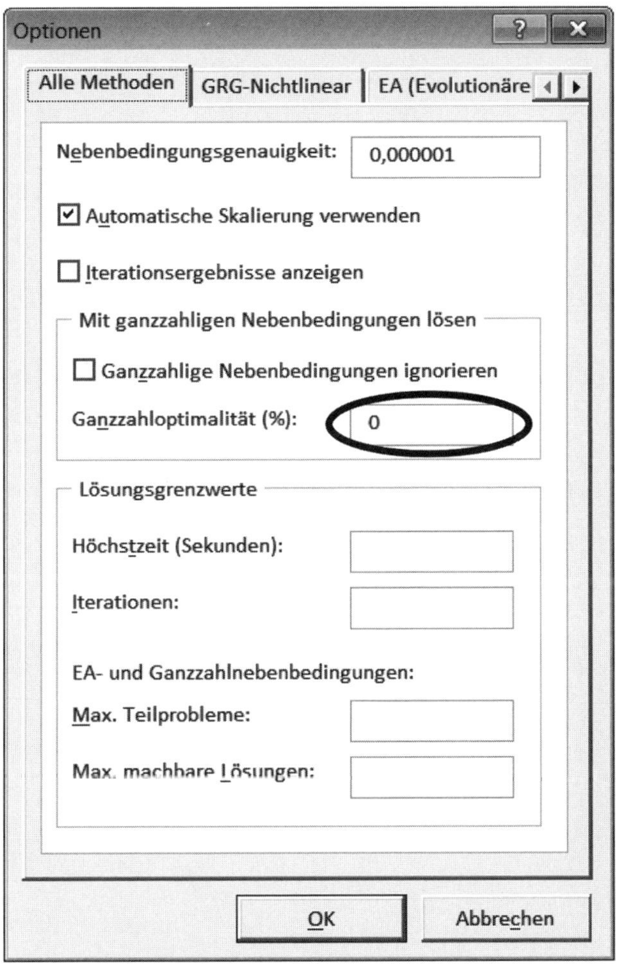

Abbildung 10: Ganzzahloptimalität

Im Übrigen sei angemerkt, dass eine Aktivierung der Option „Ganzzahlige Nebenbedingungen ignorieren“ in Abbildung 10 bewirken würde, dass vom Nutzer gesetzte Ganzzahligkeitsbedingungen beim Lösen des Modells *ignoriert* werden und man infolgedessen ggf. eine nichtganzzahlige Lösung erhält. Dies gilt auch dann, falls das Wort „ignorieren“ in der Dialogbox bei dieser Option nicht erscheinen sollte, was in Abhängigkeit von der verwendeten Excel-Version der Fall sein könnte. Möchte man also das Modell unter Einhaltung von Ganzzahligkeitsbedingungen lösen, ist diese Option *nicht* zu aktivieren.

2. Implementierung ausgewählter Prognosemethoden

2.1 Exponentielle Glättung erster Ordnung

Die Prognoseformel für die exponentielle Glättung erster Ordnung kann wie folgt angegeben werden:

$$V_{t+1} = \alpha \cdot r_t + (1-\alpha) \cdot V_t$$

mit

V_{t+1}	Vorhersagewert (Prognosewert) für Periode $t+1$
r_t	tatsächlicher Ist-Verbrauchswert in Periode t
α	Glättungskoeffizient ($0 \leq \alpha \leq 1$)

Die exponentielle Glättung erster Ordnung kann in Excel entweder durch manuelles Setzen der entsprechenden Formeln oder durch Nutzung der Excel-Funktion „Exponentielles Glätten" implementiert werden. Dies wird im Folgenden anhand der **Aufgabe** bzw. **Lösung 4.2.2** („Exponentielle Glättung erster Ordnung") erläutert.

2.1.1 Manuelles Setzen der Formeln

Abbildung 11 zeigt die Implementierung der exponentiellen Glättung erster Ordnung.

	A	B	C	D	E
1		**Lösung 4.2.2: Exponentielle Glättung erster Ordnung**			
2					
3		**Glättungskoeffizient alpha:**		0,3	
4					
5		**Jahr**	**Ist-Verbrauch**	**Prognose**	
6		2009	2.450	2.450,00	
7		2010	2.600	2.450,00	
8		2011	2.600	2.495,00	
9		2012	2.800	2.526,50	
10		2013	2.700	2.608,55	
11		2014	2.500	2.635,99	
12		2015	2.300	2.595,19	
13		2016		2.506,63	

Formeln		
Zelle	Zellinhalt	Kopiert nach
D6	=C6	---
D7	=D$3*C6+(1-D$3)*D6	D8:D13

Abbildung 11: Exponentielle Glättung erster Ordnung

In Zelle D3 ist der Glättungskoeffizient α hinterlegt, welcher gemäß Aufgabenstellung mit dem Wert 0,3 spezifiziert wurde. Zelle D6 beinhaltet mit dem einfachen Bezug auf Zelle C6 die **Initialisierung** des Verfahrens:

Formel in Zelle D6: =C6

Anschließend wurde die Prognoseformel wie folgt in Zelle D7 hinterlegt:

Prognoseformel: $V_{t+1} = \alpha \cdot r_t + (1-\alpha) \cdot V_t$

Formel in Zelle D7: =D$3*C6 + (1-D$3)*D6

Die Zelle D7 beinhaltet folglich die Prognose für das Jahr 2010, also den Vorhersagewert V_{2010}. Schließlich ist die in Zelle D7 befindliche Formel in den Zellbereich D8:D13 zu kopieren, sodass Zelle D8 die Prognose für das Jahr 2011 (d. h. den Vorhersagewert V_{2011}), Zelle D9 die Prognose für das Jahr 2012 (d. h. den Vorhersagewert V_{2012}) usw. beinhaltet. Auf diese Weise erhält man in Zelle D13 die Prognose für das Jahr 2016 (d. h. den Vorhersagewert V_{2016}).

2.1.2 Verwendung der Excel-Funktion „Exponentielles Glätten"

Um die Excel-Funktion „Exponentielles Glätten" nutzen zu können, ist gemäß Abbildung 12 in der Hauptregisterkarte „DATEN" zunächst die rechts außen befindliche Schaltfläche „Datenanalyse" anzuklicken. (Sollte diese Schaltfläche dort nicht verfügbar sein, so müssen die Analysefunktionen vor der erstmaligen Verwendung zunächst **aktiviert** werden; eine Anleitung hierzu befindet sich im Anhang).

Abbildung 12: Aufruf der Excel-Funktionen zur „Datenanalyse"

In der dann erscheinenden Dialogbox „Analyse-Funktionen" ist gemäß Abbildung 13 der Menüpunkt „Exponentielles Glätten" auszuwählen.

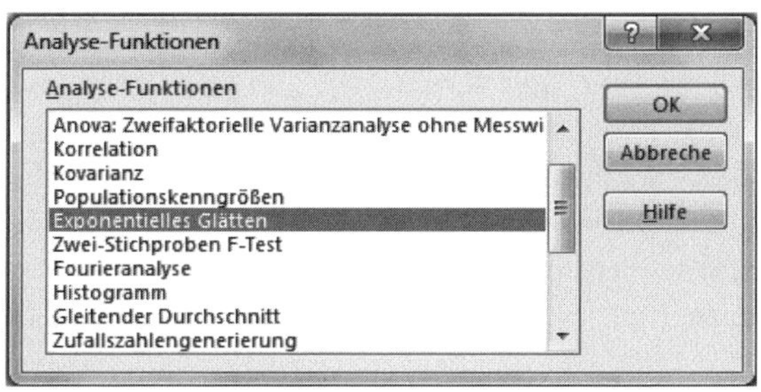

Abbildung 13: Aufruf der Excel-Funktion „Exponentielles Glätten"

Daraufhin öffnet sich gemäß dem rechten Teil der Abbildung 14 die Dialogbox „Exponentielles Glätten".

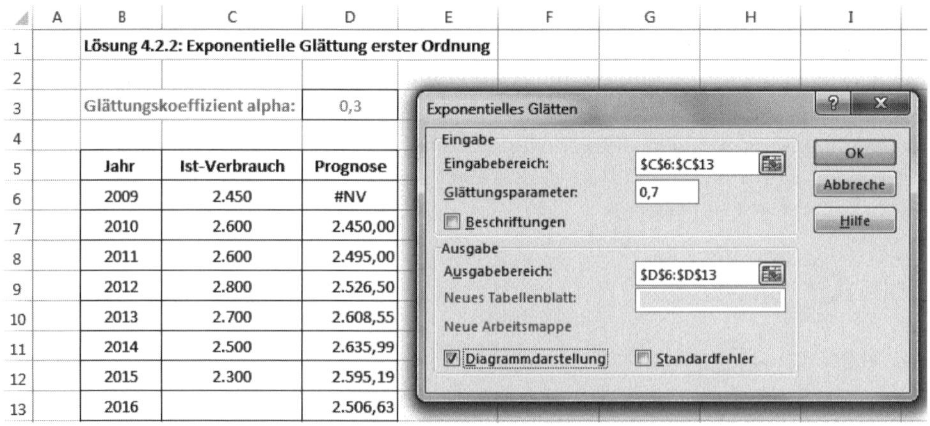

Abbildung 14: Nutzung der Excel-Funktion „Exponentielles Glätten"

In der Dialogbox „Exponentielles Glätten" wurde als Eingabereich (Ist-Verbrauchswerte) der Zellbereich C6:C13 und als Ausgabebereich (Prognosewerte) der Zellbereich D6:D13 spezifiziert; auf diese Weise erhält man die Prognosewerte bis ins Jahr 2016. Sofern man die zu Beginn von Abschnitt 2.1 eingeführte Prognoseformel zugrunde legt, ist als „Glättungsparameter" im Sinne der Dialogbox nicht α, sondern $(1-\alpha)$ einzugeben; vorliegend also 0,7 anstelle des eigentlich gewünschten Wertes 0,3. Der in Zelle D3 des Arbeitsblattes ausgewiesene Wert von 0,3 ist ohne tatsächliche Funktion für die Berechnung und dient nun lediglich „zur Information"; daher ist er hellgrau formatiert worden.

Klickt man schließlich die Schaltfläche „OK" an, wird die Prognoseformel automatisch im Zellbereich D8:D13 hinterlegt; so beinhaltet z. B. die **Zelle D8** die Formel

=0,3*C7+0,7*D7,

und damit – in gleicher Weise wie beim manuellen Setzen der Formeln in Abschnitt 2.1.1 – die Prognose für das Jahr 2011 (d. h. den Vorhersagewert V_{2011}). In Zelle D13 wird schließlich die Prognose für das Jahr 2016, d. h. der Vorhersagewert V_{2016} ausgewiesen.

Die Zelle D7 beinhaltet – im Unterschied zu der in Abschnitt 2.1.1 vorgenommenen manuellen Implementierung – lediglich einen einfachen Verweis auf die Zelle C6, was der Initialisierung des Verfahrens entspricht; jedoch liefern beide Implementierungen zwangsläufig das gleiche zahlenmäßige Ergebnis für Zelle D7 (und damit auch für alle nachfolgenden Berechnungen), da bei der manuellen Implementierung in Abschnitt 2.1.1 die Prognoseformel in Zelle D7 auf einen identischen Ist-Verbrauch und Prognosewert in den Zellen C6 und D6 zurückgreift, was natürlich den gleichen Zahlenwert für Zelle D7 liefert.

Schließlich wurden die Zahlenwerte im Zellbereich D7:D13 in Abbildung 14 nachträglich in gleicher Weise formatiert wie in Abbildung 11.

Sofern man in der Dialogbox „Exponentielles Glätten" gemäß Abbildung 14 die Option „Diagrammdarstellung" aktiviert, erhält man schließlich das in Abbildung 15 gezeigte Diagramm, wobei die Beschriftung der horizontalen Achse (Jahreszahlen) nachträglich mittels „Rechtsklick" auf das Diagramm und „Daten auswählen" spezifiziert wurde.

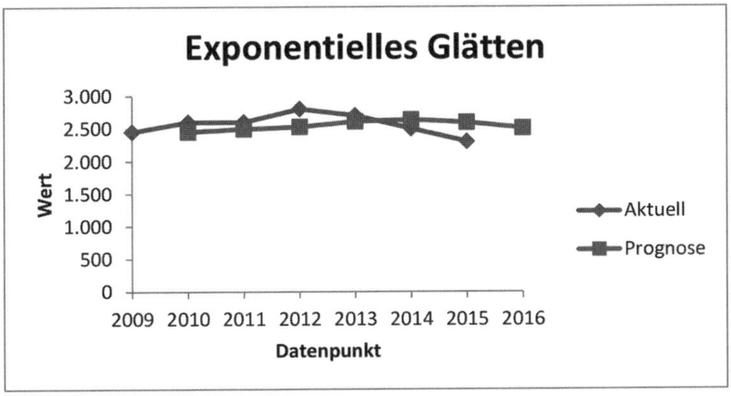

Abbildung 15: Diagramm zur Exponentiellen Glättung

2.2 Lineare Regressionsanalyse

Nimmt man an, dass der Materialverbrauch y linear von der Zeit x abhängt, so hat die Regressionsgerade die Gestalt

$$y = a + bx$$

Die Bestimmung der Parameter a und b kann in Excel entweder durch manuelles Setzen der entsprechenden Formeln oder durch Nutzung der Excel-Funktion „Regression“ erfolgen. Dies wird im Folgenden anhand der **Aufgabe 4.2.5** („Bedarfsprognose mit der linearen Regression“) erläutert.

2.2.1 Manuelles Setzen der Formeln

Mittels der Methode der kleinsten Quadrate erhält man für die Parameter a und b:

$$b = \frac{\sum(x-\overline{x})(y-\overline{y})}{\sum(x-\overline{x})^2}$$

$$a = \overline{y} - b\overline{x}$$

Abbildung 16 zeigt die Berechnungen der einzelnen Formelkomponenten zur Bestimmung der Parameter a und b:

	A	B	C	D	E	F	G	H
1		**Lösung 4.2.5: Bedarfsprognose mit der linearen Regression**						
2								
3	**Jahr**	**Monat**		**Ist-Verbrauch**	**Formelkomponenten**			
4			x	y	$x - \bar{x}$	$y - \bar{y}$	$(x - \bar{x})(y - \bar{y})$	$(x - \bar{x})^2$
5	2014	April	1	850	-5,5	-591	3249,583333	30,25
6		Mai	2	1.050	-4,5	-391	1758,75	20,25
7		Juni	3	1.000	-3,5	-441	1542,916667	12,25
8		Juli	4	1.300	-2,5	-141	352,0833333	6,25
9		August	5	1.200	-1,5	-241	361,25	2,25
10		September	6	1.500	-0,5	59	-29,58333333	0,25
11		Oktober	7	1.350	0,5	-91	-45,41666667	0,25
12		November	8	1.700	1,5	259	388,75	2,25
13		Dezember	9	1.590	2,5	149	372,9166667	6,25
14	2015	Januar	10	1.800	3,5	359	1257,083333	12,25
15		Februar	11	2.050	4,5	609	2741,25	20,25
16		März	12	1.900	5,5	459	2525,416667	30,25
17		**Mittelwert:**	6,5	1440,833333		**Summe:**	14475	143
18								
19	**Parameter**	***b***	**101,2237762**					
20		***a***	**782,8787879**					
21								
22	**Jahr**	**Monat**		**Prognose**				
23	2015	April	13	2.099				

Formeln		
Zelle	Zellinhalt	Kopiert nach
C17	=MITTELWERT(C5:C16)	D17
C19	=G17/H17	---
C20	=D17-C19*C17	---
D23	=C20+C19*C23	---
E5	=C5-C$17	E6:E16
F5	=D5-D$17	F6:F16
G5	=E5*F5	G6:G16
G17	=SUMME(G5:G16)	H17
H5	=E5^2	H6:H16

Abbildung 16: Lineare Regression

Mit den im obigen Excel-Arbeitsblatt ermittelten Parameterwerten $a = 782,88$ und $b = 101,22$ (gerundet) ergibt sich die **Regressionsgerade** und damit die **geschätzte Verbrauchsfunktion** zu

$$y = 782,88 + 101,22 \cdot x$$

Setzt man für den Monat April 2015 den Wert $x = 13$ in die Regressionsgerade ein, so erhält man für April 2015 den Prognosewert:

$$\hat{y} = 782,88 + 101,22 \cdot 13 = 2.098,74$$

Der für April 2015 prognostizierte Bedarf an Schrauben beträgt somit (gerundet) 2.099 Stück.

2.2.2 Verwendung der Excel-Funktion „Regression"

Um die Excel-Funktion „Regression" nutzen zu können, ist gemäß Abbildung 12 in Abschnitt 2.1.2 in der Hauptregisterkarte „DATEN" zunächst die rechts außen befindliche Schaltfläche „Datenanalyse" anzuklicken. (Sollte diese Schaltfläche dort nicht verfügbar sein, so müssen die Analysefunktionen vor der erstmaligen Verwendung zunächst **aktiviert** werden; eine Anleitung hierzu befindet sich im Anhang). In der dann erscheinenden Dialogbox „Analyse-Funktionen" ist gemäß Abbildung 17 der Menüpunkt „Regression" auszuwählen.

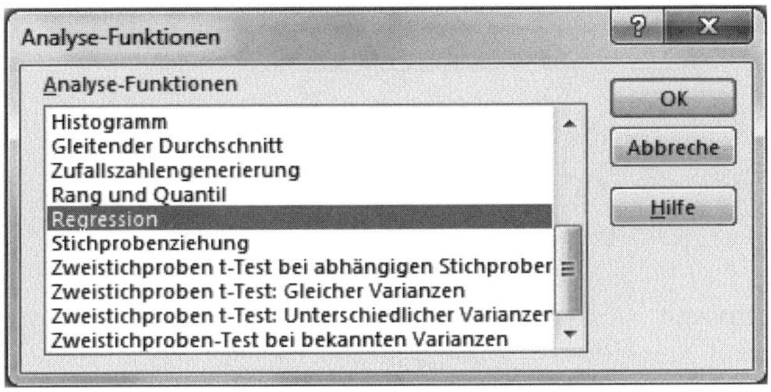

Abbildung 17: Aufruf der Excel-Funktion „Regression"

Daraufhin öffnet sich die Dialogbox „Regression", die im rechten Teil der Abbildung 18 wiedergegeben ist.

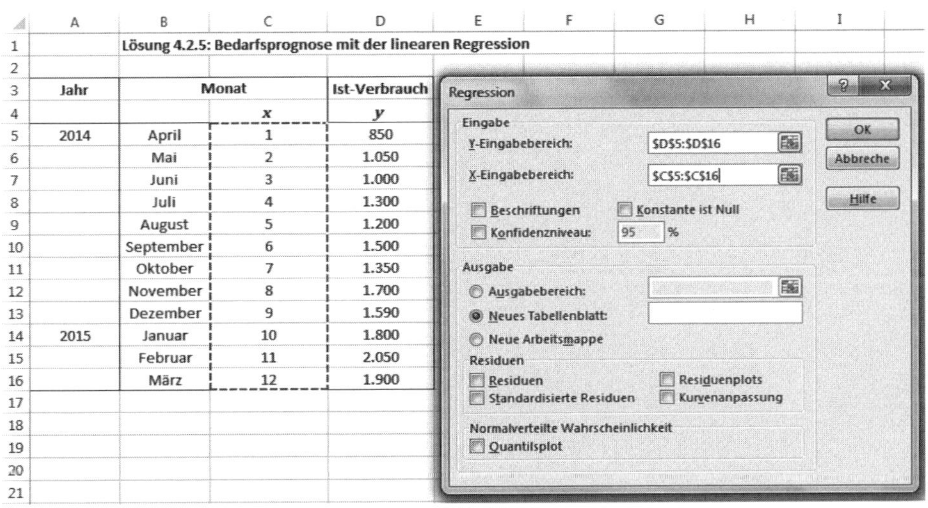

Abbildung 18: Nutzung der Excel-Funktion „Regression"

In der Dialogbox „Regression" sind im Feld „Y-Eingabebereich" die Zellen D5:D16 (Ist-Verbräuche) und im Feld „X-Eingabebereich" die Zellen C5:C16 (Nummern der Monate) anzugeben, was bequem durch Markieren der entsprechenden Zellbereiche im Excel-Arbeitsblatt bewerkstelligt werden kann.

Als Ergebnis erhält man ein Tabellenblatt mit einer Vielzahl an statistischer Kennzahlen zur Regression, wobei die Parameter a und b wie folgt abgelesen werden können:

	Koeffizienten	***Parameter***
Schnittpunkt	782,8787879	***a***
X Variable 1	101,2237762	***b***

Folglich ergibt sich die Regressionsgerade – wie schon in Abschnitt 2.2.1 – zu

$$y = 782{,}88 + 101{,}22 \cdot x$$

Setzt man für den Monat April 2015 den Wert $x = 13$ in die Regressionsgerade ein, so erhält man für April 2015 einen (gerundeten) Prognosewert in Höhe von 2.099 Schrauben.

Das **Bestimmtheitsmaß** R^2 mit $0 \leq R^2 \leq 1$ ist ein Maß für die Güte der Regression. Je näher R^2 an 1 bzw. 100 % liegt, desto besser wird die „Punktwolke" aus Beobachtungswerten (hier: Ist-Verbrauchswerte) durch die Regressionsgerade repräsentiert, d. h. desto besser ist die durch die Regression erreichte Anpassung der Regressionsgeraden an die Punktwolke. Im vorliegenden Fall weist die Regressionsgerade, d. h. die geschätzte Verbrauchsfunktion, mit einem Bestimmtheitsmaß von 0,92 bzw. 92 % eine hohe Güte auf.

3. Implementierung von (statischen) Input-Output-Modellen

Das statische Input-Output-Modell kann wie folgt entwickelt werden:

$$\boldsymbol{r} = \boldsymbol{A} \cdot \boldsymbol{r} + \boldsymbol{x}$$

$$\boldsymbol{r} - \boldsymbol{A} \cdot \boldsymbol{r} = \boldsymbol{x}$$

$$(\boldsymbol{E} - \boldsymbol{A}) \cdot \boldsymbol{r} = \boldsymbol{x}$$

$$\boldsymbol{r} = (\boldsymbol{E} - \boldsymbol{A})^{-1} \cdot \boldsymbol{x}$$

mit

$\boldsymbol{r}$ Vektor der Gesamtbedarfsmengen

$\boldsymbol{x}$ Vektor der Primärbedarfsmengen

$\boldsymbol{A}$ Direktbedarfsmatrix

$\boldsymbol{E}$ Einheitsmatrix

Die Implementierung des statischen Input-Output-Modells in Excel kann entweder mittels Matrix-Funktionen oder unter Verwendung des Excel-Solvers vorgenommen werden. Dies wird im Folgenden anhand von **Aufgabe** bzw. **Lösung 4.3.5** („Gozintograph und statisches Input-Output-Modell") erläutert.

3.1 Implementierung auf Basis von Matrix-Funktionen

3.1.1 Grundstruktur des Excel-Arbeitsblattes

Die Grundstruktur des Excel-Arbeitsblattes zur Implementierung des statischen Input-Output-Modells im Falle der Verwendung von Matrix-Funktionen wird in Abbildung 19 gezeigt. Im Zellbereich C5:H10 ist die Direktbedarfsmatrix, im Zellbereich L15:L20 der Primärbedarfsvektor einzugeben; diese Zellen fungieren folglich als *Eingabezellen* und sind zur Unterscheidung von anderen Zelltypen *hellgrau* (in den online-Dateien: hellblau) formatiert. Im Zellbereich K5:P10 ist die Einheitsmatrix hinterlegt, von der im Zellbereich S5:X10 die Direktbedarfsmatrix abgezogen wird; so lautet z. B. die entsprechende Formel in Zelle S5: =K5-C5.

Lösung 4.3.5: Gozintograph und statisches Input-Output-Modell

Direktbedarfsmatrix A

	a	b	A	B	X	Y
a			3			
b				2	1	
A				5	2	
B					4	1
X						3
Y						

Einheitsmatrix E

	a	b	A	B	X	Y
a	1					
b		1				
A			1			
B				1		
X					1	
Y						1

(E - A)

	a	b	A	B	X	Y
a	1	0	-3	0	0	0
b	0	1	0	-2	-1	0
A	0	0	1	-5	-2	0
B	0	0	0	1	-4	-1
X	0	0	0	0	1	-3
Y	0	0	0	0	0	1

r = $(E - A)^{-1}$ * x

r	=		a	b	A	B	X	Y	*	x	=	
r_a		a	1	0	3	15	66	213		0		5.520
r_b		b	0	1	0	2	9	29		20		750
r_A	=	A	0	0	1	5	22	71	*	50	=	1.840
r_B		B	0	0	0	1	4	13		30		330
r_X		X	0	0	0	0	1	3		10		70
r_Y		Y	0	0	0	0	0	1		20		20

Formatierung:
Eingabezellen
Ergebniszellen

Formeln		
Zelle	Zellinhalt	kopiert nach bzw. hinterlegt in
S5	=K5-C5	S5:X10
E15	{=MINV(S5:X10)}	E15:J20
P15	{=MMULT(E15:J20;L15:L20)}	P15:P20

Abbildung 19: Statisches Input-Output-Modell (Matrix-Funktionen)

3.1.2 Matrixinversion mittels der Funktion MINV

Im Zellbereich E15:J20 der Abbildung 19 ist die zur Matrix $(\boldsymbol{E} - \boldsymbol{A})$ inverse Matrix $(\boldsymbol{E} - \boldsymbol{A})^{-1}$ implementiert. Zur Erzeugung der **inversen Matrix** im genannten Zellbereich kann die Excel Funktion **MINV** wie folgt herangezogen werden:

Schritt 1: Hinterlege in der Zelle E15 (also in der oberen linken Zelle des Zellbereiches, der die inverse Matrix aufnehmen soll), folgende Formel:

=MINV(S5:X10)

Der Zellbereich S5:X10 enthält die zu invertierende Matrix. Die Eingabe der Funktion MINV kann entweder manuell durch Eintippen oder mittels komfortabler Unterstützung durch die Dialogbox „Funktion einfügen“ erfolgen; diese Dialogbox ist im Menüband rechts oben im Pull-Down-Menü neben dem Summenzeichen unter „Weitere Funktionen…“ verfügbar.

Schritt 2: Markiere ausgehend von Zelle E15 den Zellbereich E15:J20 (also den Zellbereich, der die inverse Matrix aufnehmen soll).

Schritt 3: Drücke die Taste F2.

Schritt 4: Drücke gleichzeitig folgende Tasten:

Strg + Umschalt + Eingabe (bzw. Ctrl + Shift + Enter)

Die Formel MINV wird nun im Zellbereich E15:J20 als *Matrixformel* mit geschweiften Klammern erzeugt.

3.1.3 Matrixmultiplikation mittels der Funktion MMULT

Schließlich ist die inverse Matrix $(\boldsymbol{E}-\boldsymbol{A})^{-1}$ mit dem Primärbedarfsvektor $\boldsymbol{x}$ zu multiplizieren, um die Gesamtbedarfsmengen (Vektor $\boldsymbol{r}$) zu erhalten; letztere sollen im Zellbereich P15:P20 ausgewiesen werden. Zur Implementierung dieser **Multiplikation** im genannten Zellbereich kann die Excel Funktion **MMULT** wie folgt herangezogen werden:

Schritt 1: Hinterlege in der Zelle P15 (also in der oberen Zelle des Zellbereiches, der die Multiplikation aufnehmen soll), folgende Formel:

=MMULT(E15:J20;L15:L20)

Der Zellbereich E15:J20 enthält die inverse Matrix $(\boldsymbol{E}-\boldsymbol{A})^{-1}$, der Zellbereich L15:L20 den Primärbedarfsvektor $\boldsymbol{x}$. Die Eingabe der Funktion MMULT kann entweder manuell durch Eintippen oder mittels komfortabler Unterstützung durch die Dialogbox „Funktion einfügen“ erfolgen; diese Dialogbox ist im Menüband rechts oben im Pull-Down-Menü neben dem Summenzeichen unter „Weitere Funktionen…“ verfügbar.

Schritt 2: Markiere ausgehend von Zelle P15 den Zellbereich P15:P20 (also den Zellbereich, der die Multiplikation aufnehmen soll).

Schritt 3: Drücke die Taste F2.

Schritt 4: Drücke gleichzeitig folgende Tasten:

Strg + Umschalt + Eingabe (bzw. Ctrl + Shift + Enter)

Die Formel MMULT wird nun im Zellbereich P15:P20 als *Matrixformel* mit geschweiften Klammern erzeugt.

Der Zellbereich P15:P20 weist als Ergebnis die Gesamtbedarfsmengen (Vektor $\boldsymbol{r}$) aus; diese *Ergebniszellen* sind zur Unterscheidung von anderen Zelltypen *dunkelgrau* (in den online-Dateien: gelb) formatiert.

3.2 Implementierung mithilfe des Excel-Solvers

Die **Vorbereitung des Excel-Arbeitsblattes** zur Implementierung des statischen Input-Output-Modells mittels Excel-Solver wird in Abbildung 20 gezeigt. Im Zellbereich C5:H10 ist die Direktbedarfsmatrix, im Zellbereich J5:J10 der Primärbedarfsvektor einzugeben; diese Zellen fungieren folglich als *Eingabezellen* (Parameter) und sind zur Unterscheidung von anderen Zelltypen *hellgrau* (in den online-Dateien: hellblau) formatiert. Für die Gesamtbedarfsmengen ist der Zellbereich C13 bis H13 vorgesehen; da die Werte in diesen Zellen vom Solver zu ermitteln sind, handelt es sich um Ergebniszellen (Variablen), die *dunkelgrau* (in den online-Dateien: gelb) formatiert sind. Zudem wurde für diesen Zellbereich der Name „Gesamtbedarf“ vergeben.

Die Gesamtbedarfsmengen wurden bewusst in Form eines Zeilen- und nicht Spaltenvektors angelegt, wodurch die effiziente Verwendung der Funktion SUMMENPRODUKT im Zellbereich N5:N10 ermöglicht wird; so lautet die Formel in **Zelle N5** wie folgt:

$$\underbrace{\text{=SUMMENPRODUKT(C5:H5;Gesamtbedarf)}}_{\text{Sekundärbedarf}} \quad + \quad \underbrace{\text{J5}}_{\text{Primärbedarf}}$$

Hätte man stattdessen die Gesamtbedarfsmengen als Spaltenvektor angelegt, könnte man diese nicht mittels der Funktion SUMMENPRODUKT mit den Zeilen der Direktbedarfsmatrix multiplizieren.

	A	B	C	D	E	F	G	H	I	J	K	L	M	N	O	P	Q	R
1		**Lösung 4.3.5: Gozintograph und statisches Input-Output-Modell**																
2																		
3			**Direktbedarfsmatrix A**							**Primärbedarf x**				**Sekundärbedarf + Primärbedarf x**				
4			a	b	A	B	X	Y										
5		a			3					0				5.520				
6		b				2	1			20				750				
7		A				5	2			50				1.840				
8		B					4	1		30				330				
9		X						3		10				70				
10		Y								20				20				
11																		
12		**Gesamt-**	r_a	r_b	r_A	r_B	r_X	r_Y						=				
13		**bedarf**	5.520	750	1.840	330	70	20										

Name	**Zellen**
Gesamtbedarf	C13:H13
Sekundärbedarf_plus_Primärbedarf	N5:N10

Formatierung:
Eingabezellen (Parameter)
Ergebniszellen (Variablen)

Formeln		
Zelle	Zellinhalt	Kopiert nach
N5	=SUMMENPRODUKT(C5:H5;Gesamtbedarf)+J5	N6:N10

Abbildung 20: Statisches Input-Output-Modell (Excel-Solver)

Nach Vorbereitung des Excel-Arbeitsblattes ist die **Dialogbox des Excel-Solvers** aufzurufen, um die in Abbildung 21 gezeigten Spezifikationen vorzunehmen. Da vorliegend lediglich ein Gleichungssystem und kein Optimierungsmodell gelöst werden soll, ist die Rubrik „Ziel festlegen" leer zu lassen; auf diese Weise lässt sich der Excel-Solver zur Lösung von (Un-) Gleichungssystemen ohne Zielfunktion einsetzen. Als Variablen fungieren die Gesamtbedarfsmengen (Zellbereich C13:H13 mit dem Namen „Gesamtbedarf"). Die Nebenbedingungen gewährleisten, dass sich für jede Güterart der Gesamtbedarf aus der Summe von Sekundärbedarf und Primärbedarf ergibt. Nach Lösen des Modells erhält man schließlich die in Abbildung 20 ausgewiesenen Gesamtbedarfsmengen.

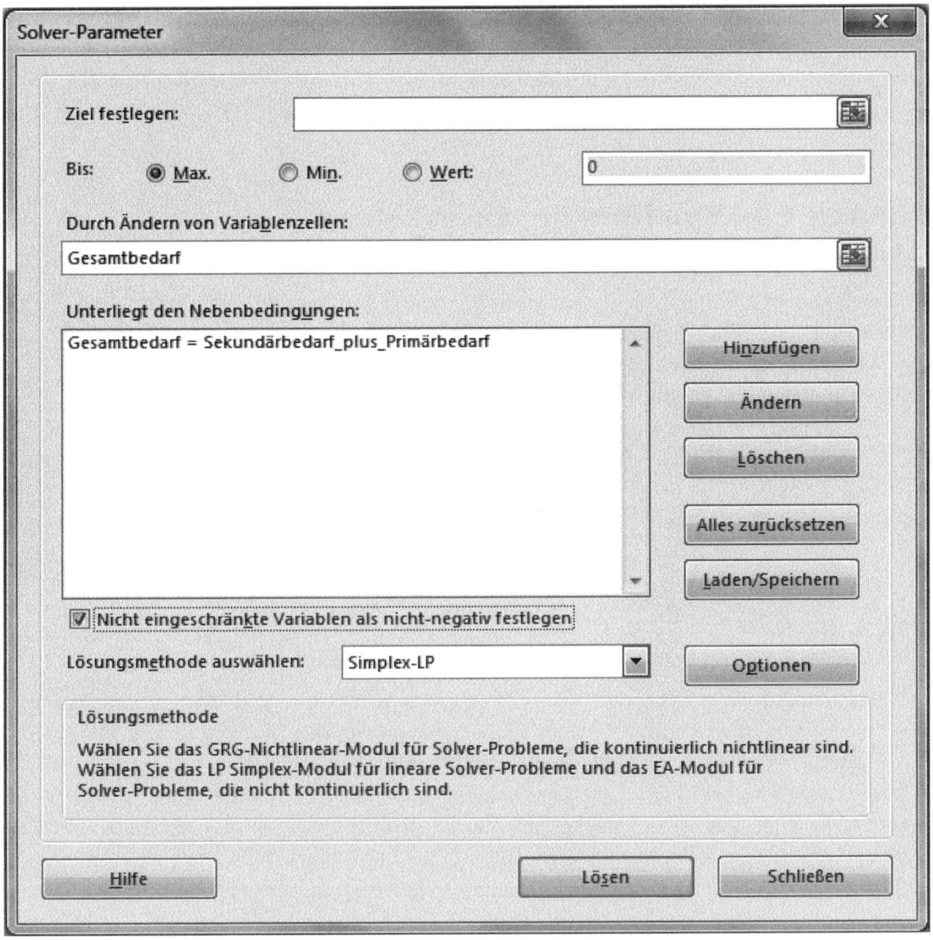

Abbildung 21: Dialogbox „Solver-Parameter" (Hauptdialogbox)

Anhang

Anhang 1: Aktivierung des Excel-Solvers und der Analyse-Funktionen

Sollten gemäß Abbildung 22 in der Hauptregisterkarte „DATEN“ rechts außen die Schaltfläche „Solver“ und/oder die Schaltfläche „Datenanalyse“ *nicht* verfügbar sein, so müssen diese Add-Ins vor der erstmaligen Verwendung aktiviert werden.

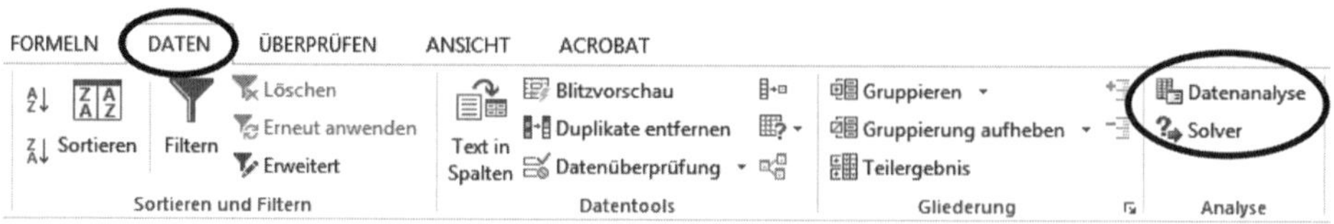

Abbildung 22: Hauptregisterkarte „Daten“

Zur **Aktivierung** dieser beiden Add-Ins ist wie folgt vorzugehen:

In Excel ist die Hauptregisterkarte „DATEI“ zu wählen, anschließend „Optionen“ und „Add-Ins“. Nun ist unten etwa mittig rechts neben „Verwalten“ der Menüpunkt „Excel-Add-Ins“ auszuwählen (sofern nicht ohnehin bereits standardmäßig vorausgewählt) und die Schaltfläche „Gehe zu“ anzuklicken. In der dann erscheinenden Dialogbox „Add-Ins“ sind gemäß Abbildung 23 die Listeneinträge „Analyse-Funktionen“ bzw. „Solver“ zu aktivieren und anschließend die Schaltfläche „OK“ anzuklicken.

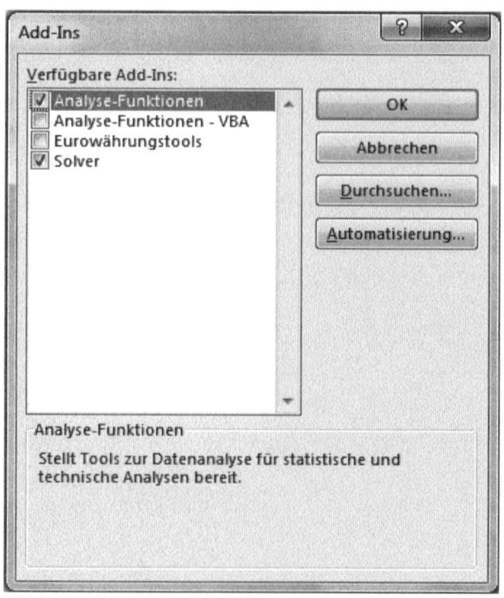

Abbildung 23: Dialogbox „Add-Ins“

Sollten die Add-Ins „Analyse-Funktionen“ und „Solver“ nicht in der Dialogbox gemäß Abbildung 23 erscheinen, wurden sie bei der Installation von Excel möglicherweise nicht berücksichtigt, so dass eine Nachinstallation erforderlich sein kann.

Anhang 2: Verzeichnis der Excel-Aufgaben

Studierende und Dozenten finden auf der Website zum Buch unter www.vahlen.de umfangreiche Zusatzmaterialien zu den Excel-Aufgaben zum **Download**:

- Die **Aufgabendateien für Studierende** beinhalten Daten und/oder Strukturierungshilfen und können zu Übungszwecken für die eigenständige Implementierung herangezogen werden. Deren Überprüfung auf grundsätzliche Richtigkeit ist anhand der zahlenmäßigen Ergebnisse in Teil II des Buches möglich. Bei den Optimierungsaufgaben ist zusätzlich der optimale Zielfunktionswert in den Dateien angegeben.
- In den **Lösungsdateien für Dozenten** wird die vollständige Implementierung gezeigt.

Die Dateien sind über die **Kapitel-** und **Aufgabennummern** aufzufinden.

1. Produktions- und Kostentheorie

1.2 Input-Output Ansatz und Leontief-Produktionsfunktionen

Aufgabe 1.2.6: Leontief-Produktionsfunktion für mehrere Prozesse

Aufgabe 1.2.7: Leontief-Produktionsfunktion

3. Programm- und Verfahrensplanung

3.1 Operative Produktionsprogrammplanung

Aufgabe 3.1.2: Programmplanung bei mehreren Beschränkungen

Aufgabe 3.1.3: Programmplanung bei mehreren Kapazitätsengpässen

Aufgabe 3.1.4: Standplanung eines Messeausstellers

Aufgabe 3.1.5: Programmplanung einer Brauerei

Aufgabe 3.1.6: Programmplanung bei mehrstufigem Produktionsprozess

Aufgabe 3.1.7: Lineare Programmierung

Aufgabe 3.1.8: Produktionsprogrammplanung

Aufgabe 3.1.9: Lineare Programmierung

Aufgabe 3.1.10: Operative Programmplanung

Aufgabe 3.1.11: Lineare Optimierung

Aufgabe 3.1.12: Programmplanung mit dem Transportmodell

Aufgabe 3.1.13: Programmplanung mit linearer Programmierung

Aufgabe 3.1.14: Programmplanung

Aufgabe 3.1.15: Mischproblem und lineare Optimierung

Aufgabe 3.1.16: Lineare Optimierung

3.2 Berücksichtigung von Ganzzahligkeitsbedingungen

Aufgabe 3.2.1: Lineare Optimierung bei einem Bekleidungshersteller

Aufgabe 3.2.2: Produktionsprogrammplanung bei einem Spielzeughersteller

3.3 Einbeziehung von Verfahrens- und Make or Buy-Entscheidungen

Aufgabe 3.3.1: Produktionsprogramm- und Verfahrensplanung

Aufgabe 3.3.2: Produktionsprogrammplanung und Make or Buy-Entscheidung

4. Materialwirtschaft und Beschaffungsplanung

4.2 Verbrauchsorientierte Materialbedarfsvorhersage

Aufgabe 4.2.1 Gleitende Mittelwerte und exponentielle Glättung erster Ordnung

Aufgabe 4.2.2 Exponentielle Glättung erster Ordnung

Aufgabe 4.2.3 Verbrauchsgebundene Materialbedarfsprognose

Aufgabe 4.2.4 Progoseverfahren für Nachfrage

Aufgabe 4.2.5 Bedarfsprognose mit der linearen Regression

4.3 Programmorientierte Materialbedarfsvorhersage

Aufgabe 4.3.2: Gozintograph

Aufgabe 4.3.3: Gozintograph, Direkt- und Gesamtbedarfsmatrix

Aufgabe 4.3.4: Direkt- und Gesamtbedarfsmatrix

Aufgabe 4.3.5: Gozintograph und statisches Input-Output-Modell

Aufgabe 4.3.6: Erzeugnisbaum, Direkt- und Gesamtbedarfsmatrix

Aufgabe 4.3.7: Direkt- und Gesamtbedarfsmatrix

Aufgabe 4.3.8: Baukastenstücklisten und Gesamtbedarfsmatrix

Aufgabe 4.3.14: Materialbedarfsvorhersage und Bestellmengenplanung

4.4 Bestellmengenplanung

Aufgabe 4.4.1: Grundmodell der optimalen Bestellmenge und Rabattstaffelung der Einkaufspreise

Aufgabe 4.4.2: Bestellmengenplanung

Aufgabe 4.4.3: Bestellmengenplanung bei abweichenden Parametereinheiten

Aufgabe 4.4.6: Dynamische Bestellmengenplanung

Aufgabe 4.4.7 Statische und dynamische Bestellmengenplanung

5. Planung betrieblicher Fertigungsprozesse

5.2 Produktionsplanung und -steuerung bei Werkstattfertigung

5.2.1 Losgrößenplanung bei Ein- und Mehrproduktfertigung

Aufgabe 5.2.1.1: Bestimmung der optimalen Losgröße

Aufgabe 5.2.1.2: Verfahren von Wagner/Whitin

Aufgabe 5.2.1.3: Dynamische Losgrößenplanung

Aufgabe 5.2.1.4: Produktionsprozessplanung

Aufgabe 5.2.1.5: Prozessplanung

Aufgabe 5.2.1.6: Losgrößenplanung

Aufgabe 5.2.1.7: Dynamische Losgrößenplanung

Aufgabe 5.2.1.8: Optimale Fertigungslosgröße

Aufgabe 5.2.1.9: Losgrößenplanung bei offener Produktweitergabe

6. Planung von Transporten, Touren und Standorten

6.1 Transportplanung

Aufgabe 6.1.1: Klassisches Transportproblem

Aufgabe 6.1.2: Transportplanung mit Angebotsüberschuss

Aufgabe 6.1.3: Transportproblem

Aufgabe 6.1.4: Klassisches Transportproblem

Aufgabe 6.1.5: Transportplanung

Aufgabe 6.1.6: Transportmodell

Aufgabe 6.1.7: Klassisches Transportproblem

Aufgabe 6.1.8: Transportplanung mit Fehlmengen

Aufgabe 6.1.9: Transport- und Materialbedarfsplanung

6.5 Standortplanung

Aufgabe 6.5.1: Kapazitiertes (capacitated) Warehouse Location Problem (cWLP)

Aufgabe 6.5.2: Unkapazitiertes (uncapacitated) Warehouse Location Problem (WLP)

Weiterführende Literatur

1. Lehrbücher zum Spreadsheet Modeling

Albright, S. Christian/Winston, Wayne L.: Management Science Modeling, 4th Ed., South-Western, Cengage Learning – International Edition 2012.

Baker, Kenneth R.: Optimization Modeling with Spreadsheets, 2nd Ed., Wiley 2011.

Hillier, Frederick S./Hillier, Mark S.: Introduction to Management Science. A Modeling and Case Studies Approach with Spreadsheets, 5th Ed., McGraw-Hill – International Edition 2014.

Powell, Stephen G./Baker, Kenneth R.: Management Science. The Art of Modeling with Spreadsheets, 4th Ed., Wiley 2014.

Ragsdale, Cliff T.: Managerial Decision Modeling, 6th Ed., South-Western, Cengage Learning – International Edition 2011.

2. Ausgewählte Anwendungen zum Spreadsheet Modeling

Amaral, Jason/Kuettner, Dorothea: Analyzing Supply Chains at HP Using Spreadsheet Models, in: Interfaces, Vol. 38, No. 4, July–August 2008, pp. 228–240.

Farasyn, Ingrid/Perkoz, Koray/Van de Velde, Wim: Spreadsheet Models for Inventory Target Setting at Procter & Gamble, in: Interfaces, Vol. 38, No. 4, July–August 2008, pp. 241–250.

Gutiérrez, Michael: Entwicklung eines mathematischen Optimierungsmodells für ein junges Technologieunternehmen – ein Projekt an der Schnittstelle von Finanzierungs- und Technologiemanagement, in: Zeitschrift für Planung & Unternehmenssteuerung / Journal of Management Control, 21. Jg., Heft 4, 2011, S. 369-403.

LeBlanc, Larry J./Grossman, Thomas A.: Introduction: The Use of Spreadsheet Software in the Application of Management Science and Operations Research, in: Interfaces, Vol. 38, No. 4, July–August 2008, pp. 225–227.